Géologie
appliquée au BTP

Pierre Martin

EYROLLES

ÉDITIONS EYROLLES
61, bld Saint-Germain
75240 Paris Cedex 05
www.editions-eyrolles.com

Table des matières

2 ÉLÉMENTS DE GÉOMÉCANIQUE 163

3 GÉOLOGIE DU BTP 199
AMÉNAGEMENTS, OUVRAGES, TRAVAUX

Préface

Dans le groupe des géosciences, la géotechnique étudie la subsurface terrestre sur laquelle notre action directe est possible, pour en permettre l'aménagement et/ou l'exploitation. Elle concerne le génie civil, le bâtiment, les carrières, les eaux souterraines, la prévention des risques « naturels »... Son champ n'est donc pas fixé et s'agrandit selon nos besoins et nos progrès techniques. Ses applications en tous lieux sont innombrables, d'une très grande diversité, toujours uniques et pour certaines extrêmement complexes : aménagements et protection de zones urbaines, industrielles, de voies de communication..., terrassements superficiels et souterrains, soutènements et fondations d'ouvrages de toutes sortes, extractions de matériaux de construction, d'eau souterraine..., pollutions, stockage de déchets..., en fait tout ce que l'on peut creuser, construire, exploiter ou rejeter à la surface de la Terre.

On effectue une étude géotechnique pour définir les conditions générales et particulières dans lesquelles un ouvrage répondant à un programme spécifique, peut être implanté puis construit dans un site donné avec le maximum de sécurité, d'efficacité et d'économie, en optimisant le coût du chantier puis de l'ouvrage, en organisant sa maintenance et en l'assurant pour éviter les dommages ou les accidents, autant que faire se peut. Le maître d'ouvrage et les constructeurs – maître d'œuvre, ingénieurs, techniciens – sont ainsi informés de la nature et des comportements prévisibles du site et peuvent donc définir et justifier les solutions techniques qu'ils devront concevoir, adopter et mettre en œuvre pour réaliser l'ouvrage, en l'adaptant au site.

L'étude géotechnique procède à la fois de la géologie – observations de terrain, modélisation analogique, raisonnement inductif – et de la géomécanique – expérimentation de terrain et de laboratoire, modélisation mathématique, raisonnement déductif : à partir du terrain, la géologie étudie la morphologie et le comportement des géomatériaux réels, sols et roches constituant le sous-sol d'un site, qui sont tangibles, discontinus, variables, hétérogènes, anisotropes, contraints, pesants et bien plus que cela : la nature les a faits ainsi ; on ne peut que le constater et s'en accommoder. À partir de sondages et d'essais, la géomécanique les réduit aux milieux virtuels d'un modèle, qui doivent être continus, immuables, homogènes, isotropes, libres, parfois non pesants et rien que cela : le traitement mathématique l'impose. Pour passer des premiers aux seconds, de la réalité à l'image, il suffit d'un peu d'imagination et d'usage ; pour repasser ensuite et nécessairement des seconds aux premiers, des échantillons au site, il faut ajouter que les géomatériaux ne sont pas désordonnés, que leur hétérogénéité et leur comportement ne sont pas aléatoires, mais qu'au contraire, ils sont structurés de façon tout à fait cohérente, ce qui ramène à la géologie : tout résultat d'essai et de calcul géomécanique incompatible avec une observation géologique est inacceptable en géotechnique. Et même, toute décision prise par un constructeur qui ne tiendrait pas compte des particularités géologiques d'un site risque d'entraîner, à plus ou moins long terme, des dommages, voire des accidents parfois très graves au chantier et/ou à l'ouvrage : la majeure partie des dommages et accidents géotechniques a pour origine la méconnaissance de la géologie du site et non, comme on aurait tendance à le penser, des erreurs de calculs géomécaniques sur les parties d'ouvrages en relation avec le sol et le sous-sol.

L'état actuel de la géotechnique résulte des chemins divergents suivis par la géologie du BTP et la géomécanique. Ces deux disciplines indissociables d'égale valeur géotechnique ont des bases, des principes, des théories et des méthodes différents, difficiles à accorder : le géologue ne fait que frôler la géomécanique par quelques formules relatives aux propriétés mécaniques et hydrauliques des sols et roches dont il maîtrise mal l'usage pratique ; le géomécanicien semble toujours ignorer que l'on ne peut pas limiter une étude géotechnique à des calculs traitant quelques valeurs locales de paramètres mesurées sur échantillons obtenus par sondages et essais, car ces calculs sont fondés sur des intégrations analytiques ou numériques qui réduisent le comportement réel d'un site à un modèle virtuel générique, le plus souvent une formule numérique biunivoque exprimant une « loi » ; la géologie permet d'assurer le passage réel des échantillons au site et ainsi de donner un cadre cohérent à l'étude géotechnique.

Mais rares sont les géotechniciens qui utilisent conjointement la géologie et la géomécanique, nécessaires outils complémentaires d'analyse pour aboutir à une synthèse proprement géotechnique, car ce sont des géomécaniciens et/ou des ingénieurs qui, pour la plupart, ignorent à peu près tout de la géologie ; et quand, confrontés à un problème qu'ils ont du mal à résoudre, ils consultent un géologue, ils suivent difficilement sa démarche qui leur paraît étrange et comprennent mal ses indications souvent formulées dans un langage qui leur semble hermétique.

Il m'a donc paru utile de présenter ici les éléments de géologie indispensables aux géomécaniciens et aux constructeurs, puis de leur montrer comment la géologie et la géomécanique abordent les mêmes problèmes de façon complémentaire pour qu'ils puissent être correctement résolus, en espérant leur donner ainsi l'envie et les moyens d'approfondir leurs connaissances, afin d'accroître leur compétence et leur efficacité.

« Les sciences sont-elles donc matière à privilèges exclusifs ; et parce qu'on est payé pour les enseigner, sera-t-il défendu de s'en occuper à d'autres qui ne le sont pas ? » Charles Sonnini de Manoncourt (collaborateur de Buffon, à Cuvier)

Introduction

La géologie est la science qui étudie la forme – nature et structure –, le comportement, l'évolution et l'histoire des matériaux qui constituent la partie superficielle de la Terre – le géomatériau – directement accessibles à l'observation, pour en décrire et expliquer l'organisation. La géotechnique s'intéresse plus particulièrement à leurs formes et comportements actuels pour adapter les ouvrages à leurs sites.

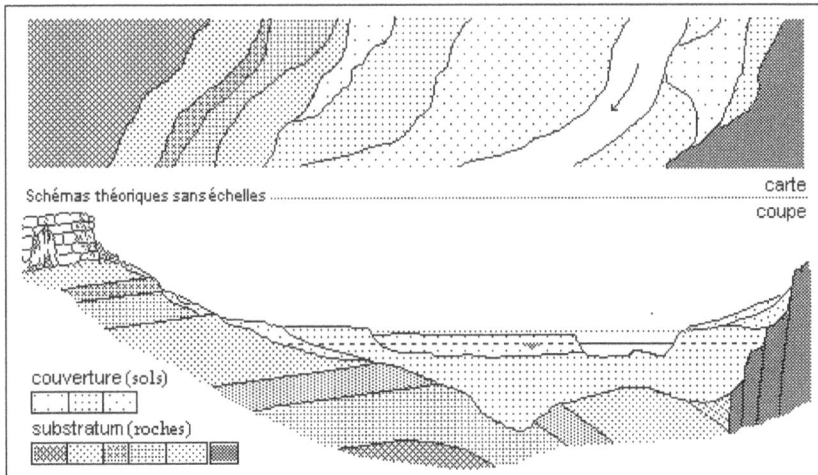

Figure 1 – Modèles géologiques

Le rôle de la géologie est essentiel en géotechnique ; c'est la discipline de base qui permet que la description du géomatériau et de son comportement soit cohérente et convenable ; sa démarche, qui s'appuie sur l'observation du visible et de l'accessible à plusieurs échelles spatiales – paysage, affleurement, échantillon… –, est qualitative et géométrique – nature et aspect des roches, topographie des affleurements, profondeur des échantillons, direction, pendage et épaisseur des strates… Elle doit donc être précisée par des mesures spécifiques *in situ* et/ou sur échantillons dans le cadre d'autres sciences – chimie, physique, mécanique… Du point de vue morphologique, elle fournit à chaque échelle d'observation les modèles schématiques les plus proches de la réalité, ce qui devrait conduire les disciplines mathématisées de la géotechnique – géophysique, géomécanique (mécanique des sols, mécanique des roches et hydraulique souterraine)… – à ne pas utiliser des modèles trop abstraits de conditions initiales et aux limites, nécessaires pour résoudre leurs systèmes d'équations. Du point de vue comportemental, elle permet d'étudier les phénomènes naturels complexes, difficiles à mathématiser, et de justifier la formulation de ceux qui peuvent l'être.

Le champ de la géologie comporte de nombreuses disciplines interdépendantes qu'un exposé forcément didactique oblige à séparer artificiellement ; mais cela oblige aussi à aborder le même thème sous divers aspects dans des chapitres différents : c'est en particulier le cas de l'argile sous toutes ses formes et des matériaux argileux pour tous leurs comportements. Les formes et les comportements du géomatériau sont innombrables, divers, spécifiques d'un lieu et d'un moment, mais on ne trouve pas et il ne se passe pas n'importe quoi n'importe où : pour en tenir compte, il faut conjointement et simultanément faire appel à toutes ces disciplines ; celles qui concernent plus particulièrement le BTP sont pour les formes, des parties de la lithologie – on dit aussi pétrologie, pétrographie –, de la géologie structurale (stratigraphie et tectonique), de la géomorphologie, et pour les comportements, des parties de l'hydrogéologie et de la géodynamique ; ces parties sont celles qui décrivent et étudient les formes et les comportements actuels.

Je rappelle que, dans cet essai, je ne présente que les éléments de géologie indispensables aux géomécaniciens et aux constructeurs dont je ne prétends pas faire des géologues, mais de bons utilisateurs de la géologie. Les géologues, qui n'en ignorent rien, pourraient critiquer voire désapprouver la forme d'exposition que j'ai adoptée pour les présenter : le vocabulaire simple évitant autant que possible les mots savants de la stratigraphie, du métamorphisme…, les simplifications et même les omissions qui en découlent, notamment en privilégiant la description limitée aux échelles de l'échantillon, du site et de la région, en restreignant la causalité et en négligeant l'histoire, ne leur conviendront sans doute pas ; ils trouveront aussi les figures très sommaires, imprécises voire erronées ; ils pourront donc passer directement à la deuxième partie ou utiliser celle-ci dans leurs rapports à la géotechnique. Dans cet aperçu géologique, les autres vont aborder des formes et des comportements extrêmement divers et complexes que la géomécanique simplifie à l'extrême : la géologie les décrit et les classe de façon analogique au moyen de types conventionnels, modèles génériques dont les limites sont floues ; les formes sont très rarement géométriques ; les comportements sont très rarement déterminés ; *plus ou moins*, *à peu près*, *généralement*, *théoriquement*, *parfois*, *souvent*, *sub-*… sont des expressions que l'on doit constamment employer pour le rappeler.

1 ÉLÉMENTS DE GÉOLOGIE

1.1 Minéraux, roches et formations

La lithologie est la science qui décrit et explique les compositions, les structures et les comportements des associations de minéraux ou de corps organiques simples que sont les roches, formes extrêmement diverses et généralement très complexes du géomatériau à l'échelle la plus accessible, celle de l'échantillon, objet géotechnique directement sensible. C'est une science naturelle dont les homologues de mathématisation sont nombreux ; parmi eux la physico-chimie, l'hydraulique et la géomécanique permettent de définir et de mesurer les paramètres caractéristiques d'un échantillon de roche, comme sa composition chimique et minéralogique, sa densité, sa résistance mécanique, sa perméabilité, sa résistivité électrique…

À l'échelle de l'affleurement puis du paysage, objets géologiques sur lesquels on intervient directement en géotechnique, les roches semblables ou présentant des caractères communs – on dit de même faciès – sont groupées en formations qui présentent des caractères structuraux et morphologiques particuliers.

1.1.1 Vocabulaire

Le vocabulaire géologique est très riche en noms de roches de toutes natures et de tous lieux, dûment répertoriées, décrites et classées ; les roches meubles ou dures sont caractérisées par leur aspect et leur composition minéralogique, classées de façon hétérogène mais cohérente, à la fois morphologique et comportementale ; schématiquement, les roches magmatiques le sont selon leur mode de mise en place, leur minéralogie et leur structure, les roches sédimentaires selon leur origine et les caractères physico-chimiques de leurs éléments, les roches métamorphiques selon leur degré de transformation, leur minéralogie et leur structure ; on assemble parfois les roches magmatiques et les roches métamorphiques en roches cristallines dont les cristaux sont visibles, parce qu'il est souvent difficile de les distinguer dans les grandes structures métamorphiques (*voir 3.5.2.1*). Le vocabulaire de la géomécanique est indigent : grave, sable, limon, argile pour n'importe quel « sol » ou roche meuble ; marne, calcaire, granite – parfois granit – pour la plupart des roches dures.

Les mots *sol* et *roche*, apparemment les moins discutables de la géotechnique, ont des sens différents pour un géologue, un géomécanicien, un constructeur, un juriste…

Pour un géologue, une roche est une masse minérale quelconque ; c'est aussi bien un basalte, un calcaire, qu'une argile, une grave alluviale, un limon… Il va même jusqu'à parler de roche liquide ou gazeuse à propos de l'eau et des hydrocarbures naturels. À l'échelle du paysage, il distingue la couverture superficielle, générale-ment meuble, évolutive et souvent même instable, qui masque complètement ou partiellement le substratum, généralement solide et plus ou moins stable.

Le géomécanicien établit lui une distinction entre sol et roche qui ne s'accorde pas avec le sens commun, pour lequel le sol est la surface solide du globe sur laquelle on évolue. Pour lui, un sol est un géomatériau meuble dont les paramètres mécaniques ont des valeurs faibles, plus ou moins variables ; ce peut être une grave alluviale aussi bien qu'un granite arénisé. Il donne par contre au mot *roche* un sens beaucoup plus proche du sens commun en appelant ainsi un géomatériau dur, dont les paramè-tres mécaniques ont des valeurs élevées, plutôt stables. Cette distinction, finalement fondée sur un jugement subjectif de l'aspect instantané d'un géomatériau, est très délicate à faire dans certains cas ; que sont en effet la plupart des matériaux des for-mations argileuses dont les paramètres mécaniques, et en particulier la cohésion qui détermine leur aspect instantané, ont des valeurs qui varient rapidement dans le temps en fonction de la teneur en eau ? Une telle formation, initialement déficitaire en eau, serait en effet une roche qui deviendrait un sol après avoir absorbé de l'eau et qui redeviendrait une roche après avoir perdu cette eau : si l'on fait un déblai dans une formation marneuse sèche et dure – roche – on peut être ensuite amené à stabili-ser par drainage et protection superficielle, les talus qui se dégradent plus ou moins rapidement sous l'action de l'eau atmosphérique en produisant des coulées boueu-ses et même des glissements – sol ; l'argile, matériau typique des mécaniciens du sol, sert à fabriquer des briques : les briques crues, séchées au soleil, sont des roches dont la diagenèse est sommaire ; par altération, elles redeviennent de l'argile en se réhumidifiant ; les briques cuites ont subi un début de véritable métamorphisme ; elles sont devenues des roches plus stables qui s'altèrent difficilement ; les objets en céramique cuits à plus fortes températures sont pratiquement inaltérables.

Pour le constructeur, c'est-à-dire au sens commun, une roche est une masse minérale compacte et dure, qui se terrasse à l'explosif, que l'on peut débiter en moellons et sur laquelle on peut fonder un ouvrage sans risque. Un gros banc de grave cimentée dans une formation alluviale meuble, sur une terrasse, est alors une roche pour un terrassier mais un massif de gypse très altéré ou un banc de calcaire très fragmenté ne sont pas des roches pour un architecte ; du reste, ce dernier appelle *sol* la surface et *sous-sol* ce qui est dessous, tant dans la nature que dans ses ouvrages.

Pour un pédologue, le sol est la couche organique superficielle meuble qui sup-porte la végétation, cultivable pour un agriculteur.

Selon l'article 1792 du Code civil, le juriste peut accuser le sol d'être vicieux ; pour lui, le sol est n'importe quel matériau terrestre, meuble ou dur, qui sup-porte un ouvrage, ainsi que le lieu où il se trouve.

(Dans cet essai qui s'adresse à des géotechniciens plutôt qu'à des géologues, j'appelle incidemment *sols* les matériaux meubles et *roches* les matériaux durs.)

Au sens commun, un *schiste* est n'importe quelle roche sédimentaire argileuse ou marneuse compacte à dure se débitant en feuillets conformes ou non à la stratification. En géologie, on préfère réserver ce terme aux roches feuilletées plus ou moins cristallines de la fin des séries métamorphiques (granite, gneiss, micaschiste, schistes ou granite, cornéenne, schistes). En exploitation minière, c'est n'importe quel stérile de charbon.

Pour un carrier ou un mineur, un *joint* est n'importe quelle fissure de roche dure, diaclase, schistosité, stratification (*Fig. 1.2.2.c*), qui permet un débitage facile, le fil ; le géologue réserve ce terme à la stratification.

Marbre, granit... sont des termes d'art décoratif et non de géologie : ils désignent n'importe quelle roche dure, compacte, quasi inaltérable, dont la surface polie est de bel aspect, marbre pour les roches unies, granit pour les roches grenues ; la plupart des granits ne sont pas des granites ; pour un géologue, le marbre de Carrare est un calcaire cristallin ; la plupart des marbres décoratifs n'en sont pas.

La *dureté* minéralogique est l'indice de résistance à la rayure d'un corps solide, selon l'échelle de Mohs qui comporte dix degrés du talc au diamant : le quartz, plus dur que lui, raye le verre, l'ongle raye le gypse... Dans le langage courant, un corps solide est dur s'il est compact, ferme, résistant : un tel calcaire est dur pour un carrier ou un maçon, bien que la calcite qui le compose soit un minéral tendre (dureté 3) ; un grès à ciment calcaire ou argileux est tendre bien que constitué essentiellement de grains de quartz, minéral dur (dureté 7)...

Le mot *argile* désigne indifféremment les minéraux argileux et les roches argileuses ; dans le langage courant, les argiles sont des roches argileuses plus ou moins plastiques ; les géologues appellent en principe *argilites* les roches argileuses compactes à dures, à très faible teneur en eau, peu ou pas altérées ; sur leur aspect, sans s'informer de leur teneur en calcite, les géotechniciens les appellent *marne* ; ils les appellent *marne argileuse* si elles sont moins compactes, *argile marneuse* si elles sont peu plastiques, *argile* si elles le sont beaucoup. En agriculture, la marne est un calcaire argileux d'amendement.

En géotechnique, il n'est pas toujours nécessaire de désigner spécifiquement un sol ou une roche, car on les distingue généralement par des valeurs différentes de mêmes paramètres géomécaniques, densité, résistance à la compression... ; mais des sols ou roches désignés par le même terme, des échantillons d'un même matériau peuvent présenter des valeurs très différentes d'un même paramètre : « granite » – d $\approx$ 2,6 à 2,9, Rc $\approx$ 1 000 à 2 500 b, Rt $\approx$ 100 à 300 b... Pour désigner indistinctement les matériaux meubles et durs constituant la subsurface de la Terre, là où nous pouvons directement intervenir pour réaliser des aménagements et construire des ouvrages, le terme générique qui me paraît convenir est *géomatériau* ; ce n'est pas l'avis de la plupart des géotechniciens qui réservent ce mot aux matériaux artificiels, bétons, céramiques, verres, géotextiles... ; les géologues l'ignorent.

1.1.2 Les minéraux

Les roches sont composées de minéraux, corps naturels inorganiques, homogènes, automorphes, généralement solides, cristallisés en parallélépipèdes dont les structures et les symétries cristallines – cubiques, quadratiques, orthorhombiques, monocliniques, tricliniques, rhomboédriques, hexagonales – et les caractères physico-chimiques – composition, réfringence, dureté, densité, plan de clivage… sont spécifiques ; selon sa nature et son gisement, la taille d'un minéral naturel peut être inférieure au millimètre voire micrométrique ou pour certains mais rarement, supérieure au mètre ; selon leur nature et les conditions de milieu – température, pression… – les minéraux se forment par condensation de gaz, solidification de liquide et/ou précipitation de solutions aqueuses.

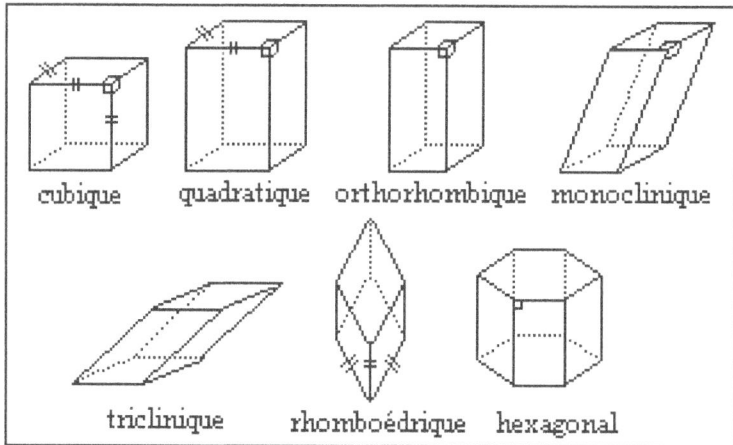

Figure 1.1.2.a – Les sept systèmes cristallins

Les espèces minérales sont très nombreuses mais la plupart des minéraux naturels sont peu répandus voire rares. On les distingue et on les classe selon leurs caractères cristallographiques et chimiques ; on groupe en familles les minéraux dont les caractères cristallographiques sont identiques ou proches et dont les caractères chimiques sont progressivement variables ; dans une même famille, la caractérisation de chaque espèce est ainsi plus ou moins arbitraire. Les minéraux simples sont rares – or, argent, cuivre, diamant… Les minéraux composés les plus abondants sont les silicates – quartz, feldspaths, micas, argiles… ; très loin derrière viennent les sels minéraux – calcite, anhydrite (gypse), pyrite, halite… – et enfin les oxydes – hématite…

1.1.2.1 Les silicates

La structure de base des silicates est un tétraèdre d'atomes d'oxygène dont le centre est occupé par un atome de silicium $[SiO_4]^{4-}$ ou d'aluminium $[AlO_4]^{5-}$; ces deux types de tétraèdres peuvent être associés en plus ou moins grandes proportions : $[SiO_2]$, $[Si_3AlO_8]^-$, $[Si_2Al_2O_8]^{2-}$… ; ils sont neutralisés et liés par des cations métalliques – Fe, Mg, K, Na, Ca… – ou en partie par H dans les phyllites et les amphiboles dont les formules chimiques explicitent $(OH)^-$. Les espèces de silicates se distinguent par la relation spatiale des tétraèdres qui détermine leur classe cristallographique, la proportion Al/Si et la nature des cations qui déterminent leurs caractères physiques. On groupe les espèces analogues en de nombreuses familles dans lesquelles on passe de l'une à l'autre par des variations progressives de leur teneur en cations métalliques.

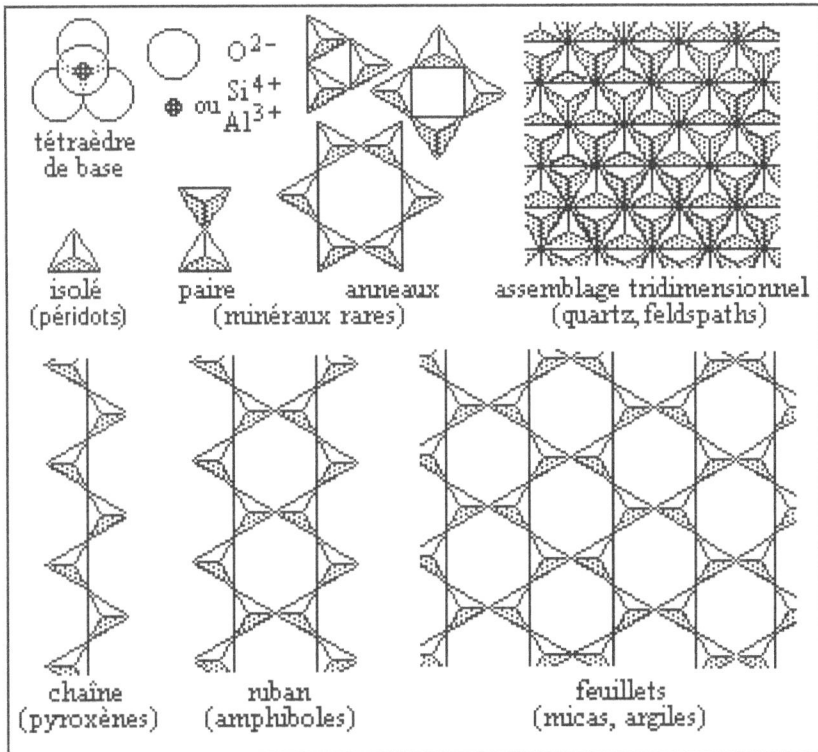

Figure 1.1.2.b – Structures des silicates

1.1.2.1.1 Le quartz

Un cristal de quartz est un assemblage tridimensionnel de tétraèdres de silice pure, liés par la mise en commun de deux atomes d'oxygène et donc électriquement neutre [SiO_2]. Hexagonal, sans clivage – dureté 7, densité 2,65 –, quasi inaltérable, c'est le plus commun de tous les minéraux : on le trouve dans la plupart des roches de toutes classes. Isolés, les beaux cristaux sont limpides, incolores ou colorés (améthyste, citrine…) ; plus généralement, ils constituent des masses laiteuses, jaunâtres ou verdâtres. À partir de silice colloïdale, l'opale – dureté 6, densité 2,15 – est une variété de silice hydratée d'apparence amorphe, microcristalline désordonnée qui forme des concrétions dans certaines roches sédimentaires et/ou effusives marines ; elle peut ensuite évoluer en calcédoine – dureté 7, densité 2,65 –, variété de silice pure paraissant amorphe, mais dont la structure est en fait microcristalline fibreuse, qui constitue entre autres les silex, les agates, l'onyx.

1.1.2.1.2 Les feldspaths

Les cristaux de feldspaths sont des assemblages tridimensionnels de tétraèdres de silice et d'alumine en proportion variable, liés par la mise en commun de deux atomes d'oxygène ; leur neutralité électrique est assurée par des cations métalliques, K, Na, Ca. Selon la proportion Al/Si et la nature du cation, on distingue des espèces physiquement très proches les une des autres ; l'orthose monoclinique – dureté 6, densité 2,55 – est très siliceuse et potassique ; en première analyse, les plagioclases forment une famille triclinique calco-sodique continue, de plus en plus alumineuse et calcique, de plus en plus dense, de l'albite – dureté 6, densité 2,6 – à l'anorthite – dureté 6 à 7, densité 2,7. Clivables selon deux plans à 90°, un peu moins durs et donc plus fragiles et plus altérables que le quartz, on ne trouve en abondance des feldspaths que dans les roches plutoniques et les gneiss.

Les feldspathoïdes, plus rares, forment une autre famille plus hétérogène très alumineuse, potasso-sodique ; très altérables, on ne les trouve que dans les roches volcaniques récentes ; les plus courants sont la néphéline, hexagonale – dureté 5 à 6, densité 2,6 – et la leucite, quadratique pseudocubique – dureté 5 à 6, densité 2,5.

Les zéolites forment une famille encore plus rare d'assemblages de tétraèdres qui contiennent de l'eau de constitution (*voir 1.4.2.1*) mobile sans modification de leur structure cristalline ; naturelles ou synthétiques, on les utilise comme échangeurs de cations, absorbants, catalyseurs, épurateurs…

1.1.2.1.3 Les micas et les argiles

Avec d'autres minéraux moins importants en géotechnique, les micas et les minéraux argileux forment la grande famille des phyllites, ainsi nommées parce que leurs tétraèdres (T) plus ou moins alumineux, associés à des octaèdres alumineux $[Al(OH)_3]$ – (O) – ou magnésiens $[Mg(OH)_2]$ – (O') –, sont organisés en feuillets constitués de 2 (TO), 3 (TOT) ou 4 couches (TOTO'), liés dans les espaces interfoliaires par des ions métalliques et/ou de l'eau de constitution. Ce sont des cristaux monocliniques pseudohexagonaux, plats, élastiques et flexibles – dureté 2 –, qui se clivent facilement selon le plan des feuillets et sont peu stables. On trouve les micas dans les roches cristallines et les minéraux argileux dans les roches sédimentaires. On les classe selon le nombre de couches et la nature de la liaison entre les feuillets – K, Fe et/ou eau de constitution.

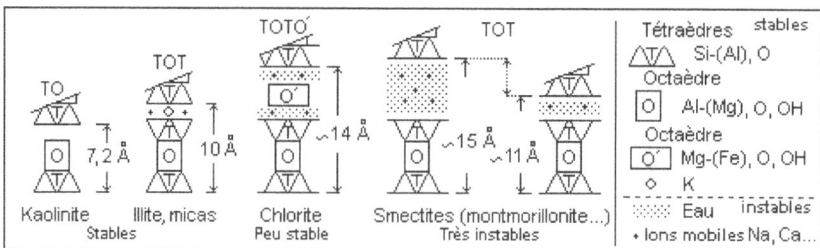

Figure 1.1.2.c – Structures des phyllites

Les micas sont des phyllites à 3 couches (TOT) ; leurs feuillets, liés par des cations K, Na, Fe, Mg…, sont épais de 10 Å ; la biotite (mica noir ferromagnésien – densité 3,1) est la plus commune, très altérable, notamment dans les granites, les gneiss, les micaschistes…, associée ou non à la muscovite (mica blanc alumino-potassique – densité 2,8), peu altérable, qui peut aussi se trouver en très grands cristaux transparents.

Les minéraux argileux sont des phyllites plus ou moins hydratées à 2 (TO) ou 3 (TOT) couches ; leurs feuillets, liés par des cations K, Na, Fe, Mg… et/ou par de l'eau, sont épais de 7 à 14 Å ; tous contiennent de l'eau de constitution en quantité fixe ou variable selon les conditions d'humidité, de pression, de température… auxquelles ils ont soumis. Très nombreux, on les classe en plusieurs familles dont trois, les illites, les smectites et les chlorites, sont importantes en géotechnique. Assez stables, les illites sont les minéraux communs les plus abondants des roches argileuses ; leurs feuillets (TOT), épais de 10 Å – densité 2,7 – sont liés par du potassium et de l'eau. On trouve essentiellement les smectites dans les roches détritiques ; l'épaisseur moyenne de leurs feuillets (TOT) est de 14 Å, mais selon la quantité d'eau dans leur espace interfoliaire, qui suit les conditions hydrologiques saisonnières auxquelles elles sont exposées, elle peut varier de 10 à 18 Å ; successivement, les feuillets se rétractent en périodes sèches et gonflent en périodes humides ; la plus courante et la plus instable est la montmorillonite – densité 2,3 ; en géotechnique, on les dit « gonflantes ». Les chlorites sont les minéraux intermédiaires de l'altération des micas vers les minéraux argileux ; de structure (TOTO'), leurs feuillets ont une épaisseur moyenne de 14 Å qui peut aussi varier selon la quantité d'eau dans leur espace interfoliaire, mais ces variations sont nettement plus faibles que celles des smectites. La kaolinite est une phyllite argileuse alumineuse résultant de l'altération des feldspaths ; ses feuillets (TO) sont épais de 7 Å – densité 2,6 ; un peu d'eau peut occuper leur espace interfoliaire ; elle est néanmoins très stable ; la serpentine est un minéral magnésien analogue, résultant de l'altération de l'olivine.

1.1.2.1.4 Les silicates ferro-magnésiens

Les silicates ferro-magnésiens sont très communs dans les roches magmatiques pauvres en silice.

► Les pyroxènes et les amphiboles

Les pyroxènes et les amphiboles constituent deux familles de minéraux orthorhombiques ou monocliniques – dureté 5 à 6, densité 3,3, deux plans de clivage – dont les tétraèdres organisés en chaînes simples ou doubles sont liés par des cations métalliques de natures et en proportions variées ; les fibres des pyroxènes sont liées par des cations Fe et/ou Mg ; les rubans des amphiboles enserrant des anions (OH)⁻, sont liés par des cations Ca, Mg, Na et/ou K ; ces minéraux s'altèrent en talc, chlorite, calcite…

▶ **Les péridots**

L'olivine est l'espèce la plus commune de la famille des péridots, constituée de minéraux dont les tétraèdres isolés sont liés par des cations Fe et Mg en proportions variées ; ils sont tous orthorhombiques – dureté 6 à 7, densité 3,3. L'olivine est le minéral caractéristique des météorites pierreuses et des roches de la famille du basalte. Très altérable, elle produit essentiellement de la serpentine, de la chlorite, de la calcite, du quartz…

1.1.2.2 Les sels minéraux

Parmi les innombrables sels que la chimie décrit et sait produire, quelques carbonates, sulfates, halogénures et sulfures sont relativement fréquents dans la nature ; certains peuvent constituer des formations rocheuses à l'échelle régionale. Aucun n'est stable à plus ou moins long terme, car selon la concentration, la température, la pression, l'acidité de l'eau de surface et/ou souterraine qui les baignent, ils peuvent tous être plus ou moins dissous puis éventuellement reprécipités.

La calcite – $CaCO_3$, rhomboédrique, dureté 3, densité 2,7, deux plans de clivage, soluble à froid dans HCl (effervescence par dégagement de CO_2) – est de loin le carbonate le plus commun et le plus répandu ; il constitue essentiellement des roches calcaires sédimentaires et quelques roches métamorphiques, mais existe aussi à l'état de petits cristaux dans certaines roches magmatiques. Il ne se dissout que très lentement dans des eaux chargées de gaz carbonique ; cette dissolution, qui n'influence pas directement le comportement géotechnique des calcaires, est à l'origine de la morphologie karstique (*voir 1.3.1.1*). La dolomite – $(Ca, Mg, (Fe))CO_3$, orthorhombique, dureté 3 à 4, densité 2,8 – peu soluble, même dans l'acide sulfurique à chaud, est généralement associée à la calcite en proportions variables dans les dolomies.

L'anhydrite – $CaSO_4$, orthorhombique, dureté 3 à 4, densité 2,8 –, et le gypse – $CaSO_4, 2OH_2$, monoclinique, dureté 2, densité 2,3 – qui en est issu par hydratation entraînant un gonflement cristal à cristal (sans tenir compte du volume de l'eau d'hydratation) d'environ 60 %, sont les sulfates naturels les plus fréquents, associés ou isolés en formations souvent à l'échelle régionale. Le gypse est très soluble dans l'eau.

Le sel gemme ou halite – NaCl, cubique, dureté 2,5, densité 2,1, très soluble – et la sylvine – KCl, cubique, encore plus soluble – sont les chlorures naturels les plus fréquents et les plus abondants, souvent en grandes masses, généralement associés dans la sylvinite, minerai de potasse.

La pyrite – FeS_2, cubique, densité 4,85, dureté 6 à 7 d'aspect métallique doré (on la confond parfois avec l'or) – est le sulfure naturel le plus répandu, parfois en masses, plus habituellement en cristaux centi- à décimétriques dans certains calcaires, marnes et argiles ; en ambiance humide, elle s'oxyde et produit de l'acide sulfurique, du gypse et de la limonite, ce qui rend dangereux les ouvrages construits sur certaines roches pyriteuses, en particulier les marnes qui s'altèrent facilement à proximité de la surface du sol. La marcassite est une variété orthorhombique dont on trouve des nodules dans la craie.

Les roches contenant des sulfates ou sulfures, argiles ou marnes en général, imposent l'utilisation de bétons spéciaux à leur contact pour la confection de fondations, de soutènements de talus, d'ouvrages souterrains…

1.1.2.3 Les oxydes

Parmi les très nombreux oxydes naturels, ceux de fer sont les plus courants et les plus abondants ; le plus répandu d'entre eux est la limonite – Fe_2O_3, nOH_2, orthorhombique, souvent colloïdale – dureté 5 à 6, densité 3,8 ; on la trouve en placages ou en masses de concrétions ou en grains très fins disséminés en plus ou moins grande quantité dans de nombreuses roches sédimentaires qu'elle colore en ocre ; les niveaux maximums des eaux calmes de surface ou souterraines qui sont toutes plus ou moins ferrugineuses, sont souvent marquées par des dépôts de limonite colloïdale qui se forment au moment de leurs descentes saisonnières sur les rives ou dans les matériaux aquifères ; ce sont de bons indicateurs du marnage des lacs et des nappes d'eau souterraines.

1.1.2.4 Évolution des minéraux

Très peu de minéraux sont quasi inaltérables comme le quartz ou totalement comme le diamant. En subsurface, plus ou moins stables selon les conditions climatiques et morphologiques locales, selon leur aptitude au clivage, leur dureté, leur composition chimique, les cristaux se fragmentent, se désagrègent, se transforment et/ou se dissolvent à plus ou moins longue échéance ; ces phénomènes d'altération (*voir 1.5.4.1*), dont les agents sont l'air et l'eau, sont à la base de la géodynamique externe (*voir 1.5.4*). Sous climat froid polaire ou montagnard ou chaud et sec tropical désertique, la plupart des minéraux sont à peu près stables. Sous climat tempéré humide, le quartz quasi inaltérable produit du sable ; les feldspaths, pyroxènes, amphiboles et micas s'altèrent plus ou moins vite en argiles, calcite, oxydes de fer… ; les minéraux argileux s'hydratent, changent de cations et de structure ; le sel gemme, le gypse et la calcite se dissolvent… Sous climat tropical chaud et humide, seules les argiles demeurent stables. Sous climat équatorial, la destruction de presque tous les minéraux est quasi totale ; sous forme colloïdale, la silice est emportée par les eaux courantes et ne se déposent que les oxydes métalliques, essentiellement de fer et d'aluminium (latérite et bauxite).

1.1.3 Roches et formations rocheuses

En géologie, une roche est une portion quelconque relativement homogène de l'écorce terrestre, une masse minérale naturelle d'origine, composition, structure et texture particulières, un assemblage cohérent de divers minéraux en proportion et disposition variées mais spécifiques ; un tel assemblage est statistiquement homogène à l'échelle de la formation, mais hétérogènes à l'échelle de l'échantillon : des pierres de taille ou des dalles découpées dans la roche d'une même carrière ont, si on les regarde bien, des aspects superficiels assez différents pour qu'on les distingue ; il est néanmoins clair qu'elles sont issues de la même carrière, même si l'on ignore laquelle, et alors il est toujours possible de l'identifier.

Une formation rocheuse n'est pas un amas confus, hétérogène de façon aléatoirement désordonnée de n'importe quels minéraux ; c'est un ensemble cohérent et structuré de minéraux ayant des affinités naturelles, généralement d'ordre chimique. Le concept de roche permet de dire que deux échantillons analogues mais pas identiques représentent le matériau d'un même ensemble et que ce matériau se retrouve dans la totalité de l'ensemble : à la stricte classification physique qui impose la différence s'il n'y a pas identité, il faut substituer la souple classification géologique qui admet l'analogie en tenant compte des ressemblances et hiérarchisant les différences. Ces ensembles eux-mêmes ne sont pas aléatoirement distribués ; leurs corrélations traduisent des arrangements d'ordres supérieurs ; les cristaux ou grains s'arrangent en roches qui elles-mêmes s'arrangent en formations…

La diversité des roches est évidente, de la vase la plus molle au quartzite le plus dur, en passant par toutes les roches de la Terre dont il existe autant d'espèces que d'endroits où l'on a recueilli et décrit un échantillon, en négligeant ceux que l'on n'a pas recueillis, que l'on n'a pas décrits ou que l'on aurait trouvés à un endroit que personne n'a visité. En fait, les noms de roches se rapportent à des types génériques et non à des espèces ; sur un volcan, on observe autant d'échantillons différents de basalte que l'on en ramasse ; il y en a donc bien davantage ; cependant tant sur une coulée que sous forme de bombe ou de cendre, ils ont un air de famille qui permet de les attribuer à ce volcan et tous les basaltes de la Terre, tant volcaniques que crustaux, se ressemblent plus ou moins ; cela permet de leur donner un même nom et de leur attribuer des caractères communs, notamment minéralogiques et structuraux. Il en va ainsi de toutes les roches qui, pour un géologue, ne sont pas toutes plus ou moins dures et solides, mais peuvent aussi être tendres, ductiles, plastiques et même liquides ou gazeuses.

Les caractères chimiques des roches dépendent entièrement de ceux des cristaux ou grains dont elles sont constituées et/ou du ciment qui les lie ; leurs caractères physiques en dépendent en plus ou moins grande partie : une roche est d'autant plus résistante qu'elle est composée de minéraux plus durs et plus stables, qu'elle est plus dense, mais sa résistance dépend aussi de sa fissuration et en particulier de la nature et de la direction par rapport à elle de l'effort auquel on la soumet ; la résistance à la compression d'une même roche est généralement très supérieure à la résistance à la traction ; la résistance à la compression est plus grande perpendiculairement aux fissures ; pour la résistance à la traction, c'est l'inverse… ; les valeurs des paramètres physiques et mécaniques d'un même type de roche peuvent être plus ou moins différentes selon l'échantillon éprouvé. En géologie, on oppose roches dures et tendres, en géomécanique, roches raides et ductiles, mais *dureté* et *raideur*, *tendreté* et *ductilité* ne sont pas des termes équivalents.

L'identification, la description et la classification lithologique des roches s'appuient sur de nombreux critères d'observation qualitatifs et physico-chimiques quantitatifs ; c'est affaire difficile de techniciens ou même de spécialistes qui ne sont pas toujours d'accord ; ils les étudient principalement en plaques d'épaisseur micrométrique, au microscope polarisant. En géotechnique, l'identification générique est suffisante, voire souvent superflue : il suffit de reconnaître à l'œil nu quelques types de roches courantes ; mais pour bien les caractériser, il faut le faire dans le cadre d'une classification fondée sur leurs origines respectives qui néanmoins, importe peu en géotechnique : schématiquement, les roches endogènes, magmatiques et métamorphiques – on dit aussi roches cristallines si elles sont grenues –, sont tout ou partie issues des profondeurs de l'écorce terrestre ; les roches exogènes, sédimentaires et résiduelles, se sont formées et se forment encore à sa surface.

1.1.3.1 Les roches magmatiques

Les roches magmatiques sont issues de la solidification de magmas siliceux, liquides aux hautes températures et pressions qui règnent au contact du manteau et de la lithosphère ; les magmas très siliceux ($\approx$ 75 %), très visqueux, de type granitique se solidifient lentement en profondeur pour produire les roches plutoniques ; les magmas moins siliceux ($\approx$ 50 %), assez fluides, de type basaltique, se solidifient rapidement en surface pour produire les roches volcaniques. Entre ces deux pôles, on pourrait en fait caractériser une variété continue de magmas, diversifiés selon leur teneur relative en silice et silicates ferro-magnésiens, et donc de roches magmatiques.

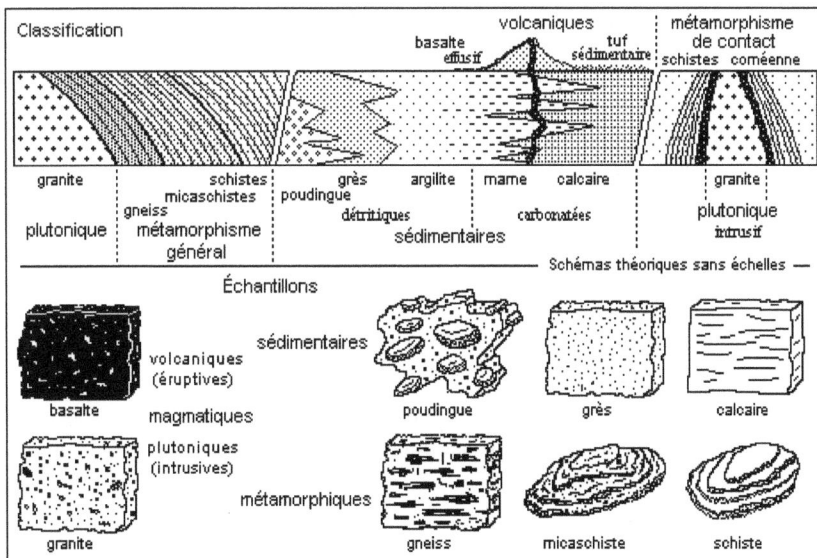

Figure 1.1.3.a – Les différents types de roches

1.1.3.1.1 Les roches plutoniques

Le type des roches plutoniques – on dit aussi intrusives, cristallines – est le granite ; les roches de sa famille, les granitoïdes, sont les plus répandues à la surface de l'écorce terrestre continentale. L'espèce la plus commune, le granite *ss*, est une roche grenue très siliceuse (> 70 %) – densité 2,7 – grisâtre, mouchetée, dure, dont on distingue à l'œil nu les cristaux dispersés sans ordre : quartz, orthose et plagioclases pour 70 à 80 %, silicates ferro-magnésiens (micas, amphiboles) pour 20 à 30 %. Selon les proportions relatives de ces minéraux et la taille de leurs cristaux, on décrit de nombreuses espèces de granites (aplite, granulite…) puis de roches de moins en moins siliceuses, de plus en plus denses et de teintes de plus en plus foncées, relativement beaucoup moins abondantes (syénites, diorites, gabbros, péridotites grenues et leurs variétés microgrenues). On appelle ophiolites ou roches vertes, les associations de roches des grands fonds océaniques – gabbros, péridotites, basaltes… que l'on trouve dans les zones internes des grandes chaînes (*voir 1.2.2.5.4*).

Du massif d'extension régionale au filon local, ces roches formées en profondeur ont été amenées à la surface par des mouvements tectoniques puis plus ou moins décapées par l'érosion. Compactes à l'origine, plus ou moins diaclasées en subsurface, elles se désagrègent selon un réseau prismatique et s'altèrent alors plus ou moins profondément et plus ou moins rapidement selon leur composition minéralogique, leur position topographique et les conditions climatiques auxquelles elles sont soumises.

Dans ce qui suit, sauf raison particulière, le mot *granite* est utilisé pour désigner n'importe quelle roche plutonique.

1.1.3.1.2 Les roches volcaniques

Le type des roches volcaniques – on dit aussi éruptives, effusives – est le basalte, de très loin la roche la plus répandue à la surface du globe puisqu'il forme exclusivement la croûte des fonds et toutes les îles océaniques, ainsi que les trapps continentaux épais de plusieurs milliers de mètres sur des milliers de kilomètres carrés ; mais sur les continents et les arcs insulaires, il est remplacé par l'andésite, plus siliceuse, ou par la rhyolithe, très siliceuse… Le basalte est une roche microgrenue, peu siliceuse (< 50 %), noirâtre, dure et dense, parfois vacuolaire, dont on ne distingue à l'œil nu que quelques cristaux dispersés sans ordre ; à la surface des coulées, le basalte est généralement scoriacé ou cordé ; au-dessous, il est compact puis fissuré en colonnes (*Fig. 1.2.1.a*). Les obsidiennes sont des verres volcaniques plus ou moins siliceux, très compacts et très durs. Les dépôts pyroclastiques, tufs, cinérites (pouzzolane)…, d'abord meubles puis plus ou moins consolidées sous l'action de l'eau d'infiltration, sont en fait des roches sédimentaires.

Dans ce qui suit, sauf raison particulière, le mot *basalte* est utilisé pour désigner n'importe quelle roche volcanique.

1.1.3.2 Les roches sédimentaires

Meubles ou compactes, les roches sédimentaires sont constituées de débris de désagrégation et d'altération de toutes sortes de roches préexistantes, de précipités chimiques, de restes d'organismes vivants, de projections volcaniques… À l'exception des tills (glaciaires, *voir 1.3.2.2*) et lœss (éoliens, *voir 1.3.2.4*), les roches meubles constituent des placages superficiels généralement peu épais et peu étendus. Les roches compactes sont presque toujours disposées en bancs, lits et/ou lentilles empilés d'épaisseur centi- à plurimétrique ; des couches superposées de roches analogues ou différentes, d'épaisseur déca- à hectométrique latéralement variable, constituent des séries stratifiées, parallèles ou obliques, généralement subhorizontales à l'origine, dont l'épaisseur totale peut dépasser plusieurs milliers de mètres ; le volume total des roches sédimentaires à l'échelle de la lithosphère est très faible (environ 5 %), mais elles couvrent la majeure partie des continents et des fonds océaniques, à l'origine toujours au-dessus de roches magmatiques ou métamorphiques ; la tectonique – failles, plis… peut modifier largement leur géométrie – pendage – et leur position structurale – chevauchement, charriage (*voir 1.2*).

En raison de leur très grande diversité, la classification des roches sédimentaires est compliquée, pas toujours efficace ; elle repose sur plusieurs critères interdépendants dont les trois principaux sont l'origine (détritique, chimique, biogénique, volcanique…), le genre chimique (siliceux, calcaire, argileux…) et les caractères des éléments qui les composent (nature, liaisons, taille…) : un grès est une roche détritique par l'origine de ses éléments, chimique par le processus de leur cimentation, composée d'éléments quartzeux, micacés, glauconieux…, à ciment siliceux, calcaire, argileux, ferrugineux… de plus ou moins petite taille ; selon le ou les caractères retenus pour le distinguer, un échantillon de grès peut recevoir des noms différents, mais l'usage en retient généralement un qui ne traduit pas forcément ses qualités techniques : un grès comme un calcaire n'est pas forcément une roche dure ; une argile peut en être une (argilite).

1.1.3.2.1 Les roches résiduelles

Les roches résiduelles ou altérites, ne sont pas des roches sédimentaires, mais elles peuvent être à leur origine si leurs éléments sont ensuite transportés et déposés ; elles résultent de l'altération sur place de roches subaffleurantes du substratum (*voir 1.5.4.1*) : les régolites sont des placages de débris anguleux provenant de la fragmentation de roches dures mais fissurées ; les arènes sont des placages ou même des massifs de débris sableux provenant de l'altération des roches cristallines ; les *terre rosse* et les argiles résiduelles sont des placages ou des remplissages de cavités, d'argile provenant de la dissolution de calcaires karstiques ou de craie ; les latérites et certaines bauxites sont des roches résiduaires de climats tropicaux humides ; certains massifs granitiques sont profondément altérés : la roche est devenue une pâte argileuse meuble d'altération des feldspaths, enrobant des grains de quartz et des paillettes de micas, qui a conservé la structure d'origine – gore puis arène granitique.

1.1.3.2.2 Les roches détritiques

Les roches détritiques sont de très loin les plus variées et les plus communes des roches sédimentaires ; ce sont des agrégats de débris minéraux et parfois organiques plus ou moins gros. Les éléments anguleux ou roulés de ces roches sont des blocs, des cailloux, des graviers, des grains de sable, des particules de limon, des grumeaux d'argile, de matière organique ; dans une même roche, la taille des éléments peut être à peu près la même pour tous (homométrique) ou au contraire de différentes tailles variant de façon plus ou moins continue (hétérométrique).

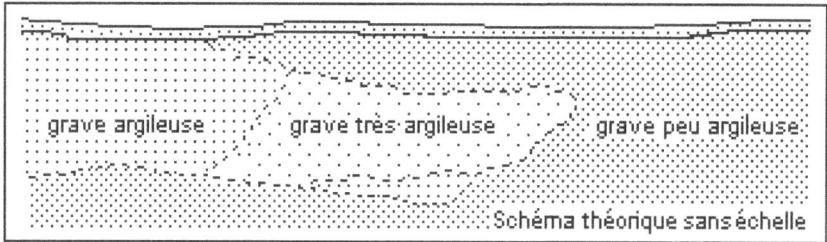

Figure1.1.3.b – Hétérogénéité d'une grave alluviale

En principe, les séries sédimentaires détritiques débutent par des couches d'éléments grossiers et s'achèvent par des couches d'éléments fins, mais les variations granulométriques latérales sont fréquentes – stratification lenticulaire (*Fig. 1.2.1.a et 1.2.1.b*). Séparés, mêlés en proportions variées, ces éléments constituent des roches meubles, éboulis, tills morainiques, lœss, graves alluviales, vases, tourbes… Liés par un ciment siliceux, calcaire, argileux…, ils deviennent selon leur taille dominante des conglomérats (brèches s'ils sont anguleux, poudingues s'ils sont roulés), des grès, des pélites et des argilites. Les tufs sont des dépôts de projections volcaniques de toutes tailles mais essentiellement fines, plus ou moins consolidés. Les arkoses sont des grès à ciment plus ou moins argileux dont les grains sont les minéraux (quartz, feldspaths, micas) des granites avec lesquels on peut les confondre à première vue. Les molasses et les flyschs sont des formations détritiques plus ou moins hétérométriques (poudingues, grès, marnes, argiles ou schistes…) très épaisses, remplissant des grabens (*Fig. 1.2.2.c*) et des fossés longitudinaux de pieds de chaînes (*voir 1.2.2.5.4*) (molasses) ou déposées dans des fosses océaniques puis formant tout ou partie des nappes de charriage des grandes chaînes (flyschs).

En géologie, on distingue entre elles les roches détritiques selon leur aspect et leur structure :
- les éboulis, produits de la désagrégation des roches dures en falaises ;
- les tills, dépôts morainiques de fontes des glaciers, dont les éléments très hétérométriques sont émoussés, non classés ;
- les alluvions fluviatiles et marines dont les éléments plus ou moins homométriques, sont roulés, classés ;
- les lœss, dépôts éoliens d'argile silteuse…

En géotechnique on décrit, on désigne et on classe les roches détritiques meubles, objets de la mécanique des sols, par leur granulométrie et leur plasticité. On trouve ainsi sur les coupes de sondages et dans les rapports d'études géotechniques, des *argile peu limoneuse très plastique,* des *sable très argileux,* des *cailloutis sableux légèrement argileux ...* et autres expressions plus ou moins subjectives combinant tous ces mots de toutes les façons possibles avec toutes les nuances de *peu, plus ou moins, très* et autres adverbes !

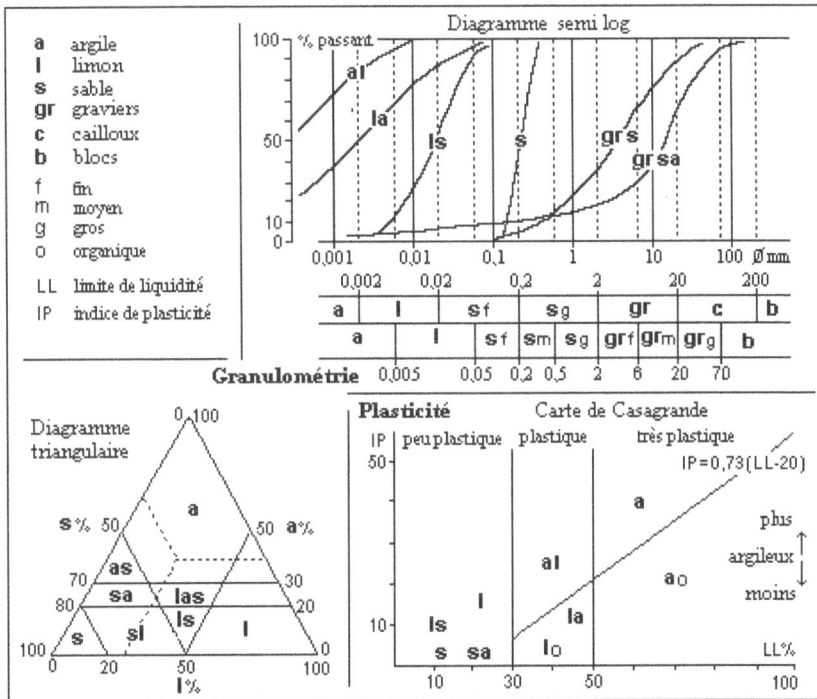

Figure 1.1.3.c – Classification géotechnique des roches détritiques meubles

Avec les marnes en partie chimiques, les argiles sont des roches détritiques qui peuvent être compactes, voire dures (argilites), ou meubles selon leur teneur en eau et l'état des micelles argileuses, floconneuses ou agglomérées (*Fig. 1.4.3.1.a*). Dans un matériau argileux, les micelles de plusieurs phyllites, en proportions variables, forment de fins grumeaux agglutinés par de l'eau adsorbée à leur surface (*Fig. 1.4.2.1*) ; cette eau est susceptible d'échanger dans les deux sens des cations métalliques avec l'eau de constitution interfoliaire, et même des molécules d'eau dans le cas des smectites ; si le matériau est saturé en eau adsorbée, les grumeaux sont enrobés d'eau libre interstitielle et il devient plus ou moins « liquide ».

Selon la teneur en eau adsorbée du matériau, les micelles argileuses sont plus ou moins distantes et peuvent plus ou moins facilement glisser les unes sur les autres : le matériau est « plastique ». La consistance et la cohésion du matériau sont d'autant plus faibles et son volume est d'autant plus fort que sa teneur en eau est élevée ; il peut passer de l'état solide à l'état « liquide » en passant par l'état plastique par augmentation progressive de sa teneur en eau et faire le passage inverse par dessiccation. En géotechnique, on caractérise les changements d'état par les limites d'Atterberg. Le retour à l'état plastique et/ou liquide devient impossible si le matériau est soumis à une température élevée par cuisson qui extrait toute l'eau adsorbée et une partie importante de l'eau interfoliaire. Dans les deux sens, de fortes variations saisonnières de volume des sols très argileux, mais pas forcément riches en smectites, endommagent les ouvrages légers – chaussées, pavillons… fondés superficiellement sur eux *(Fig. 3.6.3.b)*.

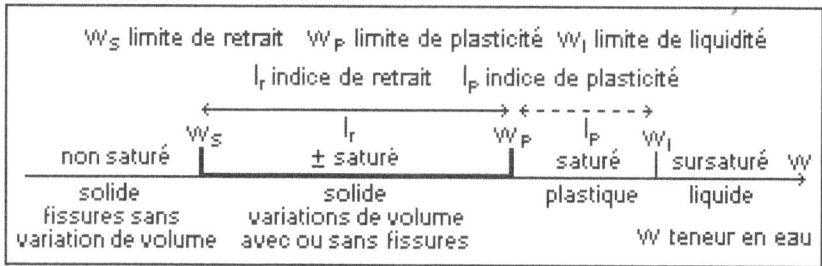

Figure 1.1.3.d – Limites d'Atterberg d'un matériau argileux

Les argiles et les marnes étant imperméables, la teneur en eau des formations qu'elles constituent ne peut évoluer que si des lits sableux perméables, aquifères, y sont interstratifiés : l'instabilité de ces formations, qui préoccupe tant les géotechniciens, a une cause géologique et non géomécanique comme ils le croient généralement.

Selon la nature de leurs éléments mais surtout de leur ciment, les conglomérats, les grès, les pélites, les molasses, les flyschs, les tufs… sont des roches plus ou moins dures et plus ou moins sensibles à l'altération et à l'érosion. Certaines brèches très dures font de beaux marbres ; l'altération plus ou moins rapide de certains grès ou molasses utilisés en moellons ou pierres de taille affecte les façades des bâtiments qui en sont construits.

1.1.3.2.3 Les roches carbonatées

Le terme de calcaire est commun à une grande variété de roches constituées presque exclusivement de $CaCO_3$ amorphe ou microcristallisé, résultant en majeure partie de l'accumulation de débris d'organismes coquilliers macro- ou microscopiques. On en décrit un grand nombre d'espèces selon leur caractère qui paraît dominant :
- texture : grossier, lithographique, saccharoïde… ;
- structure : massif, lité, oolithique, noduleux… ;
- origine : récifal, coquillier… ;
- impuretés : sableux, argileux…

Leur utilisation technique dans le BTP (moellons, agrégats pour béton, pour chaussées…) dépend de ceux de ces caractères qui conviennent à chaque usage. Tout le monde sait que les calcaires font effervescence à froid dans l'acide chlorhydrique dilué, ce qui est un moyen élémentaire de les reconnaître.

La meulière est un calcaire siliceux assez dur, très stable, caverneux mais pratiquement imperméable car ses vides ne sont pas reliés. La craie est un calcaire léger, tendre, friable voire meuble, poreux et perméable en petit, car les débris coquilliers microscopiques plutôt fragiles qui la constitue sont agglutinés, très peu cimentés ; très sensible à l'imbition, la craie peut devenir pâteuse voire « liquide », selon un processus d'humidification analogue à celui de l'argile mais beaucoup moins actif.

La plupart des dolomies résultent du remplacement partiel ou total de la calcite par la dolomite (dolomitisation) ; la forte différence de solubilité entre les deux carbonates explique la texture vacuolaire des cargneules, dolomies à prédominance calcaire proches de zones gypseuses d'où sont issues des eaux sulfatées qui dissolvent préférentiellement la dolomite. La dolomie pure n'est pas effervescente.

La marne est en principe la roche qui contient autant de calcaire que d'argile, mais de la marne argileuse au calcaire marneux, la série argilo-calcaire est continue ; les désignations d'échantillons que l'on n'analyse pas ne sont pas très rigoureuses. Pour fabriquer les chaux et ciments de qualités fixées, on utilisait des calcaires plus ou moins argileux naturels ; on le fait maintenant au moyen de mélanges artificiels strictement définis. Les marnes sont d'autant plus sensibles à l'imbition qu'elles sont plus argileuses ; elles sont plus ou moins effervescentes selon leur teneur en calcaire ; les argiles pures, non.

Le silex est une roche exclusivement siliceuse, très dure, à grain très fin, qui constitue des rognons de taille déci- à plurimétrique, disséminés en niveaux parallèles à la stratification de formations calcaires ou crayeuses.

1.1.3.2.4 Les roches salines

Les roches salines résultent de précipitations de sels dissouts dans des eaux marines ou terrestres, provenant de l'altération de roches contenant du sodium, du potassium, du calcium… Aucune n'est effervescente.

L'anhydrite est une roche relativement commune ; au contact de l'eau, à proximité de la surface du sol ou en galerie, elle se transforme rapidement en gypse, avec dégagement de chaleur, forte augmentation de volume (environ 40 %) et éventuellement de pression de confinement (10 à 20 bar), ce qui perturbe gravement les travaux souterrains qui en rencontrent sans l'avoir prévu. La présence de gypse entraîne le sulfatage des eaux superficielles et souterraines, ce qui impose aussi l'utilisation de bétons spéciaux loin de zones où il y en a. La forte solubilité du gypse provoque des fontis (*(Fig. 1.5.4.i*) tant naturels que provoqués par des effondrements de galeries d'exploitation abandonnées : les ouvrages implantés sur ou dans ces formations sont ainsi particulièrement dangereux à plusieurs titres et finissent souvent ruinés.

Les chlorures, halite et sylvine, constituent la sylvinite, souvent interstratifiée avec de la marne ou de l'argile. Extrêmement solubles dans l'eau, ils ne constituent des grandes formations à l'échelle régionale que s'ils sont surmontés et protégés par des formations imperméables argileuses ou marneuses ; si la protection est insuffisante, les fontis en surface sont courants et très dangereux, en particulier au-dessus d'exploitations abandonnées. Très plastiques et de densité relativement faible par rapport à celle des roches qui les surmontent, ils forment souvent des plis diapirs en montant vers la surface sous l'effet de la pression géostatique.

Les travertins, que l'on appelle aussi tufs – évidemment non volcaniques –, sont des précipités souvent épais d'aragonite plus ou moins recristallisée en calcite, vacuolaires à caverneux, assez tendres, qui se déposent principalement à l'aval des résurgences (*Fig 1.4.4.a*).

1.1.3.3 Les roches métamorphiques

Les roches métamorphiques sont issues de roches magmatiques et/ou sédimentaires retournées en profondeur par l'effet de la tectonique de plaques (*Fig. 1.5.3.a*), recristallisées sans fusion selon la température et/ou la pression atteintes et revenues à la surface par érosion. Leurs minéraux principaux sont les mêmes que ceux des roches magmatiques, mais le plus souvent ce ne sont plus ceux des roches transformées. Il en va de même pour leurs structures et leurs textures ; la plupart ont une structure schisteuse et une texture foliée en raison de l'orientation commune des minéraux qui les composent et de leur répartition en lits. Les roches du métamorphisme général sont les plus communes ; viennent ensuite, assez loin, celles du métamorphisme de contact.

La classification des innombrables roches métamorphiques repose sur plusieurs critères interdépendants ; ceux qui reflètent le mieux le degré de transformation qu'elles ont atteint sont le type de métamorphisme, la composition minéralogique et la texture.

Les roches cristallophylliennes du métamorphisme général constituent des séries plus ou moins continues dont l'épaisseur peut dépasser la dizaine de kilomètres, qui vont d'un granite à des schistes de moins en moins cristallins et minéralisés, en passant par des gneiss et des micaschistes. Le gneiss type est une roche très commune, généralement massive et dure, assez proche du granite sauf par sa texture qui est foliée ; le micaschiste type est aussi une roche très commune, essentiellement constituée de quartz et de biotite, pauvre en feldspaths, à schistosité et foliation très marquées, qui se débite facilement en plaquettes fragiles.

Les roches que l'on observe autour de roches magmatiques, granite, basalte..., sont organisées en auréoles concentriques plus ou moins régulières dans lesquelles elles sont de moins en moins transformées physiquement et chimiquement en s'éloignant du contact. Elles forment des séries épaisses de quelques hectomètres dans le cas de roches plutoniques à quelques mètres dans celui de roches volcaniques. Au contact, les cornéennes sont des roches très siliceuses, massives, très dures, relativement homogènes, à grain très fin plus ou moins lité, dont la minéralisation varie selon la roche d'origine, gréseuse, argileuse, calcaire...

À partir de roches argileuses, à mesure que l'on monte dans la série générale ou de contact, les schistes plus ou moins fissiles qui en résultent deviennent de moins en moins cristallins jusqu'à l'ardoise. Constitués exclusivement de cristaux de quartz intimement soudés, les quartzites résultent du métamorphisme de grès siliceux ; ils comptent parmi les roches les plus dures. Les calcaires cristallins résultent du métamorphisme de calcaires qui, s'ils étaient assez purs, ont produit du marbre comme celui de Carrare.

On décrit beaucoup d'autres roches plus ou moins métamorphiques, très particulières et rares : les mylonites sont des roches broyées à proximité de failles ou dans des zones très fracturées ; leurs éléments, fragments de toutes tailles des roches des épontes, sont plus ou moins cimentés…

1.1.3.4 Évolution des roches

À l'échelle de l'échantillon, en dehors de certains quartzites métamorphiques et de certaines roches volcaniques vitreuses comme l'obsidienne, toutes les roches évoluent plus ou moins fortement et rapidement d'une part selon leur minéralogie et leur structure et d'autre part, selon la température, la pression, l'acidité – on dit aussi *l'agressivité* –… du milieu (eau ou air humide) au contact duquel elles se trouvent, à condition qu'elles soient fissurées – diaclases, schistosité… (*Fig. 1.2.2.b*) – pour qu'ils les pénètrent, car les roches compactes sont généralement imperméables mais très rares :

• les plus évolutives sont les salines et le gypse qui se dissolvent rapidement dans l'eau ordinaire ;

• les calcaires se dissolvent lentement dans les eaux chargées de gaz carbonique et comme toutes les roches dures, ils se désagrègent plus ou moins selon leur fissuration sous l'effet de variations de température et de pression ;

• les grès fissurés se désagrègent de la même façon ;

• les argilites et les marnes évoluent par variations de leur teneur en eau, de la solidité à la liquidité en passant par la plasticité dans les deux sens ;

• les schistes peu minéralisés font à peu près de même et/ou se désagrègent en plaquettes ou crayons ;

• les schistes cristallins et les micaschistes se désagrègent facilement en feuillets puis en paillettes et se transforment plus ou moins rapidement en argiles ;

• les feldspaths et les micas des granites et des gneiss se transforment beaucoup plus lentement en argiles, selon le degré de fissuration de la roche, et libèrent les grains de quartz qui deviennent du sable.

À l'échelle de la formation, ces phénomènes sont à la base de l'érosion (*voir 1.5.4.2*) qui modèlent les paysages actuels dans lesquels se trouvent les sites que les géotechniciens étudient.

Les roches meubles se compactent en surface sous l'effet de la gravité (consolidation) ; elles se transforment en roches dures en profondeur sous l'effet de la pression géostatique. Si la température intervient à plus grande profondeur, elles se transforment en roches métamorphiques.

1.2 Géologie structurale

La géologie structurale est la discipline qui étudie la disposition des formations rocheuses telles qu'on les observe en subsurface et/ou qu'on les imagine au bureau. En géotechnique, on peut le plus souvent la limiter à la description de leur faciès et de leur géométrie ; leur datation précise n'est éventuellement nécessaire que lors d'études de grands ouvrages souterrains, galeries, forages… traversant de nombreuses formations dont on veut préciser la structure.

L'élément de base de la géologie structurale est le *faciès* d'une formation rocheuse : à l'origine, le mot désignait l'ensemble des caractères lithologiques, paléontologiques et génétiques propres d'une formation sédimentaire, son aspect particulier résultant des conditions de son élaboration et de son état (paléogéographie, sédimentation, diagenèse…), indépendamment de son âge :

- des roches de même faciès peuvent avoir des âges différents – le calcaire de faciès urgonien est d'âge barrémien en Savoie, aptien en Provence et dans les Pyrénées, albien dans la cordillère Cantabrique ;

- des roches de même âge peuvent avoir des faciès différents – calcaire et gypse d'âge ludien de la vallée de la Marne ;

- une même formation peut présenter des faciès plus ou moins différents selon l'endroit – marne crayeuse, craie grise, craie noduleuse, craie glauconieuse, craie blanche avec et sans silex… du Bassin parisien.

La notion de faciès a ensuite été appliquée sous la forme de lithofaciès, sans caractère paléontologique, aux formations métamorphiques ; elle peut aussi s'étendre, sans caractère génétique, aux formations magmatiques. C'est cette notion étendue qui permet, à une échelle d'observation donnée, de caractériser des formations de même aspect général, sans entrer dans des détails secondaires qui compliqueraient inutilement la modélisation de leur structure : les cartes et coupes géologiques, modèles géométriques du sous-sol d'un site (*voir 3.3 et Fig. 1*) sont en grande partie établies à partir d'observations de faciès à l'affleurement, en groupant ainsi des échantillons qui, sans être identiques, ont à peu près le même aspect et donc appartiennent en principe à la même formation.

La structure primaire d'une formation est celle issue de son élaboration par sédimentation et diagenèse (roches sédimentaires), intrusion (roches plutoniques) ou effusion (roches volcaniques) ; sa structure secondaire est celle acquise ensuite, par déformation tectonique (failles et plis). Ces deux types de structures sont généralement superposés, mais on peut pratiquement toujours les distinguer, comme les strates (structure primaire) d'une formation sédimentaire fracturée et/ou plissée (structure secondaire) ; par contre, après une transformation métamorphique, si les structures des formations métamorphisées ont pratiquement disparu, les structures des formations métamorphiques qui en sont issues peuvent paraître primaires. Il est rare qu'une structure primaire soit intégralement conservée.

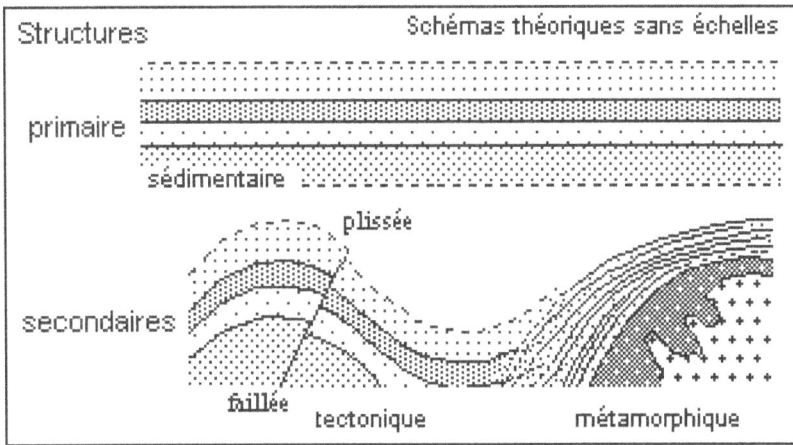

Figure 1.2 – Superpositions de structures

Primaires ou secondaires, on observe des structures analogues à toutes les échelles, de l'échantillon à la région : une faille peut avoir un rejet de quelques centimètres à plus de mille mètres ; un pli peut avoir un rayon de courbure de quelques millimètres à plus de 10 km... Mais sur le terrain, en dehors de certaines zones désertiques sans végétation, vous ne verrez de loin en loin que quelques pans de miroirs de failles, de charnières ou flancs de plis..., jamais continus et réguliers : les figures suivantes sont des modèles analogiques très schématiques d'objets réels infiniment plus complexes.

En géotechnique, l'identification, l'implantation et la modélisation correctes de la structure géologique d'un site que l'on aménage sont nécessaires à la conception du projet, à la préparation, à l'exécution et au suivi des travaux ; ce sont les opérations de base de toute étude géotechnique, quelles que soient la nature et les dimensions de l'ouvrage.

1.2.1 Stratigraphie

La stratigraphie est la discipline qui étudie dans l'espace et dans le temps les formations sédimentaires généralement plus ou moins arrangées en couches ou strates subhorizontales superposées dans l'ordre normal de leur dépôt, avant leurs déformations et/ou leurs transformations. En géotechnique, on peut la limiter à leur étude lithologique, géométrique et relationnelle dans l'espace.

À toutes les échelles d'observation, la détermination de l'ordre de superposition d'une formation par rapport à une autre ou de la continuité d'une formation dont le faciès est plus ou moins variable, est particulièrement importante, car elle permet d'établir des modèles géométriques cohérents du sous-sol d'un site. Cette détermination spécifique par celle de l'âge d'une formation selon l'échelle stratigraphique générale (...Crétacé inférieur : ...Barrémien, Aptien, Albien...) est une affaire de spécialistes que l'on n'aborde qu'en cas de doute sur l'ordre de superposition dans certaines structures tectoniques. Plus couramment, on peut substituer le niveau lithostratigraphique d'une formation à son âge pour distinguer des faciès différents de même niveau ou des mêmes faciès de niveaux différents, afin de préciser les relations spatiales de formations en contact, aussi bien sédimentaires que magmatiques ou métamorphiques.

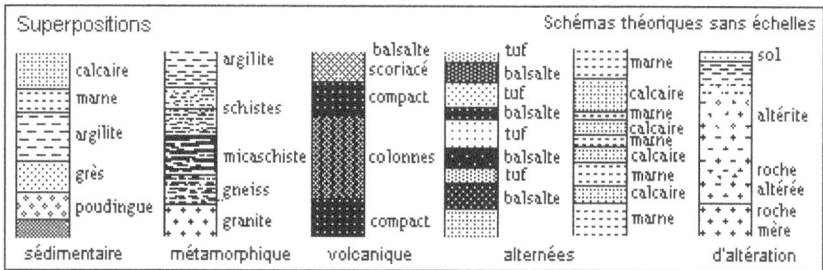

Figure 1.2.1.a – Ordres de superpositions (lithostratigraphie)

On peut donc étendre la notion de stratigraphie descriptive spatiale à toutes les formations rocheuses : il y a un ordre de superposition normal des formations métamorphiques (granite, gneiss, micaschiste, schistes), des produits d'évolution superficielle de toutes les roches (roche mère, roche altérée, altérite…) ; il y a aussi des alternances répétées un grand nombre de fois de couches plus ou moins épaisses de tuf et lave volcaniques, de calcaire et marne, de grès et argilite…

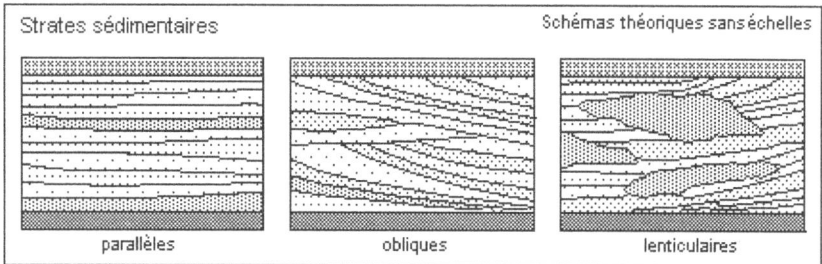

Figure 1.2.1.b – Stratification sédimentaire

La strate est la plus petite unité d'une formation sédimentaire ; selon le type de roche, elle est épaisse de quelques centimètres à quelques décimètres et dépasse rarement le mètre, mais des strates de même roche peuvent être empilées sur de grandes épaisseurs – une formation de strates analogues à toutes les échelles d'observation est dite compréhensive. Par définition, une strate, ou plus généralement une formation compréhensive, présente des caractères lithologiques, structuraux et/ou paléontologiques propres plus ou moins apparents qui permettent de la distinguer de celle qu'elle surmonte et de celle qui la surmonte, dont elle est séparée par des surfaces de contact plus ou moins planes, des plans ou joints de stratification. La stratification peut être parallèle, oblique, lenticulaire…

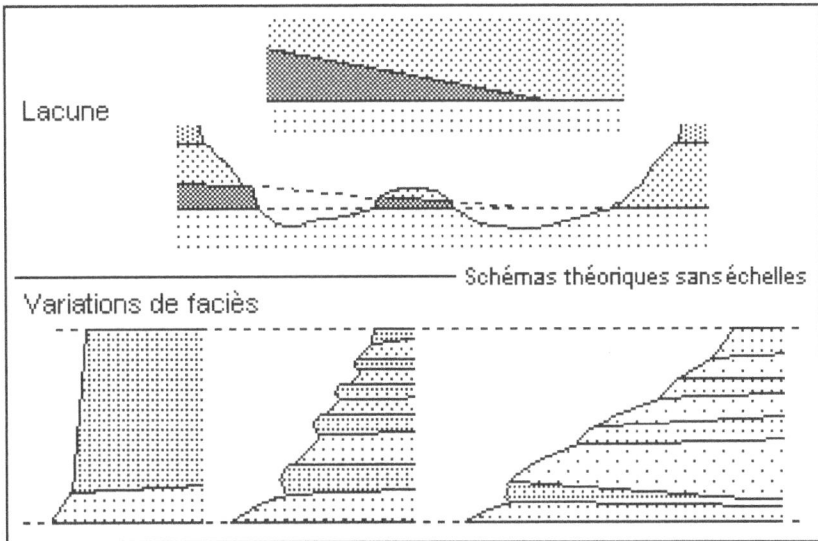

Figure 1.2.1.c – Lacune – variations de faciès – sédimentation alternée

Si l'on observe des affleurements de faciès différents en des endroits distants de quelques décamètres, hectomètres ou même kilomètres, on considère qu'ils appartiennent à la même formation s'ils surmontent et sont surmontés par des formations au faciès moins changeant. Ainsi, sur toute son étendue, une formation peut ne pas avoir le même faciès, passer en biseau d'un faciès à un autre (calcaire/marne, grès/poudingue…) dans une ou plusieurs directions (variation de faciès) : son caractère de définition est alors paléontologique, mais le géotechnicien y verra des matériaux différents. Une formation peut s'étendre sur de très grandes surfaces, des dizaines ou même des centaines de kilomètres carrés ; mais son extension peut aussi être plus ou moins limitée : elle peut ne pas avoir une épaisseur constante et même s'amincir jusqu'à disparaître, mettant en contact anormal les formations qui l'encadraient et créant une lacune due localement à une interruption de la sédimentation ou à l'érosion de la formation. Des formations normalement superposées, sans lacune, sont *concordantes* ; s'il y a une lacune entre deux d'entre elles, elles sont *discordantes*.

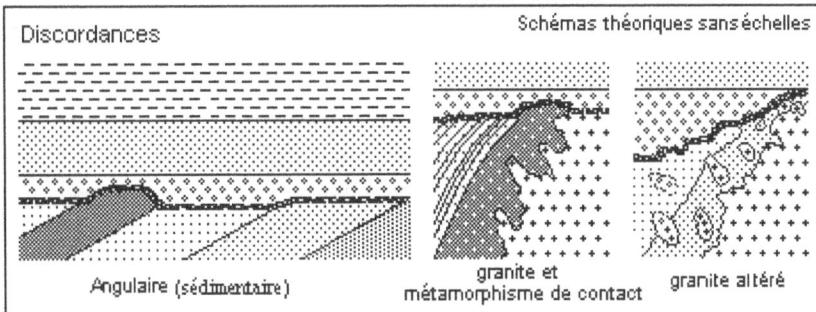

Figure 1.2.1.d – Discordances

La discordance peut être parallèle ou angulaire ; les formations supérieures sont alors très souvent détritiques, avec un poudingue de base au contact.

Sauf exception de renversement tectonique (pli couché), dans une succession verticale de strates (un profil, une série), chacune est plus récente que celles qu'elle surmonte et plus ancienne que celles qui la surmontent : on définit ainsi une stratigraphie lithologique, chronologie relative que l'on peut ou non rattacher à l'échelle stratigraphique générale selon les difficultés que l'on rencontre à modéliser le site étudié. L'ordre granulométrique apparemment le plus naturel de dépôt d'une formation détritique va du poudingue en bas au grès et à l'argile en haut, ce qui est effectivement le cas si le milieu de dépôt est *transgressif*, c'est-à-dire si sa surface s'étend ; s'il est *régressif*, c'est-à-dire si sa surface se restreint, l'ordre est inversé, argile en bas et poudingue en haut, mais demeure normal ; il ne s'agit évidemment pas d'un renversement tectonique.

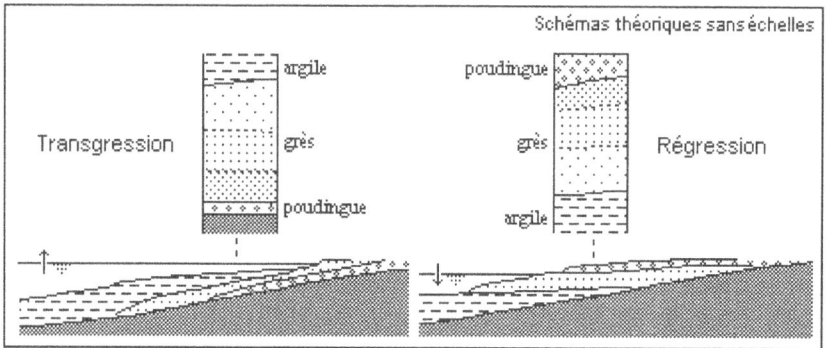

Figure 1.2.1.e –Transgression – régression

Ces principes stratigraphiques de superposition et de continuité peuvent s'appliquer à des formations de même niveau, mais d'épaisseur et de faciès parfois extrêmement différents, à toutes les échelles d'observation – affleurement, site, régions plus ou moins distantes... Ils permettent d'établir des profils et des séries lithostratigraphiques locaux spécifiques que l'on peut situer ou non dans l'échelle stratigraphique générale, selon le but de l'étude.

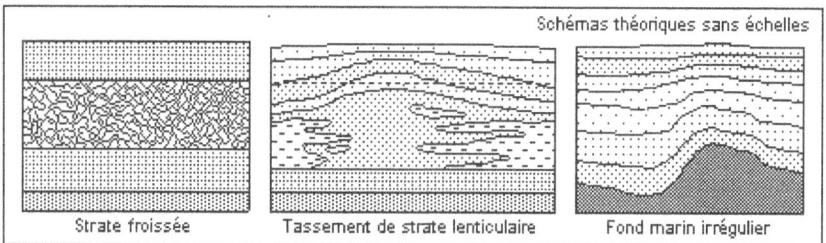

Figure 1.2.1.f – Structures irrégulières

Dans certaines circonstances, des formations sédimentaires ont pu être perturbées durant leur dépôt, avant leur diagenèse ; les structures qu'elles ont ainsi acquises sont bien primaires, mais présentent des formes qu'il est souvent difficile de distinguer des structures secondaires tectoniques. Elles résultent parfois de coulées de boues qui dévalent les cañons des plateaux continentaux sous-marins ou de glissements qui se produisent sur leurs tombées. Des matériaux sablo-argileux continentaux se sont alors mêlés de façon désordonnée à des argiles de fonds marins et l'ensemble a acquis une structure lenticulaire dans laquelle les matériaux sont froissés, simulant des petits plis confus (molasses, flysch…) ; ils constituent toujours des strates de faible épaisseur qui couvrent et sont couvertes par des strates uniformes horizontales à l'origine, puis éventuellement plissées ; dans ce cas, l'ensemble évoque un pli dysharmonique. Des strates, surmontant une strate lenticulaire dont l'épaisseur varie par tassement lors de la diagenèse, peuvent paraître ensuite plissés ; il peut en aller de même pour des dépôts ayant tapissé le relief irrégulier d'un fond marin… Dans tous ces cas, l'absence de fissures orientées est un indice, pas toujours évident, qui évite la confusion. Par contre, il peut se former une fissuration paraissant tectonique lors du refroidissement de roches magmatiques ou de la dessiccation de roches sédimentaires.

1.2.2 Tectonique

La tectonique est l'étude de l'architecture du sous-sol terrestre, c'est-à-dire de son état géométrique actuel à toutes les échelles d'observation – minéral (mm), échantillon (dm), affleurement (m à dam), région (km et plus)… –, tel qu'il résulte de l'ensemble des modifications anciennes, fixées, ayant affecté le géomatériau après l'élaboration de sa structure primaire, pour lui faire acquérir sa structure secondaire (failles, plis, fissures, schistosité…). La géotechnique s'intéresse plus particulièrement à ses aspects analytique et géométrique jusqu'à l'échelle de la région, rarement au-delà. Les modifications récentes et actuelles, objets de la tectonique de plaques, relèvent de la géodynamique interne *(voir 1.5.3)*.

Les observations tectoniques les plus faciles et les plus sûres sont celles réalisées sur les affleurements de roches sédimentaires, car dans la grande majorité des cas, elles ont été à l'origine litées et horizontales : le moindre pendage observé sur un de leurs affleurements et/ou lors de travaux en particulier souterrains – sondages, tranchées, tunnels, carrières, mines… – est l'indication à peu près certaine de l'existence d'une structure secondaire. Les observations de géomorphologie *(voir 1.3)* permettent de préciser les structures secondaires à l'échelle régionale, car le relief terrestre a été modelé sur elles par l'érosion. À partir d'observations lithologiques et géomorphologiques, les structures des formations magmatiques et métamorphiques sont plus difficiles et plus incertaines à établir.

La plupart des structures réelles sont compliquées, souvent très vastes, rarement visibles en totalité ou même en partie significative : il faut les reconstituer à partir d'observations locales limitées, plus ou moins dispersées et souvent difficiles à interpréter, en s'appuyant sur des modèles analogiques convenus de structures types. L'observation par télédétection *(voir 3.3.2)* permet souvent de voir l'ensemble d'une structure et donc de dresser la synthèse des observations de terrain, ou même de découvrir une structure passée inaperçue sur le terrain. On traduit toutes ces observations en cartes et coupes géologiques qui sont des modèles analogiques sur lesquels la part d'interprétation d'abord de l'auteur, ensuite de l'utilisateur est toujours importante (*Fig. 3.3.1.b*).

On distingue habituellement deux classes de structures secondaires types :
• la classe des failles, objet de la tectonique cassante, s'applique aux structures discontinues résultant de ruptures nettes de roches raides ;
• la classe des plis, objet de la tectonique souple, s'applique aux structures continues, résultant de déformations plastiques de roches plus ou moins ductiles ;
• les flexures, les plis monoclinaux... constituent une classe intermédiaire.

Des structures types de toutes classes sont souvent associées dans des structures plus ou moins complexes – plis-failles, chevauchements, décollements, structures dysharmoniques... –, en partie en fonction des comportements rhéologiques de formations différentes voisines voire en contact, calcaire et argilite, quartzite et schiste... Les essais classiques de la géomécanique (*voir 2*) (triaxial, compression simple...) peuvent servir de modèles tectoniques comportementaux, mais leurs échelles d'espace, de temps, de température, de pression et de contrainte sont sans commune mesure avec la réalité.

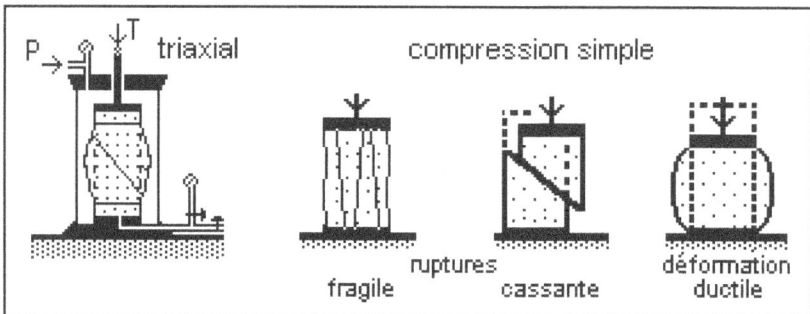

Figure 1.2.2.a – Essais géomécaniques

Les tectoniciens appellent *compétentes* les roches dures, raides, qui plient en cassant plus ou moins et incompétentes les roches plastiques, ductiles, qui se déforment sans casser ; ce charabia issu de l'anglais *competent*, dit à peu près le contraire du français courant ; il est préférable de l'éviter en géotechnique et s'en tenir à *raide* et *ductile*.

1.2.2.1 Pendage

On caractérise n'importe quelle surface structurale naturelle (fissure, strate, faille...) par le pendage – angle avec l'horizontale – du plan moyen auquel on l'assimile, car aucune n'est rigoureusement plane. La mesure du pendage d'un affleurement *(Fig. 3.3.3)* est l'opération fondamentale de la tectonique, indispensable à la géotechnique : plus ou moins variable d'un affleurement à un autre, c'est l'observation et l'analyse des variations d'une strate à l'échelle d'une étude – site, région... – qui permet de reconstituer la structure à laquelle appartient la strate et celles auxquelles elle est associée.

Théoriquement, on peut jalonner une strate et calculer sa profondeur à un endroit donné, connaissant son pendage et la distance à l'affleurement de mesure, ou entre deux affleurements, entre deux sondages... En fait, le résultat de ce calcul est de plus en plus incertain à mesure que l'on s'éloigne des points de mesures, car il est rare qu'une strate conserve strictement ses caractéristiques géométriques et lithologiques sur de grandes distances.

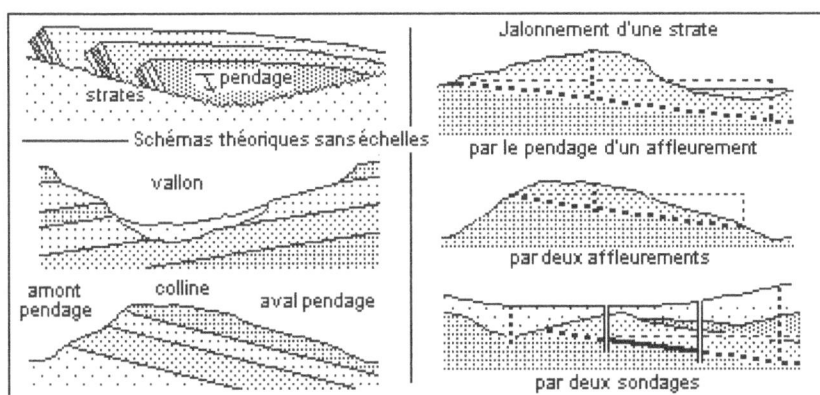

Figure 1.2.2.b – Pendage

Le sens et la valeur du pendage des fissures et des strates sont des éléments déterminants de l'instabilité éventuelle des pentes naturelles ou de talus de déblais : si le pendage est contraire à la pente, on dit que le site ou le talus est *amont pendage*, plutôt stable ; si le pendage est dans le sens de la pente, on dit que le site ou le talus est *aval pendage*, presque à coup sûr instable à plus ou moins long terme, quelles que soient les caractéristiques mécaniques des roches. Dans un massif constitué de roches analogues, les versants amont pendage présentent toujours des pentes naturelles supérieures à celles des versants aval pendage. Le géotechnicien prudent et avisé doit impérativement déterminer les pendages de toutes les surfaces structurales, fissures, strates et failles, du site qu'il étudie.

1.2.2.2 La fissuration des roches

Les fissures sont des discontinuités plus ou moins planes, sans déplacement relatif des deux lèvres, qui affectent de façon spécifique toutes sortes de roches dont la structure impose les caractéristiques, nature, forme, géométrie... Dans une région donnée, un réseau de fissures géométriquement analogues s'étend à toutes les échelles d'observation (minéraux, roches, formations, massifs rocheux...) ; un tel réseau est donc un objet fractal. L'étude de la fissuration des roches et des massifs rocheux est indispensable à la tectonique, car elle est la source principale des observations qui lui permettent de reconstituer les grandes structures ; elle l'est en géotechnique, car elle permet de caractériser en grande partie l'état et le comportement géomécanique et hydraulique des sites, pour y adapter les aménagements, y conduire les travaux et prévoir les risques encourus par les ouvrages existants ou à construire. La fissuration est en très grande partie naturelle, mais certains travaux et ouvrages, tirs aux explosifs, galeries… peuvent l'accroître ou même en créer.

Un échantillon de roche fissurée présente des caractéristiques mécaniques très différentes selon la nature et la direction de la contrainte qu'on lui impose à l'essai. Dans une région donnée, il y a toujours plusieurs réseaux de fissures, liés à sa structure : un massif rocheux n'est donc jamais homogène et isotrope comme en rêve la géomécanique. On devrait le modéliser comme un empilement de blocs de formes plus ou moins semblables et de diverses dimensions ; pratiquement, on le fait selon des mailles régulières.

La plupart des fissures déterminent la façon dont les roches se débitent naturellement et à l'exploitation. Elles reçoivent différents noms qui recouvrent souvent les mêmes objets. Le *clivage* est la fragmentation d'un cristal ou d'une roche schisteuse déterminée par un plan structural caractéristique ; le *fil* est la surface selon laquelle une roche massive se fend facilement ; le *débit* est la forme des fragments habituels d'une roche fissurée (ardoise, lauze, moellon, boule…) ; le *délit* est l'aptitude d'une roche à se débiter selon son lit, couche peu épaisse difficilement réductible de stratification sédimentaire ou de schistosité métamorphique ; le *longrain* et le *quernage* sont des plans de cassures des ardoises, différents du plan de clivage de schistosité. On emploie souvent le mot *joint* comme synonyme de fissure, ce qui est un anglicisme car en français une fissure casse et un joint réunit ; il est donc préférable de réserver joint à la surface de jonction de deux strates ; mais comme les joints ont des morphologies analogues à certaines fissures et leur sont souvent associés, on a pris l'habitude de les assimiler, ce qui peut entraîner des confusions.

Pour décrire une fissure, il faut indiquer sa nature, sa forme, son extension longitudinale et transversale dans son plan, sa rugosité, son écartement, éventuellement la nature et la proportion de son remplissage. Au laboratoire, les mécaniciens des roches soumettent les échantillons fissurés à des essais de cisaillement dans des appareils analogues à la boîte de Casagrande (*Fig. 2.1.2*).

1.2.2.2.1 Les joints de stratification

Les joints de stratification sont des surfaces irrégulièrement planes, généralement rugueuses, très étendues, qui tranchent longitudinalement une strate en lits, feuillets ou bancs selon la nature de la roche, et séparent les strates d'une même formation ou les formations successives d'une série sédimentaire. Entre deux strates ou même dans une strate, les deux lèvres d'un joint sont rarement identiques, mais s'interpénètrent par ondulations, craquelures, indentations, engrenages de quelques millimètres à quelques centimètres de haut… Horizontaux à l'origine, les joints sont presque toujours plus ou moins inclinés dans les plis ou décalés par les failles ; les plus marqués séparent des strates de roches fissurées perméables (calcaires, grès…) et de roches sensibles à l'eau (marnes, argilites, schistes…). L'altération différentielle de ces deux types de roches fragilise leurs joints qui sont des lignes de sources et des surfaces de glissement potentielles, notamment s'ils sont aval pendage ; en galerie, ils sont à l'origine d'éboulements.

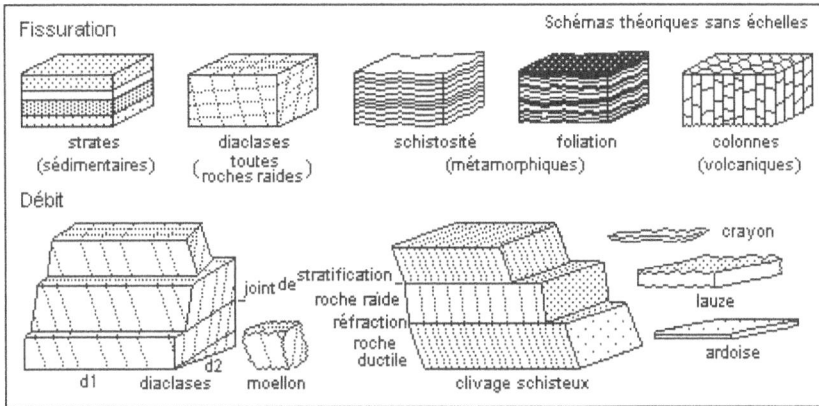

Figure 1.2.2.c – Fissuration des roches

1.2.2.2.2 Les diaclases

Les diaclases sont de fines fissures planes, plus ou moins lisses, peu étendues, des roches raides, calcaires, grès, granites… Sur échantillon et à l'affleurement, elles sont parfois presque invisibles et ne se révèlent qu'au choc ou à l'exploitation. Disposées en deux ou trois, rarement quatre, réseaux conjugués, elles découpent les massifs rocheux en parallélépipèdes plus ou moins réguliers, généralement tricliniques, qui, sous l'effet de l'altération, produisent des blocs et pierres de formes semblables. Dans les formations sédimentaires, un des réseaux correspond au joint de stratification ; le découpage est alors pseudo-orthorhombique, car les deux autres réseaux, généralement liés à un réseau de failles ou un faisceau de plis, sont plus ou moins perpendiculaires à celui des joints. Dans certaines massifs magmatiques, des diaclases courbes, parallèles à la surface, simulent une structure en oignon et provoquent un débit en écailles concentriques d'un à dix centimètres d'épaisseur et d'un à plus de dix mètres d'extension ; les blocs détachés de ces massifs ont des diaclases et des débits en boules analogues. La densité des diaclases d'un même réseau que détermine leur espacement en plan et la taille des blocs qui en découle va de quelques centimètres à quelques décimètres, rarement plus d'un mètre, exceptionnellement un ou deux décamètres ; elle peut varier d'un endroit à l'autre d'un même massif ; les divers réseaux d'un massif ont généralement des densités différentes. Les diaclases sont plus ou moins ouvertes en surface et se ferment vers la profondeur jusqu'à finir par être virtuelles : dans les ouvrages souterrains profonds où elles sont fermées voire potentielles au moment du déroctage, elles s'ouvrent plus ou moins rapidement et parfois de façon intempestive voire dangereuse, en lourdes écailles ; en carrière, elles déterminent les fils selon lesquels se débitent les blocs et moellons. Les diaclases ouvertes rendent les formations perméables et éventuellement aquifères ; elles sont aussi des chemins de progression de l'altération vers la profondeur ; les massifs diaclasés se débitent alors en blocs parallélépipédiques ou en boules empilés et les massifs calcaires deviennent karstiques. Elles peuvent enfin être plus ou moins colmatées soit par de l'argile et du sable détritiques, soit par des concrétions de calcite ou de quartz.

Les fentes sont des fissures très ouvertes, très étendues, généralement colmatées ; ce sont des diaclases évoluées ou d'autres natures.

1.2.2.2.3 Le clivage schisteux

Le clivage schisteux est une fissuration plus ou moins parallèle, fine, plus ou moins serrée, de roches ductiles au moment de sa formation, rarement ouverte car la plupart de ces roches sont plus ou moins argileuses, peu pénétrables par l'eau et chimiquement assez stables. Le clivage schisteux permet le débit des schistes en feuillets de même composition ou des micaschistes en feuillet de compositions alternativement différentes, sans relation avec sa stratification éventuelle, actuelle ou antérieure. Il se réfracte en passant d'une roche raide à une roche ductile ou l'inverse. Sous cette réserve, il est plus ou moins parallèle aux abords des grandes failles ou aux crochons éventuels de failles moins marquées. Dans les formations sédimentaires plissées, il est subparallèle au plan axial d'un pli ou dessine un éventail convergeant vers le cœur du pli ; dans les strates raides de calcaire ou grès plissés, il est analogue à un réseau de diaclases et a les mêmes effets de débit ; dans les strates ductiles de marnes, argilites et schistes peu métamorphisés, il est de type ardoisier, assemblage de minces feuillets, souvent réductibles en feuillets plus minces, produisant un débit en plaquettes assez raides. Dans les formations métamorphiques dont il est un caractère typique, il a la forme d'une foliation parallèle sur de grands volumes par la disposition en feuillets séparés de minéraux phylliteux et de quartz-feldspaths ; l'abondance de cristaux de micas rend les micaschistes très fissiles ; l'engrenage des cristaux de gneiss a l'effet inverse. Si plusieurs réseaux de clivage d'intensités analogues coexistent, la roche se débite en aiguilles ou en crayons.

1.2.2.2.4 Autres fissures de roches

Les parties moyennes de certaines coulées de laves, basaltiques en général, sont fissurées et se débitent en colonnes pseudohexagonales, perpendiculaires à la surface de la coulée ; à l'origine, elles sont couvertes par une couche de basalte scoriacée et couvrent une couche de basalte compact.

À la surface du sol, les formations argileuses et marneuses soumises à des alternances de dessiccation et de saturation se fissurent à la dessiccation en plaques pseudohexagonales.

1.2.2.3 Les failles

À toutes échelles, du mètre à plusieurs centaines de kilomètres en longueur et du décimètre à quelques kilomètres en hauteur, une faille est une fracture verticale ou inclinée plus ou moins nette de géomatériau qui décale plus ou moins les deux compartiments qu'elle sépare.

La surface d'une faille peut être un plan (le *miroir de faille*), mais le plus souvent elle est gauche ; de part et d'autre de la fracture, les deux lèvres plus ou moins striées ou cannelées de la faille – les bords des compartiments en regard – peuvent être en quasi-contact. Plus généralement une faille est plus ou moins épaisse, composée d'écailles ou de panneaux limités par des surfaces subparallèles, de roches plus ou moins finement broyées (brèche de faille ou mylonite) ou simplement pliées (crochons). Son rejet principal est la distance verticale qui sépare une zone repère dans chacun des compartiments ; si le décalage est oblique, on définit aussi un rejet transversal et un rejet longitudinal dans le plan horizontal ; l'addition vectorielle des trois est alors le rejet vrai.

Toutes les formations rocheuses, magmatiques, métamorphiques, sédimentaires, peuvent être affectées de failles, mais on définit, on classe et on représente leurs types par des modèles sédimentaires, car une strate est un repère facile à identifier, à suivre et à représenter. La classification des failles et le vocabulaire utilisé pour en décrire les types – faille normale, inverse, conforme, contraire… – permet aux mineurs de fond de retrouver la couche exploitée, strate ou filon, au-delà de l'endroit où elle a failli (disparu) – de là le mot qui la désigne.

Le toit d'une faille inclinée dite *normale* est abaissé par rapport à son mur ; résultant d'une distension du massif rocheux qu'elle tranche, elle a tendance à paraître ouverte ; sur une coupe de sondage, elle supprime des strates au mur et peut simuler une discordance. Dans une galerie qui aborde et franchit une faille normale par le toit, on descend dans la série et les zones repères en radier se retrouvent en voûte ou au-dessus ; par le mur, c'est le contraire ; la plupart des failles normales sont très inclinées (pendage > 50°). Le toit d'une faille dite *inverse* est relevé par rapport à son mur ; résultant d'une compression du massif rocheux qu'elle tranche, elle a tendance à paraître fermée ; sur une coupe de sondage vertical, elle réplique des strates au mur et peut simuler un pli couché. Dans une galerie qui aborde et franchit une faille inverse par le toit, on monte dans la série et les zones repères en voûte se retrouvent en radier ou au-dessous ; par le mur, c'est le contraire. La plupart des failles inverses sont peu inclinées (pendage < 40°). Si le pendage d'une faille inverse est faible et son rejet transversal grand, elle forme un chevauchement *(Fig. 1.2.2.f)*.

Si le sens du pendage des strates faillées est le même que celui de la faille, on dit qu'elle est *conforme* ; s'il est opposé, on dit que la faille est *contraire*.

La surface d'une faille qui affecte une formation composée de roches plus ou moins raides et ductiles, est plus ou moins gauche. Dans un plan vertical, elle simule des réfractions : autour d'un pendage moyen, son pendage est plus fort dans les roches raides, plus faible dans les roches ductiles. Près de la surface, les failles sont plus ou moins ouvertes par décompression ; elles se ferment en profondeur.

Dans un massif rocheux, une faille est rarement isolée ; elle est souvent doublée de répliques plus ou moins marquées et distantes. À l'échelle régionale, elle peut se ramifier longitudinalement ; un champ de failles subparallèles en escalier peut s'organiser en graben (rift, fossé) abaissé ou en horst (môle) élevé, généralement contigus ; deux champs peuvent se croiser sous des angles plus ou moins grands, figurant un réseau maillé à l'horizontale ; … Les grands champs de failles profondes sont généralement associés à une forte sismicité et à un volcanisme andésitique si les failles sont inverses ou de décrochement, à une sismicité relativement faible et à du volcanisme basaltique si les failles sont normales, comme dans le cas des horsts. Car certaines grandes failles, décrochements et failles inverses, sont toujours plus ou moins actives dans des régions clairement localisées et circonscrites par la tectonique de plaques (*voir 1.5.3*). Les séismes sont les effets de cette activité ; lors de grands séismes, la faille active peut produire en surface, sur plusieurs dizaines de kilomètres de distance, des fractures de plusieurs mètres ou décamètres de rejet ; cela prouve que les grandes failles ont joué de très nombreuses fois pour atteindre leur rejet actuel et qu'aucune d'entre elles ne peut être considérée comme inactive.

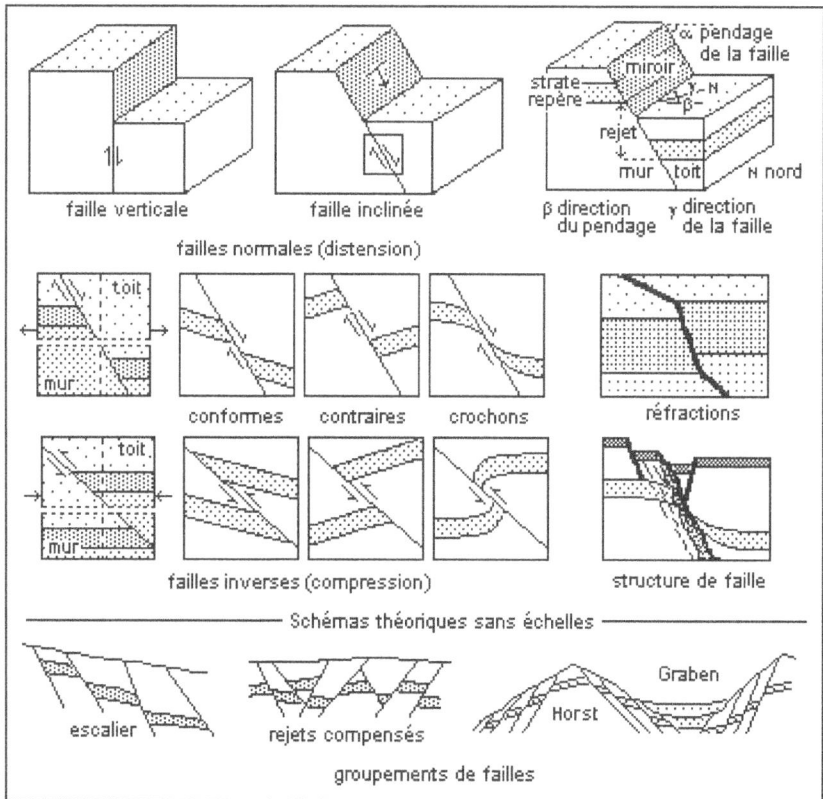

Figure 1.2.2.d – Failles

Sur le terrain, on repère plutôt une faille par le contact anormal – qui n'est pas une discordance – de deux formations et/ou de deux strates très différentes, par une zone de brèche…, que par l'observation d'un miroir, souvent inexistant, plus généralement masqué par la couverture meuble ou rongé par l'érosion.

L'escarpement topographique entre deux compartiments de faille peut être presque nul et n'indiquer ni la position ni le rejet de la faille. Parfois trompeuse, la morphologie d'un grand glissement peut paraître analogue à celle d'une faille normale (*Fig. 1.3.2.e*) ; on les distingue par la faible extension latérale du glissement et surtout parce que le pendage de son compartiment affaissé est différent de celui du compartiment en place, généralement contraire. Par télédétection, le repérage et le suivi superficiel des failles sont généralement beaucoup plus facile, mais il faut aller sur le terrain pour ensuite les caractériser.

Pour les eaux souterraines, les failles se comportent comme des barrages si elles sont fermées et/ou colmatées par des brèches, des concrétions, des minéralisations ; comme des drains ou des réservoirs si elles sont ouvertes.

Les problèmes que posent les failles aux géotechniciens et aux constructeurs sont nombreux et variés. En galerie, la rencontre imprévue ou mal positionnée d'une faille peut obliger à modifier l'abattage et le soutènement, peut créer une venue d'eau… ; cela entraîne des pertes de temps et d'argent, parfois des accidents. Si la faille et la galerie sont à peu près parallèles, il faut souvent modifier le tracé de la galerie afin de traverser la faille aussi perpendiculairement que possible. Sous un barrage, une faille peut être un important foyer d'instabilité et/ou de fuites. Une faille peut perturber un terrassement en déblais, arrêter l'exploitation d'une carrière… La proximité de failles actives à l'origine des séismes est dangereuse tant pour les ouvrages existants que pour ceux à construire.

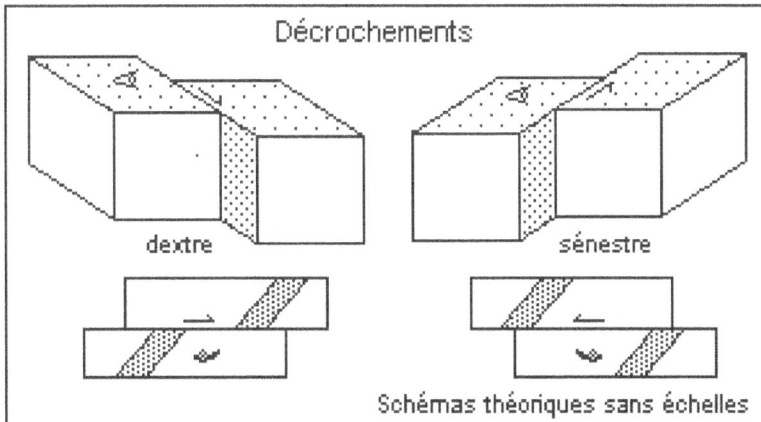

Figure 1.2.2.e – Décrochements

Les décrochements sont des fractures subverticales entraînant un décalage principal latéral subhorizontal. Avec quelques variantes d'ordre géométrique, la majeure partie de tout ce qui caractérise les failles s'applique à eux, mais les réseaux de décrochements se croisent à la verticale. Le repérage du déplacement relatif des deux blocs est conventionnel : si l'observateur placé sur le bloc supposé fixe voit le bloc supposé déplacé vers sa droite, le décrochement est *dextre* ; vers sa gauche, il est *sénestre*.

1.2.2.4 Les plis

Les plis sont des structures secondaires souples résultant du gauchissement de structures primaires planes : plans de stratification des formations sédimentaires, plans de foliation ou de schistosité des formations métamorphiques. Les formations qu'ils affectent sont de toutes natures ; leurs formes sont innombrables ; leurs rayons de courbure, leurs flèches, leurs angles d'ouverture, leurs inclinaisons, leurs longueurs sont de tous ordres : aucun pli n'est identique à un autre, mais on peut en définir et décrire des modèles types et fonder leur classification selon leurs formes.

Les hauteurs de plis vont de quelques centimètres à plus d'un kilomètre, leurs longueurs de quelques décimètres à plusieurs dizaines de kilomètres ; ils peuvent être très aigus ou largement obtus, droit, inclinés ou couchés… ; dans une même structure, on peut observer des plis imbriqués de toutes dimensions et de toutes formes. Les grands plis sont parfois isolés, mais plus généralement associés en faisceaux parallèles, anastomosés… On trouve des ondulations, des plis isolés ou largement disséminés dans les bassins sédimentaires et sur les vieilles plates-formes ; les groupements de grands plis sont les structures fondamentales des chaînes de montagne, généralement associés à des faisceaux de failles.

L'anticlinal et le synclinal sont les formes élémentaires des plis, généralement enchaînées transversalement par un flanc commun infléchi à leur séparation. L'*anticlinal* est un bombement en saillie dont la courbure est convexe vers le haut ; son cœur est constitué de matériaux en principe primitivement couverts par ceux de ses flancs dont les pendages sont divergents. Le *synclinal* est une gouttière en creux dont la courbure est concave vers le haut ; son cœur est constitué de matériaux en principe primitivement superposés à ceux de ses flancs dont les pendages sont convergents ; l'ordre primitif de superposition est beaucoup plus facile à établir pour les formations sédimentaires que pour les formations métamorphiques.

Le modèle de pli le plus simple est le pli droit cylindrique dont les flancs ont des pendages égaux en valeur et de sens contraire. La charnière d'une strate plissée est le point ou la ligne de sa plus forte courbure, de part et d'autre de laquelle sont les flancs ; la charnière d'un anticlinal est celle de sa strate supérieure. La surface axiale d'un pli est l'enveloppe des charnières de toutes ses strates ; elle est plus ou moins gauche, car les plis ne sont jamais rectilignes longitudinalement ni d'inclinaison constante transversalement ; elle ne constitue un plan que si le pli est droit. L'axe d'un pli est une ligne horizontale de sa surface axiale ; elle n'est confondue avec sa charnière que dans un pli droit cylindrique dont le plan axial est un plan de symétrie vertical ; si sa charnière de faîte n'est pas horizontale, le pli est conique. Si le pli est incliné transversalement, son flanc normal est plus ou moins superposé au flanc inverse. Mesuré selon son axe, un pli est plus ou moins long ; les directions de ses flancs sont plus ou moins parallèles jusqu'à ses extrémités, les terminaisons périclinales où les flancs se raccordent en éventail, mais il est rare que l'on observe les deux terminaisons qui limitent un pli et il est peu fréquent que l'on en observe une, car les longs plis sont souvent tronqués par érosion ou interrompus par des failles. La crête est le point le plus haut, le plus souvent fictif d'un anticlinal et le creux, le point le plus bas, généralement profond d'un synclinal ; ils ne sont confondus avec les charnières que dans les plis droits cylindriques.

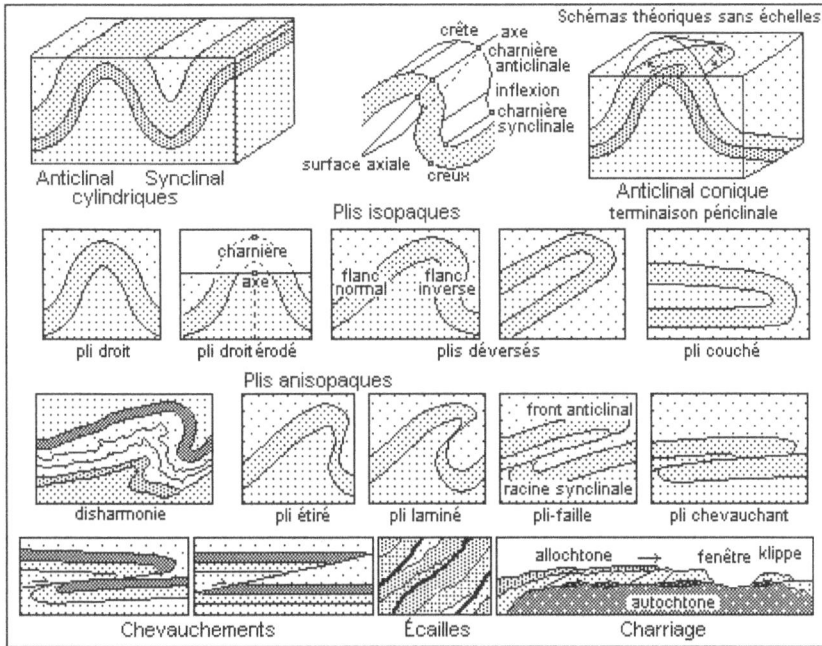

Figure 1.2.2.f – Plis

En fait, les plis ne sont jamais aussi simples que les modèles de base : ils ne sont « cylindriques » que sur une longueur limitée ; ils sont plus généralement « coniques » ou même de forme quelconque, sinueux longitudinalement, ondulés verticalement, inclinés transversalement, plus ou moins larges…, sans que tout cela soit très régulier. L'épaisseur de chaque strate d'un pli isopaque est constante quelle que soit son inclinaison, ce qui est rare ; les strates sont amincies sur le flanc inverse d'un anticlinal anisopaque et sont épaissies sous sa charnière ; plus l'anticlinal est incliné, plus son flan inverse s'amincit, s'étire, se lamine puis disparaît, formant un pli-faille. Le flanc normal d'un tel pli chevauche le synclinal voisin, son front correspond à la charnière anticlinale, sa racine correspond à la charnière synclinale. Dans un pli dysharmonique, les strates de roches raides sont plissées régulièrement, plus ou moins fissurées mais d'épaisseur constante, alors que les strates des roches ductiles sont plus ou moins plissotées de façon plus ou moins anarchique et leur épaisseur est très variable ; c'est en fait la forme de la plupart des plis. À l'échelle régionale, la dysharmonie entre des formations très différentes se traduit par un décollement entre la formation supérieure ductile plissée et la formation inférieure raide, peu ou pas déformée ; une formation de roches extrêmement ductiles comme le gypse ou le sel produit un pli diapir en s'injectant dans le cœur à travers les strates supérieures ou un dôme en perforant la couverture.

Les faisceaux de plis sont des associations d'anticlinaux et de synclinaux dont les formes sont plus ou moins analogues ; les anticlinaux et les synclinaux d'un faisceau peuvent être semblables ; les anticlinaux peuvent être larges et les synclinaux étroits ou bien l'inverse ; tous les plis d'un faisceau peuvent être plus ou moins déversés dans le même sens ou avec quelques plis en sens inverse… Les rides d'un faisceau sont plus ou moins parallèles, continues ou en relais ; leur longueur d'onde et leur hauteur varient de façon plus ou moins régulière, courte et haute vers la racine du faisceau, longue et basse vers sa bordure ; certains faisceaux transversalement inclinés vers la bordure sont tout ou partie constitués successivement de plis-failles en écailles ou imbriqués, puis de plis couchés empilés, isoclinaux, déversés, droits, pour finir en flexure ou chevauchement. Un anticlinorium ou un synclinorium est un faisceau de plis plus ou moins parallèles qui est lui-même plié respectivement comme un anticlinal ou un synclinal de très grandes dimensions mais de faible courbure.

L'exagération d'un pli ou d'une faille inverse à faible pendage produit une superposition de formations dans un ordre stratigraphique anormal un *chevauchement* ; un empilement de chevauchements est un *écaillage* ; l'échelle de ces structures est au plus kilométrique. Une superposition à l'échelle d'une région ou d'une chaîne de montagne, parfois plusieurs centaines de kilomètres de flèche, est une *nappe de charriage*. Les formations qui supportent la nappe sont dites *autochtones*, celles de la nappe sont dites *allochtones* ; entre elles, se trouvent de loin en loin des écailles des une ou des autres.

Certaines formations très épaisses, associant intimement, à l'origine, des roches raides et très ductiles, se présentent parfois en masses chaotiques de débris écailleux – *scagliose* en italien – noyés dans une matrice argileuse, dans lesquelles il n'est pas possible de discerner une structure, alors qu'elles ont été manifestement tectonisées.

Sur des versants abrupts et peu végétalisés, on peut voir des coupes de petits plis et des miroirs de faille, mais en dehors des déserts, on voit rarement en totalité une structure géologique (faille, pli, champ de failles, faisceau de plis…) telle qu'on la modélise sur les cartes et les coupes après l'avoir reconstituée à partir d'observations fragmentaires, d'abord parce qu'aucune n'est parfaite, ensuite parce que l'érosion les détruit en partie et les altérites les masquent, enfin parce que leurs dimensions sont trop grandes pour être vues même partiellement en se déplaçant sur le terrain. La télédétection offre dans certains cas des vues plus ou moins complètes de petites et grandes structures qu'il faut ensuite confirmer sur le terrain.

1.2.2.5 Groupements de structures

Les structures types ne sont jamais isolées et leurs groupements sont rarement uniformes ; ils sont spécifiques d'une région caractérisée par une structure à l'échelle globale (plate-forme, massif, bassin, chaînes de divers types, îles de guirlande ou volcaniques…) ; mais dans une même région, à des époques différentes, ces structures globales ont pu évoluer et se relayer : massifs se fragmentant en horsts et grabens, chaînes arasées s'intégrant à des plates-formes…

à plus grande échelle, champs de failles fractionnant des faisceaux de plis, bordures de chaînes chevauchant des fossés, horsts soulevant des bordures de bassins, appareils volcaniques surimposés à des champs de failles… et plus généralement, superpositions de phases tectoniques successives lors d'une même orogenèse qui peuvent avoir enchevêtré les structures d'un même groupement de façon quasi inextricable : les chaînes les plus complexes sont constituées de sédiments plissés, faillés, métamorphisés, d'intrusions et effusions magmatiques, organisés en niveaux discordants, se chevauchant et se couvrant par charriage (Alpes…).

Les groupements réels de structures sont très vastes et très complexes, jamais visibles en totalité, sauf tout ou partie depuis un satellite. On peut les classer et les décrire à partir de modèles synthétisant leurs caractères les plus communs, mais ceux d'un même type ont des caractères propres qui les distinguent les uns des autres : le Massif armoricain, le Bassin parisien, les Alpes… appartiennent à des types radicalement différents ; le Massif armoricain et le Massif central, le Bassin parisien et le bassin d'Aquitaine, les Alpes et les Pyrénées… sont des groupements de même type, analogues mais pas identiques.

1.2.2.5.1 Les plates-formes

La majeure partie de la surface des continents est occupée par des plates-formes à l'échelle spatiale du millier de kilomètres, sur lesquelles sont disséminés des massifs anciens et des bassins, et en bordure desquelles des chaînes se sont successivement greffées.

Les plates-formes sont tectoniquement stables dans l'espace et dans le temps, plus ou moins nivelées, constituées de formations magmatiques et métamorphiques, essentiellement granite et gneiss, racines de très vielles chaînes arasées. Elles ont subi des cycles géologiques successifs dans le temps profond géologique – surrection, érosion, sédimentation, métamorphisme – inextricablement imbriqués. Elles sont localement plus ou moins bombées ou affaissées par des flexures à très grands rayons de courbure ; elles sont systématiquement quadrillées par de très grands réseaux de failles. Les chaînes marginales qui jalonnent leurs bordures océaniques et les rifts qui les découpent en plaques ont des structures de horsts et grabens de très grandes dimensions qui résultent d'associations de flexures et de failles parallèles. Elles sont quasi dénudées (boucliers) ou plus ou moins couvertes de formations sédimentaires détritiques continentales – conglomérats, grès, pélites –, plus rarement marines, discordantes, subhorizontales ou légèrement ondulées, bombées en anticlinorium et affaissées en synclinorium (Guyane). Elles sont localement couvertes par d'énormes empilements de coulées basaltiques horizontales très étendues, les trapps, plus ou moins liés à certains réseaux de grandes failles, en particulier de rifts.

1.2.2.5.2 Les massifs anciens

Les massifs anciens sont des bombements à l'échelle spatiale de la dizaine à la centaine de kilomètres ; ce sont des vestiges de chaînes arasées, en majeure partie magmatiques et métamorphiques, constituées à partir de formations sédimentaires – grès (quartzites), schistes, calcaires – plissées et fracturées, tout ou partie métamorphisées (métamorphisme général) ; petits modèles de plates-formes, ils n'ont subi qu'un ou deux cycles géologiques, mais ont été plus ou moins rajeunis par les contrecoups d'un cycle plus récent qui les ont soulevés en y développant ou réactivant des réseaux de grandes failles et les ont fragmentés en horsts et grabens. Ils sont parsemés de petits fossés et dépressions, de batholites granitiques entourés d'auréoles métamorphiques (métamorphisme de contact) et de filons liés à la fracturation générale. Les bordures des grabens, fossés et dépressions sont tapissées de formations discordantes, sédimentaires molassiques marines, lagunaires et/ou lacustres qui comblent les fonds des grabens jusqu'à de très grandes profondeurs. Les bordures et les fonds de certains grabens peuvent être plus ou moins oblitérés par des appareils volcaniques – cônes, dômes, coulées…– récents à subactuels (Massif armoricain, Massif central, Vosges).

1.2.2.5.3 Les bassins

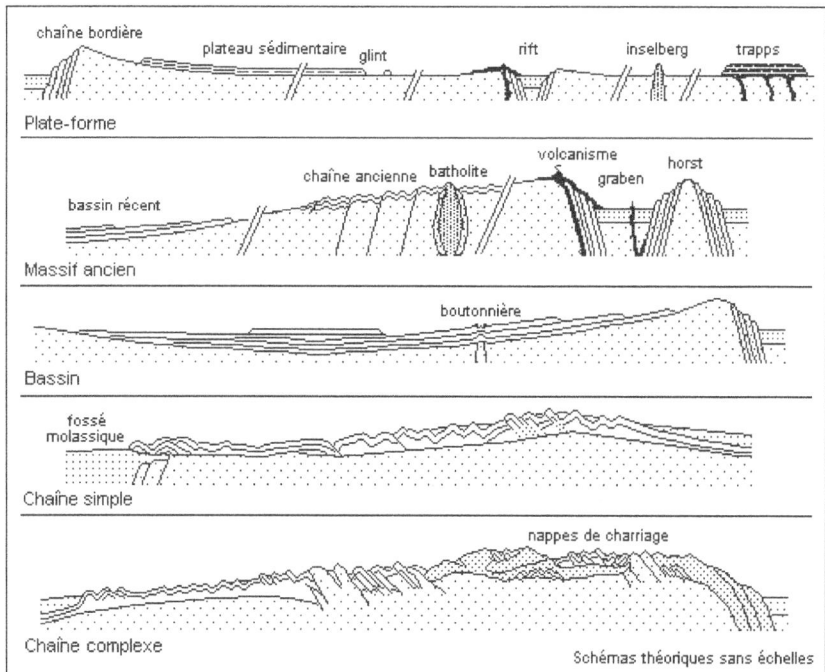

Figure 1.2.2.g – Groupements de structures

Les bassins sont des dépressions épicontinentales à l'échelle spatiale de la centaine de kilomètres, tout ou partie entourées de massifs ou incluses dans une plate-forme, de forme ovale plus ou moins dissymétrique, éventuellement en partie ouverte, dont le fond plat ou légèrement concave est constitué de formations magmatiques et métamorphiques prolongeant celles des massifs ou de la plate-forme. Elles ont été comblées sur deux ou trois milliers de mètres, en plusieurs phases de sédimentation, par des formations marines, lagunaires et/ou lacustres, plus rarement continentales, en strates empilées concentriques dont les diamètres décroissent vers le centre, d'épaisseurs variables et de faciès divers. Souvent affectées de variations latérales de faciès et de lacunes, elles sont subhorizontales vers le centre, monoclinales à pendage faible sur les bordures où certaines n'affleurent pas (Bassin parisien) ; certaines peuvent être localement ondulées en plis isolés généralement anticlinaux, fracturées, perforées par des diapirs de gypse ou de sel…, en des endroits et selon des directions déterminées par les structures du fond réactivées durant et/ou après leur dépôt. La proximité éventuelle d'une chaîne active peut transformer la bordure correspondante en zones plissées et fracturées, parfois couvertes en discordance par des formations molassiques elles-mêmes plissées (bassin d'Aquitaine).

1.2.2.5.4 Les chaînes

Les chaînes sont les groupements de structures les plus complexes et les plus variés. Aucune chaîne ne ressemble à une autre ; les traces des plus anciennes se perdent dans le temps profond géologique, sur les plates-formes ; les plus récentes sont nos montagnes actuelles, toujours plus ou moins actives ; leurs échelles spatiales vont de la centaine au millier de kilomètres de long et de la dizaine à la centaine de kilomètres de large. Longitudinalement droites ou plus ou moins courbes, elles sont transversalement symétriques ou non ; quand elles ne le sont pas, on y distingue un bord interne, relativement haut et éventuellement concave vers la bordure correspondante, et un bord externe, relativement bas et convexe vers l'autre bordure. Elles sont généralement bordées par des fossés à sédimentation molassique de piedmont – de marges – alimentée par les produits de leur érosion, qu'elles chevauchent localement (Bresse, Sud-Aquitaine…).

Quand elles sont pratiquement inactives et ont été plus ou moins arasées, les chaînes ne sont plus des montagnes mais des plaines et des plateaux ; leurs racines affleurent dans les plates-formes et les massifs où leurs structures, n'affectant que des formations magmatiques et métamorphiques, sont très difficiles à mettre en évidence et à décrire. Quelques débris sédimentaires plissés de certaines chaînes anciennes se sont parfois conservés dans les fossés de certains massifs ; une schistosité plus ou moins développée est associée à leur stratification (Massif armoricain).

Actuellement, les chaînes montagneuses sont encore plus ou moins actives. Leurs structures de base sont classiques (failles, plis, chevauchements, charriages…), affectant essentiellement des formations sédimentaires, mais leurs groupements sont extrêmement variés, plus ou moins analogues, jamais identiques. Aucune de ces chaînes ne ressemble à une autre, mais dans la plupart d'entre elles, on observe des zones longitudinales parallèles analogues, ce qui permet de les classer, d'en décrire les types et de bâtir leurs modèles. Sur une durée géologique relativement courte et pas encore achevée, elles se sont construites au cours de phases successives d'activité et de repos, de sorte que dans une même zone, des structures différentes peuvent plus ou moins voisiner, se recouvrir voire s'imbriquer.

Les chaînes actuelles les plus simples sont essentiellement constituées de faisceaux de plis et accessoirement de champs de failles, assez réguliers, affectant généralement les formations sédimentaires marines d'une partie de bassin, sans charriages ni métamorphisme. Ces formations « plastiques » sont en couverture discordante sur un substratum « rigide », généralement magmatique et métamorphique, mais parfois aussi sédimentaire plissé lors d'une phase antérieure. Sur cet ensemble dysharmonique, les plissements se produisent au-dessus de formations salines (gypse triasique) ou argileuses favorisant le décollement couverture « mobile » / substratum « fixe » ; la fracturation est plus ou moins liée à la structure du substratum. Les zones longitudinales parallèles correspondent à un plissement isoclinal de moins en moins intense de l'intérieur – côté le plus élevé – à l'extérieur – côté le plus bas – de la chaîne, chevauchements, plis-failles, couchés, déversés vers l'extérieur, plis droits, flexures. Ces chaînes de couverture peuvent être isolées ou constituer des zones de chaînes complexes (Jura).

Un autre type de chaîne simple représente certaines bordures élevées de plates-formes, uniquement constituées de formations magmatiques et métamorphiques, fracturées en forme de blocs allongés et étroits par de longs réseaux de failles parallèles, découpés par des décrochements transversaux. Des structures analogues, de massifs plutôt que de plates-formes avec des zones sédimentaires plissées peu métamorphisées, constituent souvent les zones axiales des chaînes complexes et le substratum des chaînes plissées simples.

Certaines chaînes complexes ne présentent que trois zones longitudinales principales : une zone axiale interne et deux zones externes, plus ou moins symétriques de couverture plissées isoclinales, déversées et localement chevauchantes vers l'extérieur, de chaque côté en sens contraires, constituées de structures de base plus ou moins compliquées.

Les chaînes les plus complexes comportent plusieurs zones longitudinales, caractérisées par des structures types très différentes, un ou deux massifs magmatiques et métamorphiques séparés par des fossés sédimentaires plissés, fracturés et plus ou moins métamorphisés, les uns et les autres plus ou moins chevauchants ; l'ensemble est localement couvert par des nappes de charriage superposées, constituées elles-mêmes de formations métamorphiques ou sédimentaires (flyschs) dont les racines sont du côté interne. Des décrochements transversaux, des variations latérales de structure, des changements de direction et de courbure longitudinaux fragmentent la chaîne, ainsi très diversifiée d'un bout à l'autre. Une telle chaîne est un puzzle quasi inextricable dont il n'est pas possible de décrire ici les détails (Alpes – *voir 1.6.3.2* et *Fig. 3.5.2.b* et *3.5.2.c*).

Les bordures externes des chaînes sont souvent des fossés molassiques structurés en demi-grabens : vers la chaîne, ils sont limités par une flexure du substratum et sont plus ou moins chevauchés par les plis les plus externes ; sur le bord opposé, ils sont limités par un réseau de failles inverses parallèles (Couloir rhodanien).

Les îles volcaniques, disposées en arc au large de continents stables et/ou en bordure de fosses océaniques, sont les parties émergées de telles chaînes en cours d'édification (Caraïbes).

Même apparemment isolés, les volcans actifs ou paraissant ne plus l'être font partie de chaînes très étroites mais extrêmement longues en bordure de certaines plaques, plus limités à l'intérieur de certaines autres (les Puys). Ces dernières, posées sur des substratums de natures et structures variées, sont liées aux grandes fractures longitudinales de certaines chaînes complexes, plus généralement aux failles de bordures et de fonds des rifts de plates-formes ou de grabens de massifs. Elles comportent des appareils éruptifs de divers types, plus ou moins érodés, des coulées, des accumulations de pyroclastites…

Éventuellement, les groupements de structures n'intéressent directement le géotechnicien que pour les projets et travaux de longs et profonds tunnels à travers les chaînes (*voir 3.5.2.1*), de réservoirs souterrains de gaz ou de déchets, d'exploitation d'eau souterraine dans les bassins… Leurs études géotechniques sont difficiles, longues, coûteuses et les renseignements qu'on en obtient, évidement fragmentaires, sont plus ou moins fiables et insuffisants ; des possibilités de variantes et/ou d'adaptation de l'ouvrage à la demande en cours de travaux seront donc nécessaires. Ces études doivent donc être poursuivies et complétées durant les travaux par des observations continues à l'avancement. Les autoroutes (*voir 3.4.3.2*) et les voies ferrées (*voir 3.4.3.3*) peuvent parcourir ou traverser de telles structures que l'on doit soigneusement étudier à l'étape du choix de tracé, mais leurs ouvrages ponctuels, fondations de ponts et déblais pour l'essentiel, sont peu profonds ; l'étude de la structure de leurs sites est rarement difficile et ses résultats sont généralement assez fiables ; le suivi géologique de leurs chantiers est néanmoins indispensable.

Le géotechnicien averti doit donc connaître assez de géologie structurale pour résoudre correctement les problèmes habituels (terrassements, fondations, drainage…) que posent les ouvrages courants dans les régions dont la structure est relativement simple. Pour les grands ouvrages (barrages, souterrains…) conduits dans les régions dont la structure est très complexe, la connaissance structurale très détaillée de leur site est indispensable, de l'étude de faisabilité à la fin du chantier et même au-delà. Elle implique toujours l'étude de zones très largement plus étendues que le site et ses abords immédiats, basée sur une connaissance que seul un géologue, éventuellement tectonicien, spécialiste de la région peut exprimer rapidement, sans risque d'erreur grossière, après d'éventuels compléments d'observations spécifiques sur le terrain ; sa collaboration est alors nécessaire pour établir les coupes prévisionnelles et les préciser à la demande, mais ce n'est pas à lui de tirer de son intervention les éléments géotechniques dont les projeteurs et les constructeurs ont besoin. C'est au seul géotechnicien de le faire ; mais il faut qu'il soit capable de les comprendre et de les interpréter techniquement c'est-à-dire être lui-même géologue.

1.3 Géomorphologie

La géomorphologie étudie le relief, inégalités épidermiques de la subsurface terrestre telles qu'on les voit. Le géologue et le géotechnicien doivent connaître et même pratiquer cette discipline, car leurs observations de terrain sont en grande partie morphologiques ; mais ils ne savent pas trop ce qu'ils doivent observer : structure, forme, relief, reliefs, modelé, paysage, morphologie ? Les géologues, les géomorphologues et ces derniers entre eux ne donnent pas le même sens à chacun de ces mots et en utilisent beaucoup d'autres pour décrire les mêmes objets. Quoi qu'il en soit, structure ou forme, relief ou modelé…, la lecture – ou plutôt le déchiffrage – du paysage qu'ils ont sous les yeux est la première opération à laquelle ils se livrent en abordant les sites qu'ils étudient : figure du très instable contact atmosphère/terre, le paysage synthétise bien le relief (structures et formes) et le modelé (reliefs) d'un site dont il est le visage original. Mais pour éviter la description subjective voire poétique du paysage, on lui substitue les descriptions objectives (?) du relief, forme primitive contrôlée par la structure géologique, de grande dimension, apparemment stable à très long terme, et du modelé, forme dérivée due à l'érosion, de plus petite dimension, instable à très court terme. Cette description n'est ni très facile ni même très utile, car une forme primitive (relief) est la forme dérivée (modelé) d'un précédent cycle d'érosion : l'érosion multiforme affecte le géomatériau du minéral au continent depuis la nuit des temps et n'agit pas partout, tout le temps, avec la même efficacité et la même célérité.

Bien que didactiquement séparées, la géomorphologie et la géodynamique – étude des phénomènes naturels qui bâtissent et détruisent le relief – sont pratiquement liées. Je dois donc présenter rapidement ici l'érosion qui est l'objet principal du chapitre 1.5 ; elle modèle le relief actuel sur un relief primitif découlant de la structure géologique – et de l'érosion qui l'a modelé ! – et elle le modifie incessamment, avec plus ou moins d'intensité. Les paysages qu'elle élabore sont donc des formes morphologiques passagères qui finissent toutes par disparaître à plus ou moins long terme, à moins que des phénomènes antagonistes ne les ravivent : les phases de productions/destructions du relief se succèdent sans cesse en se superposant plus ou moins. L'érosion proprement dite, c'est-à-dire la sculpture et la destruction du relief, a des partenaires corrélatifs inséparables : le transport par l'eau, la glace et/ou accessoirement l'air, et l'accumulation à l'air libre ou dans l'eau courante, lacustre ou maritime. Mais l'eau, la glace et l'air sont aussi des agents modeleurs et destructeurs de roches et de structures géologiques ; ainsi, on désigne souvent la séquence ablation-transport-dépôt par le seul terme d'érosion pris au sens large – érosion fluviale, karstique, lacustre, glaciaire, éolienne, littorale… (mais on dit aussi relief fluvial, karstique… ou modelé fluvial, karstique… et même morphologie fluviale, karstique… !) – et on appelle *formes d'érosion* les formes morphologiques de base (mont, val, crêt, combe, cluse, gorge, cuesta, falaise, terrasse, doline, moraine…) qui sont en fait des modelés (ou des reliefs) !

Pour des objets dont les dimensions vont de la dizaine au millier de kilomètres, il est aussi très difficile de distinguer clairement la géologie structurale descriptive (*voir 1.2.2.5*) de la géomorphologie, car le relief, lentement changeant, les caractérise mieux que le modelé. Pour les objets de dimensions inférieures, le point de vue géomorphologique est le plus convenable, car le modelé, rapidement changeant, les caractérise mieux que le relief. Mais là encore, la distinction didactique est encombrante, car où que ce soit, sur quelque structure géologique que ce soit, le relief a été modelé et continue à l'être, ou ce qui revient au même, le modelé affecte un relief existant ; au même moment, au même endroit, la distinction pratique est souvent difficile et paraît inutile. Pour couper court à cette discussion byzantine, je retiens seulement que le relief est apparemment stable à très long terme, à l'échelle de dizaines voire de centaines de milliers d'années, alors que le modelé est instable à très court terme, à l'échelle de la dizaine au millier d'années : une cuesta… est un relief ; un cône de déjection… est un modelé.

Ainsi, l'étude du relief est plus utile au géologue qu'au géotechnicien, car elle est un moyen d'étude tectonique ; par contre, l'étude du modelé est aussi utile au géotechnicien qu'au géologue, car la forme et le comportement de la plupart des sites qu'il étudie en dépendent directement : sur un versant argileux, on risque des glissements ; dans une plaine alluviale, on risque des inondations, on rencontre des difficultés de fondations, on peut exploiter des graves, de l'eau souterraine…

1.3.1 Le relief

Le relief est le résultat superficiel de l'action à très long terme de l'érosion sur le sous-sol d'une région ; ses formes à peu près stables expriment donc la nature des roches et la structure des formations de cette région. On caractérise le relief d'une région par son cadre structural : relief de cuesta, karstique, de socle, de plissement, volcanique…

1.3.1.1 Selon les roches

En subsurface, toutes les roches sont plus ou moins altérées et toutes sont érodées, mais certaines que l'on peut dire tendres le sont plus que d'autres que l'on peut dire dures ; cette distinction est très subjective, car sur le terrain, une roche ne paraît dure ou tendre que par rapport à une autre dans son voisinage immédiat : le granite, dur au voisinage d'un schiste, peut paraître tendre au voisinage d'un quartzite, et ce d'autant plus qu'il est moins altéré, car un granite arénisé peut être aussi et même plus tendre qu'un schiste…

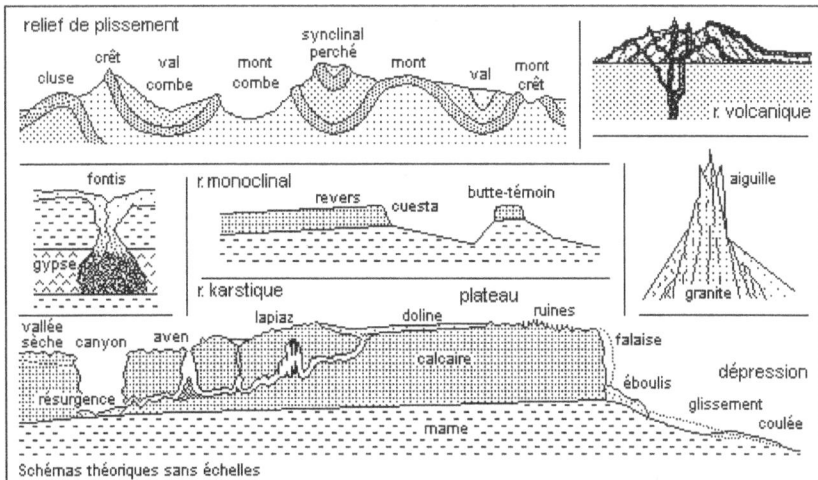

Figure 1.3.1 – Reliefs

Les roches tendres et imperméables (argiles, marnes, schistes, granites très arénisés…) forment des dépressions plus ou moins plates où les eaux superficielles s'écoulent en réseaux hiérarchisés, arborescents, et où les versants d'éventuelles ondulations sont très instables (ravinement, coulées, glissements…). Les roches tendres et perméables (graves, sables, lœss, certains grès…) forment des plaines ou plateaux plus ou moins ondulés, où les eaux de précipitation s'infiltrent rapidement, en laissant souvent secs les petits cours d'eau et en ressortant localement dans des marais de points bas ; sous climat aride ou en bord de mer, le sable s'entasse en dunes mobiles sous l'effet du vent.

Les roches dures (granites et gneiss peu altérés, grès, dolomies, calcaires…) occupent les hauteurs qui bordent ou parsèment les dépressions. En montagne, elles forment des pitons, des arêtes, des aiguilles aux parois subverticales ébouleuses ; dans les massifs, les granites forment des dômes entourés ou couverts d'arène et parfois des dépressions couvertes d'arène argileuse ; dans les bassins, les grès et les calcaires forment des plateaux limités par des côtes ou des falaises ébouleuses et les rivières y coulent dans des gorges… La surface et le sous-sol des plateaux calcaires se caractérise par une forme particulière de relief dit *karstique* ; la position et l'orientation de ses formes caractéristiques sont réglées par la fracturation de la roche calcaire, diaclases qui déterminent des formes superficielles quadrillées et failles qui déterminent des grandes formes profondes linéaires : quand il n'y a pas de couverture, la roche qui affleure est guillochée en lapiaz, sculptée en « ruines » et elle est localement percée d'avens ; quand il y a de la couverture, on y voit des entonnoirs comblés d'argile, des dolines, petites dépressions fermées à fond plat tapissées d'argile résiduelle – *terra rossa* –, parfois percées d'embus par où s'infiltrent les eaux de précipitation, des poljés, très grandes dépressions fermées à fond plat tapissé d'argile, parsemées de petits massifs rocheux, des vallées sèches et des canyons. Sous ces plateaux, les eaux infiltrées à la surface ou avalées par des pertes de rivières circulent dans des réseaux de galeries naturelles dont elles sortent par des résurgences ; à l'exception de rares débourrages d'avaloirs de dolines, les galeries karstiques sont plutôt stables et la surface des plateaux n'est jamais très dangereuse : la très lente altération du calcaire n'est pas à l'échelle de vie d'un ouvrage. Par contre, la couverture peu épaisse et relativement perméable de roches salines et en particulier gypseuses, corrodées en profondeur, est parsemée d'entonnoirs évoluant rapidement en fontis particulièrement dangereux. Les coulées volcaniques forment des plateaux, encombrent des vallées… ; les cônes sont plus ou moins réguliers, plus ou moins aplatis selon la nature des laves et des projections ; les versants des cônes de pyroclastites sont profondément ravinés, affectés de coulées de boue et de glissements ; entièrement dégagés des pyroclastites et même de roches tendres encaissantes, les cheminées des volcans se dressent en dômes, pitons, aiguilles…

1.3.1.2   Selon la structure

La plupart des structures tectoniques élémentaires créent des dénivellations (relief primitif) que l'érosion accentue, inverse ou nivelle (relief dérivé) selon la nature, l'épaisseur et la disposition relative des formations impliquées. Le relief est *conforme* (jurassien) quand l'érosion est faible, de sorte que les hauts topographiques correspondent aux hauts tectoniques et vice versa ; il est *inverse* (subalpin) quand l'érosion est forte de sorte que les hauts topographiques correspondent aux bas tectoniques et vice versa. Les formes structurales les plus caractéristiques sont celles des formations sédimentaires ou métamorphiques de bassins et de chaînes quand la série consiste en une alternance répétée de roches tendres et de roches dures (*Fig. 1.2.1.a*).

Les plates-formes nues ont un relief général peu caractéristique, indépendant des structures tectoniques du substratum (pénéplaine) de plaine parsemée de loin en loin d'îlots rocheux résiduels escarpés, isolés ou en groupes (inselbergs, pains de sucre), mais les cours d'eau y ont souvent des tracés anarchiques dans les zones sans dénivelée ou quasi géométriques guidés par les réseaux quadrillés de failles. Le relief de leurs zones sédimentaires est analogue à celui des bassins, mais avec des dimensions incomparablement plus grandes tant en hauteur qu'en longueur : les plateaux étagés de grès ou de calcaire sont limités par de hauts talus et falaises (glints) précédés de buttes isolées, entaillés de gorges profondes ; les escarpements de failles et les trapps ont des formes analogues, de dimensions encore plus grandes.

Le relief tabulaire ou monoclinal de bassin est celui de séries subhorizontales ou peu inclinées, plateaux et buttes de roches dures limités par des escarpements qui dominent des dépressions de roches tendres. L'escarpement est une cuesta plus ou moins abrupte selon la dureté relative des formations du plateau et de la dépression ; le revers est un plateau, karstique s'il est calcaire, dont la faible pente correspond à peu près au pendage général des formations locales ; les cours d'eau sont plus ou moins parallèles ou perpendiculaires à la structure. Les escarpements de failles qui peuvent être conformes, inverses ou nivelés, créent des reliefs analogues qui, dans des zones faillées de bassins, peuvent être confondus.

Le relief de plissement de chaîne simple peut être conforme (mont anticlinal, val synclinal…) ou inverse (combe anticlinale, synclinal perché…) ; tous ses détails sont précisément désignés : mont, val, crêt, combe, cluse… Les anticlinaux isolés des bassins ont une morphologie analogue de boutonnière.

Les zones parallèles des chaînes complexes ont des reliefs différents : celui des zones sédimentaires plissées externes et des zones plus ou moins métamorphisées internes est analogue à celui des chaînes simples, plus contrasté car les dénivellations tectoniques y sont plus grandes et la glace y est ou a été un puissant agent prépondérant d'érosion. Les massifs cristallins sont profondément entaillés par des vallées aux versants abrupts terminés en haute altitude par des arrêtes festonnées aux parois subverticales. Les nappes de charriage ont des reliefs de plissement ou de massif selon les roches dont elles sont constituées ; elles peuvent être percées de fenêtres qui montrent l'autochtone dont le relief propre peut être de plissement ou de massif, en totale dysharmonie ; en avant de leur front, il peut rester des lambeaux isolés sur l'autochtone, les klippes.

Les massifs anciens présentent des formes analogues à celles des plates-formes et/ou des chaînes, avec des dénivelées évidemment très différentes : le relief appalachien désigne leurs structures sédimentaires plissées rajeunies par une nouvelle phase d'érosion.

1.3.2 Les modelés

Le modelé est le résultat superficiel de l'action actuelle de l'érosion sur le sol et le sous-sol d'un site ; il se façonne selon la nature des roches, le relief de ce site et l'agent principal d'érosion qui le ruine. Ses formes dépendent de la position du site dans le relief régional et de sa pente moyenne : schématiquement, on observe plutôt celles d'ablation dans les hauts, celles d'accumulation dans les bas et celles de transport entre les deux. On caractérise le modelé d'une région par son climat : modelé périglaciaire, tropical humide, sec, désertique, montagnard…

Certains aménagements modifient l'état du site et perturbent le comportement des agents naturels qui le modèlent ; tout ce qui suit ne concerne que des états et des comportements aussi proches que possible du naturel, cours d'eau sans digue, barrage, pont… dans des régions de climat tempéré.

Pour le géotechnicien, l'observation du modelé est essentielle ; c'est par elle qu'il saura à quel type de site il va avoir affaire, quels problèmes va poser son aménagement et comment ils pourront être étudiés et résolus : on ne terrasse pas de la même façon une tranchée dans une colline marneuse ou à travers une cuesta calcaire… ; on ne fonde pas de la même façon un ouvrage suivant qu'il est implanté dans une plaine alluviale, sur une terrasse, un versant, un plateau…

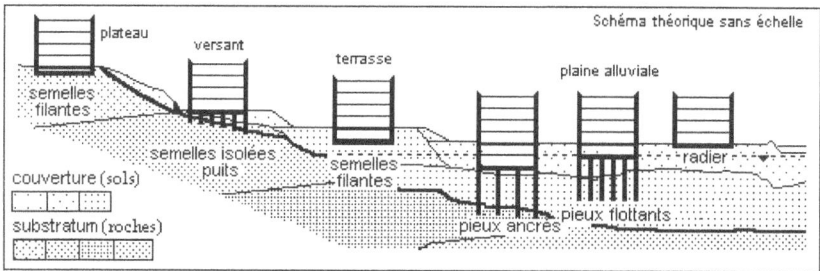

Figure 1.3.2.a – Fondations d'ouvrages selon le modelé

1.3.2.1 Les modelés de cours d'eau

Du plus petit ruisseau au plus grand fleuve, les cours d'eau sont à peu près partout les agents les plus actifs du façonnage de la surface terrestre, en dehors de quelques déserts – qui presque tous présentent toutefois des modelés, hérités d'époques moins sèches, de cours d'eau fonctionnant encore de temps en temps. Établis dans des couloirs (fossés, vallons, vallées) structurés par le relief et les modelés hérités des dernières glaciations, ils sont organisés en réseaux hiérarchisés : les petits ruisseaux débutent dans un cirque, une combe, au pied d'un glacier, par une source, une résurgence… et vont aux grandes rivières qui finissent dans la mer, un lac ou un désert. Leurs modelés varient d'une vallée à une autre du même réseau, de l'amont à l'aval et d'un versant à l'autre d'une même vallée ; on les distingue entre eux et on distingue leurs parties par la taille et la forme de leur lit (largeur, profondeur, tracé), par leur régime climatique et les variations saisonnières de leur débit, par les sites qu'ils parcourent (montagne, plateau, collines, plaine…). Leurs vallées, jamais uniformes d'un bout à l'autre du cours, peuvent être à des distances plus ou moins grandes, successivement étroites avec des versants abrupts (cluses, gorges, canyons) puis larges avec des versants adoucis (plaines alluviales). Parallèlement, leurs lits peuvent présenter des seuils rocheux étroits et profonds puis des replats alluviaux larges et minces ; la morphologie d'une vallée peut aussi être plus ou moins modifiée par un affluent selon que son débit moyen, la fréquence, le débit et la charge de ses crues… sont plus ou moins différents de ceux de l'émissaire ; quoi qu'il en soit du cours d'eau ou de l'une de ses sections, la pente est plutôt forte et l'ablation dominante vers l'amont, moyenne et le transport dominant vers le milieu du cours, avec toutefois de l'ablation en périodes de crues et du dépôt en périodes d'étiages, faible et le dépôt dominant à l'aval. Où que ce soit, d'où qu'ils proviennent, les dépôts alluviaux, en formations plus ou moins vastes et épaisses, sont constitués d'argile, limon, sable et grave roulés en proportions variables, de moins en moins hétérogènes (*Fig. 1.1.3.b*) et de plus en plus limoneuses d'amont en aval, à stratification oblique (*Fig. 1.2.1.b*) d'autant plus accentuée que les crues sont fréquentes et fortes.

Sauf si le cours d'eau naît d'une grosse source ou d'une résurgence, sa partie amont est un bassin de réception où les ruissellements, discontinus selon la pluviosité, sont diffus puis concentrés en rigoles qui se réunissent en ruisseaux ou torrents, à plus ou moins forte pente. Sur un versant argileux, la surface du bassin est très instable, affectée de glissements et de coulées de boue ; au-dessous, le lit, très mobile en raison d'une forte ablation des berges puis d'un gros dépôt en fond de thalweg à chaque crue, peut être encaissé, quasi rectiligne selon la plus grande pente du versant ou très étalé, avec des chenaux anastomosés ; au débouché d'une vallée étroite dans une vallée large, un cône de déjection se construit progressivement en étant incessamment modifié par des dépôts successifs de graves grossières mal classées, plutôt argileuses, apportées par les coulées de boue très chargées de chaque crue et déviant le lit de l'émissaire poussé devant lui. Certains glacis de piedmonts se sont formés par la réunion de cônes aux débouchés de torrents de montagne dans une grande vallée alluviale.

En périodes de fortes précipitations, les interfluves des versants plus ou moins argileux sont affectés de reptation, solifluxion, glissements, coulées de boue…, souvent dans l'emprise de vallons fossiles. Les chutes de pierres, éboulements, écroulements de leurs éventuels couronnements rocheux alimentent des éboulis, des grèzes, des pavages et chaos de blocs (*voir 1.5.4*).

La *plaine alluviale* est la partie aval à peu près plate, à pente faible d'un cours d'eau ou d'une de ses sections entre deux seuils ou confluents ; le débit saisonnier peut y être très variable, mais l'écoulement y est toujours continu. Si les variations de ce débit sont fortes, le lit mineur est entièrement occupé en débit moyen ou lors de crues, et en partie libre, creusé de chenaux d'étiage anastomosés aux basses eaux ; si les variations sont faibles, le lit mineur est presque toujours entièrement occupé et les crues courantes sont contenues par des levées naturelles de limon sableux que les précédentes ont déposé sur ses berges. Les grandes crues inondent le lit majeur en débordant ou en éventant les levées et même les digues qui les surmontent ; le lit mineur se déplace dans le lit majeur en décrivant des méandres dont la mobilité est due à l'érosion des rives concaves et à l'engraissage des rives convexes ; il y laisse des bras morts et des traces de lits abandonnés, comblés par les dépôts successifs de crues. La surface de la plaine, plus ou moins marécageuse à proximité de lits abandonnés et dans les zones les plus plates et les plus mal drainées, est couverte par une couche de limon argileux plus ou moins organique et localement tourbeux, épaissie à chaque grande crue. Sous la couche superficielle de limon, il y a généralement une couche de grave contenant une nappe aquifère en relation plus ou moins continue d'échanges avec le cours d'eau, dans un sens ou l'autre selon leurs niveaux respectifs, qui varient saisonnièrement en étant plus ou moins déphasés. Le lit majeur de n'importe quel cours d'eau est inondable, quelle que soit la façon dont il est aménagé : aucune digue n'est insubmersible et/ou indestructible.

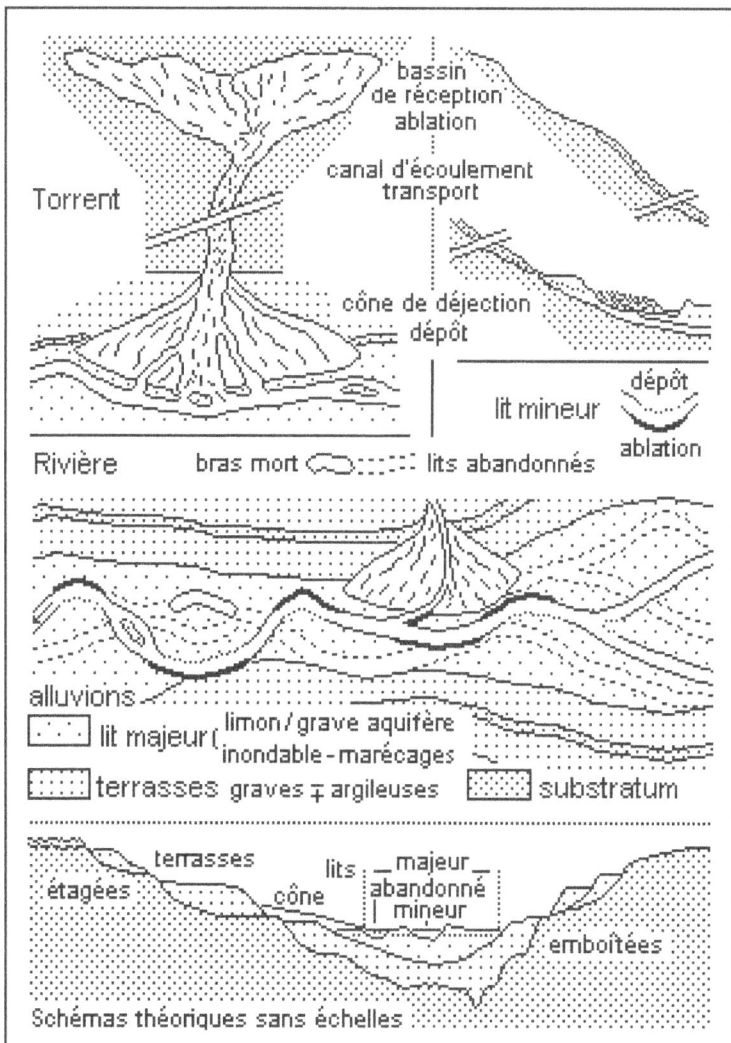

Figure 1.3.2.b – Modelés de cours d'eau

Les *marais* sont des étendues d'eau très peu profondes, plus ou moins végétalisées ; ils traduisent le défaut de drainage de zones plates ou légèrement déprimées dont le substratum imperméable est subaffleurant, ou le subaffleurement de la nappe phréatique en bordure de rivière, de lac, de lagune littorale… Ils peuvent être permanents ou temporaires selon leur emplacement, les précipitations ou les crues qui les alimentent, les battements du niveau de la nappe… Leur sous-sol est généralement constitué d'une couche superficielle mince de limon organique tourbeux, couvrant souvent une couche plus épaisse de vase argileuse saturée, proche de sa limite de liquidité, particulièrement instable si on la charge inconsidérément par remblayage : des grands glissements de remblais et des forts tassements de tous ouvrages sont alors garantis à l'aménageur imprudent.

Les *lacs* sont des étendues d'eau permanentes ou plus rarement temporaires, plus ou moins profondes, établis dans des dépressions ou en amont de barrages naturels, sur des fonds peu ou pas perméables. Les dépressions à contre-pente peuvent être tectoniques (grabens, rifts), volcaniques de cratères (maars), de surcreusement glaciaire, karstiques ; les barrages peuvent être des moraines, des éboulements de versants, des coulées volcaniques… Certains grands lacs sont établis dans des dépressions tectoniques, approfondies par un glacier et barrées par une moraine. La pérennité d'un lac dépend de l'apport d'eau de précipitation et des affluents qui doit évidemment être plus ou moins supérieur au débit moyen de l'émissaire et éventuellement des infiltrations et de l'évaporation ; les lacs karstiques sont généralement temporaires car l'eau accumulée dans certaines dolines et certains poljés durant de fortes précipitations s'en échappe plus ou moins vite par le réseau souterrain. Les variations saisonnières de niveau et les crues d'un lac permanent sont analogues à celles des cours d'eau, mais elles sont moins amples et plus lentes. Tous les lacs sont condamnés à disparaître plus ou moins vite par déficit d'alimentation, abaissement du niveau de la nappe aquifère, ouverture d'une brèche dans le barrage qui peut entraîner une énorme crue très destructrice à l'aval… Plus généralement, ils sont progressivement comblés par la sédimentation des apports solides et dissous de leurs affluents, qui progresse d'amont en aval, comme un cône de déjection de moins en moins grossier : en amont de la plupart des lacs, il y a une plaine plus ou moins marécageuse et tourbeuse dont le sous-sol est constitué d'amont en aval et de bas en haut de grave, sable, silt, argile, craie plus ou moins organiques à stratification oblique prononcée, contaminés par des lentilles de tourbe et en bordures par des produits d'éboulements de rives et de cônes de déjections latéraux. Certaines de ces plaines occupent en totalité la surface de l'ancien lac dont il ne reste qu'un marais en amont du barrage. Les abords des lacs sont analogues en petit à des littoraux, plages, falaises… modelées par les vagues, les courants de crues, les seiches (marées ou tsunamis à l'échelle du lac) ; des gros écroulements de berges rocheuses sont susceptibles de provoquer de fortes seiches destructrices, loin dans les plaines bordières.

Les aménagements et constructions de toutes sortes à proximité de cours d'eau ou de lacs – et en particulier dans les plaines alluviales et sur leurs versants – sont les plus nombreux et les plus importants, car avec les littoraux, ce sont les zones où la densité humaine est la plus forte. C'est là que se posent la plupart des problèmes que le géotechnicien doit résoudre : prévention des effets dommageables de phénomènes naturels, mouvements de terrain, crues…, fondations d'ouvrages, soutènements, bâtiments, ponts, barrages… drainage et/ou remblayage de marais, captage d'eau souterraine…

1.3.2.2 Les modelés glaciaires

La connaissance des formes et des comportements des glaciers actuels est nécessaire pour comprendre les modelés spécifiques hérités des glaciers disparus et ceux des cours d'eau actuels, même éloignés de ces glaciers. Comme les cours d'eau, les glaciers s'écoulent par gravité ; ils ont une zone d'alimentation, une zone d'écoulement et terminent dans la mer ou dans une zone de fonte, alors prolongés par un torrent. Ceux d'une même région sont organisés en réseaux divergents ou arborescents, avec des affluents et des émissaires ; selon que leur alimentation par les chutes de neige est déficitaire ou surabondante par rapport à leur fonte sur des périodes pluriannuelles à pluricentennales voire millénales, ils ont des crues et des étiages qui se traduisent à leurs extrémités par des avancées et des reculs successifs qui se compensent ou non à plus ou moins long terme. Ils érodent, transportent et déposent des matériaux arrachés à leur substratum : les *tills*, dont l'accumulation constitue les *moraines*.

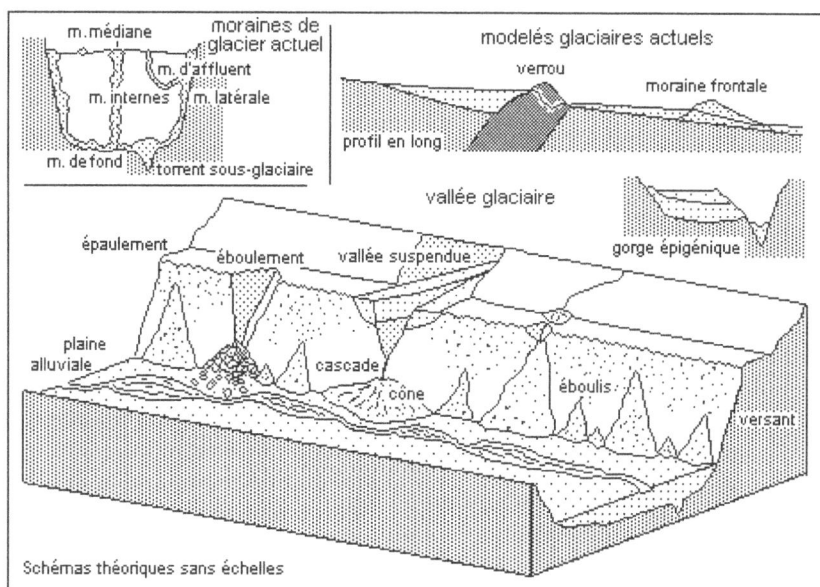

Figure 1.3.2.c – Modelés glaciaires

Les tills sont des matériaux meubles dont la granulométrie très hétérométrique, sans classement, va de l'argile la plus fine à l'énorme bloc en proportions différentes selon le type de moraine qu'ils constituent. Leurs éléments non roulés, de toutes tailles, ont des arêtes émoussées, des surfaces polies et striées ; les tills les plus grossiers, faits de pierres et de gros blocs emballés dans de l'argile sablo-graveleuse (argile à blocaux), constituent les moraines de surface ; les plus fins, faits de pierres enrobées d'argile sableuse (farine glaciaire), constituent celles de fond. Dans les dépôts morainiques de retrait, les variations latérales et verticales de faciès sont la règle, mais pas la stratification – sauf pour certaines moraines de fond et dans les dépôts lacustres de farines (varves). Remobilisés et remaniés par les cours d'eau, ils deviennent des alluvions fluvioglaciaires aux éléments roulés, de moins en moins hétérométriques et de mieux en mieux classés, mais tout de même grossiers en amont et de plus en plus fins vers l'aval ; les blocs erratiques ont été déposés par les glaciers ou immergés au large par les icebergs. Le lœss provient du vannage des moraines abandonnées après la fonte, transporté par le vent et déposé à la périphérie des glaciers.

Le fonctionnement et le travail des glaciers ne sont pas vus de la même façon par tous les spécialistes ; les uns privilégient l'étude morphologique des moraines selon leur position – latérale, médiane, de fond… qui finissent toutes en moraines frontales quand le glacier est actif ou en dépôts plus ou moins organisés en nappes, rides et collines quand il a fondu ; les autres privilégient l'étude des faciès et structures stratigraphiques des tills et des matériaux fluvio-glaciaires qui en sont issus. Les tills sont-ils tombés sur le glacier, ont-ils été arrachés par la glace, les roches du substratum ont-elles été abrasées par les pierres et blocs enchâssés dans la glace ? Est-ce que le glacier abrase et/ou arrache puis transporte, ou bien abrase-t-il sans arracher, ne fait-il que collecter puis transporter ce qui tombe sur lui par éboulements, écroulements et avalanches de débris rocheux désagrégés par le gel sur les versants très raides non englacés au-dessus de lui ? Sans doute un peu de tout cela selon les endroits et les circonstances. Quoi qu'il en soit, les glaciers ont transporté et déposé d'énormes quantités de tills et de blocs très loin de leurs limites actuelles et ont façonné des modelés d'ablation et de dépôt caractéristiques, à peine remaniés depuis leur fonte par les cours d'eau, torrents sous-glaciaires puis les réseaux de surface. Le recul mondial des glaciers persiste depuis la fin du Würm, avec des avancées et des reculs successifs ; à l'avant des fronts actuels des inlandsis et des glaciers de vallées, les zones de battements exposent, à des échelles évidemment différentes, des modelés analogues de dépôts morainiques emboîtés, hétérogènes, plus ou moins épais, plus ou moins difficiles à débrouiller, collines basses de piedmont ou de plaine ordonnées en longs cordons gouvernant les réseaux hydrographiques, barrages en croissant de moraines frontales aux débouchés des vallées retenant des marais ou des lacs…, d'où sortent par des échancrures des torrents qui établissent à l'aval des cônes de déjection avant de se calmer. Les modelés d'abrasion et de remaniement sont plus clairs dans les vallées déglacées, mais le classique profil transversal en auge est plus un modèle didactique qu'un modelé réel : dans les roches dures, ces vallées exposent des arêtes vives en crêtes, des versants raides ou masqués par de grands éboulis et échancrés par de grands éboulements, un fond plat alluvionné par le torrent actuel, des épaulements au niveau maximum du glacier, des vallées suspendues de glaciers affluents raccordées par des gorges très pentues empruntées par des torrents très violents construisant des cônes de déjection… Dans les roches tendres, le profil d'après fonte est plus ou moins remanié par des mouvements de terrains de grande ampleur, écroulements, éboulements, glissements, qui affectent encore actuellement les versants toujours plus ou moins instables ; les profils en long de ces vallées présentent d'étroits verrous que les torrents actuels franchissent souvent en cascades ou des gorges épigéniques dans les roches dures et des contre-pentes déterminant des cuvettes (ombilics) occupées par des lacs peu à peu com-blées par des alluvions fluvio-glaciaires dans les roches tendres. Dans les plaines de plates-formes dégagées des inlandsis, des réseaux hydrographiques anarchiques et des multitudes de lacs sont établis sur le substratum subaffleurant de roches mouton-nées ou cannelées et striées, façonné en bosses et creux, et sur des restes peu épais et discontinus de moraines de fond. Les bords de mer des chaînes marginales sont découpés en *fjords*, très longues et très profondes vallées arborescentes en grande partie noyées.

Les pieds des couloirs d'avalanches sont encombrés de blocs et débris divers, miné-raux et végétaux, arrachés sur leur parcours lors de chaque événement.

L'étude de la morphologie glaciaire est nécessaire pour éviter les pièges tendus aux géotechniciens, pour les aménagements hydroélectriques, les voies de com-munications et leurs ouvrages… par l'hétérogénéité des tills et notamment la présence de blocs indécelables en surface, l'instabilité des versants, les sous-sols peu consistants de lacs remblayés et de marécages, les rapides variations de profondeur du substratum, les gorges épigéniques masquées par les alluvions… Dans les plaines, les réseaux d'eau souterraine régis par les moraines de fond sont totalement indépendants des réseaux hydrographiques régis par les morai-nes de surface, ce qui complique leur étude et rend très difficile leur exploitation ; par contre, certaines cuvettes en ombilics remblayées par des allu-vions fluvio-glaciaires constituent d'importantes réserves d'eau souterraines très stables, faciles à exploiter.

1.3.2.3 Les modelés littoraux

Comme les rivières et les glaciers, la mer abrase, transporte et dépose, mais elle le fait très rapidement dans son étroite interface avec la terre, le littoral.

À quelques exceptions près de côtes rocheuses accores, comme celles des fjords et des calanques, le côté terrestre du littoral est très fragile et très instable, parce qu'il est soumis en permanence aux actions irrépressibles et violentes de la mer ; il se modèle presque à vue d'œil selon un processus global invariable, régi par le relief terrestre : destruction des caps, pointes et écueils de roches dures dégagés dans le prolongement des collines, cuestas…, comblement des baies de roches tendres ouvertes dans le prolongement des vallées, dépressions… Ainsi, la quasi-totalité des côtes sont plus ou moins instables ; elles le montrent lors de tempêtes ou plus rarement lors de tsunamis.

Cette régulation, apparemment permanente à notre échelle de temps, de la ligne de rivage est constamment contrariée à l'échelle du temps géologique, par l'eustatisme, incessantes variations dans les deux sens du niveau général de la mer, plus ou moins rapides, parfois considérables. Les géologues appellent *transgressions* ses montées et *régressions* ses descentes ; les plus amples de ces variations sont particulièrement sensibles sur le plateau continental, au large du littoral. Ainsi, les côtes actuelles sont l'héritage de la transgression flandrienne qui a débuté à la fin du Würm et que l'eus-tatisme climatique actuel prolonge ; elle a profondément modifié les rivages de tous les continents, en noyant les terres émergées qui sont devenues les plateaux continentaux, les fonds de golfes, les avancées des deltas…, en créant des estuaires, des fjords et calanques, des côtes rocheuses plus ou moins découpées et élevées, en taillant des falaises dans les collines bordières…

Mais les rivages évoluent sans qu'interviennent ces variations, trop lentes à notre échelle de temps. La mer modifie sans cesse les fonds littoraux et les rivages, et détruit souvent les ouvrages qui y sont construits ; elle le fait mécaniquement selon la nature lithologique et la pente de l'estran par les chocs directs des vagues, l'abrasion sableuse, les bombardements de galets, par la houle et les courants qui triturent et déplacent les dépôts ; l'altération et la désagrégation physico-chimiques par les embruns et l'eau ont des effets moins spectaculaires mais aussi efficaces, car elles préparent et amplifient les actions mécaniques.

Toutes les côtes ne sont évidemment pas affectées de la même façon ; les effets de ces actions dépendent de la lithologie du rivage, de l'altération des roches et, plus généralement, de la morphologie de la côte sur laquelle elles s'exercent, ainsi que de son exposition aux vents dominants ou autres phénomènes atmosphériques comme les passages fréquents de puissantes dépressions : les falaises rocheuses sont évidemment moins vulnérables que les dunes ; les côtes sous le vent sont généralement plutôt basses et relativement stables quand elles ne s'affaissent pas trop, tandis que celles au vent sont dans l'ensemble élevées et assez instables ou, plus rarement, basses et très instables.

Les côtes les plus stables à relativement long terme sont les côtes rocheuses abruptes, sans talus continental ; ce sont celles de certaines marges actives de plaques en bordure de fosses, ou sans plate-forme d'abrasion en pied, celles des calanques et des fjords résultant de la transgression flandrienne qui a noyé les pieds de falaises préexistantes de roches dures et peu altérables (calcaires récifaux, granites non altérés…).

Les côtes rocheuses basses, extrêmement découpées, à rias, criques, caps, écueils et hauts-fonds sont à peu près stables à notre échelle de temps bien qu'il s'en puisse détacher çà et là des rochers plus ou moins volumineux ; leurs débris, restés sur le platier, sont les projectiles qui préparent les prochains écroulements.

Toute hauteur de rivage a un modelé de falaise marine, subverticale et à peu près stable dans les roches dures, plus ou moins inclinée et instable dans les roches tendres. Les falaises marines peuvent être vives ou mortes suivant qu'elles bordent directement la mer ou qu'elles en sont séparées par une plaine côtière. Les falaises vives reculent constamment par glissements et/ou écroulements ; généralement constituées de roches hétérogènes, en partie dures produisant les projectiles, et en partie tendres et/ou altérées, faciles à éroder, elles dominent des platiers encombrés de blocs éboulés et/ou de gros galets plus ou moins rapidement déblayés par la mer que l'eustatisme maintient au niveau du pied érodé ; projetés par les vagues, les galets minent leur pied jusqu'à créer des surplombs qui s'écroulent quand le porte-à-faux devient trop grand, compte tenu de la nature et de la structure de la roche dont la falaise est faite. Assez paradoxalement, l'instabilité des cuestas marines, généralement gréseuses ou calcaires qui couronnent de hauts talus argilo-gréseux ou marno-calcaires, ne doit souvent pas grand-chose à l'action directe de la mer, mais plutôt à celle de l'eau de ruissellement continentale : les produits d'écroulement de la cuesta roulent sur le talus jusqu'au rivage où ils forment de bons enrochements de défense ; si la formation inférieure est franchement argileuse, il peut néanmoins se produire des glissements d'autant plus grands que l'atmosphère constamment humide et corrosive accélère l'altération et que la mer déblaye constamment le pied. Ce type de côte est très instable lors de fortes tempêtes associées à de fortes précipitations, ce qui est assez fréquent. Les falaises mortes d'un point de vue maritime évoluent comme des versants terrestres par des mouvements de pente variés selon la nature et la structure des roches dont elles sont constituées.

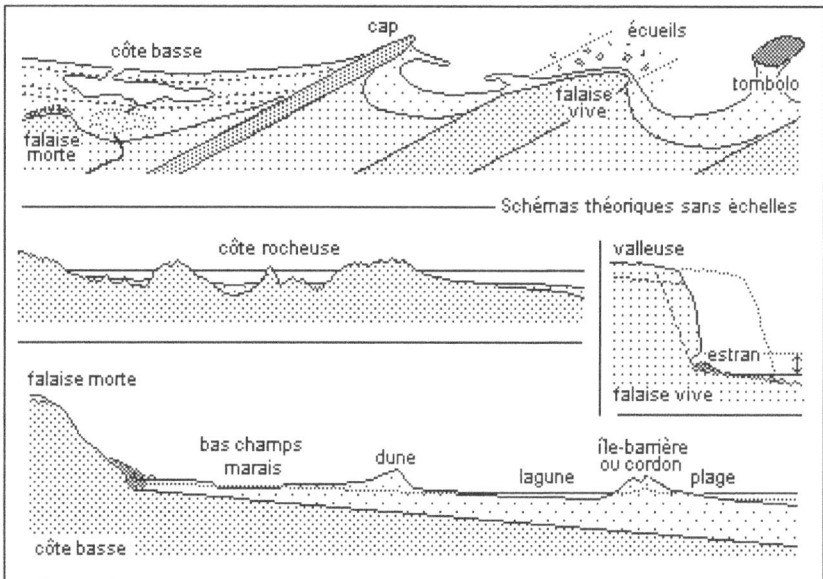

Figure 1.3.2.d – Littoraux

Rectilignes sur de très grandes distances ou concaves vers la mer en fond de baie, les côtes basses sont empâtées par les dépôts terrigènes des cours d'eau et des produits de l'érosion de côtes rocheuses plus ou moins proches, remaniés et déplacés par les courants côtiers et par le vent. Si l'abondance des dépôts compense l'effet de l'eustatisme, les cordons littoraux isolent les lagunes de la mer, les dunes retiennent les petits cours d'eau qui alimentent des étangs, des vasières et des marais, les îles épicontinentales se rattachent au continent par des tombolos, les estuaires s'envasent plus ou moins, les deltas avancent. Ces derniers, engraissés par le dépôt de tous les matériaux arrachés par les cours d'eau dans l'ensemble des bassins des fleuves qui les construisent, sont en fait des modelés terrestres et non marins, vastes cônes extrêmement épais, faits d'alluvions très fines (sable, argile, vase), parsemés d'étangs et marais, cloisonnés par les levées des bras actifs et abandonnés du fleuve, que croisent les cordons successifs d'avancées du rivage. Si les dépôts ne suffisent pas à compenser l'effet de l'eustatisme, l'érosion ronge les côtes basses qui sont de loin les plus fragiles et les plus instables de l'ensemble du littoral ; certaines plages de galets comme de sable sont soumises à des alternances de dégraissages et engraissages saisonniers. Actuellement, il semble que le dégraissage domine à peu près partout dans le monde, peut-être en raison de l'eustatisme positif, apparemment plurimillénaire. Certaines plages tropicales sont protégées par la mangrove.

Les *estuaires* sont les larges extrémités des vallées fluviales dont l'épaisse couverture est fluvio-marine, sablo-vaseuse, marécageuse, constamment soumise aux effets des marées, très mobile à plus ou moins grande profondeur. Du versant au chenal, on distingue :
- les *prés salés* ou *bas-champs*, que la marée n'atteint pratiquement jamais, aménagés pour l'agriculture et maintenant plus ou moins remblayés et construits, souvent défendus par des digues ;
- le *schorre*, qui n'est couvert qu'aux grandes marées, où la vase est plus ou moins consolidée et naturellement végétalisée ;
- la *slikke*, très mobile, nue, qui est couverte à chaque marée ;
- le *chenal de navigation* qui doit être constamment dragué.

La traversée de ces zones exige de grands viaducs (*Fig. 3.5.1.c*).

Certaines îles tropicales – le plus souvent volcaniques – sont entourées et/ou couronnés de récifs coralliens qui se construisent en suivant la montée du niveau de la mer. Les rivages des îles épicontinentales sont analogues à ceux des continents voisins.

Les aménagements de littoraux et les ouvrages construits à proximité des rivages posent d'innombrables problèmes au géotechnicien : risques de dommages voire de destructions en raison de l'extrême fragilité de la plupart des sites marins, effets pervers des ouvrages de défense (digues, épis, écueils artificiels…), qui favorisent la sédimentation ici, mais accroissent l'érosion un peu plus loin, fondations sur des matériaux très peu consistants, très compressibles, extrêmement épais… La médiocrité ne pardonne pas : les ouvrages inadaptés ou mal construits ne résistent pas très longtemps et sont parfois même ruinés en cours de construction.

1.3.2.4 Les modelés éoliens

Le vent change sans arrêt de force et de direction, mais dans une région donnée, on observe des vents dominants plus ou moins stables qui façonnent des modelés spécifiques. Le vent n'est pas un puissant agent d'érosion : la *corrasion* – abrasion à faible hauteur de roches dénudées, par des jets de sable quartzeux – est peu efficace ; elle ne fait que souligner des détails de structure, joints de stratification, contacts de roches de duretés différentes… La *déflation* est l'enlèvement et le brassage par vannage sur des surfaces dénudées sèches des fines de dépôts meubles actuels (lits des cours d'eau à l'étiage, de cours d'eau temporaires, de courants marins sur les plages à marée basse) ou de dépôts anciens (sols fixés par la végétation, détruite par l'élevage et l'agriculture, moraines d'après fonte, lacs et lits de cours d'eau asséchés…). Selon la prise au vent qu'elles offrent, ces fines sont triées granulométriquement et – en l'absence d'obstacle topographique et de végétation arborescente – transportées sélectivement en fonction de la direction et de la force du vent (steppes, déserts, littoral…) : les gros éléments (galets, cailloux, graviers) sont laissés sur place et constituent des pavages ; le sable quartzeux se déplace par saltation presque au ras du sol sur de faibles distances, broie les autres éléments qui, réduits en poussière de plus en plus fine de limon et argile, sont transportés en nuages plus ou moins denses et déposés plus ou moins loin selon leur finesse, à des distances qui peuvent dépasser plusieurs milliers de kilomètres.

Les *dunes* sont des accumulations anciennes de sable, modelées par le vent en forme de petites collines mobiles, isolées ou groupées en champs plus ou moins vastes. Dans les régions où le régime des vents est plutôt stable, leur forme classique est un croissant convexe au vent, de quelques centaines de mètres de long et de quelques dizaines à une ou deux centaines de mètres de haut, dont le côté au vent est en pente douce et celui sous le vent, en pente raide ; d'autres formes plus ou moins régulières, compliquées et instables résultent de régimes de vents variables. Elles se déplacent plus ou moins vite dans le sens du vent dominant ; elles couvrent puis dépassent les obstacles naturels comme artificiels qu'elles rencontrent et qu'ensuite d'autres couvrent… ; dans les régions habitées, on les fixe plus ou moins durablement par la végétation.

Le *lœss*, terre jaune argilo-calcaire et silteuse très fine, cohérente mais friable, est déposé par le vent dans les régions d'altitude faible et de relief monotone, plaines, plateaux, collines et terrasses, à la périphérie des délaissés de fonte des glaciers et des déserts d'où il provient. La couverture de lœss est continue, d'extension et d'épaisseur maximales à proximité de ses sources, discontinue, de moins en moins étendue et épaisse en s'en éloignant.

Lors d'éruptions pliniennes, des poussières volcaniques très fines sont projetées très haut dans l'atmosphère et se déposent lentement sous le vent autour du globe, dans une large bande latitudinale.

On trouve un peu partout de petits amas, persistants ou non, de sable et/ou de poussière au vent ou sous le vent d'obstacles naturels ou artificiels.

Dans les dunes, le géotechnicien trouvera enfin le mythique matériau purement frottant de la géomécanique, mais il aura peu d'occasion d'en étudier le comportement car les dunes ne sont pas des sites très favorables aux aménagements, même si elles sont fixées ; il rencontrera par contre plus ou moins fréquemment du lœss sous le nom de limon de plateaux, matériau peu favorable aux terrassements et aux fondations.

1.3.3 Les pièges morphologiques

Les pièges que rencontre parfois le géotechnicien qui étudie un site sont presque tous morphologiques : les matériaux récents de couverture peuvent masquer des gorges épigéniques (torrents sous-glaciaires remblayés), des failles, des lits abandonnés de méandres recoupés, des lapiaz enterrés ; on peut confondre des terrasses emboîtées ou juxtaposées ; selon leur exposition, un versant peut être stable et l'autre non ; le fauchage de bancs peut produire des faux pendages ; certains glissements ressemblent à des failles ; en pied de versants, leurs produits peuvent se mêler aux alluvions… Certains ne se révèlent que par des difficultés de chantier et on ne peut les caractériser que par des études très détaillées.

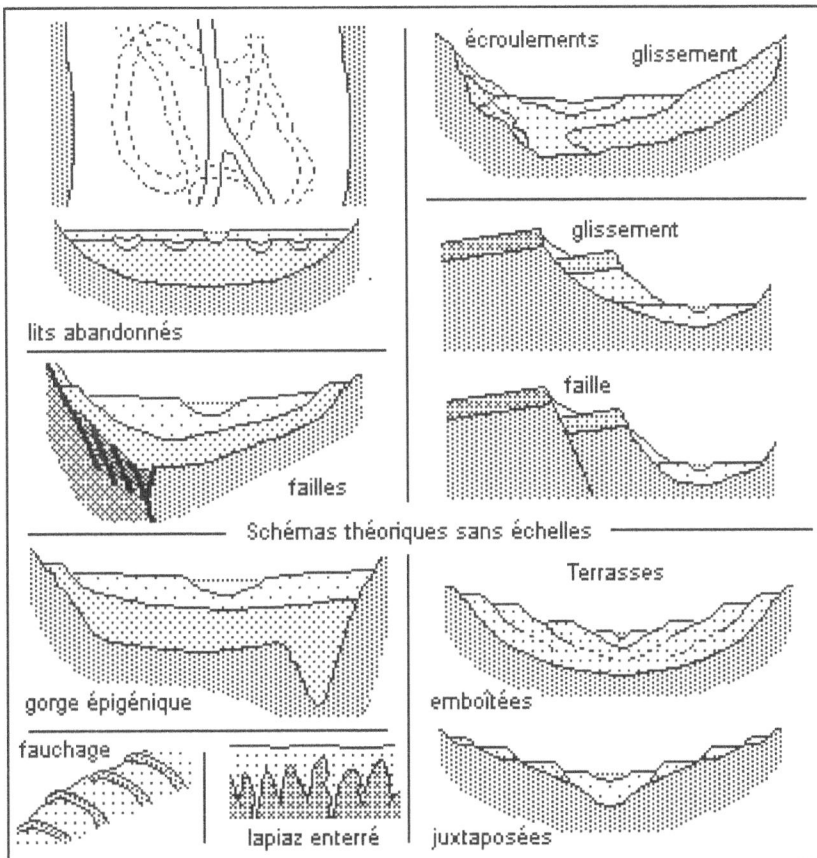

Figure 1.3.2.e – Quelques pièges morphologiques

1.4 Hydrogéologie

L'hydrogéologie est la science qui étudie qualitativement les effets de la présence de l'eau dans le sous-sol, en s'attachant à la nature lithologique et à l'état des matériaux aquifères, et à sa circulation dans les réseaux réels d'écoulement souterrain, organisés selon la structure géologique des formations aquifères.

L'hydraulique souterraine, qui étudie mathématiquement la circulation gravitaire des nappes, utilise des modèles dont les conditions aux limites et les comportements sont déterminés par les règles de l'hydrodynamique. L'hydrogéologie pourrait lui procurer des modèles réalistes de réseaux ; elle le lui demande rarement.

1.4.1 Le cycle de l'eau

Très schématiquement, le cycle de l'eau débute par l'évaporation, en majeure partie océanique ; sur les continents, les précipitations issues des nuages amenés par le vent (rosée, pluie, neige) alimentent les eaux de surface dont la majeure partie retourne directement à l'océan par les cours d'eau ; une faible partie s'infiltre, alimente les circulations d'eau libre dans les roches perméables et au bout d'un parcours souterrain plus ou moins long, surgit pour rejoindre les eaux de surface. La durée de ce « cycle » qui n'est en rien mathématiquement périodique, est pluriannuelle à pluricentennale selon les conditions climatiques globales et météorologiques régionales et locales ; il provoque et entretient en grande partie l'érosion des reliefs terrestres.

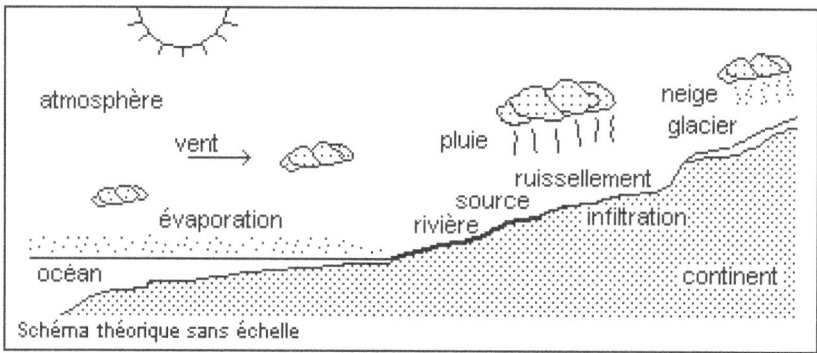

Figure 1.4.1 – Le cycle de l'eau

La part plus ou moins grande des précipitations et des ruissellements qui s'infiltrent dans le sous-sol dépend de la localisation de la zone d'infiltration, de sa topographie, de la nature et de la structure de son sous-sol, de sa végétation, de ses aménagements, du climat, de la saison, de la météorologie…

Une partie de ces infiltrations se fixe dans les formations argileuses et/ou alimente les nappes souterraines ou des circulations karstiques que contiennent et véhiculent les formations aquifères perméables, poreuses ou fissurées.

1.4.2 L'eau souterraine

Présente à peu près partout dans le sous-sol sous diverses formes, en plus ou moins grande quantité, l'eau détermine l'état et le comportement du géomatériau qui en contient (caractéristiques géomécaniques, pression interstitielle, pression de courant…). L'eau rassemblée dans une formation rocheuse perméable (*aquifère*) constitue une *nappe*. C'est le principal agent de la transformation incessante du géomatériau : désagrégation, altération, dissolution… La plupart des accidents et incidents géotechniques de tous lieux et de toutes natures y sont directement liés – mouvements de terrain (glissements, effondrements…), difficultés de chantiers de terrassements (stabilité des talus, épuisement, renards, ruptures des soutènements…), dommages aux ouvrages (sous-pression, tassements, gonflement-retrait…) ; la connaissance et la pratique de l'hydrogéologie sont donc indispensables au géotechnicien.

1.4.2.1 Les formes de l'eau souterraine

Les relations de l'eau et du géomatériau qui en contient dépendent de la nature de ce matériau, de la nature, de la forme et des dimensions de ses vides, de la rugosité de leurs parois, des conditions physiques locales et temporaires (température, pression et hygrométrie)…

L'eau de constitution est intégrée à un réseau cristallin ; à l'exception de celle qui sépare les feuillets des smectites, interfoliaire, plus ou moins mobile selon les conditions physiques (*voir 1.1.2.1.3*), elle ne peut être mobilisée que par une réaction chimique provoquant un changement de nature cristalline irréversible dans des conditions naturelles, anhydrite gypse, olivine serpentine… Les zéolites sont des silicates qui peuvent réversiblement acquérir et perdre de l'eau de constitution selon les conditions physiques auxquelles ils sont soumis, sans que leur structure cristalline soit affectée. Les variations de l'eau de constitution est en grande partie la cause du phénomène de retrait/gonflement qui affecte certains matériaux argileux.

L'eau d'adsorption, pelliculaire, est fixée aux parois d'un vide ou à la surface d'un grain par attraction moléculaire ; elle tapisse les parois et surfaces d'un film continu d'épaisseur micrométrique extrêmement stable. Elle n'existe en proportion significative (jusqu'à 50 %) que dans les argiles, matériaux très finement divisés, de structure colloïdale ; elle ne peut être mobilisée en tout ou partie que par chauffage intense, centrifugation ou variations extrêmes des conditions physiques.

L'eau capillaire est de l'eau libre retenue par la tension superficielle dans les parties les plus étroites et les plus fines des vides non saturés et autour des contacts des grains. On trouve cette eau plus ou moins haut au-dessus de la surface de saturation, selon la nature du matériau aquifère, la forme, les dimensions de ses vides et les conditions physiques locales et temporaires (quelques décimètres à centimètres dans le sable, quelques mètres dans l'argile). Elle est plus ou moins mobile en fonction de ces conditions, mais ne l'est pas gravitairement.

L'eau libre, interstitielle, sature les vides des roches perméables ; elle peut s'écouler plus ou moins librement sous un gradient hydraulique naturel toujours très faible ou provoqué dans les nappes, ou bien circuler dans les galeries des réseaux karstiques. C'est elle seule que l'on exploite en captant les sources, par pompage dans les puits et forages, qui envahit les fouilles… La pression interstitielle est la pression hydrostatique normale de l'eau libre.

L'hydrogéologie s'intéresse essentiellement à l'eau libre qui constitue les nappes et/ou circule dans les réseaux karstiques ; l'hydraulique souterraine ne s'intéresse qu'aux mouvements de l'eau libre dans les nappes.

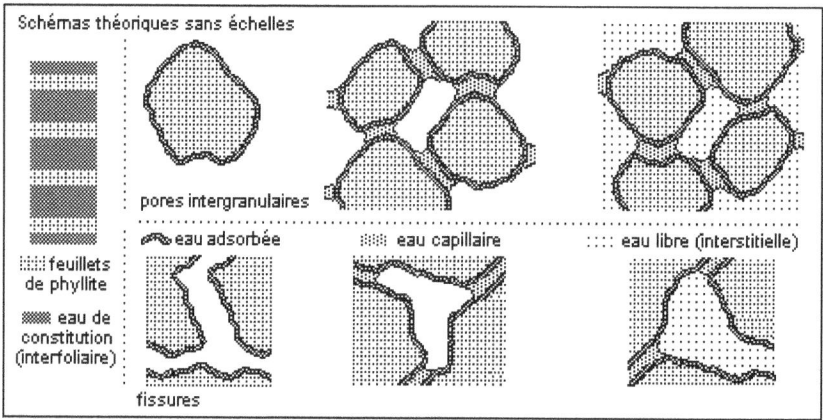

Figure 1.4.2.a – Formes de l'eau souterraine

Néanmoins, le géotechnicien ne peut ignorer ni l'eau capillaire qui évolue sous la surface du sol où il intervient habituellement, ni l'eau adsorbée et même l'eau de constitution qui déterminent en grande partie l'état et le comportement des formations argileuses et des roches meubles plus ou moins argileuses superficielles. Par dessiccation vers 105 °C, il en mesure la teneur en eau capillaire et libre w, rapport du poids total de ces eaux au poids du solide sec qui la contient (en ordre de grandeur de saturation, sable $w \approx 10$ à 20%, argile $w \approx 50$ à > 100%). Les variations dans les deux sens de cette grandeur caractérisent le mieux l'état physique de ces roches, qui peut aller du liquide au solide ou inversement en passant par le plastique : la cohésion est directement liée à la teneur en eau des matériaux argileux, mais un matériau meuble pratiquement sec, c'est-à-dire sans eau libre, sans eau capillaire et dont les eaux d'adsorption et de constitution sont réduites à l'extrême, est pulvérulent, sans cohésion mais frottant ; on n'en observe naturellement que dans les zones désertiques et à la surface des formations meubles en saisons sèches des zones tempérées. Le changement d'état des matériaux argileux selon les variations de leur teneur en eau est une des causes de certains mouvements de terrain : tel talus stable si la teneur en eau de son matériau est relativement faible, peut glisser par humidification atmosphérique ou de ruissellement. Les argiles peuvent avoir de très fortes teneurs en eau, mais cette eau de constitution, d'adsorption et capillaire est pratiquement immobile, contrairement à l'eau libre des sables, graves… dont les teneurs en eau sont nettement plus faibles : en pratique, on peut exploiter l'eau des sables, pas celle des argiles.

1.4.2.2 Les mouvements de l'eau souterraine

Un matériau est susceptible d'être perméable, c'est-à-dire susceptible d'être traversé par un fluide, si ses vides sont ouverts et interconnectés. Tous les géomatériaux, y compris les argiles les plus sèches, en contiennent et peuvent donc être plus ou moins perméables ; pour qu'ils le soient effectivement, leurs vides doivent être saturés en eau libre. Le coefficient de perméabilité k d'un matériau saturé caractérise la facilité d'écoulement de l'eau à travers lui, sous l'effet d'un gradient hydraulique ; la loi de Darcy le définit : $k = (Q/S)/(\Delta h/L)$, avec Q débit, S surface et L longueur de percolation, Δh perte de charge ou $k = V/I$, avec $I = \Delta h/L$ gradient hydraulique et $V = Q/S$ vitesse d'écoulement. La loi de Darcy implique que le régime d'écoulement soit laminaire, permanent, uniforme et donc que le gradient et la vitesse soient faibles et pratiquement constants ; le gradient naturel dépasse rarement 2/1 000 ; la vitesse peut aller de quelques m/j dans les aquifères très perméables à moins de 0,01 m/j dans les aquifères pratiquement imperméables.

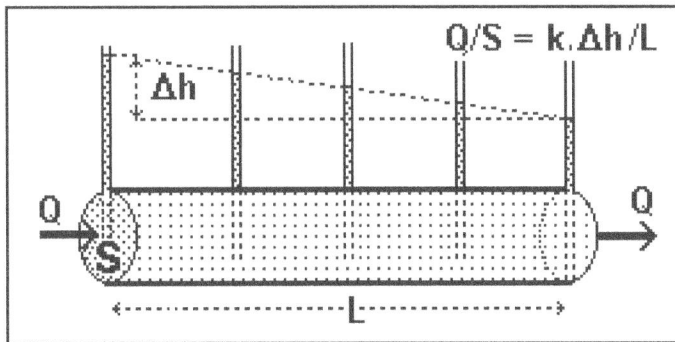

Figure 1.4.2.b – Loi de Darcy

Ce coefficient est un paramètre empirique et composite de calcul pratique dont, par convention, la valeur dépend seulement du matériau aquifère (nature, structure, dimensions et indice des vides) ; exprimé en m/s, il a les dimensions d'une vitesse, mais ce n'est pas la vitesse effective d'écoulement de l'eau dans le matériau. En fait, le calibre utile d'une veine d'eau, et donc la vitesse réelle d'écoulement, dépendent de l'indice des vides e du matériau : la perméabilité d'un matériau diminue si son indice des vides diminue par compression – les géomécaniciens définissent ainsi la consolidation du matériau qu'ils modélisent par l'essai œdométrique (*voir 2.1.3*).

Pour les faibles perméabilités, le débit d'écoulement est pratiquement nul si le gradient est faible et/ou s'il ne règne qu'un court laps de temps ; de telles conditions pourraient être celles de l'imperméabilité pratique du géomatériau qui n'est jamais totale. À nos échelles de surface et de temps, un matériau est pratiquement perméable pour $k > 10^{-4}$ m/s et imperméable pour $k < 10^{-6}$ m/s. Néanmoins, si la surface et la durée de percolation sont très grandes, l'eau libre peut circuler très lentement dans des matériaux de beaucoup plus faible perméabilité : le débit à travers un banc marneux épais de 1 m, dont la perméabilité vaut 10^{-9} m/s, soumis à une charge hydraulique de 1 bar, est d'environ 3 000 m³/ha/an, ce qui est considérable à l'échelle d'un bassin sédimentaire et du temps géologique ; il est évidemment négligeable à l'échelle d'un site et du temps géotechnique.

Les roches (calcaires, gypse...) dont les vides sont très grands et organisés en galeries sont évidemment perméables, mais la loi de Darcy ne s'applique pas aux écoulements qui s'y produisent, car ils sont généralement rapides, turbulents et très variables.

1.4.3 Les roches aquifères

En subsurface, toutes les roches dures et/ou meubles sont plus ou moins aquifères, mais selon leur nature, leur structure – et en particulier la forme et les dimensions de leurs vides –, elles sont plus ou moins perméables.

1.4.3.1 Les vides des roches

Toutes les roches recèlent des vides, interconnectés pour la plupart ; la proportion de ces vides varie considérablement selon la nature de la roche et son degré d'altération ; il s'agit de pores intergranulaires dans les roches meubles (argiles, alluvions…) et dans certaines roches détritiques (sables, grès…) ; ce sont des fissures dans les roches dures (granites…) ou des galeries dans les calcaires…

Les pores des argiles de structure colloïdale sont de dimensions microscopiques, très abondants, mais susceptibles de variations importantes de forme et de volume sous l'effet de variations de pression, de température et d'hygrométrie… ; même s'ils sont saturés, l'eau qu'ils contiennent ne peut pas circuler par gravité : les argiles sont pratiquement imperméables. Dans certaines conditions physiques temporaires locales, les argiles sont susceptibles de fixer ou de restituer de l'eau adsorbée ou même de constitution pour les smectites.

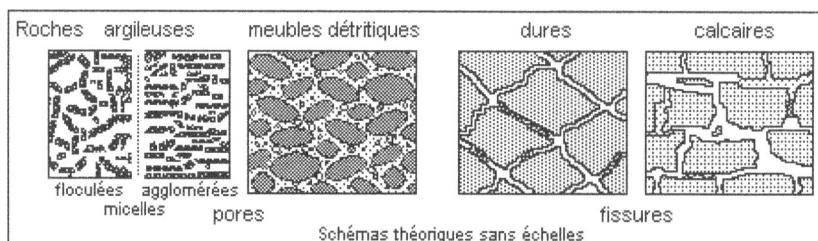

Figure 1.4.3.a – Les vides des roches

Les pores des roches meubles et détritiques sont nettement moins abondants, mais de bien plus grandes dimensions que ceux des argiles. Sauf remaniement d'origine extérieure, les dimensions et la proportion des pores sont peu variables dans une même formation ; même s'ils ne sont pas saturés, la majeure partie de l'eau qu'ils contiennent peut circuler par gravité.

Les fissures des roches dures non calcaires sont plus ou moins abondantes et ouvertes ; elles n'évoluent pratiquement pas, mais peuvent être plus ou moins colmatées par des produits d'altération ; l'eau ne peut pas y circuler par gravité si elles sont isolées, très fines, et/ou plus ou moins colmatées.

Les fissures des formations calcaires et gypseuses sont constamment agrandies par dissolution dans l'eau qui, quand elles atteignent les dimensions de galeries, y circule à la façon des cours d'eau de surface ou comme dans les conduites sous pression. Les fissures calcaires n'évoluent pratiquement pas à l'échelle humaine, les fissures gypseuses, oui.

Quelques rares roches comme les pierres ponces ou les meulières présentent de grands pores, mais sont imperméables, car la plupart de leurs pores sont en fait des bulles séparées par de très fines parois minérales.

En hydrogéologie, pour quantifier la proportion de vides d'une roche, on utilise la porosité n, rapport du volume de vide susceptible d'être occupé par de l'eau au volume total correspondant de roche (en ordre de grandeur, sable $n \approx 35\ \%$, argile $n \approx 40\ \%$).

En géomécanique, on lui préfère l'indice des vides e, rapport du volume des vides à celui des pleins (en ordre de grandeur, sable $e \approx 0,5$, argile $e \approx 1$). On passe de l'un à l'autre par $n\ \% = 100.e/(1+e)$; dans les roches meubles, ces grandeurs varient sensiblement selon la pression de l'eau dans les pores, la pression interstitielle.

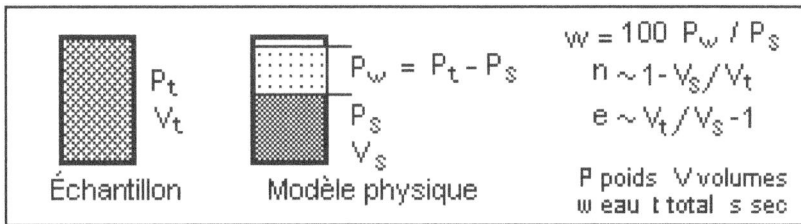

Figure 1.4.3.b – Porosité – Indice des vides

Pas plus que la teneur en eau, la porosité et l'indice des vides ne régissent le comportement hydraulique d'une formation aquifère ; mais comme elle, ils caractérisent en grande partie l'état mécanique des matériaux argileux, d'autant plus faible qu'ils sont plus forts.

1.4.3.2 Argiles et sols argileux

Dans les argiles et les sols argileux, l'eau peut être très abondante mais il n'y a pratiquement pas d'eau libre et l'eau capillaire y est à peu près fixée, car les vides, pores colloïdaux, sont de très petites dimensions. Ces formations sont pratiquement imperméables, mais aucune ne l'est totalement : l'eau n'y circule pratiquement pas, mais leur structure – et en particulier les dimensions de leurs pores – peuvent varier considérablement sous l'effet d'une pression extérieure, de la salinité de l'eau ou en fonction des conditions météorologiques, en suivant les alternances saisonnières répétées de gels/dégels ou d'humidité/sécheresse.

La perméabilité des argiles et des matériaux argileux saturés en équilibre hydrostatique dépend de la salinité l'eau avec laquelle ils sont en contact et de la pression extérieure à laquelle ils sont soumis ; si l'eau est douce (pluie), très peu abondante et/ou si la pression est relativement forte, les micelles colloïdales s'agrègent, s'entassent et l'argile se dessèche, durcit, devient imperméable ; si l'eau est très légèrement salée (souterraine) et/ou si la pression est faible, les micelles floculent, forment des pores floconneux et l'argile s'humidifie, devient plastique et assez perméable pour que des variations de teneur en eau et de pression interstitielle y soient possibles.

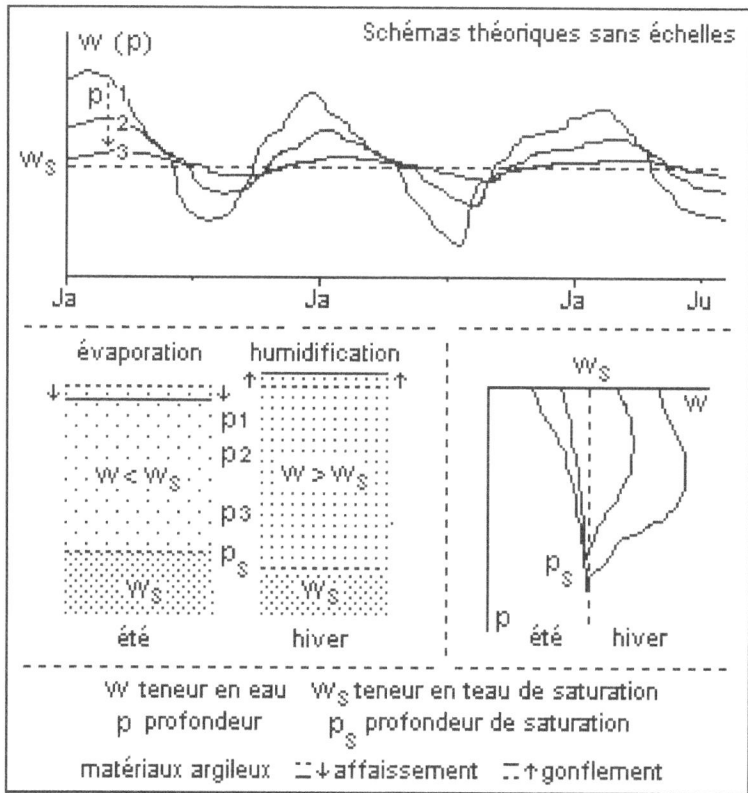

Figure. 1.4.3.c – Variations saisonnières de teneur en eau

Soumis à une pression extérieure, l'eau et le matériau meuble ont des comportements simultanés et complémentaires : l'eau est incompressible et le matériau est déformable ; les pores se déforment si cette pression est différente de la pression de l'eau interstitielle, et ce jusqu'à ce que les deux pressions soient égales :

• si elle est supérieure, l'eau interstitielle est expulsée en partie ; la pression interstitielle, la teneur en eau et le volume des vides du matériau diminuent : le matériau s'essore, tasse, devient plus compact et résistant, se consolide. C'est ce qui se passe sous un ouvrage fondé superficiellement ou naturellement par diagenèse ;

• si elle est inférieure, le matériau absorbe de l'eau ; la pression interstitielle, sa teneur en eau et le volume de ses vides augmentent : le matériau s'humidifie, gonfle, devient moins compact et résistant. C'est ce qui se passe au fond d'une fouille ou à la surface d'un talus en cours de terrassement ou naturellement par altération.

Quel qu'en soit le sens, la durée du phénomène – qui n'est pas réversible naturellement et s'amortit progressivement – dépend essentiellement de la perméabilité du matériau et de la différence initiale de pression ; elle est toujours très longue. Un matériau argileux est moins perméable à l'eau de pluie ou à l'eau distillée utilisée pour les essais de laboratoire qu'à l'eau souterraine qui est toujours plus ou moins saline ; il faut en tenir compte pour les essais à l'œdomètre et pour les études de tassement par la méthode de Terzaghi (*voir 2.3.2.1.2*).

Dans les roches pratiquement imperméables, sans être tout à fait libre, l'eau n'est pas totalement immobile ; ses mouvements ne sont pas régis par le seul gradient hydraulique, mais aussi en suivant les variations physiques locales et temporaires, généralement atmosphériques, de température, pression, hygrométrie… Sans que cela soit clairement établi, on admet généralement que l'eau non libre migre dans le sous-sol par thermo-osmose d'une zone chaude vers une zone froide, de la profondeur vers la surface ou inversement selon la saison. On ne dispose pas de paramètre de mesure directe de ces mouvements. Ainsi, dans la partie superficielle du sous-sol, en dehors des périodes de précipitations abondantes durant lesquelles se produisent les infiltrations, la teneur en eau w d'un matériau plus ou moins argileux non saturé varie constamment, à profondeur constante, en fonction des conditions saisonnières de température, pression, hygrométrie… L'amplitude de ces variations diminue rapidement avec la profondeur pour s'amortir pratiquement vers quelques décimètres à quelques mètres selon la région, profondeur p_s au-delà de laquelle la teneur en eau w_s est plus ou moins stable, que le matériau soit alors saturé ou non : les variations s'amortissent d'autant plus vite qu'elles sont faibles et rapides, et que la profondeur est faible ; le déphasage surface/profondeur croît avec cette dernière. Ainsi en période de sécheresse, les matériaux se rétractent par dessiccation et en période de précipitations, ils gonflent par humidification ; en période durablement très froide, l'eau se rassemble progressivement en lentilles plus ou moins vastes vers la surface du sol et gèle ; au redoux, ces lentilles dégèlent rapidement. Le matériau qui gonfle ou l'eau qui gèle induisent dans le sous-sol de fortes contraintes qui, vers la surface, provoquent son expansion et une fissuration de dilatation ; le matériau qui se rétracte ou l'eau qui dégèle annulent ou diminuent ces contraintes, ce qui provoque l'affaissement de la surface, sa fissuration de retrait et, en cas de dégel rapide, sa liquéfaction. Ces affaissements et ces remontées d'ordre milli- à décimétrique alternent plus ou moins régulièrement sans s'interrompre et sans se compenser ; leur intensité dépend de celle des variations météorologiques ainsi que de la nature plus ou moins argileuse et l'épaisseur du matériau sensible. Ils peuvent apparemment cesser plus ou moins longtemps puis redémarrer ou ne se produire que lors d'années météorologiquement exceptionnelles, mais en fait, ils ne s'arrêtent jamais ; les alternances humidification/dessiccation modifient incessamment l'état floconneux/aggloméré des micelles argileuses, ce qui désagrège le matériau. Ce phénomène naturel participe plus ou moins à l'altération des matériaux argileux superficiels, en préparant leur érosion (*voir 1.5*).

1.4.3.3 Roches perméables en petit

Dans les roches peu ou pas argileuses meubles ou compactes, les vides, pores intergranulaires, sont moins abondants, plus grands et pratiquement fixes. Ces formations sont des contenants, réservoirs et conduites, dont la structure est stable, pratiquement pas affectée par une pression extérieure, dans lesquels la majeure partie de l'eau est libre. Elles sont plus ou moins perméables selon les dimensions des pores ; elles peuvent porter des nappes permanentes, continues et puissantes, le plus souvent phréatiques, c'est-à-dire dont le niveau est à la pression atmosphérique ou localement plus ou moins en charge.

En périodes de précipitations abondantes, de fonte des neiges, d'inondations, une partie des eaux de surface s'infiltre. Ces eaux dites *vadoses* descendent par gravité dans les vides non saturés d'une zone superficielle aérée, retenant au passage de l'eau pelliculaire et capillaire, jusqu'à atteindre le niveau phréatique sous lequel les vides sont saturés. Cette zone profonde perméable aquifère dans laquelle l'eau infiltrée s'accumule, s'étend vers le bas jusqu'à un mur imperméable ; dans la partie basse de la zone aérée, au-dessus du niveau phréatique jusqu'à une hauteur qui dépend des dimensions des vides et des conditions atmosphériques, il y a de l'eau capillaire ; aux abords d'un cours d'eau, il se produit des échanges dans les deux sens, infiltrations si le niveau du cours d'eau est supérieur au niveau phréatique, drainage dans le cas contraire. Dans la zone perméable aquifère, l'eau circule très lentement sous l'effet d'un gradient hydraulique naturel ; ce gradient, et donc la direction d'écoulement, dépend de la topographie et de la structure géologique locales, en particulier de la disposition, du pendage et éventuellement de failles des formations perméables aquifères et imperméables contiguës. On peut localement perturber le gradient naturel et donc le sens d'écoulement et/ou le débit par drainage, pompage, injection, barrage…

La perméabilité des roches détritiques meubles, formées de grains non cimentés, est généralement forte ; très variable dans une même formation, elle dépend de la granulométrie locale et, en particulier, du calibre des éléments fins qui peuvent être en partie argileux. Les alluvions fluviatiles sont les plus communes et les plus aquifères de ces roches ; elles sont généralement constituées d'une couche superficielle limoneuse peu perméable et d'une couche profonde sablo-graveleuse perméable ($\approx 10^{-3}$ m/s), aquifère, plus ou moins hétérogène (*Fig. 1.1.3.b*) selon la nature des roches du bassin versant, les conditions locales de dépôt, divagations, bras actifs ou abandonnés, méandres, crues… du cours d'eau, confluents, cônes de déjection, éboulis des versants… (*Fig. 1.3.2.b*). La nature, la pente moyenne et la profondeur locale du substratum, la nature et la distance des versants de la vallée caractérisent les limites d'une formation alluviale. Les tills sont beaucoup plus hétérogènes, souvent très argileux et donc pratiquement imperméables, mais recèlent des lits sablo-graveleux de torrents sous-glaciaires ou de surface après la fonte (*Fig. 1.3.2.c*).

La perméabilité des roches détritiques dure, grès et poudingues, formées de grains plus ou moins cimentés, est plus faible mais rarement nulle. En dehors des zones d'affleurement, les strates de ces roches d'extension souvent régionale ont généralement un mur et un toit imperméables ; elles peuvent contenir des nappes permanentes, continues et très puissantes, souvent profondes, en charge et parfois artésiennes.

La perméabilité des autres roches dures non calcaires (granites, basaltes…) dépend de la continuité, du calibre, du colmatage de leurs fissures ; rarement nulle, elle n'est jamais très élevée et diminue avec la profondeur ; en dehors de certains abords de failles et de certaines coulées basaltiques, les zones perméables sont très hétérogènes, plutôt superficielles et de petit volume total.

Ces roches ne contiennent généralement que de petites nappes isolées, peu puissantes, parfois temporaires selon les conditions météorologiques.

1.4.3.4 Roches perméables en grand

Dans les formations calcaires, gypseuses et dans certaines zones faillées de roches dures, la plupart des vides sont de grandes dimensions ; en dehors de zones compactes éloignées de tels vides dans lesquelles on peut mettre en évidence une certaine perméabilité en petit de fissures et observer des petites nappes, l'écoulement de l'eau, généralement rapide, turbulent et instable, suit le tracé de galeries qui peuvent être à la pression atmosphérique ou en charge de façon permanente ou occasionnelle.

1.4.4 Les réseaux aquifères

L'étude d'un réseau aquifère, ensemble indissoluble d'un réservoir minéral – l'aquifère – et d'une masse d'eau libre – la nappe – implique la connaissance préalable de la lithologie, de la géologie structurale et de la géomorphologie de son étendue, car le modèle de forme de ce réseau doit être analogue aux leurs et son comportement hydraulique en dépend étroitement. En particulier, ses conditions aux limites hydrauliques doivent être aussi proches que possible de ses conditions aux limites géologiques : une nappe phréatique est portée par les graves d'une plaine alluviale ; une nappe artésienne est contenue dans une formation sableuse de bassin sédimentaire, entre deux formations argileuses ; un réseau karstique se développe dans le sous-sol d'un massif calcaire…

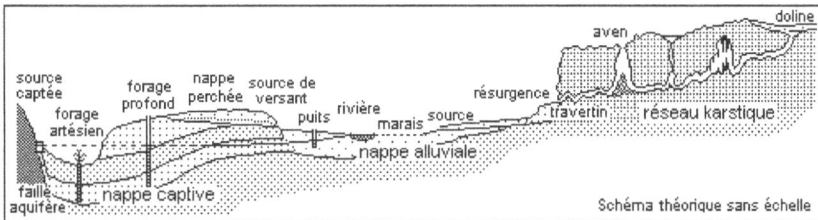

Figure 1.4.4.a – Réseaux d'eau souterraine

Les formes, les surfaces, les épaisseurs, les profondeurs des réseaux aquifères sont extraordinairement diverses et variées. Tous singuliers, néanmoins presque tous les réseaux aquifères comportent schématiquement une zone superficielle d'alimentation où se font les infiltrations et où pénètrent les pollutions, une zone profonde d'écoulement où l'on établit les puits et forages d'exploitation, où l'on protège de l'inondation les travaux et ouvrages souterrains par des épuisements, des injections de produits imperméabilisants ou par des enceintes étanches, et une zone d'affleurement où l'on trouve des sources, marais, résurgences… Certaines eaux thermo-minérales d'aquifères magmatiques ou volcaniques pourraient être juvéniles, c'est-à-dire ne pas provenir d'infiltrations de surface, mais d'extractions de magmas profonds.

Dans certaines régions, il existe des réseaux connexes en relation d'échanges permanents ou temporaires entre eux, des réseaux en relation d'échanges permanents ou temporaires avec des cours d'eau, des réseaux contigus ou superposés qui sont apparemment isolés, mais ne sont jamais totalement indépendants, car les formations qui les séparent ne sont jamais totalement imperméables.

Le bilan naturel d'un réseau est toujours équilibré sur des périodes annuelles à pluriannuelles : la quantité d'eau qui y entre est à peu près égale à celle qui circule et à celle qui en sort, mais elles ne le font pas nécessairement en phase. À l'exception de certains réseaux karstiques qui ont des régimes torrentiels très instables, un réseau fonctionne comme un réservoir de stockage, un régulateur de débit, car la circulation y est très lente, de sorte que son inertie est importante ; son niveau phréatique varie, ses exutoires présentent des périodes d'étiages et ont des crues, mais ces variations sont lentes et amorties par rapport aux variations de son alimentation. Le bilan d'un réseau activement exploité par pompage ou perturbé par des travaux souterrains (extraction, étanchéisation) peut être déséquilibré de façon temporaire ou permanente, avec des conséquences pratiques graves, souvent définitives (tarissement de puits, de sources, de marais, forte baisse de la pression de nappes captives jusqu'à l'arrêt de l'artésianisme, pénétration d'eau marine salée dans le sous-sol des plaines côtières…).

1.4.4.1 Les nappes

Une nappe est un volume d'eau libre porté par un aquifère, formation perméable en petit dont les pores saturés sont fins ; alimentée par des infiltrations de précipitations en surface et/ou de cours d'eau, elle s'écoule très lentement sur un mur constitué de roche imperméable (argile, marne, granite…).

Une nappe est *phréatique* – libre – s'il n'y a pas de toit imperméable entre le sol et son niveau qui est donc à la pression atmosphérique ; sa pression interstitielle est hydrostatique. Son niveau peut sensiblement varier selon le régime – généralement saisonnier – de la nappe et un peu aussi selon la pression atmosphérique si l'aquifère est peu perméable ; c'est le niveau statique des puits et piézomètres. La plupart des nappes alluviales établies dans le sous-sol des vallées drainées par un cours d'eau sont de ce type, comme celles portées par des aquifères sédimentaires plus ou moins perméables (craie, molasse…), subaffleurants dans de très vastes régions. On dit que la nappe est *captive* si le toit de son aquifère est une couche imperméable ; la pression de l'eau peut alors y être élevée comme dans une conduite forcée ; elle est plus ou moins déterminée par la profondeur du toit et donc pratiquement fixe ; le niveau statique de l'eau dans les forages qui l'atteignent est stable, plus ou moins supérieur à celui du toit. Si la pression de la nappe est très supérieure à la pression atmosphérique, l'eau du forage peut jaillir ; on parle alors de *forage artésien* ; la plupart des nappes profondes de bassins sédimentaires sont de ce type. On dit que la nappe est *semi-captive* si son toit et/ou son mur ne sont pas tout à fait imperméables ; de telles nappes contenues dans des aquifères voisins peuvent échanger une partie de leurs eaux. Ce type est fréquent car les roches totalement imperméables sont très rares ; c'est en particulier le cas des nappes d'aquifères alluviaux dont la stratification est généralement oblique et/ou lenticulaire (*Fig. 1.2.1.b*).

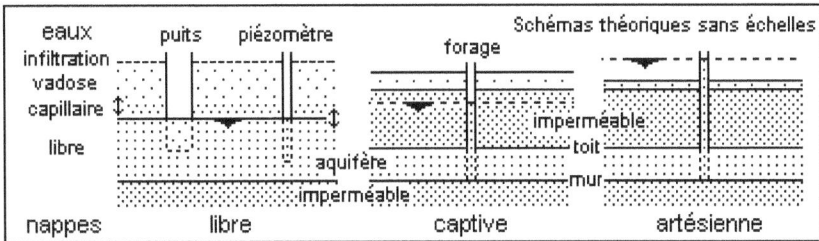

Figure 1.4.4.b – Types de nappes souterraines

Les limites géologiques d'une nappe sont celles de l'aquifère qui la porte ; on les trace selon la structure et la morphologie de l'aquifère, dont les particularités locales influencent directement l'écoulement de la nappe (perméabilité de l'aquifère, gradient et vitesse de l'eau). La surface piézométrique d'une nappe s'observe dans les puits inactifs et les piézomètres établis dans son aquifère ; sa carte se trace par interpolation des mesures de niveau dans ces ouvrages et dans les sources et marais, rapportées à un nivellement topographique, en général le NGF (Nivellement général de la France) ; comme la surface du sol, cette surface plus ou moins ondulée est représentée par des courbes de niveau dans le cas de nappes libres et de lignes équipotentielles fictives dans le cas de nappes captives. Sa forme dépend de nombreux facteurs et traduit leurs variations : nature, pente moyenne et irrégularités de profondeur du mur et éventuellement du toit imperméables ; variations de perméabilité de l'aquifère ; variations de largeur d'une vallée alluviale et nature de ses versants ; échanges avec un éventuel cours d'eau ; alimentations et pertes locales ; perturbations d'usage, pompages, irrigations, travaux… Les isopièzes, courbes de niveau équidistantes en altitude, sont plus ou moins serrées selon le gradient local mesuré par la pente locale de la surface en relation avec la morphologie de l'aquifère. Perpendiculaires à la direction d'écoulement, elles sont convexes vers l'aval dans les zones d'alimentation de la nappe (cours d'eau, pieds de versants, irrigation…) et concaves vers l'aval dans les zones de drainage de la nappe (perte, source, marécage, pompage…). La surface piézométrique d'une nappe varie plus ou moins dans le temps, selon les conditions climatiques et météorologiques qui régissent son alimentation et les conditions de son éventuelle exploitation ; les campagnes de mesures pour établir les cartes de nappes doivent être très rapides, lors de périodes caractéristiques de stabilité relative, crues, étiages, pompages… ; bien entendu, chaque carte doit être datée afin de pouvoir caractériser et suivre l'évolution de la nappe, son battement ou marnage.

Sauf dans des zones de pertes, de rétrécissement de vallée…, le gradient naturel d'écoulement d'une nappe est toujours très faible (au plus quelques millimètres par mètre), de sorte que la vitesse d'écoulement est extrêmement lente, d'autant plus que la perméabilité de l'aquifère est elle-même faible (de quelques mètres par an pour les nappes captives à un ou deux kilomètres par an pour les nappes alluviales). Le débit des points d'affleurement dépend de la puissance de la nappe et de son gradient moyen ; il varie dans des proportions plus ou moins larges selon la pluviométrie saisonnière de la zone d'alimentation, avec un retard qui dépend de son éloignement, de la perméabilité de l'aquifère et du gradient moyen de l'écoulement ; le débit naturel des sources de nappe est assez stable. Certaines nappes d'aquifères alluviaux sont alimentées ou drainées de façon constante ou alternative par un cours d'eau, un lac, la mer.

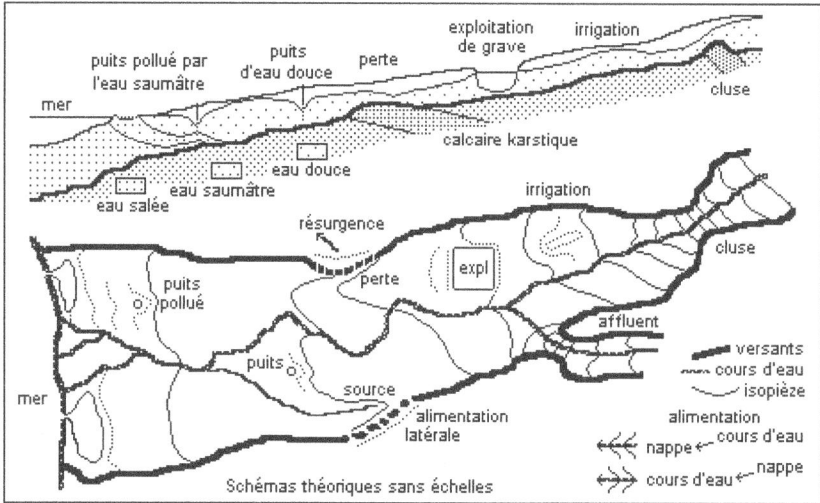

Figure 1.4.4.c – Surface piézométrique d'une nappe libre

Sur le littoral, les nappes phréatiques sont en communications d'échanges avec la mer, comme les nappes alluviales le sont avec les cours d'eau. L'eau douce terrestre qui s'écoule vers la mer est généralement bloquée près du rivage par l'eau salée marine plus dense qu'elle ; une zone marécageuse de contact, instable, plus ou moins large et épaisse d'eau saumâtre relie progressivement l'eau douce à l'eau salée. En profondeur, l'eau salée pénètre sous l'eau douce, souvent jusqu'à plusieurs kilomètres du rivage si l'aquifère est épais ; ce contact est modélisé comme un biseau en équilibre hydrodynamique instable car les deux aquifères le sont eux-mêmes. L'exploitation d'une nappe en bordure de mer doit être conduite avec beaucoup de précautions, car à plus ou moins long terme selon le débit extrait, l'eau saumâtre puis éventuellement salée pénètre vers l'intérieur des terres et pollue irrémédiablement l'aquifère, et ainsi la partie correspondante de la nappe d'eau douce.

Les sources de versants souvent réduites à des suintements et/ou même taries en saison sèche, révèlent des cheminements préférentiels d'eau souterraine, susceptibles de favoriser les glissements et même les coulées de boue dans les matériaux généralement argileux du mur qui affleurent en pied de versant. Certaines, alignées plus ou moins perpendiculairement à la pente du versant, jalonnent une faille qui limite un aquifère ou drainent une petite nappe perchée au-dessus d'une couche argileuse dont le toit détermine la ligne de sources ; d'autres, alignées plus ou moins dans le sens de la pente, drainent un vallon fossile, surcreusement local du substratum du versant en partie comblé par des matériaux argileux.

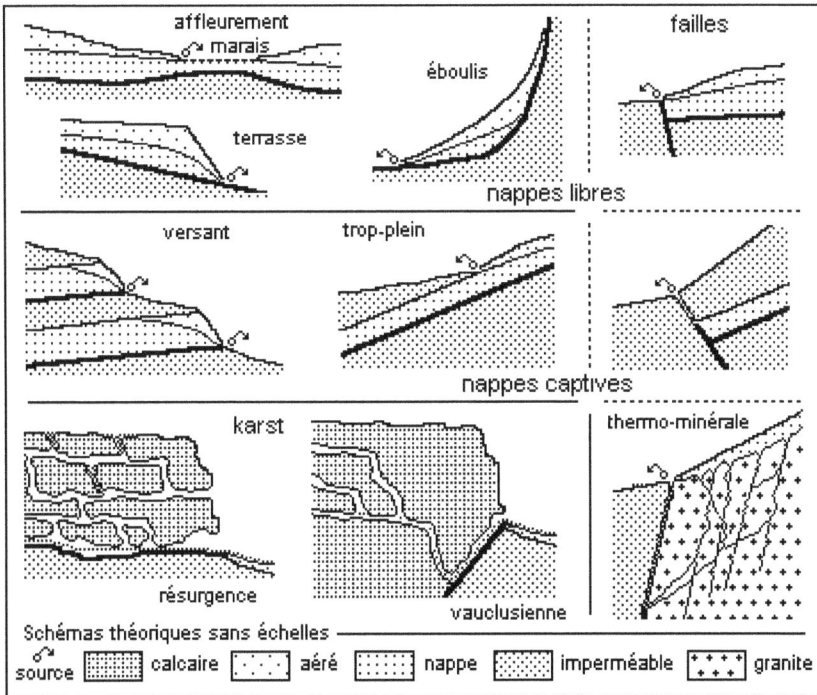

Figure 1.4.4.d – Quelques types de sources

Le matériau aquifère des nappes est filtrant ; ainsi, en dehors de la zone d'alimentation, l'eau de nappe est généralement exempte de pollution bactériologique, mais évidemment pas d'éventuelle pollution chimique. L'exploitation de graves alluviales est une source de perturbation et de pollution de la nappe qui persiste dans les étangs résiduels, parties de nappe à l'air libre, privées de leur aquifère.

L'exécution de terrassements de surface ou souterrains dans une formation aquifère impose des travaux annexes d'épuisement, d'étanchéisation, de blindage… (*voir* 2.3.3 et 3.6.2) ; les parties d'ouvrages situées sous le niveau de la nappe doivent être maintenues hors d'eau par pompage permanent, enceinte étanche… Toutes ces dispositions, ainsi que l'extraction d'eau souterraine par puits et forage, peuvent perturber gravement le comportement général de la nappe et entraîner des dommages aux ouvrages existant, parfois à de grandes distances, dans des directions souvent inattendues si l'on méconnaît la structure de l'aquifère. La prévision et la prévention de ses effets éventuels s'imposent lors de l'étude de tout chantier et/ou ouvrage implanté dans un aquifère.

1.4.4.2 Les failles

Certaines failles mettant en contact une formation perméable et une formation imperméable peuvent se comporter comme des barrages, des drains ou des conduites pour l'eau circulant dans la formation perméable ; d'autres affectant une formation rocheuse dure imperméable, plus ou moins ouvertes et/ou bordées d'épontes plus ou moins fissurées peuvent se comporter comme des drains d'eau infiltrée en surface ou des conduites d'eau artésienne ; de telles failles constituent souvent des lignes de sources. En galerie, la rencontre d'une faille aquifère affecte parfois gravement l'avancement et le soutènement provisoire puis définitif, car la pression, la température et le débit sont souvent très élevés ; selon la façon dont le passage de la faille est traité, il peut en résulter de graves perturbations temporaires ou permanentes du régime général des eaux souterraines de la région.

La majeure partie des eaux thermo-minérales s'infiltrent dans des aquifères profonds où elles constituent des nappes captives ; généralement artésiennes, elles remontent des profondeurs où elles se sont minéralisées et chauffées le long de failles séparant des roches plutoniques ou volcaniques de roches sédimentaires comme sur les bordures hortz/graben ou par des failles ouvertes de roches dures. Le voisinage de volcanisme actif et de sources d'eau thermo-minérales pourrait indiquer une origine magmatique de certaines de ces eaux, mais rien n'est sûr : les volcans en éruption émettent effectivement de grandes quantités de vapeur d'eau, mais leurs socles et leurs cônes sont tous de très grands aquifères qui portent des nappes permanentes que les laves en fusion vaporisent : la plupart des éruptions débutent par une phase dite phréatique et souvent se limitent à elle… (*voir 1.5.3.1*).

1.4.4.3 Les réseaux karstiques

Un réseau karstique est un ensemble de fissures et de cavités souterraines naturelles (galeries, grottes, cavernes…), creusées par l'eau dans un massif de roches plus ou moins solubles, à partir de réseaux de fissures, joints et diaclases et/ou de failles. Elles sont stables dans les calcaires très peu solubles, instables dans le gypse ou le sel très solubles ; l'aquifère qui recèle ces cavités – dont le volume est souvent très grand – est dit *perméable en grand* ; dans tout le réseau ou certaines de ses parties, l'eau peut circuler à surface libre de façon permanente ou temporaire selon la saison, comme un cours d'eau de surface ; le réseau et/ou sa partie aérée est dit *dénoyé* ; dans d'autres parties, des cavités peuvent être en charge voire siphonnantes, comme des conduites forcées. La partie inférieure de certains réseaux peut être aquifère de façon permanente ; on dit alors qu'elle est *noyée* ; l'eau s'y comporte comme dans une nappe libre ou captive selon la structure de l'aquifère. On pense généralement que les karsts superficiels en grande partie dénoyés sont récents et évoluent encore très lentement – pas à notre échelle de temps –, alors que les karsts profonds noyés et en charge, inclus entre deux formations imperméables dans une épaisse série stratigraphique plissée, se sont formés quand le calcaire affleurait et n'évoluent plus. Dans certains massifs, on observe des réseaux étagés abandonnés ou intermittents qui jalonnent l'enfoncement progressif de la circulation par agrandissement de dissolution des fissures.

Un réseau karstique est alimenté soit par les pertes d'un ou plusieurs cours d'eau de surface ou de nappe alluviale, soit par les infiltrations de précipitations très rapides sur un lapiaz, surface très corrodée de plateau calcaire, une doline, cuvette plus ou moins grande et profonde creusée à la surface du plateau… (*Fig. 1.3.1*). L'écoulement turbulent rapide et le régime de circulation des eaux karstiques sont analogues à ceux d'un torrent, avec des crues et des étiages très contrastés ; après un parcours souterrain plus ou moins long, qui comporte des rapides, des siphons, des cascades, des calmes, des lacs, des confluents…, l'eau refait surface à une résurgence (au fil de l'eau) ou à une source vauclusienne (siphonnante) au débit généralement fort mais très variable selon l'état temporaire du réseau.

La description d'un réseau karstique, l'étude et la modélisation de ses écoulements sont très difficiles, car à de rares exceptions près, on ne peut repérer les cavités aquifères qu'en y pénétrant : la géophysique électrique n'est utilisable que si les fissures sont plus ou moins colmatées par de l'argile et la gravimétrie ne l'est que sur des cavités à peu près connues. En particulier, on ne sait pas aborder et résoudre correctement les problèmes d'écoulement dans les matériaux non saturés tels qu'il s'en produit dans les réseaux dénoyés. L'exploitation de tels réseaux est donc très difficile sinon aléatoire à étudier et à réaliser ; les travaux de terrassements sont tout aussi difficiles, sinon aléatoires, à étudier et à réaliser dans les réseaux noyés, car les débits mis en jeu sont presque toujours énormes, quasiment inépuisables, mais l'exploitation pour l'alimentation y est relativement facile.

Les fissures des réseaux karstiques sont trop larges pour être filtrantes ; ainsi, l'eau qui y circule est presque toujours polluée, car les matières organiques végétales et animales qui pénètrent dans ces réseaux par les pertes y sont retenues jusqu'à totale décomposition ; en temps de crue, elle peut être plus polluée que l'eau de surface.

1.4.5 Physico-chimie des eaux souterraines

À la température atmosphérique, l'eau de précipitation n'est pratiquement pas minéralisée ; en s'infiltrant et en circulant dans l'aquifère, ses caractères physico-chimiques évoluent vers des équilibres locaux et temporaires selon la nature des roches traversées et la profondeur atteinte ; les échanges se font essentiellement dans le sens aquifère → nappe. Le lessivage par l'eau souterraine est un puissant agent d'altération des roches ; inversement, les précipitations de carbonate de calcium encroûtent et cimentent les pores et fissures, construisent des stalagmites, stalactites et autres concrétions dans les grottes, déposent des travertins calcaires en aval des résurgences karstiques ; les précipitations d'oxyde de fer ou de manganèse encroûtent les zones de battement de niveau des nappes ; les dépôts de silice sont très localisés et extrêmement lents.

La température des nappes est relativement constante ; celle des nappes libres est à peu près celle de la moyenne annuelle locale de l'air ; celle des nappes captives dépend de la profondeur atteinte ; elle croît avec le gradient géothermique, de l'ordre d'un degré Celsius par trentaine de mètres d'approfondissement, avec des variations d'une dizaine à une cinquantaine voire une centaine de mètres selon la structure géologique régionale. La température des eaux thermo-minérales va couramment d'une vingtaine à une soixantaine de degrés et peut dépasser la centaine dans certaines régions volcaniques actives.

La composition chimique de l'eau résulte du lessivage des roches traversées, par dissolutions et hydrolyses ; les cations naturels les plus fréquents sont CO_3, SO_4 et Cl ; les anions naturels les plus fréquents sont Ca, Mg, Na, Fe, Mn ; les nitrates et les nitrites proviennent de pollutions ; les eaux des nappes captives sont généralement plus minéralisées que celles des nappes libres, et ce d'autant plus qu'elles sont plus chaudes. Les eaux thermo-minérales le sont encore davantage en ions courants et elles recèlent aussi des ions plus rares : As, Br, I…

Les eaux alcalines (pH > 7) sont incrustantes et ce d'autant plus que leur pH est plus fort ; les eaux acides (pH < 7) sont corrosives et ce d'autant plus que leur pH est plus faible. Le contrôle du pH et éventuellement l'analyse plus détaillée des eaux au contact d'ouvrages souterrains est donc nécessaire pour prévenir les dommages possibles à leurs parties altérables en béton, acier… Les eaux séléniteuses se sont chargées en sulfate de calcium par lessivage de gypse ; elles sont aussi dommageables pour les bétons courants, mais il existe des ciments spéciaux qui résistent à leurs effets ; leur usage est indispensable dans les régions dont le sous-sol est en partie gypseux.

1.5   Géodynamique

La géodynamique décrit et explique l'évolution de la subsurface terrestre ; à partir d'observations de terrain synthétisées par des modèles types de comportements, elle caractérise et étudie les phénomènes naturels qui ont affecté le géomatériau et qui l'affectent encore. Elle est interne pour ce qui se passe en profondeur et externe pour ce qui se passe en surface ; les phénomènes internes sont ceux qui produisent les reliefs ; les phénomènes externes sont ceux qui les détruisent. La géotechnique ne s'intéresse qu'accessoirement aux premiers (volcanisme, sismicité) et s'intéresse particulièrement à ceux des seconds qui sont régis par la gravité et/ou par les conditions atmosphériques (glissements, tassements, crues…).

En nombre limité, les phénomènes naturels sont globaux et permanents ; leurs événements sont innombrables, mais les endroits où ils se produisent et les circonstances de leur production sont spécifiques : ce qui se passe à proximité d'un volcan lors d'une éruption n'a rien à voir avec ce qui se passe dans une plaine alluviale lors d'une inondation, sous un immeuble dont l'assise tasse… Ils régissent l'évolution des sites de construction et par là, le comportement des ouvrages quels qu'ils soient. D'autre part, les modèles de la géodynamique sont beaucoup plus proches du réel que ceux de la géomécanique : sur le terrain, on n'observe jamais de glissement rotationnel (théoriquement, cylindre droit circulaire horizontal – un de ses modèles types…). Ainsi, l'étude géodynamique d'un site d'ouvrage est une des phases essentielles, sinon la principale, de son étude géotechnique ; elle permet de répondre à la question que les constructeurs se posent et posent au géotechnicien : comment l'adapter aux particularités du site ? que va-t-il se passer lors de la construction puis de l'existence de l'ouvrage projeté (glissement de talus, venue d'eau, tassement…) ? Les réponses géodynamiques seront évidemment qualitatives et il faudra les quantifier par les résultats géomécaniques d'études fondées sur des travaux de terrain et de laboratoire ; mais ainsi le programme de ces travaux pourra être rationnellement déterminé, établi et exécuté : il sera nécessaire et suffisant, ni trop rapide ni trop long, ni trop parcimonieux ni trop coûteux, sûr et efficace autant que possible.

1.5.1 Les phénomènes naturels

Les phénomènes naturels sont les manifestations observables du comportement de la Terre. Depuis son origine, elle est le siège ou l'élément d'actions gravitaires, électromagnétiques, radioactives… dont les effets sont de plus ou moins la modifier sans cesse à toutes les échelles d'espace et de temps : depuis la nuit des temps, des reliefs se créent et se détruisent à sa surface par les effets cumulés d'éruptions volcaniques, de séismes, de mouvements de terrain, de cyclones, de crues, de tsunamis, de chutes de météorites… qui sont des événements intempestifs mais normaux de phénomènes naturels pérennes.

Pratiquement tous les phénomènes naturels sont connus, bien caractérisés, documentés et étudiés : leur cours, sur lequel on ne peut pas agir efficacement, est compliqué mais intelligible. Plus ou moins fréquents, plus ou moins violents, leurs événements analogues sont spécifiques, localisées et rapides, parfois presque instantanés, plus ou moins efficients, possibles mais non certains à un endroit donné, à un moment donné. Ils paraissent ainsi aléatoires voire imprévisibles, mais s'ils sont effectivement particuliers et contingents, ils sont aussi explicables ; généralement irrépressibles, ce ne sont pas des anomalies mais des péripéties courtes et rapides parmi d'autres dont on ne peut pas empêcher la réalisation.

Certains événements naturels comme une éruption volcanique, un écroulement de falaise… ou d'autres involontairement provoqués comme l'écroulement d'un talus de déblai, un tassement d'ouvrage… sont observables, mais peu le sont directement, au moment où ils se produisent ; on les caractérise plutôt indirectement en observant leurs effets, en étudiant l'état résultant du site affecté dont la stabilité qui semble acquise n'est qu'apparente.

À l'échelle de temps de la Terre, le cours d'un phénomène naturel paraît continu et plus ou moins monotone, mais il ne l'est pas à l'échelle du temps humain, car la plupart du temps, on observe une tendance moyenne plus ou moins proche de la stase, et de loin en loin, incidemment, quelques événements spécifiques et contingents de très courte durée, à partir d'un certain seuil d'intensité qui dépend à la fois de la nature du phénomène considéré et de nos sens ou de nos instruments. La tendance ne renseigne donc pas sur l'éventualité de leur manifestation. La fonction intensité/temps de n'importe quel phénomène est continue, mais à n'importe quelle échelle de durée, elle est apparemment désordonnée voire incohérente, avec successivement des tendances à la hausse, à la baisse ou à la stabilité durant des périodes plus ou moins longues et plus ou moins espacées, avec des minimums et des maximums relatifs plus ou moins individualisés et parfois des paroxysmes ; même à très court terme, on ne peut discerner au mieux que des tendances d'évolution et parfois des renversements de tendance. Au départ, ces renversements ne sont jamais très caractéristiques ; par la suite, ils peuvent s'amplifier ou s'annihiler, rendant toute prévision incertaine voire impossible. Un tel cours dépend en effet d'un nombre plus ou moins grand de facteurs que l'on est généralement loin de connaître tous et dont on ignore souvent l'importance relative ; ils sont spécifiques de phénomènes secondaires distincts, moins complexes que lui, mais néanmoins très rarement simples. Ces facteurs évoluent indépendamment les uns des autres ; ils ont des hauts et des bas, des paliers, leurs intervalles de monotonie sont plus ou moins longs, leurs changements de tendance sont brusques ou lents… S'il était strictement déterminé, le phénomène devrait être en stase, maximum ou minimum quand tous ses facteurs le sont aussi, ce qui est très peu fréquent, plus ou moins variable dans un sens comme dans l'autre quand au moins l'un d'entre eux varie de la même façon ou quand plusieurs varient de façon plus ou moins désordonnée, ce qui est le plus courant et à son paroxysme quand ils sont à peu près tous à leur maximum, ce qui n'arrive que très rarement.

Mais ni déterminés ni aléatoires, les phénomènes naturels ont des cours sinueux qui ne sont jamais réellement cycliques ; ils paraissent chaotiques : leurs évolutions sont généralement cohérentes ; leurs événements sont analogues et quelles que soient leurs intensités, elles demeurent dans des limites floues mais définies (il ne se passe pas n'importe quoi, n'importe où, n'importe quand). L'évolution de l'état d'un site soumis aux événements qui le modifient incessamment suit un cours à peu près tracé dont la tendance générale est de rendre cet état plus ou moins proche de la stabilité : cette évolution est continue mais n'est pas monotone ; un événement du présent se produit à la suite d'une série d'événements analogues du passé et il précède en principe une série d'événements analogues dans le futur. C'est sur la continuité de l'évolution et l'analogie des événements qu'est fondé le calcul des probabilités. Mais une action extérieure ou une circonstance peu fréquente peut plus ou moins perturber cette évolution, sans toutefois la faire sortir de ses limites, de son attracteur ; après un événement perturbateur, l'état final du site n'est jamais identique à son état initial, mais il n'en est jamais très éloigné ; rien de ce qui s'y est produit ne se reproduira invariablement et strictement de la même façon, mais des événements analogues, d'intensité plus ou moins grande, s'y produiront sûrement à plus ou moins long terme, avec des effets analogues cumulatifs : des glissements successifs sont des événements limités dans l'espace et dans le temps de l'érosion permanente d'un versant.

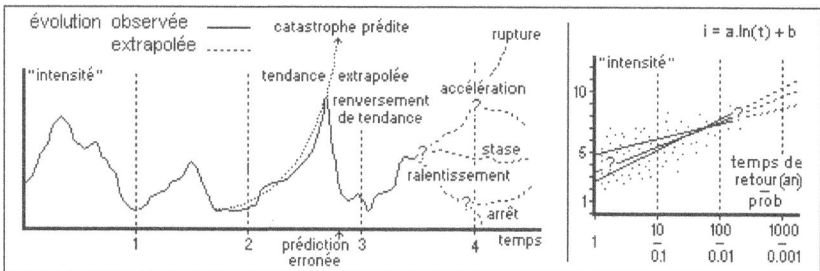

Figure 1.5.1 – Évolution d'un phénomène naturel

Les événements successifs d'un même phénomène qui se produisent dans un même site sont imbriqués, interdépendants, co-influents, plus ou moins analogues, jamais identiques ; ce qui se passe avant, pendant et après l'un d'entre eux est certes coordonné, mais l'enchaînement est plus ou moins indécis. En théorie, on ne peut les prévoir qu'à condition que leurs suites soient suffisamment longues et homogènes pour pouvoir être exploitées par le calcul des probabilités : à partir de l'historique fiable du cours d'un phénomène à un endroit donné, on peut, dans les limites de cet historique et de cet endroit, se représenter son évolution en estimant les fréquences d'événements d'intensités données. On admet alors sans réel fondement qu'il y a d'autant moins de chances de voir se produire une certaine intensité qu'elle est plus forte, et qu'il y a d'autant plus de chances d'observer une intensité plus forte que la période d'observation est plus longue. Par analogie avec les cycles astronomiques, on a abusivement bâti la prospective géotechnique en prêtant à tous les phénomènes naturels des cours périodiques et à leurs événements analogues des temps de retour réguliers, annuels, décennaux centennaux ou même millénaux, selon leur intensité. En demeurant très prudent voire circonspect, on peut ainsi attendre un événement intempestif générateur d'accident, éventuellement le prévoir, pas le prédire. Pour l'annoncer, il faudrait disposer d'événements plus modérés que l'on appelle précurseurs ; existent-ils ? se produiront-ils ? où et quand ? les remarquera-t-on ? On ne sait pas répondre à ces questions ; au cours du déroulement d'un phénomène surveillé – en dehors, à très court terme, de certaines crues –, on ne peut pas repérer la situation qui va provoquer un événement d'intensité donnée et on ne peut pas discerner celle qui en provoquera peut-être un autre analogue.

Mais après qu'il s'est produit, on peut expliquer l'événement, caractériser ce qui l'a provoqué et éventuellement annoncé sans que l'on s'en soit rendu compte. On peut ainsi espérer en comprendre le processus et s'en prémunir ultérieurement par des actions de prévention et de protection. Ce n'est peut-être pas grand-chose et on est loin d'être certain d'y parvenir ; c'est déjà beaucoup et on ne peut pas faire mieux.

En effet, la connaissance de n'importe quel phénomène naturel a été d'abord indirecte par l'observation passive de ses effets puis empirique par l'extrapolation souvent hasardeuse de ces observations et par la conjecture ; elle est devenue pratique par des observations systématiques raisonnées, par la détermination de ses facteurs les plus influents, l'analyse de leurs rôles et de leurs influences respectives. Elle ne serait théorique par l'expression paramétrique de chacun d'eux, la combinaison mathématique de leurs influences et de leurs variations que pour les phénomènes simples traités par la physique élémentaire ; malgré les moyens de la géomécanique, on en est loin ; les relations déterminées directes de cause à effet sont extrêmement rares, sinon inexistantes, dans la nature.

1.5.2 Le cycle géologique

L'enchaînement de phénomènes internes d'orogenèse/surrection et de phénomènes externes d'érosion/sédimentation/diagenèse constitue un cycle géologique dont la durée se mesure en dizaines voire en centaines de millions d'années.

Les nombreux cycles qui se sont succédé depuis l'origine n'ont pas eu la même durée ni la même histoire, mais incessamment, au cours de chaque cycle, des reliefs ont surgi à la surface du globe, puis ont été érodés jusqu'à être aplanis.

Un cycle géologique est une suite fluctuante de phases semblables de durée variable au cours desquelles se produisent irrégulièrement des événements plus ou moins analogues (surrections, érosions...), qui modifient l'état de la Terre, toujours différent à la fin d'un cycle de ce qu'il était au début. Pas strictement distinctes et enchaînées, les phases d'un même cycle se recouvrent en partie : le relief commence à être érodé avant que sa surrection soit terminée et le cycle suivant débute avant que le précédent soit achevé. Nous assistons à l'achèvement de la surrection alpine et au début de son érosion, première phase du cycle en cours.

Au cours d'un cycle, des collisions de plaques et le volcanisme créent des montagnes que l'air et de l'eau éventuellement glacée vont immédiatement grignoter : la partie superficielle d'un massif rocheux s'altère, des débris s'en détachent et sont transportés sur ses pentes jusqu'à atteindre un replat où ils sédimentent et se compactent. Ce jeu inéluctable se poursuit en principe jusqu'à la disparition quasi totale du massif et de l'ensemble montagneux auquel il appartient ; il est permanent à l'échelle du temps géologique.

En fait, la Terre bouge sans cesse. La « dérive des continents » schématisée par la tectonique de plaques est un phénomène naturel comme un autre : ses périodes paroxystiques correspondent aux phases orogéniques durant lesquelles la surrection est plus forte que l'érosion. De courte durée à l'échelle du temps géologique, elles sont séparées par de longues périodes de stase durant lesquelles l'érosion est plus forte que la surrection ; mais les phases de stase ne sont pas plus monotones que celles de surrection.

1.5.3 Les phénomènes internes

À l'échelle géologique, un effet de l'activité interne de la Terre à sa surface est le déplacement incessant des plaques rigides, continentales et/ou océaniques, découpées en puzzle dans la lithosphère, couche superficielle de la Terre, épaisse en moyenne d'une centaine de kilomètres ; ce déplacement provoque des collisions de plaques qui entraînent la surrection de chaînes de montagnes successives dont la juxtaposition a peu à peu construit les continents. Ses effets immédiatement sensibles sont le volcanisme et la sismicité. Ces phénomènes sont étudiés et expliqués par la tectonique de plaques :

- au début d'un cycle, la majeure partie des terres émergées forme un ou deux supercontinents ;
- l'instabilité constante de la lithosphère provoque des fractures en rifts et décrochements qui le fragmentent ;
- en élargissant, elles ouvrent peu à peu des océans séparant de plus en plus les morceaux des supercontinents, nouveaux continents autonomes ;
- puis certaines limites de plaques rompent. Sur ces marges actives, les plaques océaniques s'enfoncent sous les plaques continentales et les océans rétrécissent

puis disparaissent, les plaques continentales entrent en collision et des montagnes surgissent…

• à la fin du cycle, les continents soudés par les chaînes de montagnes forment
de nouveaux supercontinents qui ne vont pas tarder à se rompre…

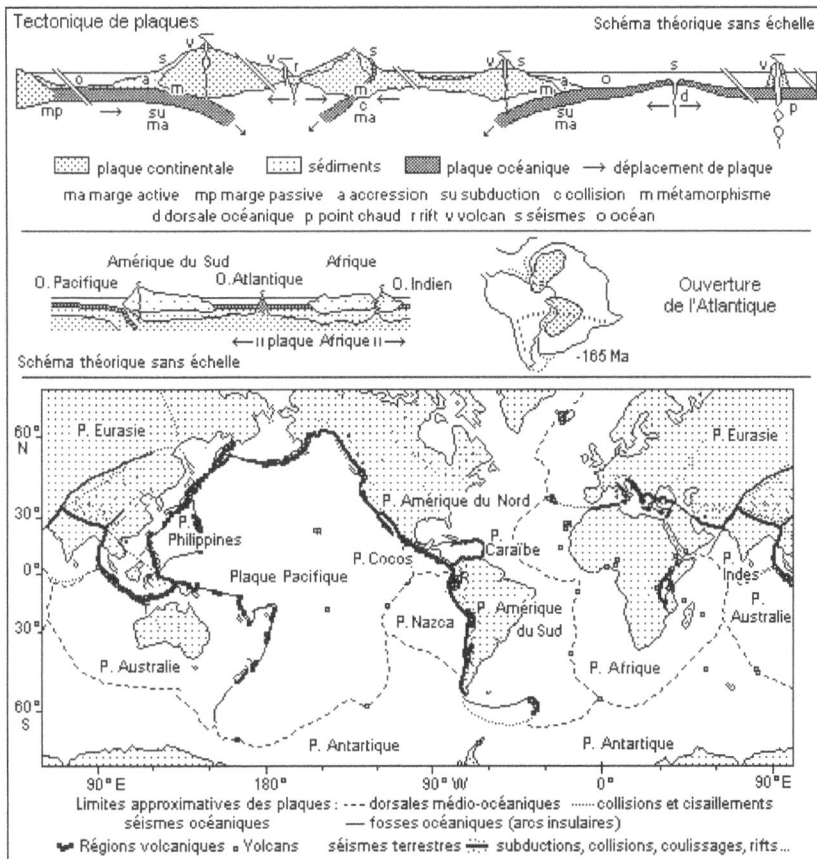

Figure 1.5.3.a – Les phénomènes internes

Grâce aux satellites et au laser, on sait mesurer la vitesse de déplacement des
plaques et de surrection des montagnes – quelques centimètres par an.

Les marges actives des plaques se manifestent en surface par des effusions et
des éruptions volcaniques qui apportent du basalte au fond des océans et à la
surface des continents, et par des séismes, vibrations de la lithosphère provoquées par des chocs au cours de sa fracturation.

Les éruptions volcaniques et les séismes comptent parmi les événements naturels les plus dangereux : il est indispensable que le géotechnicien connaisse les
zones bien circonscrites dans lesquelles ils se produisent et sache apprécier les
risques que les ouvrages existants et projetés y encourent.

1.5.3.1 Les éruptions volcaniques

Un volcan est un édifice naturel, terrestre ou sous-marin, construit par l'afflux en surface de gaz, cendres et laves sous hautes températures et pressions ; les éruptions sont les manifestations plus ou moins violentes de cet afflux. En raison de leur situation sur les marges actives des plaques pour le plus grand nombre, de leurs formes et de leurs comportements caractéristiques, la plupart des volcans actifs ou non sont connus ; il s'en édifie parfois de nouveaux analogues dans leur voisinage.

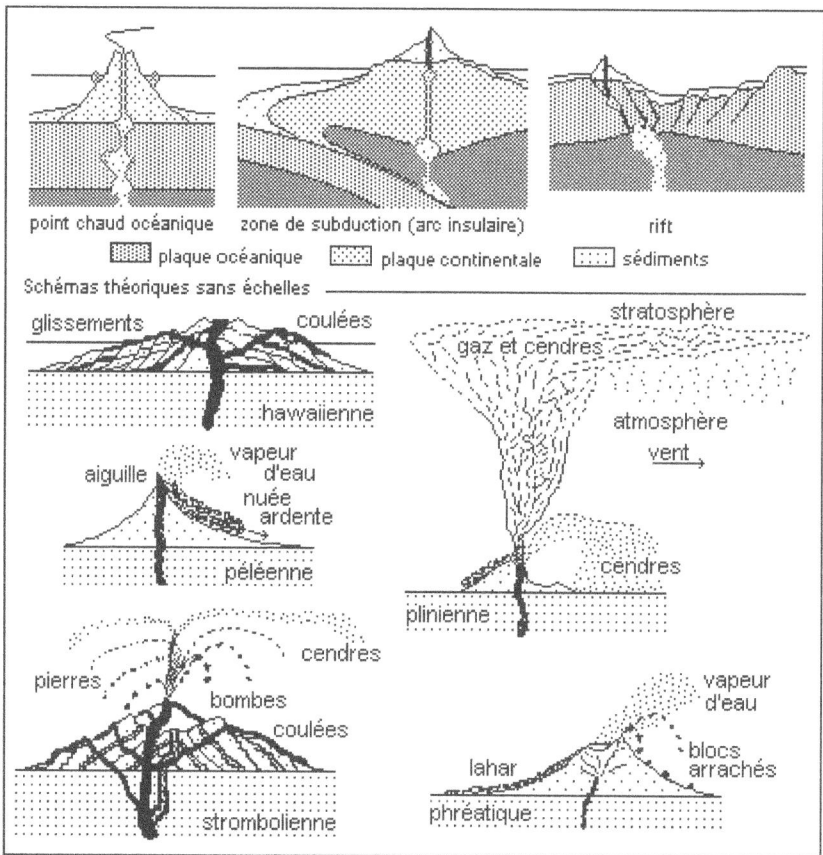

Figure 1.5.3.b – Le volcanisme

Le modèle classique d'un volcan est un cône cycloïdal percé par une cheminée axiale débouchant au sommet par un cratère rempli de lave incandescente et duquel s'échappent des fumerolles. Ce n'est pas souvent ainsi qu'il se présente : « volcan » est un terme générique ; il n'en existe pas deux qui soient identiques et aucun ne se comporte exactement de la même façon lors d'éruptions successives. De tous diamètres, de toutes hauteurs, de formes plus ou moins confuses, certains ont une activité pratiquement permanente, régulière ou saccadée, d'autres restent assoupis durant des années, des siècles, voire des millénaires, et se réveillent sans cause apparente, brusquement ou progressivement, de façon anodine ou cataclysmique.

Néanmoins, isolés ou groupés, les volcans situés dans des zones analogues ont des formes et des comportements semblables. La plupart des volcans effusifs à éruptions hawaïennes sont situés au-dessus de points chauds océaniques ; ils produisent fréquemment ou même de façon quasi continue des coulées de lave basaltique fluide, parfois longues de plusieurs dizaines de kilomètres, et des projections relativement peu abondantes de cendres et de bombes, dispersées sur leurs cônes et dans leurs alentours immédiats ; leurs éruptions sont en général plus spectaculaires que dangereuses. La plupart des volcans explosifs à éruptions pliniennes sont situés dans les zones de subduction et de collision ou sur les marges de rifts ; ils produisent de loin en loin, en fait assez rarement, des dômes et aiguilles de lave andésitique pâteuse au-dessus de cheminées d'émission et des projections de cendres en énorme quantité, souvent dispersées jusque dans la haute atmosphère, qui se déposent plus ou moins loin du volcan pour constituer des dépôts plus ou moins étendus et épais de pyroclastites ; leurs éruptions sont très souvent catastrophiques.

Dans leurs environs immédiats et selon le type de leurs éruptions les plus fréquentes, les volcans produisent des coulées de lave, des dômes, des projections de cendres, pierres et bombes, des nuées ardentes, des émanations de gaz, des lahars, des séismes… Les explosions et les nuées ardentes des éruptions péléennes sont redoutables aux environs immédiats du volcan ; les grandes éruptions explosives pliniennes, tout aussi redoutables alentour, peuvent modifier le paysage environnant sur des centaines de kilomètres carrés et altérer plus ou moins le climat de la planète en polluant l'atmosphère durant quelques mois à quelques années ; les volcans pliniens qui explosent en mer provoquent des tsunamis particulièrement destructeurs.

Le comportement général d'un volcan est assez facile à caractériser selon son type éruptif ; son comportement spécifique l'est beaucoup moins ; comment et quand le volcan assoupi va-t-il se réveiller ? Que va-t-il se passer au cours de l'éruption ? Une éruption magmatique va-t-elle suivre l'éruption phréatique en cours ? Où se dirige la coulée de lave ? Parviendra-t-elle à cet endroit ? Quel sera le trajet d'une éventuelle nuée ardente ? Comment le climat sera-t-il modifié et pendant combien de temps ? On ne sait pas répondre à ces questions et selon les cas, à beaucoup d'autres aussi capitales. En effet, relativement rares même pour les volcans les plus actifs, les éruptions sont toujours différentes et totalement irrésistibles : on ne peut que les constater sans pouvoir intervenir directement sur leur déclenchement et leur déroulement ; si la prédiction des éruptions est impossible, la prévision à court terme de la phase dangereuse d'une éruption en cours est toujours plus ou moins réalisable, car les volcans sont de bonne composition, ils montent lentement en puissance et préviennent toujours avant de se déchaîner : avant une éruption, ils émettent des fumerolles, provoquent des séismes alentour, leurs appareils se déforment plus ou moins… La surveillance permanente d'un volcan actif est donc absolument nécessaire ; elle peut éviter les pertes humaines, mais pas les pertes matérielles.

L'étude et la surveillance d'un volcan actif est une affaire de spécialistes qui ne concerne pas directement la géotechnique. Par contre, un géotechnicien pourrait devoir intervenir aux abords d'un volcan actif ou non pour étudier un projet d'ouvrage courant ; il serait alors nécessaire qu'il ait de solides connaissances volcanologiques ; mais il serait vain d'imaginer que, quelles que soient les dispositions prises, un ouvrage puisse résister aux effets directs d'une éruption ; la zone à risque d'un volcan dont l'étendue dépend du type et de la puissance de l'éruption attendue devrait être inconstructible, mais elle l'est rarement.

1.5.3.2 Les séismes

La Terre vibre sans cesse et partout. Ces vibrations parfois rapides et brutales du sous-sol et du sol sont portées par des ondes élastiques temporaires, plus ou moins durables, qui parcourent une partie plus ou moins vaste du globe ; elles se manifestent à la surface du sol par un très court ébranlement, appelé *séisme*.

La sismicité est le phénomène naturel le mieux étudié et celui dont les modèles géologiques (issus de la tectonique de plaques) et physiques (issus de la mécanique des systèmes vibrants) sont les plus élaborés et les plus fiables ; elle concerne une science (la sismologie) et une technique du BTP (le parasismique) qui utilisent des informations géologiques et géotechniques.

On décrit un séisme par sa localisation, sa durée, sa magnitude et/ou son intensité. L'endroit de la lithosphère où se produit le choc est le *foyer* du séisme dont la profondeur peut atteindre voire dépasser la centaine de kilomètres ; sa projection radiale en surface est l'*épicentre*. La durée de la vibration maximale d'un séisme va de quelques secondes à une ou deux minutes ; la durée d'une crise sismique peut varier de quelques heures à plusieurs mois. La *magnitude* se calcule à partir de mesures sismographiques des paramètres de l'ébranlement au foyer ; elle caractérise intrinsèquement les séismes et permet de les comparer quels que soient leurs effets. L'intensité en un endroit de la zone affectée s'estime à partir des effets constatés sur le terrain, destructions d'ouvrages et modifications de paysage ; elle diminue à mesure que l'on s'éloigne de l'épicentre car les vibrations s'amortissent rapidement sur leur trajet ; ainsi, un séisme de forte magnitude produit de faibles vibrations loin de son épicentre, mais un séisme de faible magnitude peut en produire de très fortes à proximité du sien, surtout dans une zone très habitée et mal construite et/ou dans des régions dont le relief est fragile.

Depuis une centaine d'années, on effectue des enregistrements sismographiques à peu près partout dans le monde : le foyer du moindre séisme peut être localisé et son énergie, mesurée. Les zones sismiques sont ainsi localisées et documentées depuis longtemps : il se produit de forts séismes n'importe où, mais essentiellement dans les zones où la lithosphère est active (marges de certaines plaques, dorsales médio-océaniques, zones d'accrétion, de subduction, de collision, failles transformantes, rifts continentaux et océaniques) ; il s'en produit aussi aux abords de volcans en activité, par le rejeu de failles existantes sur des plates-formes apparemment stables…

Dans une zone plus ou moins profonde de la lithosphère, autour de ce qui sera le foyer d'un séisme, de très lents et complexes mouvements induisent des contraintes qui, au-delà d'un certain seuil, provoquent des rafales de brusques et violentes ruptures ; elles libèrent quasi ponctuellement et assez rapidement l'énorme quantité d'énergie potentielle élastique accumulée au cours de ces mouvements. La magnitude du séisme, qui mesure cette énergie, dépend de la profondeur, de la lithologie, de l'état mécanique... du foyer. Une crise sismique peut ou non débuter par de petits ébranlements précurseurs ; lors du paroxysme, il peut ou non se produire un ou plusieurs chocs violents, plus ou moins espacés ; il peut ou non se produire ensuite des répliques plus ou moins nombreuses et plus ou moins fortes... Les crises sismiques paraissent chaotiques car on ne sait pas les modéliser. Le séisme est ainsi le plus surprenant des événements naturels : où que ce soit, même dans les zones très surveillées, invisible il se produit sans prévenir, sans que l'on puisse le prédire ni même le prévoir par quel moyen que ce soit (précurseurs, lacunes, champ électrique, radon, comportement animal...), où que ce soit, à quel terme que ce soit (jour, mois, année, siècle...).

Selon les particularités géologiques du site affecté, un séisme peut avoir de nombreux effets secondaires isolés ou non : ondulations, fissures et failles à la surface du sol, plus ou moins dans le prolongement en surface de la faille active à l'origine du séisme, éboulements, glissements, tassements et liquéfactions de matériaux meubles ou fracturés, modifications de pentes topographiques susceptibles d'entraîner des déplacements de cours d'eau, des assèchements ou des créations temporaires ou permanentes de lacs et/ou de sources, avalanches, tsunamis, seiches de lacs... La plupart dépendent des caractéristiques du sous-sol local et notamment de sa compacité et de sa teneur en eau : un massif rocheux vibre sans que sa structure soit sensiblement altérée ; par contre une formation meuble saturée se compacte ou même se disloque par réarrangement de sa structure granulaire et expulsion d'eau.

Certains séismes sont suffisamment intenses et violents pour endommager voire détruire des ouvrages inadaptés à les subir. Quelle que soit la magnitude du séisme, ses vibrations ne sont pas dangereuses par elles-mêmes ; les dangers sismiques directs résultent essentiellement d'effets secondaires. Après un fort séisme, on constate toujours qu'au même endroit les ouvrages sont plus ou moins affectés, fissuration, inclinaison, effondrement..., selon la qualité de leur construction, système de fondation, rigidité... et qu'à qualités égales, les ouvrages sont plus ou moins affectés selon l'endroit où ils sont implantés.

Éviter de construire sur les failles actives si elles sont connues, sur les matériaux meubles qui tassent et peuvent même se liquéfier, sur les versants peu stables qui peuvent glisser... est une règle parasismique fondamentale rarement respectée. Un solide couplage géomatériau/ouvrage est nécessaire ; sur des matériaux meubles, il est préférable de fonder en profondeur, si possible sur le substratum, car les vibrations les plus nocives sont celles de surface et elles s'amortissent rapidement en profondeur, et elles affectent moins les matériaux compacts. Les conditions de site sont en fait déterminantes en construction parasismique ; cela devrait conduire à réaliser systématiquement comme actes de prévention parasismique le microzonage sismique des sites construits ou à aménager. On ne le fait que très rarement : pourtant, c'est parce que l'on avait négligé les particularités de leur site de construction que d'innombrables ouvrages réputés parasismiques ont tassé, se sont inclinés, se sont effondrés, car ils étaient fondés superficiellement sur des matériaux peu consistants. Le parasismique n'est pas qu'une affaire de sismologues et d'ingénieurs de structure ; les cartes de sismicité que les premiers établissent et que les seconds utilisent indiquent les intensités attendues à l'échelle d'un territoire, mais pas la structure géologique qui détermine les effets de sites ; elles doivent donc être complétées par des études géologiques et géotechniques détaillées du site de chaque ouvrage existant ou projeté dans une zone sismique.

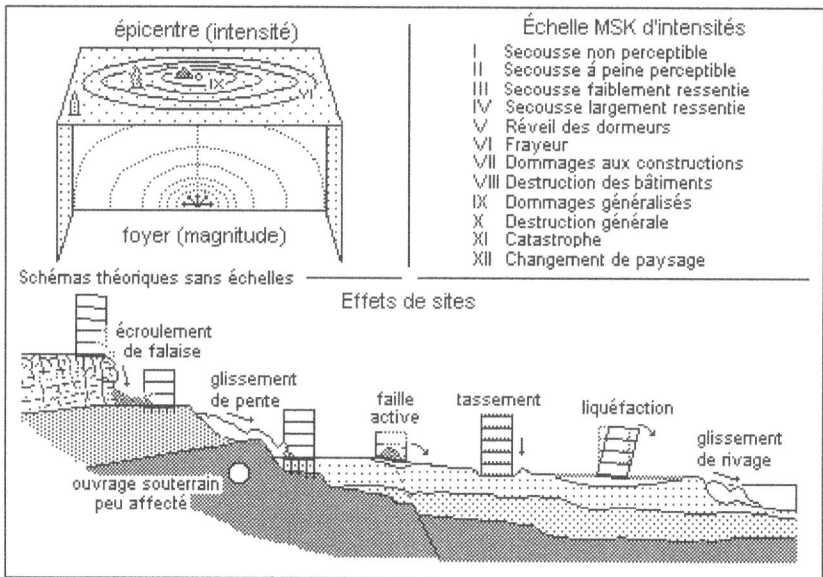

Figure 1.5.3.c – Sismicité

1.5.4 Les phénomènes externes

Les phénomènes externes qui concernent directement la géotechnique sont l'érosion des reliefs, le transport des matériaux érodés et leur sédimentation.

1.5.4.1 L'érosion

L'érosion, phénomène général et durable, attaque et modèle incessamment jusqu'à les détruire les reliefs continentaux construits par les phénomènes internes. Elle agit dès que les reliefs émergent et affrontent l'atmosphère, aussi bien à l'échelle du continent qu'à celles de la région, du massif, du site ou de l'emplacement d'un ouvrage ; son moteur principal est la gravité globale et stable, dont les auxiliaires sont les phénomènes atmosphériques et hydrographiques localisés et instables. Ses événements, innombrables, se produisent à peu près partout et à tout moment ; les principaux sont les mouvements de terrain, tassements, affaissements, effondrements, glissements, éboulements, écroulements… qui peuvent résulter d'une cause naturelle (écroulement de falaise par érosion de son pied…) ou artificielle (glissement de talus de déblai…), qui ont pour effet de modifier l'état des contraintes dans le massif et de mobiliser le champ gravitaire.

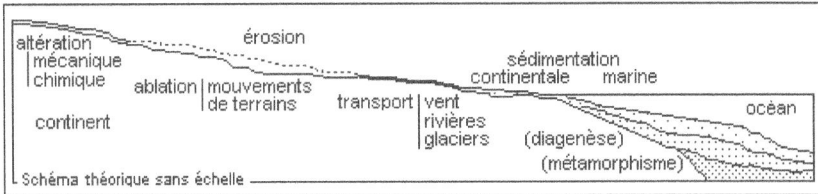

Figure 1.5.4.a – Géodynamique externe

Le géotechnicien est familier des mouvements de terrain et en particulier des tassements et des glissements, mais il ne les aborde généralement que par la géomécanique, dont la démarche est trop schématique ; il doit lui associer la géomorphologie, l'hydrogéologie et la géodynamique, dont les démarches sont beaucoup plus proches du réel pour poser, traiter et résoudre correctement les problèmes pratiques. Les mouvements de terrain préparés par l'altération ne sont que des événements rapides et particuliers de l'érosion ; leur déblaiement et le transport de leurs débris prépare les événements suivants ; l'érosion peut ainsi se poursuivre et alimenter la sédimentation.

1.5.4.1.1 L'altération

L'altération, dégradation mécanique puis chimique des roches, est un phénomène complexe qui a pour effet de désagréger et décomposer plus ou moins toutes les roches, les préparant ainsi à l'ablation (mouvements de terrain). Ses actions plus ou moins coïncidentes sont mécaniques (disjonction des cristaux, élargissement des fissures…) et physico-chimiques (hydrolyse, oxydation, hydratation, dissolution…). Ses principaux agents sont l'eau par imbibition et lessivage, et l'air par variation thermique et pollution. Elle frappe aussi bien les roches en place que les matériaux de construction rocheux.

Le processus d'altération et son résultat dépendent de la nature de la roche mère et de la durée de son exposition à l'agressivité de l'eau et/ou de l'air et de la topographie locale… Les roches magmatiques et métamorphiques sont plus altérables que les roches sédimentaires, car à l'exception du quartz, leurs minéraux primaires, formés en profondeur sous des pressions et des températures très élevées, ne sont plus adaptés à celles qui règnent en surface ; des minéraux secondaires mieux adaptés les remplacent dans les altérites et les roches sédimentaires. Des roches de même nature sont d'autant plus altérables qu'elles sont plus fissurées ou poreuses et que leur perméabilité est plus élevée ; une roche imperméable ($k < 10^{-8}$ m/s) n'est pratiquement pas altérable en dehors de sa surface d'affleurement, car même si sa teneur en eau est élevée, l'eau qu'elle contient est immobile. Le contact de l'eau et/ou de l'air avec les parois des fissures ou pores et leur circulation à travers eux déclenchent et entretiennent le processus ; leur action est d'autant plus efficace que leur pH est faible, que leur température est élevée, que la surface de contact et la vitesse de circulation sont grandes. L'altération de massifs rocheux de même nature dépend de leur topographie, qui organise la circulation de l'eau courante et sa part d'infiltration ; elle est d'autant plus forte et profonde que les pentes sont faibles. L'épaisseur d'altération peut aller de quelques millimètres à plusieurs dizaines de mètres ; le degré d'altération diminue avec la profondeur. Selon l'importance relative de tous ces facteurs, une roche peut être sensiblement altérée en quelques jours, quelques semaines, années ou siècles… Ainsi, les obélisques égyptiens, inaltérés depuis plusieurs millénaires en Égypte où le climat est sec, se sont plus ou moins rapidement altérés dans les pays d'importation, jusqu'à la ruine probable en quelques années sans protection contre la pollution de l'air et de l'eau de pluie ; les parois de galeries et les talus de fouilles s'altèrent souvent en quelques jours voire quelques heures, ce qui impose des dispositions rapides de protection.

▶ L'action mécanique

Les roches se désagrègent d'abord par la disparition des liaisons entre leurs cristaux, puis par la dilatation de leurs pores ou par l'ouverture de leurs fissures potentielles – joints, diaclases… (*Fig. 1.2.2.b*). En surface puis éventuellement de plus en plus profondément selon les lieux et les circonstances, cela est dû à l'effet thermique des rapides variations journalières de température et/ou à celui de l'hétérogénéité de roches dont certaines parties contiguës ont des coefficients de dilatation très différents, à l'effet de la relaxation en surface des contraintes naturelles auxquelles elles ont été soumises en profondeur, à l'effet des variations de teneur en eau d'un matériau argileux qui gonfle et se rétracte, à l'effet de l'eau qui agrandit en gelant les fissures déjà ouvertes, à l'effet de coin des racines de végétaux qui grossissent dans les fissures jusqu'à des profondeurs qui peuvent dépasser la dizaine de mètres. Les innombrables animaux fouilleurs terrestres (fourmis, termites, vers, taupes, rats, lapins…) ne sont pas en reste ; les hommes non plus. Les oursins, pholades, tarets… perforent les roches côtières les plus dures pour s'y loger et les fragilisent.

Ces effets permanents agrandissent de plus en plus les pores et fissures, ce qui facilite la pénétration de l'eau et de l'air dans la roche, augmente leurs surfaces de contact et donc accélère le processus ; la roche devient de moins en moins cohérente et de plus en plus sensible à l'ablation. Mais le processus peut aussi être plus ou moins ralenti, voire arrêté plus ou moins longtemps, par l'imperméabilisation de la surface et/ou le colmatage des vides, si les débris rocheux et argileux qui s'y forment ne sont pas lessivés.

L'imperméabilisation de la surface des talus, parois de galeries, façades d'ouvrages… et le colmatage artificiel des vides des roches en place ou des moellons sont des actions qui ralentissent plus ou moins ou même arrêtent l'altération puis l'érosion ; le drainage est au contraire une action qui l'accélère.

▶ Les actions physico-chimiques

Les actions physico-chimiques d'altération ne sont possibles qu'à la suite de la désagrégation des roches qui permet le contact et la circulation de l'eau et de l'air ; elles sont d'autant plus efficaces que la désagrégation est plus avancée.

Les actions chimiques affectent essentiellement les roches magmatiques et métamorphiques car leurs minéraux d'origine, qui ont cristallisé en profondeur, ne sont plus stables en surface, au contact de l'atmosphère et notamment de l'oxygène, de l'acide carbonique et de la vapeur d'eau. Il s'agit toujours d'hydrolyses et d'oxydations ; au début du processus par hydrolyse, les feldspaths évoluent en albite, les plagioclases en séricite, la biotite en chlorite… puis ces minéraux évoluent en phyllosilicates TOT qui évoluent en kaolinite TO enfin stable ; la rubéfaction, oxydation du fer libéré par ces hydrolyses ou constituant certains minéraux comme la pyrite, produit de l'hématite qui colore en brun-rouge les parties altérées des massifs rocheux. Bien entendu, tout ou partie de ces minéraux et de minéraux primaires peuvent coexister selon la nature de la roche affectée et son degré d'altération.

L'argilite sèche, compacte à dure en profondeur, s'hydrate en surface et s'amollit jusqu'à devenir de l'argile plus ou moins plastique ; l'anhydrite s'hydrate en gypse… Le calcaire est dissout dans les mêmes conditions, mais pas de façon sensible à notre échelle de temps. Le CO_3Ca des eaux courantes turbulentes saturées cristallise en aragonite puis en calcite. Les bactéries, les champignons, les algues, les lichens, les mousses altèrent et corrodent la surface des roches.

▶ L'altération des roches

Les roches granitoïdes et métamorphiques s'altèrent de façon analogue (hydrolyse des feldspaths, chloritisation des micas…). Les roches métamorphiques sont toutefois nettement plus altérables parce que l'écartement de leurs feuillets facilite la pénétration de l'eau et parce qu'elles contiennent plus de biotite, minéral fragile et instable. Au-dessus de la roche mère inaltérée, dure, on trouve un gore, roche altérée, plus ou moins compacte mais friable, rubéfiée, dont la structure d'origine est conservée, puis de l'arène plus ou moins argileuse contenant des boules plus ou moins volumineuses de roche peu altérée à dure, que l'érosion dégage en chaos (*Fig. 1.2.1.a* et *1.2.1.e*).

Bien que souvent très fissurées en lauzes et/ou en prismes, les roches volcaniques sont peu altérables : formées en surface, elles y sont en équilibre physicochimique ; sur fortes pentes elles produisent des éboulis, car leurs fissures, qui proviennent d'un refroidissement rapide, sont généralement très ouvertes (*Fig. 1.2.2.b*).

L'anhydrite s'hydrate en gypse à condition que l'eau ne soit pas saturée en SO_4Ca ; l'augmentation effective de volume est de 60 % alors qu'en théorie, il devrait y avoir une diminution de volume de 10 % ; la pression effective de gonflement est de 15 à 20 bar alors qu'en théorie elle devrait atteindre 500 bar : en effet, le gypse qui se forme n'est pas cristallisé, compact mais microcristallisé feutré et les grandes fissures s'agrandissent constamment par dissolution ; si les fissures sont fines, le gypse les colmate et le processus s'arrête : en galerie, pour traverser un massif d'anhydrite, il ne faut donc pas drainer, mais étancher par injection et/ou poser un soutènement étanche.

Le calcaire est soluble mais faiblement (quelques grammes par an et par mètre carré de fissure) car l'acide carbonique de l'eau est faible pour la calcite : le relief karstique est le résultat très lent de cette dissolution. Le risque d'effondrement de cavités est faible à notre échelle de temps. Il en va tout à fait différemment avec le gypse qui est rapidement dissout par l'eau qui circule à son contact : dans les régions dont le sous-sol est gypseux, les ouvertures de fontis sont fréquentes.

Les argilites et les argiles sont chimiquement stables ; généralement grises en profondeur, les argilites se rubéfient et deviennent plastiques en surface. Sur pentes, les argiles sont plus ou moins instables selon leur degré d'hydratation ; elles sont impliquées dans la plupart des mouvements de terrain.

Le matériau final de l'altération est du sable plus ou moins argileux que l'érosion mobilise facilement, soit pour être transporté et déposé ailleurs, soit pour colmater sur place les fissures ; mêlé à de l'humus, il constitue un sol pédologique dont l'épaisseur est d'autant plus faible que la pente est forte.

La cristallisation d'aragonite puis de calcite à la sortie des résurgences produit des dépôts de travertin souvent très épais et étendus (*Fig. 1.4.4.a*). La cimentation par cristallisation de calcite ou de silice de sables, de graves et d'éboulis produit des grès, des poudingues et des brèches.

1.5.4.1.2 L'ablation

À mesure que les roches s'altèrent, les produits physiques (grains de quartz et argile pour l'essentiel) sont enlevés plus ou moins rapidement par l'eau et/ou l'air selon leur volume et leur poids, selon la pente, le volume et la vitesse de ruissellement, la force du vent… ; éventuellement, l'eau emporte aussi des produits chimiques (calcaire, gypse…).

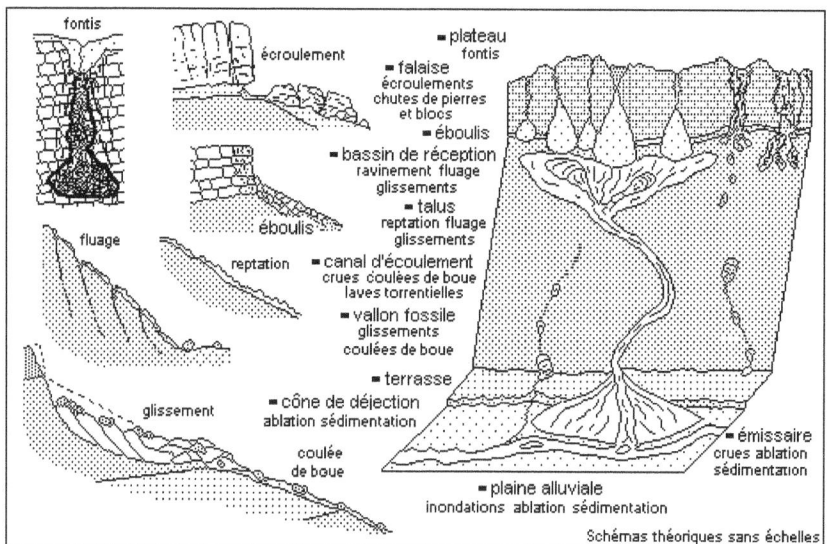

Figure 1.5.4.b – Mouvements de terrain

L'ablation est le déplacement limité dans l'espace et le temps des produits mécaniques de l'altération ; ses événements sont les mouvements de terrain terrestres (reptation, fluage, coulées, glissements, éboulements, écroulements, effondrements) ou marins (courants de turbidité…). Un peu partout dans le monde, il se produit journellement d'innombrables mouvements de terrain, dans des sites, dans des circonstances et par des processus spécifiques. Des événements analogues ne sont jamais identiques : un mouvement de terrain peut se produire de diverses et innombrables façons qui dépendent de facteurs très variés : nature et caractéristiques physico-chimiques des roches, état d'altération, topographie, climat et temps, agent…

Pour qu'un mouvement de terrain se produise, il faut que la partie superficielle d'un massif rocheux apparemment stable soit altérée et qu'apparaisse un déséquilibre mécanique entre elle et la partie saine. Son déplacement oblique ou vertical plus ou moins rapide, sur une surface de rupture dont on ignore souvent la genèse, la forme et la position se poursuit jusqu'à ce qu'un nouvel équilibre s'établisse : le massif ainsi modifié paraît alors être redevenu stable… jusqu'au prochain événement éventuel, si l'altération se poursuit et qu'un nouveau déséquilibre se produit ; c'est ainsi qu'évolue un tas de sable régulièrement alimenté. Dans ce processus itératif en trois phases (déstabilisation, mouvement, stabilisation temporaire) dont on n'est jamais sûr du dénouement, on ne s'intéresse généralement qu'à la deuxième, comme si les deux autres étaient sans importance. Il n'en est évidemment rien ; l'équilibre initial et l'équilibre final du massif ne sont qu'apparents et répondent à des circonstances particulières qu'il importe de connaître ; le passage de l'un à l'autre n'est jamais simple et instantané.

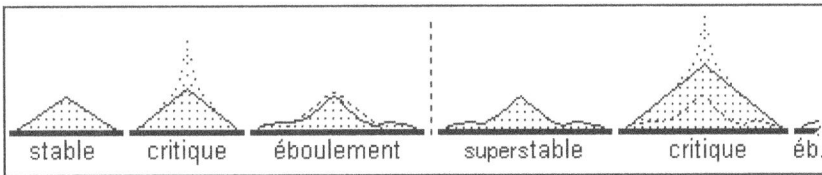

Figure 1.5.4.c – Évolution d'un tas de sable

Un talus, un coteau, une paroi, un versant… peut demeurer très longtemps stable puis glisser ou s'écrouler à la suite de fortes précipitations, de redoux, de dégel, de crues, de tempêtes littorales, de séismes, de terrassements mal étudiés et/ou mal exécutés… Chaque événement est plus ou moins rapide, mais sa préparation, souvent insensible, a pu durer très longtemps. La géomécanique ne s'intéresse qu'à la stabilité et à l'équilibre d'un massif soumis à un événement instantané ; la géodynamique s'intéresse bien entendu à lui mais aussi à son déroulement (préparation, production, effets) : quelle qu'en soit la taille, un mouvement de terrain évidemment dynamique, durable, ne peut pas se réduire à un glissement rotationnel quasi statique, instantané ; en s'altérant, un géomatériau perd progressivement ses caractéristiques mécaniques alors que son image géomécanique est immuable.

Pour déterminer si un talus va glisser, si un ouvrage va tasser, il est donc préférable de s'intéresser d'abord à la structure, à la morphologie et à l'hydrogéologie du site plutôt qu'aux paramètres mécaniques des matériaux qui en constituent le sous-sol et qu'en fait on ne sait pratiquement ni mesurer ni manipuler. On peut néanmoins utiliser les modèles schématiques, vaguement analogiques, que propose la géomécanique : quand un talus présente une pente trop raide, il glisse ; quand on charge trop un sol, il tasse ; dans chaque cas, « trop » s'exprime par une inégalité de forces ou de moments qu'il est malheureusement difficile d'énoncer en termes simples et précis.

Par contre, les observations de géomorphologie et de géodynamique permettent de localiser et de caractériser un site instable, de tracer le cours de son évolution, mais il n'est pas possible de prévoir un événement dangereux à terme raisonnable, même si le site est surveillé.

▶ Les mouvements de pente

Les mouvements de pente sont des déplacements obliques, plus ou moins étendus et rapides, de matériaux généralement meubles, plastiques, constituant un versant, une pente, un talus... Ils se produisent à partir de déformations plastiques puis de ruptures par cisaillement sur des surfaces prédéterminées par la structure du massif ou créées par les contraintes qu'il subit ; ils affectent les pentes naturelles ou terrassées (reptation, fluage, coulées, glissements, éboulements, écroulements). Le site est à peu près stable, en équilibre mécanique, si le matériau qui le constitue, sollicité par l'action de la gravité, lui oppose une réaction résultant de sa cohésion et de sa rugosité. Cet équilibre peut être altéré voire rompu de multiples façons, naturelles ou non, en agissant sur l'action (déblayage en pied, surcharge en tête...) et/ou sur la réaction (altération...).

En fait, il peut s'en produire partout où il existe une pente naturelle, si faible soit-elle : sur les bords de rivières, de mer, sur les versants de vallées, de collines, de montagnes... selon la nature du matériau, la pente, le climat, et généralement un événement extérieur naturel ou non... Mais en raison de leurs particularités naturelles, certains sites sont plus ou moins chroniquement instables, affectés de loin en loin par des mouvements de plus ou moins grande ampleur.

Certains mouvements sont très lents, de peu d'ampleur, quasi ignorés, mais peuvent avoir une influence notable à long terme sur le comportement d'un site parfois très vaste, ou être les précurseurs d'un mouvement plus rapide et plus ample. D'autres sont localisés, très rapides et de grande ampleur ; en montagne, certains affectent des sites de plusieurs centaines d'hectares et des millions de mètres cubes de matériaux ; ils peuvent alors provoquer des catastrophes heureusement rares. Certains rejouent de temps en temps, d'autres ne cessent jamais tout à fait ; leurs événements peuvent s'enchaîner et leurs effets se superposer. Ils surprennent souvent, parce qu'on les ignore ou qu'on les néglige, mais ces sites sont en général connus des occupants qui n'ont pas perdu tout contact avec la nature ; les moyens de les repérer et de les circonscrire sont nombreux et fiables : documentation, observations, télédétection, prospection, instrumentation... Ils sont toujours plus ou moins dangereux à plus ou moins long terme, et ce d'autant plus qu'après une période de stabilité apparente plus ou moins longue, leur caractère d'instabilité latente a été oublié. Bien localisés et attentivement observés, ils peuvent être généralement supputés, sinon prévus, et plus ou moins neutralisés, mais pratiquement jamais définitivement arrêtés.

Les mouvements de pente ont de multiples causes généralement liées, d'une part hydrogéologiques (altération des matériaux, accumulation d'eau souterraine), dont les effets peuvent être statiques (niveau piézométrique, pression interstitielle) ou dynamiques (pression de courant, renards…), d'autre part mécaniques (vibrations, suppression de butée, affouillement en pied de pente et/ou accroissement de poussée, surcharge en tête…). Ils peuvent être activés par un séisme, des précipitations excessives, une crue, une tempête, des ruptures de canalisations d'eau ou d'assainissement, un défaut de drainage, un dégel rapide, un terrassement mal étudié ou intempestif, une construction mal implantée ou mal conçue, un soutènement défaillant… Sauf imprudence caractérisée en cours de terrassement qui reçoit presque à coup sûr une sanction quasi immédiate, la majeure partie des mouvements de pente se produisent sur des versants peu stables ou des talus mal protégés, au cours d'afflux d'eau inhabituels, naturels ou provoqués.

Il est rare que la modification d'un seul facteur d'équilibre d'un massif provoque un mouvement de pente. L'eau tant superficielle que souterraine a toujours un rôle déterminant dans la plupart des mouvements de pente ; elle agit en altérant les matériaux qu'elle baigne, par ses pressions interstitielle, hydrostatique et de courant, en facilitant le déblayage des débris, en lubrifiant les surfaces de rupture… On a alors tendance à considérer l'eau comme seule cause du mouvement, alors qu'en fait, la plupart se produisent à la suite de changements hydrologiques, précédés de changements mécaniques ou vice versa. Ainsi, le volet hydrogéologique de l'étude géotechnique et le volet drainage des travaux de prévention/protection sont essentiels.

À peu près dans les mêmes conditions que se produisent les mouvements naturels, il se produit, avec généralement moins d'ampleur, des mouvements de parois ou de talus de fouilles, à la suite de terrassements intempestifs et/ou désinvoltes. Les géotechniciens compétents les conjecturent facilement, mais leurs conseils ne sont pas toujours suivis.

Reptation et fluage

La reptation et le fluage sont des mouvements lents et continus qui affectent soit la couverture meuble de talus, coteaux, petits versants…, soit l'altérite et/ou le substratum plus ou moins décomprimé de versants montagneux. Au fil des années voire des siècles, ils peuvent demeurer lents et continus, accélérer puis ralentir, s'arrêter puis repartir, le volume instable peut augmenter ou diminuer ; par une lente accélération ou brusquement, ils peuvent passer, tout ou partie, généralement en surface, à des mouvements rapides, coulées, glissements, écroulements…

La reptation affecte la couche superficielle peu épaisse de débris rocheux, dans une matrice argileuse plus ou moins humide mais non saturée, principalement dans des zones plus ou moins dénudées ou de prairies ; la surface du sol ondule en rides subperpendiculaires à la pente ; d'étroits replats, les terrassettes ou pieds-de-vaches, la segmentent ; en cas de saturation temporaire pour des raisons climatiques ou d'irrigation, il peut se produire localement des coulées de boue. Quand il y a des ouvrages dans de telles zones, ils ne subissent des dommages, généralement mineurs, que s'ils sont fragiles et/ou mal fondés ; il est donc facile de les conforter par des renforcements de structure, des reprises en sous-œuvre et/ou du drainage qui ne sont jamais très difficiles à mettre en œuvre.

Le fluage affecte profondément une masse de matériaux divers, généralement aquifères, dont le volume peut atteindre des millions de mètres cubes. Il s'agit souvent de versants de vallées profondes dont l'équilibre a été rompu à la fin du Würm par la fonte d'un glacier ou par une érosion particulièrement intense de torrent en pied de versant ; le site dans lequel il se produit peut s'étendre sur plusieurs centaines d'hectares, le plus souvent de la crête au pied du versant, et à une largeur parfois à l'échelle de l'ensemble de la vallée. Sa morphologie moutonnée, plus ou moins chaotique, est presque toujours en dysharmonie avec sa structure géologique ; vers la crête, on observe souvent des gradins séparés par des escarpements ; à mi-pente, sa partie centrale est souvent boursouflée et quand le substratum est stratifié ou feuilleté, les bancs et lits y sont fauchés ; en pied s'étalent des matériaux éboulés, à moins qu'ils soient déblayés par le cours d'eau. On repère assez facilement cette sorte de site, généralement facile à distinguer de ses abords stables, notamment par télédétection ; il s'y produit souvent des éboulements, écroulements et glissements élémentaires, provoqués par des séismes, de dures conditions météorologiques, des aménagements inopportuns, mal étudiés, mal réalisés. Cela n'entraîne pas toujours des accidents et rarement des catastrophes, mais l'occupation et l'utilisation de tels sites entraînent des charges économiques lourdes et permanentes pour la prévention et la protection d'ouvrages dont la construction est elle-même toujours très difficile, voire hasardeuse, en tous cas très onéreuse et rarement opportune.

Dans de tels sites, selon ses caractéristiques et autant que de besoin, selon les circonstances, on peut être amené à prendre toutes sortes de mesures actives ou passives, drainages superficiels et/ou souterrains, modelages de surface et/ou de cours d'eau, constructions d'ouvrages de soutènement, de défense, de contournement... à réaliser tous types de renforcements d'ouvrages, à mettre en œuvre tous procédés spéciaux de construction ; cela implique que l'on dispose d'études géotechniques particulièrement détaillées, très difficiles, très longues, très onéreuses, et qu'il est souhaitable d'actualiser sans cesse. Il est rare que, quoi que l'on ait fait pour tenir compte des dangers qui les menacent, on puisse éviter la surveillance et l'entretien quasi permanents des ouvrages qui y sont construits.

L'érosion du lit d'un cours d'eau ou d'un rivage marin est le résultat d'ablations discontinues, de l'échelle d'une particule de sable du thalweg ou de la plage à celle d'un pan de haute berge, de falaise ou même d'une vaste zone riveraine ; elle ne paraît globalement lente que parce que les crues et tempêtes qui activent chaque événement sont peu fréquentes et les événements eux-mêmes, de peu d'ampleur à l'échelle du site. Les travaux de prévention/protection (épis, digues, barrages...) la freinent plus ou moins sans l'arrêter et parfois, aggravent là ce qu'ils amoindrissent ici ; à plus ou moins long terme, les ouvrages riverains stupidement implantés ou mal défendus risquent d'être emportés avec la parcelle qui les porte.

Coulées, laves et lahars

Des coulées de boue se produisent un peu partout sur les versants argileux dont la couverture végétale est mince et fragile voire absente, au cours ou à la suite de fortes précipitations et de ruissellement intense ; la pente peut être relativement faible, mais l'événement est toujours rapide ; des coulées successives peuvent profondément raviner le versant si l'on néglige d'en réparer les effets et surtout d'éviter qu'elles se reproduisent.

Les laves torrentielles, brouets plus ou moins consistants de débris de tous calibres, partent généralement du bassin de réception de certains torrents et en dévalent plus ou moins rapidement le lit. Très abrasives et douées d'une grande énergie cinétique, elles le modifient radicalement par ravinement puis sédimentation, aussi dangereux l'un que l'autre ; en fin de course, elles s'étalent en alimentant parfois de vastes et épais cônes de déjections. On les étudie par la géomorphologie et l'hydrologie fluviale ; généralement bien localisés, on ne peut intervenir que par reboisement du bassin versant et par aménagement des lits, recalibrage, rectification, épis, digues, barrages, canalisation… Il s'agit bien entendu d'opérations très spécifiques qui ne peuvent être entreprises qu'en connaissance de cause et avec prudence ; il arrive en effet qu'en améliorant ici, on détériore là.

Les lahars volcaniques sont des cas particuliers de laves torrentielles ; ils se produisent sur des cônes de pyroclastites, souvent pendant l'éruption parce que l'accumulation devient rapidement instable, parce que le volcan produit beaucoup de vapeur d'eau qui, jointe à l'eau atmosphérique, se condense en précipitations particulièrement abondantes. Ils peuvent aussi résulter de la fonte d'un glacier de cratère, quand il y en a un…

Les glissements

Les glissements sont des mouvements gravitaires obliques qui affectent des massifs constitués de matériaux altérés, plus ou moins argileux, sensibles à l'eau, dont la stabilité n'est qu'apparente. Dans une même région, de nombreux coteaux de tels massifs glissent à peu près en même temps, après une longue période de stabilité apparente ; l'époque de ces glissements quasi simultanés correspond toujours à une pluviosité, sinon exceptionnelle, du moins très forte et continue. Les sites instables ne sont pratiquement jamais le siège de grands glissements isolés, de forme simple comme on les modélise souvent ; il s'y produit plutôt, de loin en loin et à des endroits chaque fois différents mais souvent contigus, des glissements élémentaires. En fait même, il est rare qu'un vaste site paraissant instable présente une aptitude uniforme au glissement car son sous-sol n'est jamais homogène ; des matériaux meubles plus ou moins épais, plus ou moins argileux de certaines zones plus ou moins aquifères fluent ou glissent, d'autres moins altérés s'écroulent ; ce que l'on considère comme un grand glissement résulte donc de la superposition à diverses échelles d'espace et de temps, de mouvements élémentaires analogues : c'est un objet fractal. Les fréquentes sources de pied de versant révèlent des cheminements préférentiels d'eau souterraine, susceptibles de favoriser les glissements et les coulées de boue qui se produisent dans leur prolongement. Il est très difficile voire impossible de déterminer avec précision la forme et la position de la surface de rupture ainsi que la structure, la morphologie et donc le volume des matériaux mobiles, ce qui limite l'intérêt des modélisations géomécaniques. Les modèles conjoints de géomorphologie, géodynamique et hydrogéologie sont plus intéressants mais difficiles à construire ; ils ne permettent pas de savoir précisément comment peut évoluer le site et si un mouvement généralisé est susceptible de se produire, même à très court terme ; les prévisions erronées sont très fréquentes.

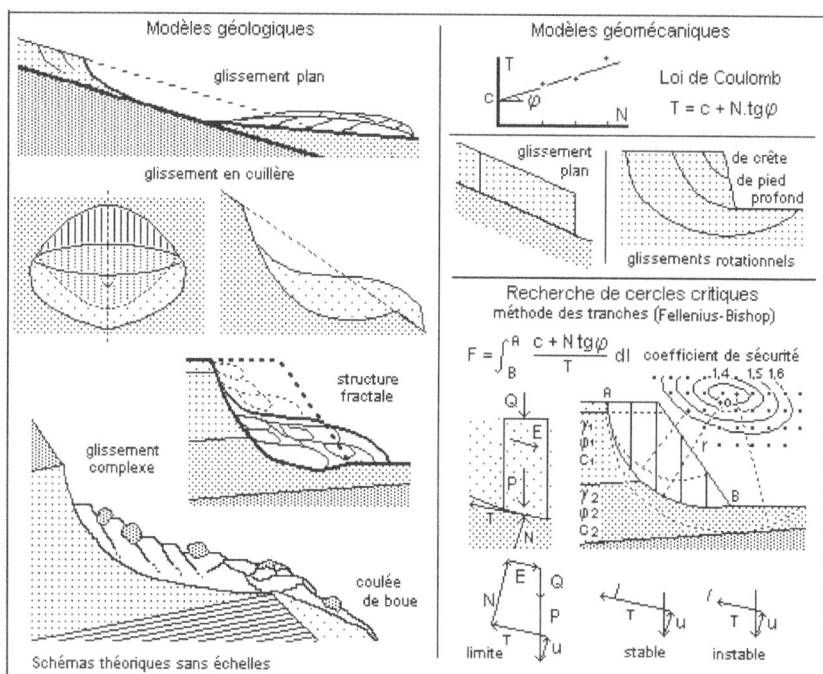

Figure 1.5.4.d – Glissements

On ne peut donc pas réaliser complètement une étude de glissement par la seule géomécanique ; elle est néanmoins l'outil qu'il importe d'utiliser en tout cas, mais avec circonspection.

Des glissements plus simples se produisent généralement sur des surfaces structurales préexistantes, plus ou moins planes (aval-pendage, joints de stratification, failles, limite altérite/roche mère…) séparant une formation supérieure meuble, instable, généralement plus ou moins aquifère, d'une formation inférieure compacte, stable, le plus souvent imperméable. En montagne, les glissements qui se produisent sur des miroirs de grandes failles ou sur d'importantes surfaces stratigraphiques peuvent avoir des dimensions considérables et être éventuellement très destructeurs. Quand l'eau est peu abondante et la formation supérieure assez perméable pour favoriser un drainage naturel, ces glissements peuvent passer pour des reptations ou des fluages un peu rapides ; ils peuvent être éventuellement accélérés par des événements extérieurs tels que des terrassements sur la pente, tant en déblais qu'en remblais. Quand l'eau devient abondante, soit en circulant sur la surface, soit en s'accumulant dans une poche souterraine de matériau perméable, la pression hydrostatique et/ou hydrodynamique peut rompre la couche superficielle et provoquer une coulée de boue, souvent très dangereuse. Le glissement plan est le modèle type le plus simple de la géomécanique ; c'est celui de Coulomb et de Poncelet ; la surface de glissement est alors définie, mais sa position est rarement connue. Ce n'est, en tous cas, pas par le calcul qu'on la détermine, mais en allant sur le terrain ; avant que le glissement se produise, on la repère rarement et on ne sait évidemment pas si le glissement va se produire et quand.

Le glissement rotationnel est le modèle type le plus compliqué de la géomécanique ; c'est celui de Collin, Fellenius ou Bishop, et de toutes les méthodes de calcul de stabilité. Selon ce modèle, un massif en équilibre est constitué d'un matériau meuble, homogène, isotrope dont les paramètres de Coulomb, γ, c, φ, sont invariables. La cause du glissement est un déséquilibre mécanique en grande partie dû à la pente excessive du talus ; la rupture est instantanée, selon une surface cylindrique semi-circulaire infinie, arbitrairement positionnée ; l'inertie n'intervient pas dans le processus ; les matériaux glissés disparaissent comme par enchantement, sans participer au nouvel équilibre du massif. Pour un talus de hauteur et de pente données, on détermine par itération la longueur du rayon et la position le centre de l'arc de cercle de glissement le plus critique et on calcule la valeur correspondante du coefficient de sécurité à la rupture, en général selon la méthode de Fellenius-Bishop (*Fig. 2.3.1.c*) ; on ne peut donc estimer ainsi que la stabilité du talus à un moment donné et pour des valeurs de paramètres données. En réalité, cela ne se passe à peu près ainsi que pour certains glissements de talus de remblais ou de déblais auxquels la géomécanique s'intéresse presque exclusivement parce qu'ils ont approximativement la forme régulière d'une cuillère circulaire et sont constitués de matériaux meubles, à peu près homogènes et isotropes dont les paramètres de Coulomb sont invariables à court terme. Les glissements naturels ne sont jamais aussi schématiques ; la géomécanique seule ne permet pas de les étudier efficacement, parce que les paramètres de Coulomb du matériau argileux varient dans le temps par altération et parce que les limites du glissement potentiel et les conditions notamment hydrogéologiques qui y règnent sont mal connues.

D'innombrables logiciels permettent maintenant de traiter tous les cas théoriques possibles, mais le terrain prime et on ne peut pas le mettre dans un ordinateur : à un moment imprévisible, un talus stable selon les critères de la géomécanique glisse sans prévenir parce que, sous une action extérieure hydraulique et/ou mécanique, les valeurs des paramètres de Coulomb du matériau et les conditions aux limites du glissement au moment de l'accident sont devenues très différentes de ce qu'elles étaient lors de la simulation. En particulier, la cohésion, paramètre essentiel de la stabilité, diminue lorsque la teneur en eau augmente ; elle est seulement mesurable dans un matériau donné, dans un état donné et à un instant donné – celui de la rupture, c'est-à-dire quand elle disparaît. Le résultat précis d'un calcul théorique rigoureux de géomécanique de stabilité n'est donc guère fiable ; pour néanmoins l'utiliser sans risque excessif, sans remettre en cause la démarche et en préserver la crédibilité de la méthode, les géomécaniciens adoptent de confortables coefficients de sécurité, dénués de toute implication probabiliste.

La stabilisation des pentes de matériaux meubles, objets typiques des glissements, va du simple drainage superficiel et/ou souterrain à des ouvrages de soutènement multiples et variés, calculés selon des méthodes issues de celle de Fellenius ; leur drainage, souvent négligé, est essentiel, car la pression hydrostatique est beaucoup plus élevée que la poussée des terres. C'est généralement l'absence ou l'insuffisance d'un système de drainage ou son colmatage qui provoque la ruine de ces ouvrages.

Les écroulements rocheux

Le versant à forte pente ou la falaise qui limite un massif de roche subaffleurante fissurée peut s'écrouler suivant divers processus généralement rapides et intermittents, enchaînés ou non : chutes de pierres et blocs, basculements de pans en surplomb, écroulements bancs sur bancs aval-pendage… Au départ, dans tous les cas, la relaxation en surface des contraintes naturelles auxquelles a été soumis le géomatériau en profondeur ouvre la fissuration potentielle d'un réseau de diaclases et éventuellement de stratification, de schistosité ou de fracturation ; la profondeur, la densité et l'ouverture de la fissuration de la roche qui le constitue déterminent le volume de l'événement et les dimensions des débris.

En montagne, les alternances de gel/dégel fragilisent davantage la roche, et l'eau infiltrée dans les fissures agit comme des coins en gelant, faisant se détacher des pierres et blocs plus ou moins volumineux, des chandelles ou des pans qui vont alimenter l'éboulis ou le chaos s'accumulant en pied. À moyenne ou basse altitude, les chutes de pierres et blocs sont moins systématiques ; si la falaise, une cuesta, y domine un coteau marneux, des écroulements de chandelles et de pans se produisent après que le coteau a subi des glissements successifs jusqu'à mettre le pied de la cuesta en porte-à-faux ou parce que le calcaire ou le grès plus ou moins humide en pied de falaise, au-dessus de la marne imperméable, éclate en débris pour constituer un abri sous roche ; des blocs éboulés, parfois volumineux, émergent des éboulis et se mêlent aux produits des glissements sur le versant ; si un fluage lent et quasi continu affecte le coteau, la cuesta est entraînée peu à peu vers l'aval, fragmentée en blocs étagés souvent très volumineux, au point qu'ils passent souvent pour des objets tectoniques ; ils produisent eux-mêmes des écroulements secondaires. Au bord de la mer ou sur les rives concaves des rivières encaissées, c'est l'eau chargée de sable et/ou de galets qui sape directement le pied de la falaise ou de la rive ; au bord d'un désert de sable, ce peut être le vent.

Les écroulements de versants montagneux peuvent avoir des effets considérables sur la morphologie et l'hydrologie de la vallée en la barrant et en retenant son cours d'eau. Si le barrage cède, il peut s'ensuivre une crue destructrice à l'aval ; si le barrage tient, il retient en amont un lac qui se comble progressivement par alluvionnement, créant une plaine plus ou moins marécageuse, pratiquement horizontale, assez insolite dans un site de montagne.

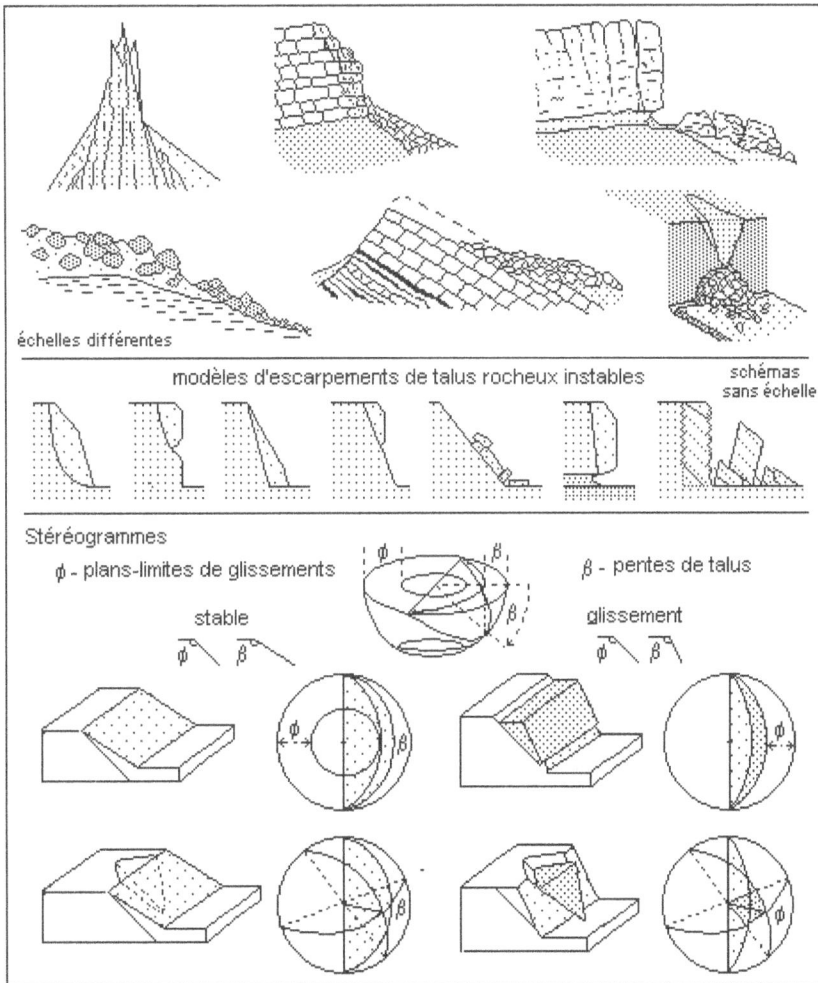

Figure 1.5.4.e – Écroulements rocheux

La géomécanique ne permet pas d'étudier correctement ce genre de comportements, car les valeurs des paramètres de Coulomb de la roche de la falaise au moment où elle s'écroule ne sont pas déterminables. On ne sait même pas si la référence à la loi de Coulomb et à ces paramètres a un sens dans ce cas ; et de toute façon, la géomécanique ignore les processus qui amènent ces paramètres à leurs valeurs critiques. Or, ce sont elles qui, en fait, expliqueraient l'écroulement. La géomorphologie et la géodynamique sont nettement plus efficaces. Dans un site donné, on observe généralement que les écroulements successifs et/ou voisins se produisent toujours selon les mêmes réseaux structuraux (stratification, diaclases, faille). Ainsi, pour étudier la stabilité d'une falaise ou d'un talus rocheux, on doit identifier et caractériser d'éventuelles surfaces critiques de rupture par des observations de terrain et en particulier, par des mesures de pendages nombreuses et précises : la stabilité d'un bloc ou d'un ensemble de blocs encore mal séparés dépend de leur forme, de la position de leur centre de gravité par rapport à leur polygone de sustentation et du rapport entre la pente du talus et le pendage d'une surface critique ; ils peuvent être stables, glisser ou se renverser. Un stéréogramme permet de visualiser les positions relatives du talus et d'une ou plusieurs surfaces critiques (*Fig. 1.5.4.e*) déterminant un possible écroulement plan, en dièdre… dont on peut ainsi décrire la forme, mais ni préciser la position et le volume, ni prévoir un événement. Les procédés numériques aux éléments distincts et/ou du bloc-clé peuvent être utilisés dans des cas plus compliqués, mais on dispose rarement des données nécessaires à leur efficacité pratique.

► Les mouvements verticaux

Les mouvements verticaux de terrain ont aussi des formes, des causes et des effets variés.

Les affaissements

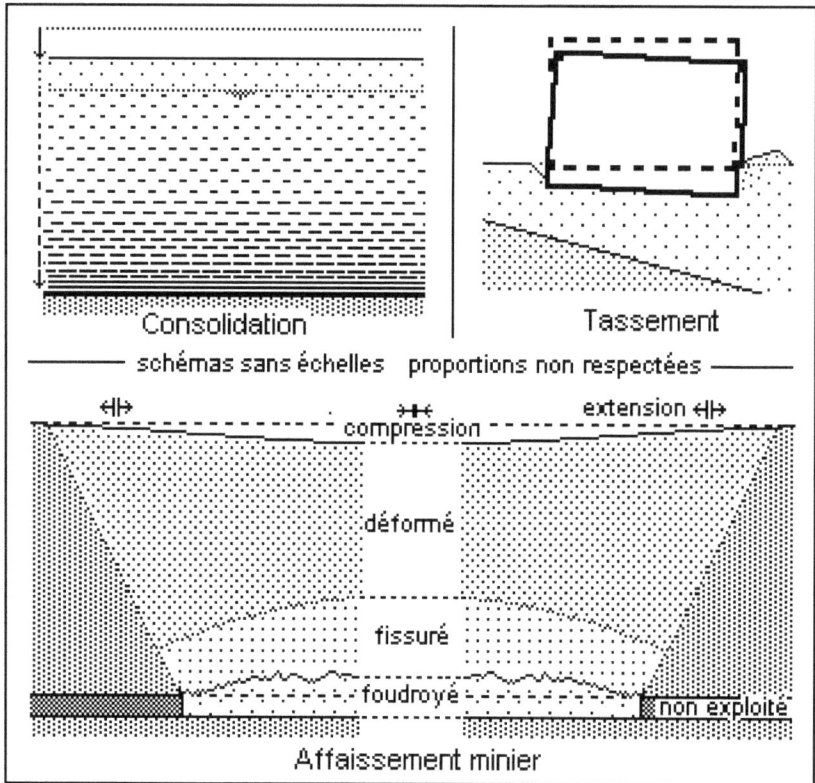

Figure 1.5.4.f – Affaissements

Les affaissements sont des mouvements verticaux qui abaissent, lentement et sans rupture, la surface du sol. La plupart résultent d'un phénomène naturel : la consolidation sous l'effet de drainage et/ou de charges. Ils produisent des cuvettes et dépressions parfois très vastes et des tassements d'ouvrages. Les effondrements de grandes cavités profondes, comme les mines, peuvent produire de vastes zones d'affaissements en surface. Les affaissements provoqués par le dégel ou la sécheresse sont des cas particuliers plus limités mais néanmoins souvent dommageables.

Ces mouvements sont généralement inévitables et irrésistibles mais bien localisés, faciles à caractériser et à étudier, rarement dangereux : d'après les résultats d'une étude géotechnique spécifique, il est toujours possible de leur adapter un ouvrage existant ou futur, par des dispositions constructives simples et classiques, comme assurer la continuité et la rigidité de sa structure ou, si l'épaisseur des matériaux affectés n'est pas très grande, par des fondations profondes, puits, pieux… ancrés dans les matériaux stables qu'ils couvrent, et qui constituent généralement le substratum du site.

Consolidation

La consolidation est naturelle quand, sous l'effet de leur propre poids, elle affecte des matériaux récemment déposés (sédiments subactuels, remblais…) ; elle est induite quand elle produit des tassements de matériaux meubles, peu consistants par drainage ou sous les ouvrages qu'ils supportent. Elle résulte de l'écrasement des pores d'un matériau granuleux ; si le matériau est aquifère, cet écrasement s'accompagne d'un essorage qui en régit la durée, en fonction de la perméabilité du matériau et de l'efficacité du drainage aux limites (*voir 1.4.3.2*). Au total, le matériau, dont le volume et la teneur en eau diminuent plus ou moins vite, devient plus dense, plus résistant et moins perméable, et la surface du sol s'affaisse.

Les affaissements récents de vastes zones de matériaux alluviaux meubles, souvent plus ou moins organiques, comme ceux de marécages, sont généralement dus à la consolidation accélérée de ces matériaux. Au lieu de perdre peu à peu leur eau interstitielle de façon naturelle, ils se la voient enlever beaucoup plus rapidement, le plus souvent par pompage d'exploitation industrielle ou urbaine, drainage agricole… L'effet de la consolidation peut être aggravé par des renards, entraînements de fines par l'eau pompée. Un modèle réduit de ces mouvements est l'affaissement des abords d'une fouille dont on épuise de façon continue l'eau qui y afflue.

La consolidation artificielle d'un matériau peu consistant s'obtient en le chargeant : si la charge est statique, le résultat est un tassement ; si elle dynamique au moyen de dames, pilons, cylindres lisses, à pieds, vibrants…, l'opération est un compactage. Compacter un remblai ou l'assise d'une chaussée, surcharger une assise de remblai pour améliorer sa portance… sont des moyens rapides d'accroître la résistance et de réduire l'importance et la durée de tassement d'un ouvrage. Ils ne sont efficaces que si l'on respecte très exactement des conditions de réalisation dépendant du matériau à traiter et du matériel dont on dispose ; on y parvient en étudiant soigneusement l'opération et respectant des règles d'exécution (RTR, *voir 3.6.1*) sélectionnées et contrôlées par des essais de laboratoire et de chantier.

La diagenèse est la consolidation naturelle des sédiments meubles qui se transforment en roches à l'échelle du temps géologique sous l'effet de la gravité appliquée à leurs propres éléments.

Tassement d'ouvrages

Un ouvrage construit dans un site dont le sous-sol est rocheux ou meuble, induit un champ de contraintes qui provoque sous lui des déformations d'abord progressives, puis permanentes. Sous une assise rocheuse, elles sont le plus souvent rapides et insignifiantes, pseudo-élastiques, sans effet pratique ; dans des matériaux meubles dont la consolidation est entraînée par les contraintes, les déformations se traduisent par un tassement au niveau de la fondation : l'ouvrage s'enfonce plus ou moins dans le sol et peut subir des distorsions qui entraînent sa fissuration, voire son inclinaison (*Fig. 3.6.3.b*). Les ouvrages anciens qui ont subi des tassements demeurent parfois plus ou moins distordus et/ou inclinés, sans qu'à long terme leur solidité soit compromise pour peu qu'on les entretienne régulièrement ; il importe aussi d'adapter les réseaux enterrés à subir ces mouvements sans dommage.

Les tassements sont généralement différentiels, plus ou moins lents et importants ; ils peuvent causer des dommages à l'ouvrage longtemps après l'achèvement de sa construction. La répartition, l'amplitude, la durée et les effets de ces tassements dépendent des dimensions, de la forme et de la masse de l'ouvrage, de sa position dans le site, de la rigidité de sa structure, des caractéristiques de ses fondations, ainsi, bien entendu, que des caractéristiques mécaniques du matériau d'assise. Une étude géotechnique spécifique est nécessaire pour les estimer.

La méthode de calcul de tassement la plus efficace, due à Terzaghi (*voir 2.3.2.1*), est fondée sur les résultats d'essais œdométriques consistant à observer le tassement puis le gonflement d'échantillons de matériaux meubles confinés et drainés sous l'effet de charges variables ; on en tire les valeurs de plusieurs paramètres, dont le module œdométrique C_c, qui permettent d'estimer le tassement total qu'un ouvrage pourrait subir dans l'espace et dans le temps. Ce mode de calcul s'avère plutôt précis, ce qui mérite d'être souligné en géotechnique ; d'autres méthodes assimilant le fluage plastique à ce tassement sont moins fiables. L'estimation des tassements différentiels que la construction provoquera inévitablement, et qui dépendent à la fois de la structure de l'ouvrage et de celle du sous-sol du site est beaucoup plus difficile : la géomécanique a besoin d'un modèle de forme géomorphologique pour que cette estimation ne soit pas trop fantaisiste.

Les alternances naturelles répétées de gels/dégels ou d'humidité/sécheresse produisent des mouvements verticaux ascendants puis descendants dans des matériaux plutôt argileux ; ils peuvent causer de graves dommages à un ouvrage léger fondé superficiellement et dont la structure manque de continuité et de rigidité. Il peut en aller de même pour des ouvrages implantés dans des contrées au climat rigoureux (gel, sécheresse…) ou abritant des installations techniques particulières (frigorifiques, thermiques…).

Affaissements miniers

Le sol des régions de mines s'affaisse généralement de façon irrégulière et sur de grandes surfaces. Certaines techniques d'exploitation des mines – naguère boisages ou piliers voués à la rupture plus ou moins rapide dans les quartiers abandonnés après dépilage ou, dans les dernières décennies, rabots, haveuses, soutènement automatique, foudroyage immédiat et dépilage de plus en plus complet – créent des vides souterrains importants qui se comblent par effondrement du toit, entraînant la décompression et la fragmentation des matériaux stériles coiffant le gisement, même dans le cas de grandes profondeurs d'exploitation, en raison des grandes surfaces des gisements et de la superposition des tailles ; elles finissent toujours par atteindre la surface qui descend plus ou moins et généralement, de façon désordonnée. Ces mouvements peuvent être très importants, irréguliers dans l'espace et dans le temps, et se prolonger longtemps après l'arrêt de l'exploitation d'un quartier ou de la mine ; leur durée est de quelques années dans le cas du foudroyage, inconnue dans le cas de piliers : les piliers de charbon se consument peu à peu et peuvent même brûler ; ceux de gypse fluent et s'altèrent rapidement ; ceux de roches dures s'écaillent plus ou moins vite selon le mode et la durée de leur altération et devenus trop minces, finissent par s'écrouler… Dans les dépressions superficielles ainsi constituées, des ouvrages s'inclinent, se distordent, se fissurent, les eaux de ruissellement ne savent plus où aller ; certaines rivières de bassins miniers, au cours parfois hésitant ont dû peu à peu être transformées en canaux remblayés au-dessus de leurs plaines alluviales. Ces zones ont des réactions plus surprenantes que dangereuses ; les fontis y sont rares, mais certains ouvrages peuvent y devenir dangereux et doivent être démolis ; on peut toutefois continuer à y construire en prenant les précautions que recommandent les services spécialisés des exploitations, en fonction de la forme et de l'amplitude des mouvements locaux. L'effet de la remontée des eaux souterraines, par suite de l'arrêt de l'exhaure lors de la fermeture d'une mine, est un risque mal connu et difficile à étudier pour la stabilité générale d'un site et l'évolution de son réseau d'eau souterraine.

Les effondrements

Les effondrements sont des écroulements subverticaux entraînés par des ruptures brusques de toits de cavités naturelles résultant de dissolutions de roches (calcaire ou gypse) ou creusées (tunnels, carrières souterraines ou mines). Souvent limités par des fractures coniques, ils aboutissent en surface à des dépressions, des cuvettes, des avens, des gouffres ou des fontis, après s'être propagés à travers toutes sortes de matériaux, entre la cavité et le sol, en les fracturant et en les faisant foisonner.

Ils peuvent être dangereux dans les zones urbaines denses, et c'est malheureusement là que le risque de survenue est le plus grand. La raison en est que, de tout temps et presque partout, on a exploité à faible profondeur, puis abandonné sans repérage, des carrières souterraines de matériaux de construction dans le sous-sol des environs des agglomérations qui s'y sont peu à peu étendues. Les méthodes d'exploitation très variées étaient adaptées aux particularités du site, du matériau et des moyens disponibles ; la plus répandue est celle des chambres et piliers abandonnés, qui était la plus facile à mettre en œuvre et la plus économique pour des matériaux de peu de valeur ; à l'abandon, les piliers et les toits s'écaillent jusqu'à céder et il se produit un fontis, en général sans prévenir. Si l'ensemble des piliers est en limite de solidité, un fontis initial peut se propager à l'ensemble de la carrière ; dans certaines régions, les zones à risques sont très nombreuses ; oubliées, elles ne se rappellent souvent à notre attention qu'à l'occasion d'un accident. Quand elles sont localisées et situées dans une zone sensible, on peut, dans certains cas, consolider et/ou remblayer les cavités, sinon, renforcer les structures des ouvrages sus-jacents et/ou les fonder sous les planchers des cavités ; ces types d'interventions sont généralement très onéreux sans être toujours très efficaces.

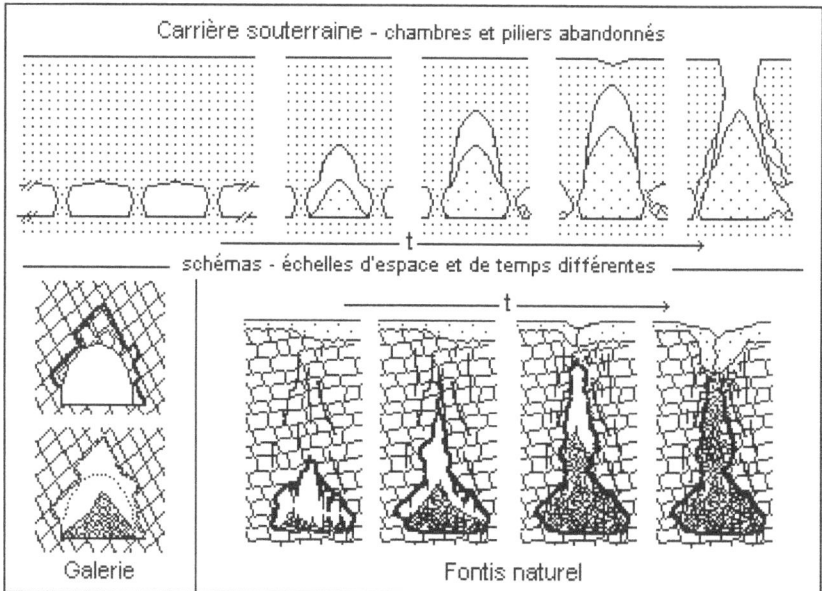

Figure 1.5.4.g – Effondrements

Certains effondrements de rase campagne se produisent à la surface des plateaux de calcaire karstique, souvent à l'intérieur d'une doline dont l'aven exutoire obstrué débourre à la suite d'un violent orage qui l'avait transformée en étang ; les réseaux karstiques sont en effet souvent fossiles et n'évoluent pratiquement plus ou alors très lentement, car le calcaire est très peu soluble. La morphologie des plateaux karstiques est très facile à cartographier par télédétection et sur le terrain ; les risques d'accidents y sont d'autant plus restreints que ces plateaux sont généralement occupés de façon diffuse.

Il en va autrement des cavités des formations gypseuses qui évoluent de façon permanente et rapide, car le gypse est très soluble et se déforme à court terme, en fluant par décompression. Les fontis s'y produisent souvent du jour au lendemain, sans signe précurseur en surface ; ils sont très dangereux en zones habitées où il arrive parfois que des bâtiments soient détruits. La pire des situations est engendrée par une carrière souterraine abandonnée et oubliée. L'étude détaillée des zones à risque pour y repérer les fontis potentiels est quasi impossible ; la microgravimétrie, qui avait été présentée comme la seule méthode efficace, s'est finalement montrée très décevante, et il n'en existe pas d'autre. Les formations gypseuses sont presque partout connues ; par télédétection, on peut bien circonscrire les zones où elles affleurent, et en déterminer la structure ; cela permet de les déclarer *non aedificandi* ou d'y construire des ouvrages adaptés.

▶ **L'étude des mouvements de terrain**

En dehors des problèmes de tassement de compétence géomécanique, on ne peut obtenir d'elle que des résultats approximatifs, pas toujours fiables, qu'il importe de préciser et de contrôler par la géodynamique.

Les moyens d'étude pratiques des mouvements de terrain sont ceux de la géotechnique : documentation, télédétection, levers de terrain, géophysique, sondages, essais *in situ* et de laboratoire. On choisit, parmi eux, les procédés les mieux adaptés aux particularités du phénomène et du site dans lequel on redoute les effets d'une manifestation intempestive. On leur adjoint souvent des appareils d'observation et/ou de mesure spécifiques (inclinomètres, mires topographiques, stations GPS…). Des séries temporelles de photographies terrestres et/ ou aériennes et/ou d'images satellitaires permettent de retracer puis de suivre les évolutions de grands sites chroniquement instables, où certains mouvements sont fréquents, voire quasi permanents.

L'étude historique de tels sites est nécessaire ; elle peut être localement fondée sur les anciens cadastres, les cartes, tableaux, gravures et photographies, les annales, chroniques et archives, la tradition et la mémoire… Il est aussi indispensable d'y effectuer des études climatiques et un suivi météorologique, car certains mouvements sont déclenchés et/ou accélérés par les précipitations, la sécheresse, le gel, les crues, les tempêtes… On ne peut toutefois pas tirer de ces études des données statistiques utilisables pour estimer le temps de retour d'un certain type de mouvement dans un certain site : il ne s'en produit pas toujours un chaque fois que règnent les mêmes conditions météorologiques, théoriquement propices ; si l'eau est bien le facteur le plus fréquent de déclenchement d'un mouvement, d'autres facteurs mécaniques et/ou physico-chimiques ont dû le préparer ; mais quand des conditions météorologiques défavorables sont prévues dans un site fragile, il est sage d'être vigilant. Bien entendu, l'étude géotechnique préalable à la construction de n'importe quel ouvrage est toujours et partout nécessaire, même dans des sites apparemment stables, car, forcément, la construction de l'ouvrage le déstabilisera plus ou moins.

Dans un site instable, le contrôle des variations de niveaux d'eau souterraine, naturelles ou provoquées par un drainage, est primordial pour en comprendre le mécanisme spécifique. Simples tubes crépinés, posés en fin de sondage, équipés ou non de limnigraphes, les piézomètres le permettent aisément dans la plupart des matériaux ; dans les massifs argileux, il faut aussi utiliser des cellules piézométriques plus complexes pour mesurer les variations de pression interstitielle. Le contrôle des déplacements et des contraintes se fait au moyen de géodimètres à laser, extensomètres, fissuromètres, tassomètres, déflectomètres, inclinomètres, dynamomètres... de divers types et modèles, enregistreurs ou non ; ils permettent de surveiller les talus, versants et falaises instables naturellement ou à la suite de travaux, ainsi que les ouvrages menacés ou subissant des dommages liés aux mouvements de terrain. L'exploitation manuelle ou automatique, souvent embarrassante et peu fiable de toutes ces mesures, est généralement négligée ; elles peuvent conduire à de fausses alertes (*Fig. 1.5.1*) ; les appareils de surveillance ne se manifestent parfois que parce qu'ils ont été arrachés par le mouvement qu'ils devaient aider à prévenir ; bien souvent, on ne regarde les enregistrements qu'après que l'événement se soit produit, pour s'apercevoir qu'on aurait pu l'éviter si l'on avait été plus attentif et/ou plus compétent ; en cas de rupture, les rideaux électriques déclenchent un signal d'arrêt de circulation sur une voie ferrée ou routière exposée.

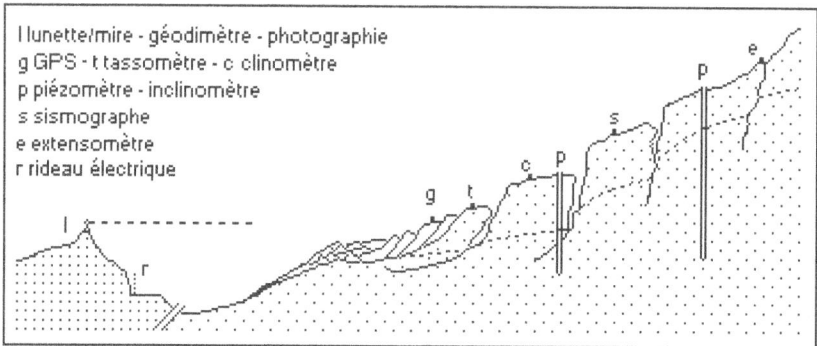

Figure 1.5.4.h – Surveillance d'un talus instable

Les séries plus ou moins continues de mesures ainsi obtenues ne permettent évidemment pas la prédiction de phases paroxystiques et sont difficiles à interpréter pour leur prévision : la distance entre un point mobile de la zone instable et un point fixe à l'extérieur d'elle peut croître, la vitesse d'un point mobile s'accélérer... jusqu'à la rupture ou jusqu'à l'arrêt rapide ou progressif ; dans un même site, les mêmes conditions météorologiques déclenchent ou non un mouvement analogue ou différent du précédent ; deux immeubles voisins tassent plus ou moins, plus ou moins vite, l'un se fissure moins que l'autre ou pas...

On peut étudier théoriquement les mouvements de terrain comme des transitions de phase de 2e ordre : avant le mouvement, le massif est en équilibre instable ; après, il serait en équilibre stable ; le changement d'état s'est effectué par une diminution de l'énergie potentielle. À long terme, le deuxième équilibre deviendra sûrement instable ; on doit donc considérer que le mouvement se produit au seuil critique d'un système auto-organisé. Cela n'a pas d'intérêt pratique immédiat, mais donne un canevas d'étude qui n'est pas négligeable.

Les actions de prospective sont presque toujours décevantes : la surveillance des sites et des ouvrages susceptibles d'être affectés par des mouvements de terrain impose que l'on dispose de beaucoup de temps et que l'on mette en place des appareils d'observation et/ou de mesure, très rudimentaires ou très complexes – ces derniers n'étant pas toujours les plus efficaces. Après son achèvement, un sondage est tubé de façon définitive au moyen d'un tube plus ou moins spécifique d'un appareil (piézomètre, inclinomètre…) ; on peut aussi placer certains d'entre eux directement sur le sol et/ou sur l'ouvrage (*Fig. 1.5.4.h*). Les mesures sont prises soit à la main au coup par coup, soit enregistrées de façon continue sous forme analogique ou numérique, maintenant souvent télétransmises à un laboratoire spécialisé.

1.5.4.2 Le transport

Le transport plus ou moins long d'éléments plus ou moins volumineux selon l'état de fragmentation et l'agent, les amène plus ou moins rapidement dans des zones de calme plus ou moins durable où ils sédimentent.

Le transport par le vent de grains de sable est limité en hauteur et distance au plus plurimétriques ; mais celui de poussières diverses (côtières, désertiques, volcaniques) atteint des volumes considérables sur des distances à l'échelle d'un continent et même du globe ; les nuages de poussière, parfois très denses même à haute altitude, voilent le ciel, gênent la circulation aérienne. Le lœss transporté par le vent à la périphérie des steppes périglaciaires des périodes froides du Quaternaire ancien couvre des surfaces considérables sur des épaisseurs qui peuvent atteindre et même largement dépasser la centaine de mètres, tant dans les hémisphères nord que sud.

Les inlandsis sont les plus puissants agents de transport de matériaux solides tant en volume qu'en distance ; les glaciers de montagne transportent leurs tills en les triturant, avant de les livrer aux torrents qui en prolongent le transport ; ils en ont transporté très loin de leurs limites actuelles puis à mesure de leur fonte, ont déposé des moraines d'où se sont dégagés des blocs erratiques atteignant parfois plusieurs milliers de mètres cubes.

Le transport solide maritime alimenté par la charge des fleuves, l'érosion des littoraux et les débris calcaires ou siliceux organiques, est assuré le long des côtes par les courants. Sur les retombées des plateaux continentaux, le transport des vases argileuses vers les grands fonds est le fait des courants de turbidité.

Les cours d'eau sont les principaux agents de transport de matériaux solides de calibre dépendant de leur débit, de leur vitesse, de leur turbulence et surtout de leur turbidité ; ils sont particulièrement efficaces en périodes de crues durant lesquelles ablation, transport et sédimentation coexistent : le temps d'une crue, les matériaux grossiers glissent, roulent et sautent sur le fond en s'usant ; déjaugés dans l'eau boueuse dont la densité croît de plus en plus, des blocs naturels de lit pouvant atteindre quelques mètres-cubes se déplacent à chaque crue de quelques mètres ; il peut en aller de même pour des blocs de défense de berges lors d'une crue plus importante que les précédentes. Lors de ruptures de barrages, des blocs de béton et/ou rocheux de plusieurs centaines de tonnes se déplacent sur quelques centaines de mètres dans les mêmes conditions. Les matériaux fins sont transportés en suspension sur de grandes distances de façon à peu près continue et de plus en plus fins, ils se déposent à mesure que le courant se calme. Les cours d'eau transportent aussi des éléments chimiques dissous naturels et/ou polluants.

1.5.4.2.1 Les crues

Les crues sont les hausses du niveau local ou général d'un cours d'eau au-dessus de son niveau moyen. Selon la situation, l'étendue et la morphologie du bassin versant de ce cours, sa partie concernée…, elles peuvent être fréquentes ou rares, régulières ou non, se produire à des dates ou des époques habituelles ou non ; elles peuvent être rapides ou lentes, plus ou moins abondantes. Le plus souvent, elles résultent de fortes précipitations saisonnières ou non sur tout ou partie du bassin versant d'un cours d'eau, de rapides fontes de neiges, de débâcles de barrages de glace ou de glissements de versants : une partie de l'eau de pluie, variable selon l'endroit et l'époque, s'écoule d'abord de façon diffuse, en pellicule à la surface du sol. Cet écoulement est favorisé par l'intensité de l'averse, la forte pente, l'imperméabilité et/ou la saturation préalable du sol, le défaut de couvert végétal, la basse température : il est maximum lors d'un gros orage de saison fraîche, sur sol nu argileux, *bad land*, labour, ou imperméabilisé par des aménagements et ouvrages, la voirie, les toitures… ; il se rassemble ensuite en rigoles ou caniveaux, ruisseaux, sentiers, chemins, routes ou égouts, rivières, fleuves pour aboutir à la mer.

Les crues naturelles exceptionnelles résultent toujours de concours de circonstances météorologiques et hydrologiques peu fréquents comme une longue succession de fortes précipitations sur l'ensemble du bassin versant, entraînant la simultanéité des crues d'affluents dotés de régimes habituellement déphasés. Dans les régions où l'occupation du sol est dense et les aménagements nombreux, l'intensité des crues habituelles a généralement tendance à s'amplifier ; cela est dû à la destruction de la végétation qui accroît le ruissellement dans des proportions souvent considérables, à la disparition par remblayage et/ou endigage pour l'urbanisation de zones inondables parfois marécageuses qui fonctionnaient comme des réservoirs-tampons écrêteurs de crues, au calibrage insuffisant voire erroné d'ouvrages hydrauliques qui créent des remous ou même des barrages en cas d'embâcles, aux extractions de matériaux qui abaissent le thalweg et accélèrent l'érosion, au remembrement qui modifie l'ancien réseau de drainage et d'écoulement, aux défauts et défaillances d'ouvrages de protection…, et finalement, à tous les aménagements dont les effets imprévus perturbent le ruissellement naturel des eaux de précipitation et le cours des émissaires. Des crues violentes sont dues à des ruptures de barrages naturels ou artificiels, le plus souvent produites par de grosses crues d'amont amplifiées à l'aval par les vidanges des retenues.

Dans un site naturel, selon la pente et la nature locales du lit mineur, de ses berges et ses abords, une crue peut plus ou moins éroder la berge concave et/ou alluvionner la berge convexe ; l'érosion des berges peut entraîner des divagations de lit, des recoupements de méandres, le déclenchement de mouvements de terrain sur certains versants minés en pied. Une couche plus ou moins épaisse de limon peut se déposer sur les zones longtemps inondées ; l'alluvionnement progressif des abords peut construire des levées latérales allant jusqu'à l'exhaussement du lit au-dessus de certaines plaines, puis provoquer de très graves inondations en cas de rupture lors d'une crue suivante... À la suite du passage d'une grande crue, le paysage de toute une région peut ainsi être totalement modifié. Les ouvrages riverains peuvent être emportés par le courant, entraînés par un écroulement de berge, ruinés par affouillement de leurs fondations ; les montées puis descentes d'eau lors de chaque crue peuvent provoquer la fissuration de bâtiments fragiles... Les voies sur digues ou sur remblais, les ponts dont le tirant d'air est insuffisant ou dont les piles et culées sont affouillables sont particulièrement vulnérables. Les déplacements de lit pour remblayer des plates-formes sont des opérations très risquées sur les cours d'eau torrentiels dont la puissance de crue peut être très grande : en une ou deux heures du passage de l'onde de crue, les enrochements de défense sont souvent déplacés ou contournés et le lit peut facilement reprendre sa place après avoir tout saccagé, non seulement sur la plate-forme, mais parfois aussi loin à l'aval. Les ponts à tirant d'air insuffisant peuvent provoquer des remous, des sauts dépassant la dizaine de mètres, des embâcles, et donc des inondations à l'amont et des amplifications d'onde à l'aval ; ceux à travées multiples augmentent ces risques.

Les crues qui se produisent à l'amont des bassins versants, en particulier celles de torrents à forte pente et régime instable de montagne, sont peu durables (une demi-journée au plus), rapides (montée et descente du niveau de plusieurs dizaines de centimètres par heure) mais assez fréquentes. Elles provoquent souvent de nombreux et amples mouvements de terrains riverains sur les versants fragiles des vallons et des vallées (affouillements, coulées de boue, laves torrentielles, écroulements et glissements, épandages de graves, embâcles/débâcles d'arbres et d'effluents solides...). Au fil du temps, par accumulation d'effets, il en résulte en principe la classique morphologie torrentielle (*voir 1.3.2.1* et *Fig. 1.5.4.b*) : à l'extrémité amont du torrent, la majeure partie du ruissellement diffus environnant se rassemble à la sortie du bassin de réception, niche d'érosion intense au sol nu, raviné, toujours instable, qui produit une partie des matériaux des coulées et laves torrentielles ; emportant tout sur son passage, le torrent en crue dévale le versant de la vallée-émissaire par un canal d'écoulement quasi rectiligne et très pentu, le long duquel l'eau se charge de matériaux solides (terre, graviers, blocs rocheux, végétation, par affouillement des parties meubles des berges et du thalweg) ; au fond de la vallée, au maximum de son énergie, le torrent s'étale anarchiquement sur son cône de déjection que la sédimentation des matériaux transportés engraisse. Les rivières torrentielles des grandes vallées de montagne, principaux émissaires des torrents, sont réduites à un long et large lit de divagation souvent quasi sec, aux fréquentes ruptures de pente, très instable dans les zones alluviales où les grandes crues qui passent généralement en une journée au plus, peuvent le déplacer ; certaines arrivent directement à la mer. Il y a aussi de calmes ruisseaux d'amont dans des hautes plaines.

En temps normal, l'écoulement dans le lit mineur des cours d'eau des grandes plaines alluviales généralement sinueux, parfois à méandres, est permanent ; de niveau plus ou moins variable selon le moment, il est le plus souvent contenu latéralement par des berges hautes et assez stables ou par des digues naturelles et/ou artificielles ; selon leur hauteur et l'efficacité et/ou la solidité des digues, les crues d'aval débordent et noient sous un plan d'eau quasi immobile une plus ou moins grande partie du lit majeur, parfois jusqu'au pied d'une terrasse ou d'un versant. Certaines vastes zones très plates, riveraines de cours d'eau plutôt calmes, peuvent être inondées durant plus d'un mois ; en se retirant après avoir déposé une couche de limon, il arrive que le lit mineur se soit déplacé, sauf s'il est endigué et que les digues ne se sont pas rompues. Plus ou moins attendues, parfois annoncées, ces crues, rarement liées à la météorologie locale, résultent des comportements spécifiques de nombreux affluents aux régimes différents ; les plus hautes sont provoquées par la coïncidence inhabituelle de crues de plusieurs d'entre eux.

À peu près n'importe où, sur des sites pentus dont les sols sont peu perméables ou saturés et sans qu'il y ait de cours d'eau organisé, il peut se produire des crues soudaines, rapides et abondantes, dues à de très gros orages locaux. Rares et inattendues, elles affectent des sites peu étendus dont elles ravinent les hauts et encombrent les bas.

La géologie, la climatologie, la météorologie, l'hydraulique, la botanique… appliquées à l'ensemble du cours d'eau et de son bassin versant, permettent, chacune en ce qui la concerne puis en synthétisant les résultats de chacune, d'analyser le régime d'un cours d'eau, de définir les types de crues qu'il produit et leurs caractéristiques (vitesse locale du courant, vitesse de propagation le long du cours, débits liquide et solide, mécanisme, scénario) ; appliquées à un endroit particulier du bassin, elles permettent de caractériser les crues locales, de montrer leurs effets éventuels (annonce, durée de passage, hauteur et surface d'inondation, mouvements de terrains, ouvrages vulnérables…). Sur le terrain, à la décrue ou même longtemps après, il est relativement facile d'observer la hauteur atteinte et la surface couverte au moyen de marques (humidité, débris végétaux déposés…) sur les talus, les parois rocheuses et les maçonneries, de traces d'érosion ou de dépôts sur les rives. Les photographies aériennes, notamment en cours d'inondation, complètent et précisent ces observations ; sur certains édifices des régions habitées, il y a des repères datés de très hauts niveaux atteints. Plus généralement, on peut considérer que l'ensemble du lit majeur d'un cours d'eau est susceptible d'être inondé un jour ou l'autre. La géotechnique et l'hydrologie permettent de caractériser les zones à risques et fournissent les données techniques nécessaires aux études d'aménagements et d'ouvrages riverains et/ou de protection. L'ingénierie étudie ces ouvrages de protection, et assure leur réalisation et leur entretien.

Une coordination générale de toutes ces études est indispensable pour l'ensemble du bassin, car lors d'une crue, tous les événements qui s'y déroulent sont étroitement liés : on peut à peu près savoir ce qui va se passer à un endroit donné, sachant ce qui se passe en amont et parfois aussi en aval. Un ouvrage construit pour éviter un danger pourrait avoir une influence néfaste un peu plus loin ; en cours de crue, une action entreprise pour protéger une zone pourrait en sinistrer une autre, pas forcément voisine… Toute intervention sur un cours d'eau, à froid et encore plus à chaud, doit être scrupuleusement préparée, à partir d'études sérieuses, et être mise en œuvre avec beaucoup de prudence ; son suivi doit ensuite être assuré, afin de vérifier son efficacité et/ou sa nuisance et la modifier à la demande.

En prospective, pour que l'on puisse utiliser efficacement les notions d'intensités annuelle, décennale, centennale…, il faudrait admettre que ces distributions statistiques sont stables au cours du temps ou varient de façon monotone et régulière. Ce n'est sûrement pas le cas : la crue « décennale » peut se produire plusieurs années de suite ou ne pas se produire pendant quelques décennies ; la crue « centennale » est encore plus incertaine ; la crue « millénale » est une vue de l'esprit. Par ailleurs, il n'y a pas de digue réellement insubmersible ou indestructible ; un ouvrage situé trop près d'une berge érodable est dangereux et quand la retenue est pleine, l'évacuateur de crues d'un barrage doit laisser passer les plus violentes, sous peine de ruine… Heureusement, les sites exposés sont connus de longue date et/ou faciles à identifier et à caractériser : le lit majeur d'un cours d'eau est inondable, les berges d'un torrent sont souvent érodées…

1.5.4.3 La sédimentation

L'étude des sédiments récents et actuels est particulièrement importante en géotechnique car ces matériaux meubles en grande partie argileux, plus ou moins organiques, sont peu compacts et instables. Ce sont eux qui posent les problèmes d'aménagement et de construction les plus difficiles à résoudre : savoir ce qu'ils sont, quelle est leur structure, pourquoi on les trouve là, comment ils évoluent… est au moins aussi important que connaître les valeurs de leurs paramètres géomécaniques.

Les débris rocheux et organiques transportés par le vent, les eaux courantes, et les glaciers, se déposent selon leur nature et leurs dimensions à mesure que l'énergie de leur agent de transport diminue ; le vent les accumule en dunes, les glaciers en moraines.

Les courants côtiers déposent leur charge solide là où ils ralentissent contre des obstacles (caps, écueils, îles) au fond des baies ou à la rencontre d'autres courants ; ils déposent essentiellement des sables, plus rarement des galets qui constituent les plages, flèches, cordons littoraux, tombolos, bas champs… (*Fig. 1.3.2.d*) incessamment remaniés par les tempêtes. À beaucoup plus long terme, les dépôts marins côtiers subissent un tri granulométrique au gré des transgressions et des régressions (*Fig. 1.2.1.c*). Les dépôts de vases argilo-organiques des deltas, des estuaires et des lagunes sont très peu denses, avec des pores colloïdaux floconneux dus à des réactions physico-chimiques lors de la rencontre et du mélange de l'eau douce fluviale et de l'eau salée marine ; ils sont incessamment remaniés par les marées et les tempêtes.

La charge solide des cours d'eau se dépose en subissant un tri granulométrique à mesure que la vitesse et la turbulence du courant diminuent. Sur les cônes de déjection et dans les deltas lacustres, les sédiments passent ainsi progressivement d'amont en aval, des gros galets à de la vase par du sable et du limon. Cette disposition peut se répéter ou se détruire à chaque crue, selon son débit et sa charge ; au large, la sédimentation de fines alternances sablo-vaseuses répétées ou uniquement argilo-vaseuse et la précipitation calcaire dominent ; certains lacs alimentés par des torrents à forte charge solide sont ainsi peu à peu comblés en quelques siècles. À la fin du Würm, les plaines alluviales ont subi une sédimentation grossière de graves sableuses, quand pratiquement tous les cours d'eau avaient un régime torrentiel dû à la fonte rapide des glaciers ; ensuite, la sédimentation est devenue fine, lors de crues plutôt calmes qui inondaient la totalité du lit majeur et déposait du limon plus ou moins organique.

La charge chimique des cours d'eau de régions calcaires se dépose par précipitation d'aération dans les parties très turbulentes de leurs cours sous forme de travertin, puis par précipitation biochimique dans leurs parties calmes et dans les lacs sous forme de craie.

À mesure qu'ils sédimentent, les amas généralement stratifiés de façon plus ou moins horizontale (*Fig. 1.2.1.b*) qu'ils constituent, se compactent sous l'effet de la gravité sur des grains juxtaposés, que la sédimentation d'autres grains charge progressivement, essentiellement par réduction de la porosité et expulsion d'eau. À court et moyen terme, cela produit des affaissements de consolidation ; au cours d'un temps très long, par des processus en partie analogues, la diagenèse transforme mécaniquement et chimiquement les sédiments meubles en roches sédimentaires (*voir 1.1.3.2*).

1.6　Esquisse géologique de la France

Les géotechniciens étudient les matériaux meubles de couverture – les sols de la géomécanique – du site d'implantation d'un ouvrage pour en connaître l'épaisseur, déterminer leurs caractères géomécaniques et éventuellement ceux de leur substratum, mais ils s'intéressent peu – voire pas du tout – à la lithologie et la structure de ce dernier. Pourtant, ils ne peuvent pas étudier ces matériaux de la même façon en Bretagne, en région parisienne, dans les Alpes…, car ils diffèrent tant en position et forme morphologiques qu'en nature, en épaisseur, en caractères mécaniques et en comportement selon les conditions de leurs dépôts, les substratums qu'ils surmontent, les phénomènes naturels qu'ils subissent et parce que, si les problèmes géotechniques posés par les mêmes types d'ouvrages sont souvent analogues où que ce soit, la façon de les résoudre dépend de ces matériaux et plus généralement des particularités géologiques des sites d'implantations : ceux des autoroutes A1 Paris/Lille dans le calcaire du Valois puis le lœss et la craie de Picardie, A36 de l'Alsace à la plaine de Bourgogne (substratum de molasse tertiaire et couverture alluviale), le long de la bordure NW du Jura (calcaires jurassiques karstiques), A40 Mâcon/Genève à travers le limon et la molasse de Bresse puis les plis marno-calcaires du Jura, A72 Saint-Étienne/Clermont à travers les grabens molassiques des Limagnes, séparés par le horst cristallin du Forez… appartiennent à des ensembles structuraux différents. Il en va de même des sites des grandes villes françaises : celui de Paris, vers le centre du Bassin parisien, est constitué de formations sédimentaires tertiaires subhorizontales, en partie couvertes par une plaine alluviale d'où émergent quelques buttes-témoins tapissées de lœss ; sous Lille, à la limite du Bassin parisien et de la Flandre, l'argile tertiaire et le lœss couvrent plus ou moins la craie ; au SW du bassin d'Aquitaine, le substratum de Toulouse est entièrement molassique, subaffleurant en collines à l'est, couvert par la plaine alluviale de la Garonne à l'ouest ; sous Lyon, il y a d'épaisses graves alluviales fluvio-glaciaires sur un substratum de molasse du Couloir rhodanien à l'est de la Saône et du Rhône et du gneiss du Massif central à l'ouest ; le site de Marseille, particulièrement varié, est dans un fossé subsident oligocène molassique, parsemée de buttes-témoins en plateaux de calcaire quaternaire karstique subhorizontal, traversée par une plaine alluviale côtière et entourée de chaînons provençaux plissés et fracturés de calcaire karstique et de marne secondaires, avec localement des zones gypseuses triasiques et oligocènes. Ainsi, où que ce soit, le site de n'importe quel ouvrage, quelles qu'en soient la nature et les dimensions, est unique et doit être étudié dans un cadre géologique spécifique qu'il importe de connaître.

La plupart des types lithologiques, géostructuraux, géomorphologiques et géodynamiques figurent dans l'espace restreint mais très bien documenté du territoire français métropolitain ; si l'on ajoute l'Outre-mer, ils y sont à peu près tous : on y observe des marges océaniques passives vers le golfe de Gascogne et entre le continent et la Corse, actives aux Antilles, épicontinentales vers la mer du Nord, la Manche et la mer d'Iroise. La Corse est une île-continent séparée de la Provence et de la Ligurie par un océan avorté ; la Nouvelle-Calédonie est la partie émergée de l'obduction maintenant inactive d'un fragment de continent ; Kerguelen, Crozet et les Tuamotu sont celles de plateaux basaltiques stables, des trapps océaniques ; Amsterdam et Saint-Paul sont des volcans de ride médio-océanique ; les îles océaniques de points chauds sont représentées par la Réunion et par les volcans et les culots volcaniques, entourés et/ou couronnés de récifs, atolls et plates-formes coralliens de la Polynésie ; la Guadeloupe et la Martinique sont des îles volcaniques d'un arc de subduction actif ; les îles des côtes métropolitaines, Saint-Pierre-et-Miquelon… sont des îles épicontinentales. Les parties nord et centrale de la métropole forment une plate-forme ancienne constituée d'ensembles structuraux très variés : l'Ardenne est un massif hercynien sédimentaire plissé ; les Vosges sont un demi-horst cristallin dominant le graben molassique d'Alsace ; le Massif armoricain est une chaîne hercynienne arasée, plissée, fracturée et plus ou moins granitisée, avec du métamorphisme régional et de contact ; le Massif central est un bombement granitique avec du métamorphisme régional de racines de chaîne hercynienne, fracturé en horst, grabens et écailles, du volcanisme effusif et explosif de point chaud intracontinental. Le Jura est une chaîne alpine intracontinentale de couverture marine marno-calcaire, simplement plissée et fracturée ; les Pyrénées sont une chaîne alpine intercontinentale de coulissage ; les Alpes sont une chaîne de collision, océan écrasé entre deux plaques. Le Bassin parisien est un bassin épicontinental à sédimentation marine et lagunaire ; l'Aquitaine est une bordure de bassin sédimentaire marin au nord et à l'est, un fossé molassique de pied de chaîne alpine au centre et au sud ; le Couloir rhodanien est un autre fossé molassique de pied de chaîne alpine…

Il y a en France des volcans de tous types (actifs, assoupis et éteints), des montagnes vieilles et jeunes, des plateaux granitiques, basaltiques, karstiques, de lœss…, des dépressions et des collines argileuses, molassiques…, des cluses, des gorges, des combes, des plaines alluviales, des glaciers, des fleuves, rivières et torrents aux profils et aux régimes très variés, des lacs glaciaires et volcaniques, des estuaires plus ou moins envasés, un delta, des polders, des côtes sableuses à dunes, tombolos et lagunes, des côtes rocheuses à criques, caps et écueils, des côtes à falaises stables ou ébouleuses, des calanques, des récifs coralliens, des lagons… qui ne sont pas situés n'importe où, indépendamment les uns des autres : certains d'entre eux, associés par affinité, sont les éléments caractéristiques de régions structurales différentes. La plupart des phénomènes naturels connus (inondations et mouvements de terrain pour l'essentiel, séismes et volcanisme accessoirement) se manifestent un peu partout en France.

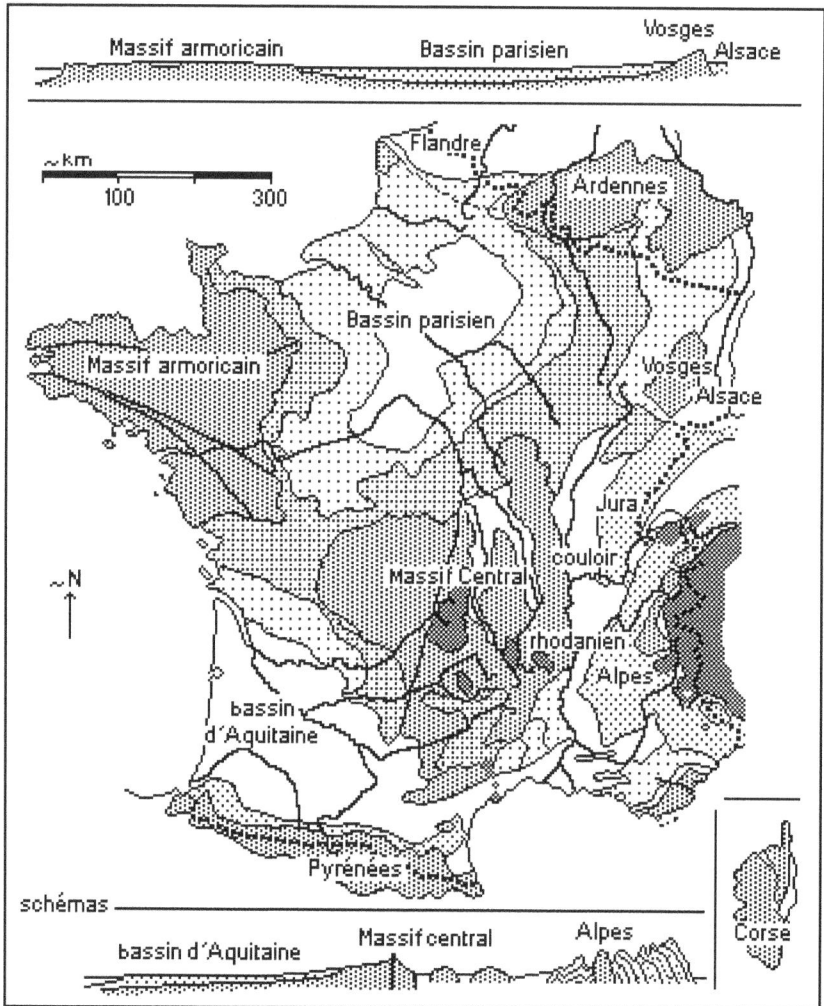

Figure 1.6.a – Structure géologique de la France

Cette esquisse descriptive schématique est destinée à faciliter la lecture et l'interprétation des documents géologiques que tout géotechnicien sérieux doit consulter avant de décider comment aborder les problèmes que posent les études d'aménagements et d'ouvrages qu'il entreprend. Elle est limitée à quelques éléments importants de lithologie, de structure, de morphologie et de géodynamique de la subsurface actuelle française ; le vocabulaire de la stratigraphie historique est réduit aux désignations des ères et de quelques étages qu'il est indispensable de situer dans les grandes structures régionales. Très sommairement, en France métropolitaine, l'ère primaire et l'orogénèse hercynienne qui s'achèvent au Carbonifère et au Permien sont le dernier épisode de construction des massifs anciens formant le socle de l'ensemble du territoire et constitués de formations magmatiques, métamorphiques et sédimentaires plissées et fracturées, calcaires et schisteuses pour l'essentiel ; au Permien et au Trias inférieur, l'érosion de la chaîne hercynienne a produit des formations détritiques continentales peu tectonisées (grès, schistes, pelites…), associées à du volcanisme, qui bordent en discordance les massifs, mais leur sont structuralement attachées. Du Trias moyen à l'Éocène, une série plus ou moins continue selon la région de sédiments marins et/ou lagunaires, rarement continentaux – argiles, gypse et sel au Trias supérieur, marnes et calcaires au Jurassique et au Crétacé inférieur, craie au Crétacé supérieur, sable (grès), argiles, calcaires à l'Éocène – constitue le matériau des grands bassins sédimentaires et des chaînes alpines. À partir de l'Oligocène, l'érosion des chaînes alpines a comblé leurs bordures subsidentes de formations détritiques (molasses au sens large) ; le Quaternaire est l'ère des formations détritiques de couverture (graviers sables, limons…) marines (côtes basses à dunes et lagunes), fluviatiles (terrasses et plaines alluviales), glaciaires (moraines), éoliennes (lœss). La fin du Würm, dernier stade glaciaire, marque le début de la période moderne et du modelage de la subsurface actuelle par les mouvements de terrain, solifluxion, glissements, éboulements, écroulements… ; ils sont évidemment toujours actifs aux abords des cours d'eau, dans les plaines alluviales, sur les côtes et dans les montagnes, partout en France mais plus particulièrement dans les Alpes et le Midi méditerranéen.

1.6.1 Les phénomènes naturels dangereux

Les effets généralement modérés mais parfois puissants d'événements courants ou intempestifs mais normaux de phénomènes naturels peuvent être dommageables, voire dangereux ou même catastrophiques. Les quelques exemples que je donne dans cette esquisse montrent assez qu'il faut absolument en tenir compte lors de l'étude, de la construction puis de la vie de certains aménagements et ouvrages, en évitant les sites dans lesquels ils se produisent ou en les y adaptant. Il ne se produit évidemment pas n'importe quoi n'importe où et n'importe quand ; des événements analogues sont susceptibles de se produire à peu près aux mêmes endroits ou dans des sites analogues, à termes plus ou moins longs que l'on essaie de caractériser statistiquement. On estime que plus du tiers du territoire français peut subir de tels effets – pour l'essentiel crues et inondations, dans une moindre mesure mouvements de terrains et séismes en métropole, auxquels s'ajoutent cyclones et volcans outre-mer. Les catastrophes n'épargnent pas la France, mais hormis celles que provoquent certains cyclones, elles n'y sont jamais aussi violentes que celles de même nature qui affectent le reste du monde et même nos proches voisins : on ne peut pas comparer les effets des éruptions du piton de la Fournaise et de l'Etna, des séismes de Rognes et d'Itzmit, des écroulements du Roc-des-Fiz et du Rossberg, des inondations de la Garonne et du Pô... Le plus souvent, il s'agit d'événements affectant plus ou moins certains ouvrages et quelques personnes, que la loi et les médias appellent « catastrophes naturelles » par abus de langage. Pourtant, l'éruption volcanique la plus meurtrière du XXe siècle, celle de la montagne Pelée de la Martinique en 1902, est bien française ; mais elle ne l'a été qu'en raison du comportement aberrant des autorités locales qui ont nié un extrême danger pourtant évident et interdit *manu militari* le départ des Pierrotins afin d'assurer le déroulement d'une élection ; ce n'était donc pas une « catastrophe naturelle ». Heureusement, un tel comportement ne serait plus possible ; néanmoins, une éruption magmatique de la Soufrière à Basse-Terre, un séisme sur la Côte d'Azur, une inondation générale des vallées de la Seine et de ses affluents en Île-de-France, une rupture des digues du Val-de-Loire... seraient réellement catastrophiques.

En France, les phénomènes atmosphériques (perturbations frontales, cyclones, sécheresse...) sont de très loin les plus fréquents, les plus répandus et les plus dommageables des phénomènes naturels dangereux ; viennent ensuite les crues et les inondations qui en sont issues et qui représentent un peu moins de 90 % des phénomènes telluriques, contre 10 % environ pour les mouvements de terrain et un peu plus de 1 % pour les séismes. De nombreux départements du Sud-Est sont exposés à ces trois risques, souvent plus ou moins concomitants (mouvements de terrain provoqués par des crues ou par des séismes). Tant en nombre qu'en intensité, les Alpes-Maritimes paraissent l'être particulièrement, surtout à l'est du Var. La Guadeloupe et la Martinique sont très exposées à ces trois risques, auxquels s'ajoutent les cyclones et les éruptions volcaniques ; la Réunion les a aussi, mais les éruptions volcaniques n'y sont que très rarement dangereuses, et elle n'est pratiquement pas sismique.

Les plans de prévention des risques naturels prévisibles (PPR) sont des documents communaux qui circonscrivent les zones dans lesquelles des événements naturels dangereux (les *aléas*) sont susceptibles de se produire et d'affecter les ouvrages construits ou projetés, et dans lesquelles un aménagement pourrait créer ou aggraver un risque. Certaines zones où les risques sont très importants peuvent être déclarées *non aedificandi* ; dans d'autres moins exposées, des mesures de prévention, protection et sauvegarde de l'existant sont prescrites, les nouveaux aménagements sont réglementés...

1.6.2 Les massifs anciens et leurs annexes

Les massifs anciens français sont des îlots affleurants de la chaîne hercynienne et de son avant-pays, érodés puis plus ou moins remaniés (granitisation, métamorphisme, fracturation, volcanisme...) par les contrecoups de l'orogénèse alpine, et à nouveau érodés. Ils sont essentiellement constitués de roches magmatiques et métamorphiques cristallines (granites et gneiss) et cristallophylliennes (gneiss, micaschistes et schistes), plus ou moins associées à des formations primaires sédimentaires détritiques, schisteuses et/ou calcaires, plissées, fracturées et plus ou moins métamorphisées. On y observe localement des lambeaux de formations sédimentaires secondaires et tertiaires subhorizontales qui les ont couverts tout ou partie puis ont été érodées ; des structures tectoniques, volcaniques et/ou sédimentaires secondaires à quaternaires leur sont associées.

1.6.2.1 L'Ardenne et le Nord

La partie française de l'Ardenne est un plateau ondulé, légèrement incliné vers le NW, parsemé de dépressions marécageuses que la Meuse et ses affluents parcourent dans des vallées sinueuses étroites enchaînant des méandres encaissés de plus de 200 m dont les versants sont plus ou moins abrupts, avec des terrasses graveleuses intermédiaires. Le substratum est constitué de formations primaires sédimentaires plissées, peu ou pas métamorphisées, en majeure partie schisteuses parfois ardoisières, associées à des quartzites, des phyllades, des poudingues, des grès, des calcaires... Les plis élémentaires, couchés vers le nord ou faillés, forment des faisceaux parallèles de grands synclinoriums et anticlinoriums faillés, de direction ≈ E-W, chevauchant vers le nord ; le relief qu'ils commandent est de type appalachien. À son entrée dans les Ardennes, la vallée tortueuse et encaissée de la Meuse inonde parfois les bas quartiers de Charleville-Mézières qui l'encombrent.

Les collines d'Artois ont un soubassement anticlinal de nature et structure analogues, en partie houiller (direction ≈ NW-SE), couvert par la craie secondaire dont l'épaisseur dépasse 150 m ; elles marquent la limite structurale du Bassin parisien à la cuesta qui domine les Flandres et relie l'Ardenne au Boulonnais au nord duquel affleurent une partie des mêmes formations. Comme en Picardie, la craie est couverte par une couche superficielle plus ou moins morcelée de lœss quaternaire dont l'épaisseur peut dépasser la dizaine de mètres, et localement par de l'argile à silex d'altération de la craie.

Au nord de l'Artois, la Flandre intérieure est une vaste plaine à peine ondulée où la craie est progressivement masquée vers le nord par de l'argile plus ou moins sableuse tertiaire. Les rivières qui la drainent (Lys, Escaut, Sambre et leurs affluents) s'écoulent vers le NE, avec de faibles débits réguliers, mais en raison de leurs très faibles pentes et du sol plat, les fortes précipitations y provoquent de fréquentes inondations. À la surface du bassin houiller du Nord-Pas-de-Calais au delà de la cuesta d'Artois, l'affaissement du sol est la règle avec de nombreux dommages aux bâtiments jusqu'à leur ruine et de sensibles perturbations aux écoulements des cours d'eau et des canaux : la Scarpe, au cours parfois hésitant, a dû peu à peu être transformée en canal remblayé dominant sa plaine alluviale... Les grands terrils de stériles contenant un peu de charbon et de pyrite, parsèment le paysage ; longtemps laissés à l'abandon, certains sont devenus dangereux car leurs pentes initiales de talus de déversement étaient limites. Plus ou moins ravinés par les ruissellements, il leur arrive de glisser et de produire des coulées de boue lors de fortes précipitations ; dangereux pour leurs environs, la plupart sont actuellement surveillés et aplanis si nécessaire. Ils peuvent aussi se consumer ou même brûler, de sorte qu'ils atteignent des températures extérieures de près de 100 °C et même localement de plus de 200 °C et qu'ils émettent des fumerolles nauséabondes voire toxiques ; on doit alors les disperser et les couvrir de remblais inertes et étanches. Enfin, en fonction des variations de la pression atmosphérique et/ou du niveau de l'eau souterraine, de leur production naturelle continue, les gaz de mine comme le grisou, les oxydes de carbone, le sulfure d'hydrogène… peuvent monter en surface de façon diffuse et incontrôlée et envahir les parties basses et confinées des bâtiments (sous-sols, caves…) créant des risques d'intoxication ou d'asphyxie, d'inflammation ou d'explosion. Pour s'en prémunir, on peut les capter et les utiliser comme combustible ou après traitement préalable, les disperser de façon contrôlée dans l'atmosphère.

Au NE de la falaise crayeuse ébouleuse du cap Blanc-Nez, la Flandre maritime est un ensemble de polders (les *moëres*), plus bas que les eaux vives ou même que le 0 pour la Grande Moëre, drainés par un réseau dense de canaux, défendus par des dunes, des digues et des écluses. Son sous-sol est une épaisse formation de matériaux meubles peu consolidés (sable, vase, tourbe quaternaires) ; actuellement, la côte recule localement de près de 1 m/an ; mais comme le montrent les blockhaus littoraux dont certains s'ensablent alors que d'autres s'enlisent, les aménagements portuaires, de Dunkerque en particulier, ont fortement troublé le comportement naturel de cette côte fragile.

1.6.2.2 Les Vosges et l'Alsace

Entre le plateau lorrain et la plaine d'Alsace, le massif des Vosges est un îlot montagneux en demi-horst très dissymétrique : vers l'ouest, au pied de son long versant en pente douce, les formations gréseuses permo-triasiques de la bordure du Bassin parisien s'étalent en discordance transgressive ; vers l'est et le sud-est, un faisceau de failles normales découpe son court versant raide en gradins coiffés de calcaire, marne, argile jurassiques et tertiaires, de matériaux détritiques et de lœss quaternaires des collines sous-vosgiennes qui dominent la plaine d'Alsace et les collines du Sundgau. Le massif très fracturé (failles normales longitudinales SSW-NNE et décrochements transversaux ≈ SE-NW) est une mosaïque de roches diverses, magmatiques, métamorphiques, sédimentaires primaires et volcaniques (en majeure partie granite et gneiss très peu altérés), car il a été raboté et modelé par les glaciers qui ont creusé des cirques d'accumulation prolongés par d'étroites vallées en auge barrées par des verrous et des moraines en amont desquels s'étendent des lacs ; le glacier de plateau du versant ouest s'est étendu au maximum jusque vers Épinal ; les glaciers de vallées du versant est, beaucoup plus courts, débutaient dans de petits cirques près des crêtes (*voir 3.5.3.6.2*) et atteignaient la plaine d'Alsace.

À l'ouest du massif, les Vosges gréseuses sont constituées par les grès triasiques de base du Bassin parisien, qui couvrent son pied en discordance transgressive ; elles se prolongent vers le nord au delà de l'ensellement de Saverne par le plateau de la Hardt ; entaillées de vallées étroites, faiblement incliné vers l'ouest, elles sont limitées par le système de failles du graben d'Alsace vers l'est.

L'Alsace est la partie SW du fossé tectonique rhénan, vaste graben comblé de matériaux sédimentaires oligocènes en grande partie molassiques argileux dont l'épaisseur totale dépasse localement 2 500 m. Vers la surface, c'est la grande plaine alluviale du Rhin et de l'Ill dont le sous-sol est constitué de placages dis-

discontinus de lœss épais de 2 à 10 m, surmontant une couche continue de grave sableuse d'origine alpine localement épaisse de plus de 250 m, très aquifère. Actuellement, les deux cours d'eau parcourent des marais creusés dans les graves qui les dominent en terrasses ; le Rhin y entretenait une très large forêt-galerie dans laquelle il s'étalait à chaque crue. Maintenant entièrement canalisé, il l'inonde plus rarement mais ses abords sont toujours submersibles. Les rivières descendant des Vosges, affluents de l'Ill au sud et du Rhin au nord, ont construit des cônes de déjection au pied des collines sous-vosgiennes ; actuellement, elles sont relativement calmes car le versant est abrité des perturbations venues de l'ouest. Mais quand il pleut à l'ouest des Vosges, les cours d'eau qui descendent du versant lorrain inondent souvent leurs abords : sur le site industriel de Sochaux, une crue à peine plus qu'annuelle de la Savoureuse, petit affluent du Doubs, a ainsi occasionné de graves dommages en 1990 ; une crue analogue en 1999 a montré que les ouvrages de protection réalisés entre-temps n'étaient pas très efficaces. Les failles bordières ($\approx$ N-S) sont toujours actives et l'altitude du sol varie sensiblement de quelques dixièmes de millimètre par an avec une tendance à l'affaissement côté Alsace et au soulèvement côté Vosges : le Rhin, détourné vers le nord à la fin du Würm alors qu'il allait initialement vers la Saône par le Sundgau, a creusé ou remblayé alternativement ses alluvions, créant de multiples terrasses d'altitudes diverses ; l'Ill et ses affluents ont eu des phases récentes d'érosion régressive et d'alluvionnement. L'Alsace et les Vosges sont donc des régions instables, très sismiques : le sud de l'Alsace est en zone II (sismicité moyenne) ; le reste de l'Alsace et la haute vallée de la Moselle sont en zone I_B (sismicité faible) ; le reste des Vosges est en zone I_A (sismicité très faible). Dans les zones d'exploitation de la potasse (Mulhouse), du pétrole (Pechelbronn) et de la nappe aquifère (un peu partout), il se produit des affaissements plus désordonnés, susceptibles d'affecter certains ouvrages fragiles.

Au sud de l'Alsace, le Sundgau a une structure analogue, mais son relief est de collines car les alluvions graveleuses du Rhin ancien ne sont plus remaniées par le fleuve, mais érodées par ses affluents et ceux du Doubs.

1.6.2.3 Le Massif armoricain

Du nord au sud, on peut schématiser la structure du Massif armoricain par une succession de bandes en éventail pincé à l'ouest, de plus en plus étalé vers l'est, découpées en lames par des failles longitudinales (en général, des décrochements dextres de coulissage injectés de granite), de directions $\approx$ WSW-ENE au nord, $\approx$ W-E au centre, $\approx$ WNW-ESE puis $\approx$ NW-SE au sud ; les bandes cristallines anticlinoriales (granites et gneiss) du nord et du sud encadrent une bande centrale sédimentaire primaire synclinoriale plissée et fracturée (quartzite, grès, schistes, localement poudingue, calcaire…). Dans chaque bande, les plis élémentaires en faisceaux ont des directions entremêlées autour de $\approx$ W-E et sont plus ou moins métamorphisés (métamorphisme général et/ou de contact), plus ou moins superposés. Dans l'ouest de la Vendée, une autre bande sédimentaire primaire synclinoriale, essentiellement schisteuse et où sont disséminés des petits bassins houillers, longe la bande cristalline sud, de direction $\approx$ NW-SE vers le seuil du Poitou et le Massif central, en continuité structurale. Des pointements granitiques avec des auréoles de métamorphisme de contact percent un peu partout les dépressions schisteuses (celui de Flamanville est un cas d'école) ; des amas d'altération de kaolinite plus ou moins micacée, dont l'épaisseur peut dépasser la vingtaine de mètres, jouxtent parfois des affleurements de leur roche mère, saine. Des placages tertiaires de sable argileux coquillier (falun) et de limon argileux d'altération locale subsistent dans les grandes dépressions structurales comme celle de Rennes dont la surface est ondulée. Le relief général est celui d'une pénéplaine sinueuse, avec des plateaux de granite et gneiss, des monts quartzitiques et des collines appalachiennes aux crêts de quartzite ou grès et vaux de schistes ; les petites dépressions de plateaux ont des fonds tourbeux. Partout étroites à l'exception de l'Aulne – qui décrit des méandres dans la dépression schisteuse de Châteaulin – et de la Vilaine et ses affluents – qui drainent celle de Rennes –, les vallées, courtes, pentues et quasi rectilignes vers le nord, plus longues et plus tortueuses vers le sud, sont de plus en plus encaissées vers la mer où elles se terminent en rias – *abers* en breton – remontées très loin par les marées. Leurs versants cristallins et/ou quartzitiques sont abrupts ; leurs versants schisteux sont empâtés de matériaux argileux affectés de vastes glissements et coulées de boue post-würmiennes plus ou moins stabilisés ; elles n'ont presque pas d'alluvions graveleuses et d'une façon générale, les limons de couverture des interfluves sont minces, voire quasi absents, essentiellement argileux. Comme le substratum est pratiquement partout imperméable, le massif est très pauvre en eaux souterraines ; les nappes phréatiques sont très peu puissantes, mal alimentées et donc très vulnérables aux pollutions qui se résorbent difficilement, très lentement. Les courtes rivières qui drainent le massif ont des débits faibles, relativement régulier, mais certaines ont de temps en temps des crues dommageables, en grande partie amplifiées par la destruction du paysage traditionnel due au remembrement. La basse Loire a évidemment des caractères morphologiques et hydrogéologiques tout à fait différents.

Les limites terrestres du massif sont marquées par les marno-calcaires secondaires en discordance transgressive du Bassin parisien vers l'est et ceux du seuil du Poitou vers le sud. Vers le nord, l'ouest et le sud-ouest, les limites du massif sont maritimes. La morphologie de son littoral très découpé traduit sa lithologie : promontoires et caps dans les granites, gneiss et grès, anses et baies dans les schistes. Les îles Anglo-Normandes et une partie de la côte nord du Cotentin sont rocheuses ; sa côte ouest est en grande partie basse, sableuse, à dunes et plages en régression de 1 m (Hauteville, Coutainville…) à 5 m (Montmartin…) par an, correspondant à un arrière-pays schisteux, entrecoupée de quelques falaises granitiques ; l'embouchure de la Sienne est la plus affectée. Par contre, la baie de l'îlot granitique du Mont-Saint-Michel s'envase : au sud, son trait de côte a progressé de plus de 5 km depuis le Xe siècle et la vasière découverte à marée basse – slikke – occupe presque toute la baie ; elle s'épaissit d'environ 2 cm par an. On s'emploie sans grand succès à maintenir l'isolement du monument, car la baie est un piège à sédiments naturel : quoi que l'on fasse pour améliorer la desserte terrestre de l'abbaye et réduire ses effets néfastes sur l'envasement, le Mont-Saint-Michel finira comme le Mont-Dol, entouré de marais ; le rivage sud actuel de la baie est artificiel, défendu par un réseau de digues qui protègent le marais de Dol et 3 000 ha de polders, entre Pontaubault et Cancale. En cas de rupture au cours de tempêtes, il arrive encore de temps en temps que les prés salés et les villages riverains soient inondés. Par contre, depuis le Moyen Âge, les rivages du golfe de Saint-Malo et de la baie de Saint-Brieuc ont reculé en moyenne de 2 m/an : au large des rivages sud du golfe de Saint-Malo, on a longtemps exploité, à marée basse, les bois des forêts côtières englouties ; la baie de Saint-Brieuc s'est désensablée de 300 à 400 km^2 ; à marée basse, on allait à pied sec à Jersey par sa chaussée alors ensablée ; les couvertures d'alluvions fluviatiles des côtes rocheuses de la baie de Saint-Brieuc et de lœss du Trégorrois sont fragiles. Plus à l'ouest jusqu'à la pointe Saint-Mathieu, la côte nord est essentiellement rocheuse, très découpée en nombreux promontoires abrupts, abers profonds et grandes baies à rivages de sable, très nombreux écueils, îlots et îles au large. Le rivage de l'extrémité du Finistère avec ses promontoires et ses baies est le modèle réduit de la structure transversale du massif : du nord au sud, Ouessant et Léon granitiques orientés ≈ WSW-ENE, rade de Brest schisteuse, Crozon quartzitique, baie de Douarnenez schisteuse orientées ≈ W-E, Sein et pointe du Raz granitiques, baie d'Audierne micaschisteuse et pointe de Penmarch granitique orientées ≈ WNW-ESE. Le cordon de sable et galets du sud de la baie d'Audierne entre Penhors et la pointe de la Torche est exposé aux violentes tempêtes de SW ; il a largement reculé depuis une cinquantaine d'années au détriment des étangs, marais, et bancs de sable qu'il avait créés en empêchant les eaux littorales de rejoindre la mer ; mais cela est dû en grande partie à son exploitation comme carrière de matériaux de construction, arrêtée depuis une vingtaine d'années ; la plage demeure totalement désolée, dangereuse. Jusqu'à la Vilaine, la côte, parallèle à la direction ≈ WNW-ESE, est granitique, avec de longues rias qui se prolongent jusqu'à la lame micaschisteuse dans laquelle elles s'étalent comme dans le golfe du Morbihan parsemé de nombreux îlots et îles ; au large, les Glénan, Groix et Belle-Île sont des îles gneissiques à îlots et écueils et/ou micaschisteuses à falaises très instables ; le tombolo de Quiberon est une île rocheuse réunie à la côte par une langue de sable plutôt fragile ; de nombreux mégalithes de Cornouaille et du Morbihan en partie immergés attestent le recul des parties basses de la côte, essentiellement à cause de l'eustatisme ; là comme ailleurs, quelques villas, imprudemment construites trop près du rivage, en ont été victimes. Au sud de la Vilaine dominent les plages, les dunes et les marais de dépressions schisteuses (grande Brière, marais de Guérande), séparés par les caps de croupes rocheuses (Guérande, Le Croisic). L'estuaire de la Loire et ses abords sont encombrés de marais et s'envasent : le chenal de navigation jusqu'à Nantes est entretenu par des dragages incessants. Au sud de la Loire, la côte est presque exclusivement basse (plages, dunes et marais), avec un arrière-pays schisteux ; Noirmoutier est en partie rocheuse, en partie sableuse, quasi-tombolo presque relié au Marais poitevin ; Yeu est entièrement rocheuse. Au sud de la Loire dans la zone côtière de Vendée, la sismicité est très faible (I_A).

1.6.2.4 Le Massif central et les Causses

Entouré et parsemé de formations sédimentaires secondaires postérieures à sa formation, proche des Pyrénées au sud et des Alpes à l'est dont il a subi les contrecoups orogéniques, le Massif central présente une structure très différente de celle du Massif armoricain : très schématiquement morcelé par plusieurs grands réseaux de failles d'orientations principales croisées NW-SE/SW-NE, W-E/N-S, des blocs essentiellement cristallins (granite, gneiss et micaschiste) découpés et délimités en horsts inégalement soulevés et basculés du sud et de l'est à relief montagneux (1 702 m, altitude du mont Lozère) vers le nord et l'ouest à relief de plateaux (505 m, altitude de la montagne de Blond (Limousin)), encadrent des dépressions tectoniques sédimentaires en synclinoriums primaires (bassins houillers), en grabens oligocènes (Limagnes) ou en plateaux jurassiques (Causses). Les produits de grands appareils volcaniques tertiaires et quaternaires ont pour socles certains plateaux du centre ; le gradient géothermique de la bordure ouest volcanique de la Limagne n'est que de ≈ 1°/15 m et de nombreuses sources thermo-minérales (Vals, Vichy…) entourent les zones volcaniques. Les filons et mylonites de failles, souvent minéralisés, abondent un peu partout, témoins de la structure en chevauchements et charriages qui affecte les formations métamorphiques. Les roches cristallines sont altérées en gores, en amas de boules (chaos) et en épaisses couches d'arène et d'argile ; des glaciers de vallées disposés autour des grands volcans ou en calottes sur les hauts plateaux centraux, les ont modelés jusqu'à moins de 1 000 m d'altitude et ont déposé des moraines au delà. À l'exception de la couverture meuble des dépressions, des plateaux calcaires et volcaniques, le sous-sol est généralement imperméable et le ruissellement est important : les nombreux cours d'eau qui drainent le massif, principal château d'eau de la France, en réseaux ramifiés sur les plateaux et les dépressions, encaissés sur leurs bordures escarpées, en sortent divergents.

Sous le seuil du Poitou, l'extrémité NW (Limousin) du Massif central prolonge l'extrémité SE (Vendée) du Massif armoricain (horst granitique de Champagné). L'ouest du Massif central est un vaste ensemble compact assez monotone de blocs massifs de roches cristallines formant des grands plateaux peu élevés, étagés autour d'un haut plateau central, incliné vers ses périphéries nord et ouest (Marche, Limousin, Rouergue, Ségalas). Sur les plateaux moutonnés, les creux sont occupées par des étangs et des tourbières, et les vallées évasées et marécageuses sont encombrées d'arène et de blocs résultant de l'importante altération des roches, plus ou moins instables sur les versants ; à leur périphérie, les plateaux en gradins de moins en moins élevés, localement encombrés de placages sablo-argileux tertiaires, sont reliés par des glacis ou des escarpements à travers lesquels les vallées des rivières torrentielles sont encaissées jusqu'à former des gorges. De part et d'autre, les bordures nord et ouest sont les limites discordantes transgressives marno-calcaires secondaires des bassins parisien et aquitain.

À l'est du Sillon houiller, grand décrochement sénestre marqué par de larges bandes de mylonite, jalonné de vieux volcans et de petits bassins houillers, qui traverse le massif entre l'Allier au NNE et le Lot au SSW, le plateau central est découpé en horsts cristallins (Forez, Livradois, Margeride, Gévaudan) modelés comme à l'ouest et/ou par les glaciers – cirques, vallées en auge et verrous, moraines et lacs de barrages morainiques… dans ses parties les plus hautes. Ceux-ci dominent des grabens de direction ≈ NNW-SSE, comblés d'argile, marne, calcaire… tertiaires et de matériaux volcaniques (lave et pyroclastite) dont l'épaisseur maximum atteint 2 500 m ; ils ont un relief de buttes calcaires ou volcaniques et de collines argileuses au sud, de plaines alluviales limoneuses marécageuses au centre, graveleuses marécageuses au nord et à l'est (Limagne, Bourbonnais, Velay…) ; formant l'essentiel des bassins hydrographiques de l'Allier et de la Loire, les courts affluents de ces deux grands torrents dévalent les bords abrupts des grabens dans des gorges parfois en partie obstruées par des coulées de lave ; l'ensemble de cette région centrale est indistinctement plus ou moins couvert par les ruines disséquées par l'érosion fluviatile et/ou glaciaire, de grands cônes de strato-volcans tertiaires (Cantal, Mont-Dore, altitudes > 1 850 m), par une traînée de pitons basaltiques du Quaternaire ancien (Sioule), par d'épaisses accumulations de vastes coulées de basalte tertiaire formant des grands plateaux (Cézallier, Aubrac, Velay, Mézenc, Coirons) souvent limités par des falaises, ou par de nombreuses cheminées volcaniques dégagées de leurs cônes pyroclastiques par l'érosion (pipes), émergeant un peu partout dans les dépressions (Limagnes, Le Puy...). Les plateaux sont parsemés de lacs de cratères et les vallées, de lacs de barrages de lave. La chaîne des Puys est une longue file (≈ N-S, 40 × 7 km) de petits cônes stromboliens, dômes péléens et maars du Quaternaire récent qui domine les failles bordières ouest de la Limagne d'Allier, atteinte par les extrémités de quelques longues coulées de lave, notamment vers ce qui est maintenant la banlieue de Clermont-Ferrand. Individuellement ou par petits groupes, chaque volcan s'est sans doute formé au cours d'une seule éruption généralement explosive, n'ayant duré que quelques jours à quelques mois.

Au SW, la Montagne noire est organisée en bandes parallèles d'orientation ≈ E-W pyrénéenne autour d'une voûte centrale de roches cristallines en majeure partie métamorphiques, bordée par des synclinoriums transgressifs primaires à relief appalachien de roches sédimentaires fortement plissées en écailles au nord et charriées au sud, l'ensemble étant déversé vers le sud. Au-delà vers le NE jusqu'au Morvan, la partie du massif la plus affectée par les contrecoups pyrénéens et alpins est une bordure montagneuse arquée, concave vers l'ouest, formée d'une série de blocs cristallins élevés (Aigoual, 1 567 m), inclinés vers le nord puis l'ouest (Sidobre, Cévennes, Vivarais...), en gradins de failles normales à pentes abruptes vers le sud (Garrigues) puis l'est (Couloir rhodanien), séparés par des courtes vallées encaissées et des bassins houillers comblés de poudingue, grès, schistes et charbon (Decazeville, Carmaux, Cévennes, Saint-Étienne, Blanzy...), à l'ouest et au centre faillés, peu plissés, orientés ≈ NW-SE, à l'est très plissés et charriés, orientés ≈ SW-NE ; structuralement liées au massif comme ces bassins auxquels elles sont ou non associées, des dépressions gréseuses et pélitiques permiennes peu ou pas plissées parsèment les bordures du massif (Aumance, Brive, Saint-Affrique, Lodève...).

Les crues des cours d'eau torrentiels au régime méditerranéen du sud (Hérault, Vidourle, Gard, Ardèche) sont souvent catastrophiques ; les autres, au régime atlantique, sont plus calmes, mais les crues du Tarn, de la Loire, de l'Allier... s'étalent à l'aval et peuvent y être dangereuses. Les pentes des bassins pélitiques permiens de Brive, de Lodève... sont souvent affectées de mouvements de terrain, glissements pour l'essentiel. À la surface des nombreux bassins houillers, on retrouve les mêmes effets d'exploitations de charbon que dans le Nord : instabilité du sol et des terrils, émanations de gaz... La structure profonde du soubassement de la chaîne des Puys susceptible d'être encore active est caractérisée par une croûte mince, l'absence du Moho et la présence d'une bulle de magma vers 30 km de profondeur. Le thermalisme toujours très actif et la sismicité de la région ne lui seraient pas directement associés, mais ont vraisemblablement la même origine ; la dernière période d'activité d'un de ses volcans, le maar Pavin, se serait produite vers 5 850 ou 3 500 BP selon la méthode de datation ; on évoque même des éruptions vers les débuts du Moyen Âge... Plusieurs puys exploités pour la pouzzolane montrent des coupes complètes jusqu'au substratum ; on y distingue parfois plusieurs éruptions : Stours, col des Goules, puy de Lemptéguy au nord du puy de Dôme, datées de 30 000, 35 000 et 8 500 BP. Sachant que l'activité de la chaîne a dû débuter il y a plus de 75 à 100 000 ans et qu'elle a eu des périodes de repos de plusieurs milliers d'années, rien ne dit qu'elle est définitivement éteinte. Il est tout de même très peu probable qu'elle reprenne de l'activité à terme imaginable. Si un nouveau volcan s'y construisait demain, ce serait inattendu mais pas imprévu : l'agitation sismique et d'autres phénomènes précurseurs bien réels d'une crise volcanique, qui précéderaient une éventuelle éruption, permettraient sûrement de la prélocaliser et de s'en protéger. En Limagne d'Allier, le long de la chaîne des puys, la sismicité est très faible (I_A) à faible (I_B).

Au sud, les plateaux karstiques des Causses, fragmentés en épais blocs de calcaires jurassiques faillés plus ou moins élevés parcourus par des vallées sèches, parsemés de dolines plus ou moins inondable et parfois affectées de fontis, troués d'avens et truffés de grottes, découpés par les profondes gorges des rivières vives (Tarn > 600 m), sont encastrés dans les plateaux et montagnes cristallins du Rouergue, de la Montagne noire et des Cévennes. À l'extrémité sud du causse du Larzac, au contact de la Montagne noire puis à travers le Languedoc jusqu'au cap d'Agde, il y a une chaîne ≈ N-S, large au plus de 25 km et longue d'environ 150 km de petits volcans dispersés et de plateaux basaltiques quaternaires, dans le prolongement des grands appareils du centre du massif.

1.6.2.5 Les autres massifs anciens

La zone axiale pyrénéenne, les petits massifs nord-pyrénéens (Mouthoumet, Arize...), les massifs centraux alpins (Mont-Blanc, Belledonne, Pelvoux, Mercantour), le massif des Maures-Tanneron, la Serre, Champagné, l'ouest et le sud de la Corse..., sont d'autres massifs anciens qui présentent des caractères lithologiques et structuraux communs à tous ces massifs, mais qui ont acquis des particularités structurales propres, selon l'ensemble structural dans lequel ils sont inclus et la position qu'ils y occupent. On les considère comme des éléments de ces ensembles.

1.6.3 Les chaînes « alpines »

Les chaînes « alpines » ont le caractère commun de s'être formées au cours de plusieurs phases d'une même orogenèse toujours en cours qui a débuté au Trias supérieur mais n'a été paroxystique qu'au Tertiaire moyen. Elles ont une lithologie très variée et présentent des structures très complexes et aussi variées : tous les genres de roches magmatiques, métamorphiques et sédimentaires de tous âges, et tous les types structuraux (failles, plis, chevauchements, charriages) y sont représentés, généralement groupés en d'étroites zones longitudinales contiguës dans lesquelles ils sont à peu près semblables et qu'ils caractérisent. Toujours en cours de surrection, ces chaînes sont plus ou moins sismiques ; le modelage de leurs reliefs montagneux très vigoureux est permanent : l'érosion fluviale et localement glaciaire est très active ; les cours d'eau qui les drainent sont en majorité des torrents souvent violents, qui érodent, charrient et déposent de grandes quantités de matériaux lors de fréquentes crues souvent dévastatrices. Les mouvements de terrain de toute nature y sont fréquents et parfois de forte amplitude…

1.6.3.1 Le Jura

Le Jura est la plus simple des chaînes françaises ; son socle de massif hercynien n'affleure pas, mais il est proche de la surface, comme l'indiquent le massif de la Serre au nord et l'extrémité cristalline de l'Île-Crémieux au sud. Il dessine un croissant concave et abrupt vers la Suisse au SE, en escalier descendant vers la Bresse au NW ; dans sa partie centrale, on distingue trois zones longitudinales : à l'est la haute chaîne, au centre les plateaux, à l'ouest les chaînons bordiers. L'ensemble est constitué par la série stratigraphique secondaire complète et continue : la base triasique gypseuse et salifère n'affleure que dans les chaînons et dans la Vignoble sur la bordure NW, mais ailleurs, elle se manifeste en surface par des sources salées… ; les formations du Jurassique inférieur dans les chaînons et celles du Jurassique supérieur, dans les anticlinaux de la chaîne et dans les plateaux, sont essentiellement calcaires ; celles du Jurassique moyen sont essentiellement marneuses, toutes de moins en moins épaisses et de plus en plus calcaires d'est en l'ouest. Les fonds de quelques combes synclinales de la chaîne sont occupés par des marnes argileuses du Crétacé inférieur ; la molasse tertiaire affleure sur les bordures est et ouest dans le Genevois et en Bresse. Le Jura est un vrai musée des structures tectoniques et morphologiques classiques : la chaîne est constituée par des faisceaux subparallèles de longs plis coniques en relais, droits ou coffrés, plus ou moins déversés vers le NW, faillés, serrés et élevés à l'est, de plus en plus étalés et abaissés vers l'ouest, très irréguliers en raison d'une dysharmonie stratigraphique générale due aux multiples contacts des formations plissées alternativement calcaires et marneuses. À l'ouest et au nordouest, chevauchés par le bord ouest de la chaîne, les plateaux calcaires morcelés en marches d'escalier par des escarpements de faille ou d'étroits plis-failles anticlinaux plus ou moins déversés vers le NW, sont des synclinaux à larges fonds plats à peine ondulés, à faible pendage général SE. Des décrochements sénestres transversaux en éventail tronçonnent la chaîne et s'amortissent dans les plateaux. Le versant est de la chaîne domine la dépression molassique suisse en discordance stratigraphique ; les Avant-Monts de la bordure NW chevauchent les plateaux calcaires jurassiques du Bassin parisien (Haute-Saône) et buttent sur le petit massif cristallin de la Serre ; la partie centrale de la bordure de chaînons du Revermont et du Vignoble est un long chevauchement de la molasse bressane ; au SW le plateau calcaire de l'Île-Crémieux, isolé par le Rhône, se termine par un pointement cristallin ; vers le sud, les chaînons s'enfoncent dans le bassin molassique genevois duquel émergent des croupes anticlinales calcaires (Salève…), puis finissent par s'accoler à la bordure subalpine. Le relief jurassien est classique ; il est pratiquement partout conforme à la structure : monts anticlinaux calcaires, vaux synclinaux marneux, molassiques et morainiques, cluses entre deux vaux marneux à travers un mont ou un crêt calcaire souvent coupés par des décrochements... Les vaux sont couverts de placages morainiques de moins en moins vastes et épais d'est en ouest ; le relief proprement glaciaire se limite à quelques vallées en auge, verrous et lacs, mais il n'y a pas de cirques, car une chape glaciaire couvrait toute la chaîne. À la surface des plateaux, le modelé karstique, masqué par la couverture épaisse d'argile graveleuse de décalcification et/ou morainique, est peu visible en dehors de vallées sèches et de grandes dolines en cuvettes ; par contre, de nombreux avens, des pertes dans les calcaires, des résurgences au pied des parois calcaires sur les bords des dépressions marneuses ou à l'amont des reculées (Loue) révèlent d'importants réseaux souterrains à forts débits, très étendus, en partie visitables avec lesquels les réseaux hydrographiques de surface peu développés ont de nombreuses zones d'échanges. Les rivières (Doubs, Ain...) ont des vallées encaissées à plusieurs étages de terrasses, d'orientation moyenne longitudinale, néanmoins très sinueuses pour passer en baïonnette de val en val longitudinaux par des cluses transversales ; leurs crues ne sont pas très dangereuses ; les lacs glaciaires et d'écroulement de versants sont nombreux.

De nombreuses barres et falaises calcaires coiffant des versants marneux instables sont généralement très instables et peuvent produire de grands écroulements : en amont de Nantua, un énorme écroulement sans doute würmien, dont le franchissement a donné beaucoup de peine aux constructeurs de l'autoroute A 40 (dite « autoroute des Titans »), avait barré la cluse et créé le lac de Sylans. En 1924 sur le versant opposé, l'écroulement des Neyrolles avait imposé la déviation de la voie ferrée Bourg/Bellegarde. Le lac et la ville de Nantua sont dominés par le prolongement de la falaise de Sylans, tout aussi instable : son pied est encombré d'énormes pans écroulés ou glissés ; pittoresque élément du paysage, la colonne de Nantua, environ 35 m de haut, 10 m de large, 5 000 m^3, s'en était détachée et reposait sur d'autres pans de la falaise, à peine plus stables qu'elle ; elle dominait la ville d'assez loin, mais son écroulement était redouté. En 1973, on a donc décidé de l'abattre ; pas vraiment nécessaire, l'opération très médiatisée de minage direct était particulièrement osée ; elle ne s'est pas déroulée comme prévu, car la colonne est tombée d'elle-même, alors que l'on venait de charger le tir ; par chance, le choc au sol a déclenché l'explosion ; il reste qu'au-dessus de la ville, le pan de falaise des Flèques (environ 50 × 500 m), et beaucoup d'autres, sont largement détachés du plateau et ne sont pas très stables ; on les surveille par photogrammétrie et un haut merlon protège la route qui longe le rivage nord du lac, effectivement exposée à des chutes de blocs quasi permanentes.

La sismicité de la haute chaîne est très faible (I_A).

1.6.3.2 Les Pyrénées et le Roussillon

D'orientation générale ≈ WNW-ESE, la longue chaîne presque rectiligne des Pyrénées s'étend de la Méditerranée à l'Atlantique ; la frontière espagnole suit à peu près sa ligne de crêtes. Sur le versant nord français, sa structure générale paraît simple ; du sud au nord on distingue trois zones longitudinales parallèles plus ou moins continues et larges : la zone primaire axiale, la zone nord-pyrénéenne et la zone sous-pyrénéenne, séparées par des réseaux de failles chevauchant vers le nord, « faille » nord-pyrénéenne et chevauchement frontal nord-pyrénéen. Sur sa bordure nord, la zone sous-pyrénéenne s'ennoie dans les formations transgressives tertiaires du bassin d'Aquitaine ; d'ouest en est, la grande diversité et les rapides variations lithologiques, structurales et morphologiques de chaque zone altèrent cette apparente simplicité, ce qui conduit à diviser la chaîne en trois secteurs transversaux : atlantique, central et catalan.

Dans sa partie centrale, du Gave d'Aspe à l'Ariège, la structure générale de la chaîne est la plus caractéristique et la plus complète. La très large zone axiale est un massif ancien longitudinal qui a la forme générale d'un grand synclinorium où s'empilent des écailles et des plis subverticaux serrés de direction ≈ E-W, l'ensemble étant plus ou moins charrié vers le nord. Ce massif est en grande partie constitué de formations sédimentaires primaires très épaisses, essentiellement schisteuses et accessoirement gréseuses et calcaires ; au contact de nombreux noyaux anticlinoriaux dispersés de roches cristallines aux faciès variés (granites, granodiorites, gabbro…), ces formations dessinent d'étroites auréoles métamorphiques en discordances stratigraphiques ou tectoniques. Vers l'est, ces formations passent latéralement à quelques bandes de gneiss, micaschistes… du métamorphisme général ; l'ensemble très rigide est découpé en blocs plus ou moins réguliers par des fractures ≈ N-S soulignées par des filons quartzeux et des mylonites plus ou moins minéralisés. Le relief montagneux très vif d'arêtes de crêtes dentelées, de pics dont l'altitude dépasse 3 000 m, a été modelé par des glaciers de vallées étroits et courts dont des reliques subsistent en altitude : profondes vallées transversales rectilignes, à profils en auge et très fortes pentes, débutant en culs-de-sac de cirques glaciaires ; les petits lacs de fonds de cirques, de surcreusement de bed-rock et de barrages morainiques de vallées sont nombreux dans les parties cristallines. La « faille » nord-pyrénéenne qui marque la limite nord de la zone axiale est une fine lanière longitudinale en « synclinal » pincé, laminée par un faisceau en escalier de failles subverticales normales ou inverses, chevauchantes vers le sud ou vers le nord selon une découpe en segments ramifiés qui s'échelonnent longitudinalement. Sa bordure sud est constituée d'écailles de flysch non métamorphisé ; les roches de sa bordure nord sont métamorphisées en cornéennes, calcaires cipolins et schistes associées à des péridotites. La zone nord-pyrénéenne « alpine » est une étroite bande longitudinale fortement plissée de formations sédimentaires triasiques à Crétacé inférieures (poudingues, grès, flysch, calcaires, marnes, gypse, sel), constituant la couverture transgressive de la zone axiale et des massifs cristallins associés à des formations primaires plus ou moins métamorphisées qui émergent de cet ensemble. Les plis sont aigus voire laminés, déversées vers le nord, formant des chaînons longitudinaux chevauchants de calcaires très karstiques et des diapirs de sel et gypse. Les massifs cristallins plus ou moins érodés en amas de boules, gore et arène, sont séparés par des écailles métamorphiques. Le chevauchement frontal nord-pyrénéen est formé de courts faisceaux découpés par des décrochements transversaux, de plis couchés vers le nord et de failles inverses ; il marque la limite sud de la zone sous-pyrénéenne, autre bande « alpine » plissée plus récente, affectant la couverture sédimentaire transgressive, Crétacé supérieur-Éocène essentiellement détritique. Entre Garonne et

Ariège, les plis des Petites Pyrénées sont plus simples et se réduisent vers le nord à des ondulations ; à l'est de la Garonne, l'ensemble est ennoyé sous la couverture tertiaire discordante subhorizontale du bassin d'Aquitaine et l'énorme cône de déjection de piedmont du plateau de Lannemezan.

À l'ouest, du Gave d'Aspe à l'Atlantique, la zone primaire axiale est étroite et son altitude baisse progressivement vers l'ouest ; elle est en grande partie réduite à des faisceaux de plis fracturés affectant des formations sédimentaires schisto-gréseuses primaires peu métamorphisées ; les massifs cristallins sont limités à quelques pointements et petits massifs cristallins (Rhune, Labourd) ; l'ensemble est ennoyé vers le nord dans la couverture discordante de flysch cénomanien pratiquement continue. La « faille » nord-pyrénéenne et les faisceaux de plis sédimentaires cénomaniens et éocènes de la zone nord-pyrénéenne font de même ; le chevauchement frontal nord-pyrénéen est repoussé au nord jusqu'au confluent du Gave de Pau et de l'Adour. Tranchés subperpendiculairement par le rivage de la côte basque, les plis émergent des collines de l'arrière-pays en une série de caps rocheux calcaires et gréseux et de baies de schistes ou de flysch au fond desquelles des petites plaines alluviales sont bordées de plages sableuses. Les falaises littorales sont plus ou moins instables ; le recul peut atteindre 5 m/an au nord de Biarritz, moins d'un mètre au sud ; au sud de la ville, des constructions ont dû être détruites et d'importants travaux de consolidation ont été entrepris sur la falaise marno-calcaire haute d'une quarantaine de mètres qui domine la plage des Basques. Cette plage reculait continûment en glissant à la suite de fortes pluies et ne se stabilisait pas car les produits des glissements étaient déblayés par les tempêtes ; tous les aménagements du versant, drainage, reprofilage… et les ouvrages de défense en pied sont en partie détruits presque à chaque tempête et le site doit être constamment surveillé et entretenu. Bien que protégée par les ouvrages de fermeture partielle de la baie, la plage de Saint-Jean-de-Luz doit être fréquemment rechargée.

À l'est, de l'Ariège à la Méditerranée, la zone axiale se divise en trois massifs gneissiques subparallèles ≈ SW-NE (Albères, Canigou, Agly), dominant des dépressions tectoniques (Cerdagne, Capcir, Fenouillèdes), et de vallées profondes (Conflent, Vallespir), vers la mer. Au nord, les Corbières, massif ancien de la zone sous-pyrénéenne, d'orientation générale ≈ SW-NE, ont un noyau primaire plus ou moins métamorphique dont les bordures sédimentaires sont plissées et charriées ; secondaires au sud et à l'ouest, tertiaires au nord et à l'est, elles dessinent des arêtes longitudinales calcaires séparant des dépressions de marnes et parfois de gypse et sel.

Les éboulements rocheux pyrénéens sont moins fréquents et moins volumineux que dans les Alpes ; ils affectent surtout la zone axiale où l'on trouve des roches fragiles très tectonisées, comme autour du pic du Midi, dans les vallées d'Aspe, d'Ausso, du Valentin où un gros éboulement s'est produit en 1982 aux Eaux-Bonnes…

Les torrents des Pyrénées ont des crues dangereuses dans les vallées puis en aval ; elles résultent de coups de fœhn à la fonte des neiges, associés à de fortes précipitations.

Enserré entre les massifs terminaux de l'est des Pyrénées, le Roussillon est un bassin d'effondrement tertiaire devenu au Quaternaire un glacis de piedmont, vaste cône de déjection argilo-graveleux commun du Tech, de la Têt et de l'Agly, petits fleuves torrentiels aux lits graveleux démesurés en raison de leurs violentes crues, souvent catastrophiques. Le substratum molassique n'affleure que très localement dans les collines argilo-graveleuses adossées aux massifs ; fragmentées en terrasses étroites, elles dominent le glacis beaucoup plus graveleux qui domine lui-même une étroite plaine alluviale marécageuse au littoral de côte basse à plages de sable fin, cordons de dunes et lagunes. Le Tech et la Têt, les deux fleuves torrentiels roussillonnais, ont des crues ravageuses, généralement accentuées et étendues par les canaux d'irrigation, mais ils sont très surveillés : les crues de la Têt à Perpignan sont relevées depuis 1542. La plupart se produisent en octobre/novembre, mais il en arrive parfois en juin/juillet, alors que leurs lits démesurés sont quasi secs ; le débit de l'un ou de l'autre peut varier de moins de 5 à plus de 4 000 m^3/s. En octobre 1940, des pluies diluviennes sur les deux versants du Canigou ont déclenché les crues des nombreux torrents qui en descendent ; il y eut plus de 400 victimes et des dégâts considérables dans les deux vallées où les lits plus ou moins endigués du Tech et de la Têt reprirent leur tracé d'origine, en particulier aux confluents des affluents torrentiels, et en recoupant leurs méandres, ainsi que dans leurs plaines côtières. Dans les hauts du versant nord, la largeur du lit du Cady, affluent de la Têt, est alors passée de 10 à 60 m à Vernet-les-Bains, emportant quelques maisons riveraines, comme en 1710 ; il longe maintenant le village dans un coursier de largeur surprenante, avec des bajoyers et des seuils en maçonnerie, presque toujours quasiment sec. Sur le versant sud, le Tech a été barré sur 40 m de haut par un écroulement de près de 10 Mm^3 de schistes et micaschistes, au pied du versant du puy Cabrès, en amont du défilé cristallin de la Baillanouse. Ce mouvement toujours actif, l'un des plus grands de toutes les Pyrénées, pourrait encore barrer le torrent ; au confluent du Riuferrer, Arles-sur-Tech a vu disparaître un de ses quartiers et beaucoup de ses terres agricoles, comme la plupart des villages riverains… En contrepartie, la Têt a déposé un demi-mètre d'épaisseur de limon dans quelques zones de la plaine agricole de la Salanque, ce qui, bien entendu, n'a pas été sans mal pour les installations non agricoles. De Cerbère à Collioure, une courte partie sud de la côte est rocheuse, très découpée, en caps séparant des plages sableuses ; le reste – jusqu'au cap Leucate, extrémité calcaire des Corbières – est bas, à cordons sableux, étangs et marais, assez stable, engraissé par les apports des fleuves côtiers.

La majeure partie des Pyrénées et le Roussillon sont plus ou moins sismiques : II moyenne au centre et à l'est de la zone axiale, I_B faible sur le reste de la zone axiale et le sud de la zone nord pyrénéenne, I_A très faible au nord et à l'ouest de cette zone.

1.6.3.3 Les Alpes

Du Léman à la Méditerranée, la partie française des Alpes est un épais arc montagneux concave vers l'est. Tranversalement très dissymétrique, son abrupt versant domine la plaine du Pô, alors que son versant ouest descend graduellement vers la vallée du Rhône. D'est en ouest, on distingue trois zones longitudinales parallèles plus ou moins continues et larges : la zone alpine interne, la zone centrale hercynienne et la zone des chaînes subalpines nord, SW et SE (*Fig. 3.5.2.e*).

Du Léman au nord du Mercantour, la zone interne alpine, peu développée en France (Chablais, Vannoise, Briançonnais, Queyras, Embrunais, Ubaye), est constituée de nappes de charriage empilées dans lesquelles des formations sédimentaires carbonifères et secondaires (schistes, calcaires, flysch...) sont plissées, laminées, broyées, mêlées à des formations métamorphiques et des ophiolites. Elle est limitée à l'ouest par le front pennique, long chevauchement au tracé tortueux qui butte sur la zone centrale hercynienne (Mont-Blanc, Belledonne, Pelvoux au nord), la déborde pour se déverser sur la zone externe (Embrunais-Ubaye entre Pelvoux et Mercantour au centre) ou la coiffer de klippes (Sulens, Chablais au nord)

La zone centrale hercynienne, arête en épine dorsale de la chaîne, est un alignement de massifs en majeure partie cristallins, gneiss à noyaux granitiques structurés en lanières longitudinales lardées de mylonite et de filons métallifères (Mont-Blanc), broyés en écailles (Belledonne, Pelvoux, Mercantour), enserrant quelques « synclinaux » de formations secondaires schisteuses broyées constituant d'assez larges dépressions longitudinales (vallée de Chamonix...). Petits pointements de gneiss hercyniens et pélite permienne au milieu des chaînons subalpins, les dômes du sud de Gap (Remollon...) jalonnent la continuité structurale Pelvoux-Mercantour ; le dôme du Barrot, au nord du Var moyen, et la petite cuvette de Terrubi au nord-est de Brignoles, relient le Mercantour au massif des Maures.

Le sillon alpin est une longue et étroite dépression marneuse liasique en discordance stratigraphique transgressive sur les versants ouest des massifs centraux cristallins ; il les sépare des chaînes subalpines du nord avec lesquelles il est en continuité stratigraphique et structurale. Il est souligné par les vallées glaciaires en enfilade ≈ N-S du coude de l'Arve, de l'Arly, de l'Isère moyenne (Grésivaudan) et du Drac (Trièves-Beaumont) dont les plaines alluviales sont comblées d'épaisses graves fluvio-glaciaires aquifères très perméables, dominées à l'ouest par les falaises ébouleuses des Bornes, des Bauges, de la Chartreuse, du Vercors et du Dévoluy ; comme les massifs cristallins, il disparaît au sud du Pelvoux, remplacé par les grandes dépressions des Terres noires du Diois, de l'Embrunais et de Haute-Provence, entourées de chaînons calcaires.

La zone externe des chaînes subalpines, en majeure partie marno-calcaire, enveloppe l'ensemble de faisceaux de chaînons plissés parallèles se relayant en changeant progressivement de direction structurale longitudinale. Les chaînons subalpins du nord, de direction structurale ≈ NE-SW entre le Léman et le nord du Vercors (Bornes, Bauges, Chartreuse), ≈ N-S au niveau du Vercors et ≈ E-W dans le sud-ouest (Diois, Baronnies, Haute-Provence), sont des plis droits, des plis couchés et des plis-failles, localement chevauchants, relativement simples, de moins en moins serrés vers le sud, déterminant un relief généralement inverse (synclinaux perchés et combes anticlinales) d'épaisses dalles synclinales formant des plateaux calcaires subhorizontaux ondulés ou plus ou moins inclinés, karstiques. Dans la partie nord (Genevois, Bornes, Bauges,

Chartreuse, Vercors), leurs hautes falaises bordières ébouleuses (Granier, Bourne…) dominent des combes marneuses longitudinales (Grésivaudan, Trièves…) et des cluses tectoniques transversales (Arve, Annecy, Chambéry, Grenoble), décrochements et/ou charnières anticlinales marneuses qui décalent transversalement et séparent les plateaux. À l'extrême nord, le Chablais, séparé des Bornes par la cluse de l'Arve, continue apparemment les chaînons subalpins (lithologie, structure et morphologie analogues), mais c'est en fait une énorme klippe, empilement de nappes sédimentaires secondaires des Préalpes de la zone interne, posée sur eux. (Pour un peu plus compliquer la description des Alpes, les géologues appellent chaînes subalpines ce que les géomorphologues appellent Préalpes en y englobant le Chablais… que les géologues rattachent aux Préalpes helvétiques !). La direction structurale des chaînons sud est ≈ NW-SE au sud et au sud-est, de la Drôme au Var – rivières – (Dévoluy, Gapençais, Haute-Provence), ≈ N-S à l'est du Var (Alpes-Maritimes) ; les chaînons, plus ou moins entrecroisés avec des directions structurales plus ou moins variables localement par superposition des directions ≈ N-S et NW-SE alpines et ≈ E-W provençale, constituent un ensemble assez désordonné de plis serrés, faillés, couchés et/ou chevauchants, affectant des formations marno-calcaires, ce qui détermine des structures dysharmoniques (calcaires en dalles gondolées, fracturées, souvent subverticales, et marnes plissotées, froissées). Le relief est tout aussi désordonné, avec de multiples croupes calcaires coupées de cluses et gorges reliant des dépressions marneuses étroites, dominées par des falaises ébouleuses ; les cours d'eau torrentiels y ont des tracés très tortueux déterminés par la structure, enchaînement de petites plaines alluviales graveleuses à substratum marneux, séparées par des cluses calcaires.

Les bordures alpines ouest et sud sont jalonnées de fossés et bassins molassiques (Genevois, Bas-Dauphiné, Valensole, Marseille, Vence-Nice…).

Les glaciers alpins, en majeure partie de vallée, sont en recul général depuis la fin du Würm, mais ils ont eu de nombreuses périodes d'avancée comme lors du Petit âge glaciaire du XIIIe siècle à la fin du XIXe siècle, puis de retrait, ce qui a produit des dépôts morainiques et des terrasses fluviales étagés. À son extension maximum, le glacier du Rhône atteignait Lyon où aux environs, on observe des blocs erratiques, et la Bresse, où des amphithéâtres de moraines externes retiennent les étangs des Dombes. Le glacier de l'Isère atteignait la Côte-Saint-André (Briève-Valloire) et Saint-Nazaire-en-Royans ; celui de la Durance atteignait Sisteron. Les rivières du sud (Bléone, Verdon, Var, Tinée…) avaient aussi de petits glaciers d'amont puis des cours torrentiels à très forts débits. Cela explique que le relief alpin montagneux soit partout très accidenté, à modelé fluvioglaciaire, crêtes déchiquetées dominant d'étroites vallées en auge tortueuses et profondes, en cluses ou gorges à travers les verrous rocheux, élargies en combes parallèles dans les synclinaux, moraines terrasses et étagés, lacs… : des lacs de fonte en arrière de barrages morainiques (Grésivaudan, Trièves-Beaumont…) ont été comblés et sont maintenant des plaines alluviales très plates ; les lacs Léman, d'Annecy et du Bourget, à la fois tectoniques, de surcreusement glaciaire et de barrage morainiques sont loin d'être comblés, mais les petits deltas des torrents qui y affluent montrent que cela n'est que partie remise. Les parties moyennes et inférieures des plaines alluviales sont comblées d'épaisses couches de graves sableuses aquifères très perméables déposées à la fin du Würm, sur-montées d'une couche plus récente de limon localement marécageux, voire tourbeux.

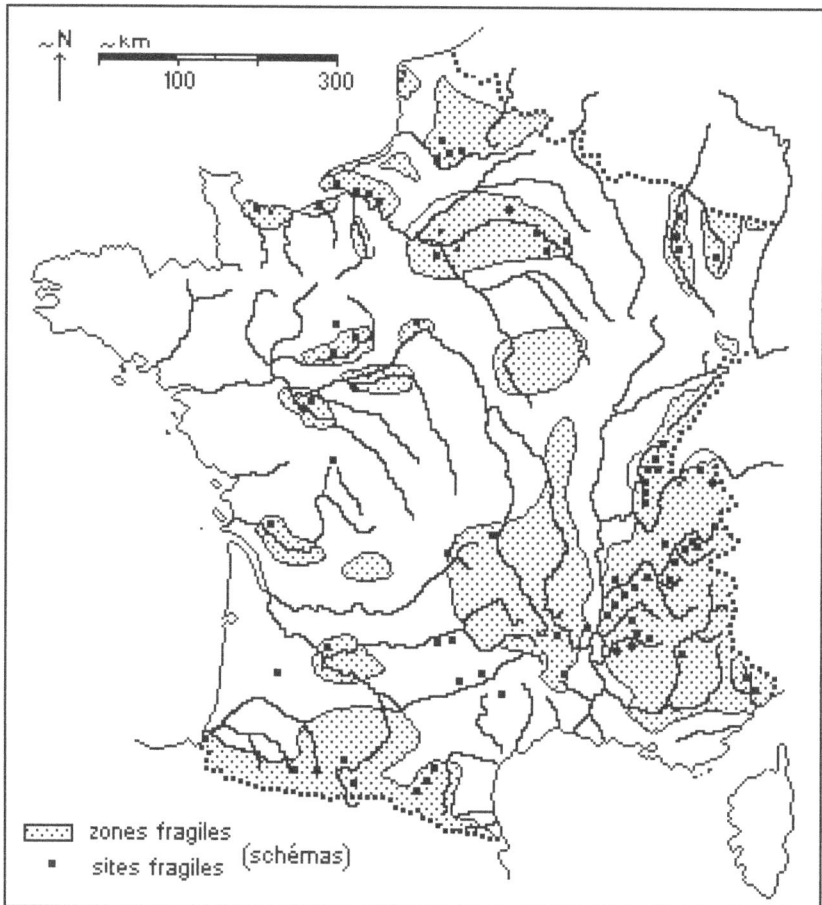

Figure 1.6.b – Les mouvements de terrain en France

Un peu partout dans les Alpes, des mouvements de terrain de toutes sortes et de toutes dimensions se produisent presque incessamment : les versants élevés et abrupts de toutes les vallées alpines, décoffrés à la fonte des glaciers, sont par-tout plus ou moins instables, affectés de nombreux et fréquents glissements qui sont souvent à l'origine des écroulements des falaises qui les coiffent. Les crues souvent dévastatrices des torrents impétueux alimentés par les glaciers, les fon-tes de neige et les gros orages produisent des laves torrentielles et des coulées de boue. Les voies de communication qui comportent de très nombreux et hauts déblais et remblais et franchissent de nombreux torrents sont partout fragiles ; très fréquemment coupées, elles doivent être constamment entretenues. De nombreux accidents, parfois graves voire catastrophiques, ont affecté certaines zones habitées ; on sait qu'il pourrait s'y en produire d'autres analogues ;

impossibles à prévoir, difficiles à prévenir, ils imposent des dispositifs de surveillance permanents et des moyens d'intervention rapides.

Toute une région peut être touchée en même temps, généralement à la suite de précipitations exceptionnellement abondantes : tant en été comme en 1957 qu'en hiver comme en 1993-94, en fait assez fréquemment, de nombreuses communes riveraines de la haute Isère et de l'Arc ont été plus ou moins sinistrées. Dans la Maurienne, étroite et tortueuse vallée aux versants raides, la voie ferrée et la RN 6 sont souvent coupées par de nombreuses coulées latérales et par l'érosion directe du lit de l'Arc qui détruit des portions de digues. Le village de Pontamafrey, la RN 6 et la voie ferrée ont été de nombreuses fois ravagés par des laves torrentielles qui dévalent sur près d'une dizaine de kilomètres, d'un ravin latéral, creusé en amont dans une épaisse moraine argileuse ; pour les protéger, le lit du torrent est entièrement bétonné et ses ouvrages de franchissement sont mobiles.

Les barres de calcaire qui reposent sur des formations marno-calcaires sont généralement très ébouleuses. Le versant est du massif de la Grande-Chartreuse est, à peu près partout, instable, particulièrement vers la dent de Crolles et le bec du Margain où l'on peut observer des effondrements sur le plateau karstique des Petites roches, des chutes de blocs, de chandelles et de pans sur les falaises calcaires, des glissements, des coulées de boue, du ravinement sur les marnes et éboulis du talus de pied, localement urbanisé. À l'extrémité nord de la barre de calcaire urgonien de ce massif, la partie nord du mont Granier (environ 800 × 700 × 600 m) s'est écroulée en novembre 1248 ; ce désastre est le plus grand et le plus meurtrier mouvement de terrain connu en France : peut-être 5 000 victimes, de l'ordre de 500 Mm^3 d'éboulis et de chaos de blocs, sur plus de 6 km de flèche et 3 km de large, au pied desquels le vignoble de l'Aspremont est maintenant installé. L'impressionnante paroi actuelle demeure instable ; des blocs s'écroulent et roulent parfois jusqu'à plus d'un kilomètre de son pied, dans une zone déserte ; le dernier grand écroulement s'est produit en 1953. Presque en face, à l'extrémité SE des Bauges, le rocher du Guet menacerait plus ou moins Arbin/Montmélian ; sur l'autre versant des Bauges vers Allèves, à la sortie de la cluse du Chéran, la barre calcaire du Semnoz produit des chutes de blocs et des écroulements ; les tours Saint-Jacques, étonnante masse rocheuse ruiniforme elle-même ébouleuse, qui s'en sont détachées peut-être à la fin du Würm, émergent d'un éboulis ou d'un glacier rocheux de blocs énormes, sans doute contemporain. Les Rochers-du-Fiz, qui dominent le versant nord de la vallée de l'Arve, étaient connus pour leur instabilité ; dès le XVIIIe siècle, H. B. de Saussure en a fait état dans ses *Voyages dans les Alpes* ; de nombreux écroulements s'étaient produits au nord de Servoz et du plateau d'Assy ; le 17 avril 1970, un écroulement, suivi d'une coulée de débris dans un couloir d'avalanches, s'est produit à la limite nord du plateau, à Praz-Coutant, emportant la moitié du sanatorium du Roc-des-Fiz, faisant 72 victimes ; la partie restante du bâtiment, toujours occupée, est maintenant protégée par un grand merlon. Entre Servoz et Passy, une longue section très instable de la RD 13 traverse le pied d'un gros éboulement drainé par un torrent à très forte pente qui déplace et charrie des blocs volumineux ; malgré de gros ouvrages de protection et de défense, il emporte souvent le pont qui le franchit. L'étymologie de « Dévoluy » serait soit *mons devolutus*, « la montagne qui dégringole », soit *dévoul*, « fragile » en vieux français, ce qui caractérise bien ce massif entaillé de hautes falaises très instables de calcaire dolomitique très diaclasé qui alimentent d'énormes éboulis de pied et les cônes de déjection de courts et dangereux torrents. Dans les zones de falaises fragiles, proches d'installations permanentes, on essaie évidemment de prévenir les accidents, généralement en purgeant les rochers instables, plus rarement, en les confortant. Cela peut être efficace pour des petits volumes ; pour les grands, on ne sait pas trop que faire, sinon surveiller : pour améliorer l'accès à Villard-de-Lans durant les Jeux olympiques de Grenoble en 1968, l'élargissement d'un tunnel dans les gorges de la Bourne a ébranlé une écaille qu'il a fallu dynamiter, mais la corniche demeure instable ; en janvier 2002, un bloc de 200 t est tombé sur une voiture et a tué ses deux occupants ; à peu près au même endroit, le même accident s'est produit en novembre 2007. Au pied de la falaise d'Èze, sur la corniche inférieure de la Côte d'Azur, la route et la voie ferrée sont les cibles de fréquentes chutes de blocs ; pour les protéger, on a bloqué une écaille instable de 300 m^3 environ au moyen de contreforts et des murs en béton, prolongé le tunnel de la voie ferrée dont l'entrée est protégée par un réseau de capteurs d'alerte et construit un tunnel routier. La partie amont du village de La-Roche-sur-le-Buis, dans le sud de la Drome, est en ruine ; les gens du pays ne s'avisaient pas de reconstruire, car elle est sous la menace permanente de chutes de blocs et chandelles ; le site est magnifique et a tenté de nombreux amateurs de résidences secondaires, mais pas d'émotions fortes. Dans un premier temps, pour contrôler les écailles apparemment les plus dangereuses on avait installé un dispositif automatique d'alerte permanent qui a été emporté par un écroulement, évidemment sans prévenir ; à la suite de cela, on a réalisé un piège à blocs et un merlon en pied de falaise, puis un emballage de filets métalliques et de câbles, mais l'endroit est toujours aussi dangereux. Aux abords du vieux village, on a néanmoins construit des villas au milieu de blocs éboulés sur lesquels certaines sont même adossées. La plupart des routes des Alpes-Maritimes sont menacées de mouvements de terrain et certaines commandent l'accès aux hautes vallées ; c'est le cas de celle de la Roya où l'on a réalisé plusieurs tunnels et viaducs pour assurer en permanence le franchissement des gorges de Saorge ; au-delà, le tunnel routier frontalier du col de Tende (*voir 3.5.2.1.6*) est un ouvrage dont la stabilité, depuis longtemps préoccupante, impose des dispositifs de confortement de la voûte qui en limitent l'ouverture et donc, la circulation…

Dans les Terres noires du Diois, du Trièves, du Beaumont, du Gapensais et de l'Embrunais/Ubaye, les versants coiffés de moraines très aquifères, dont les écoulements permanents saturent ces marnes argileuses très sensibles à l'eau, sont affectés de glissements quasi généralisés : vers Embrun, les versants de la vallée de la Durance sont particulièrement instables (mont Guillaume, commune de Saint-Sauveur à plus de 50 % *non aedificandi*, route d'accès à la station des Orres…). Dans le Beaumont et le Trièves les versants de la vallée du Drac sont extrêmement mouvants : entre Gap et La Mure, la RN 85 est quasi intenable et l'on hésite toujours à la doubler d'une autoroute. Le 8 janvier 1994 à La-Salle-en-Beaumont, en dehors de la zone couverte par le Per (PPR) récemment arrêté et donc imprévu, un glissement plan de terres noires couvertes d'alluvions fluvio-glaciaires sur une dalle calcaire d'environ 1 Mm^3 et 100 m de dénivelée a été provoqué par de violents ruissellements dus à de fortes pluies et un redoux accélérant la fonte des neiges. En tête de glissement, le canal de Beaumont déborda et en pied, le ruisseau de La-Salle fut obstrué, ce qui aggrava l'événement. Dans la fenêtre tectonique de l'Ubaye, à l'est de son infernal voisin le riou Bourdous, le petit torrent de la Valette, avec un bassin versant d'environ 200 ha, un étroit débouché dans la vallée et un cône à peine marqué, semblait plus calme ; on a donc aménagé son cône qui paraissait sûr, en un nouveau quartier de Barcelonnette (logements et bâtiments publics) ; mais comme partout ailleurs sur cette partie du versant nord de la vallée, sous le contact de la nappe du flysch, le bassin de réception du torrent est affecté par un vaste glissement de terres noires et de moraine, bien connu depuis fort longtemps – un hameau s'appelle Malpasset –, mais apparemment oublié (niche d'arrachement 500 × 500 m dans le flysch, langue de glissement 1 000 × 400 m dans les terres noires et la moraine, dénivelée 700 m, surface ≈ 1/3 du bassin versant, source abondante en amont). Vers 1982, il s'est réactivé ; on y a observé une zone instable d'environ 25 ha (ce qui est pour le moins arbitraire dans ce cirque où tout est instable), avec route coupée et constructions détruites… En 1987, la surface de la zone serait passée à 65 ha, et cela représenterait 3 à 6 Mm^3 de matériaux (marne foisonnée, blocs de flysch, troncs d'arbres…) près à se transformer en une gigantesque lave torrentielle, à la suite d'une fonte des neiges rapide ou de violents orages. On a drainé le site, ce qui a ralenti le mouvement, établi un merlon transversal dans le canal du torrent au débouché dans la vallée et on surveille le site. Le merlon qui pourrait arrêter environ 200 000 m^3 de matériaux, aurait sans doute un effet retardateur qui laisserait peut-être le temps de partir aux habitants, si le mouvement redouté se déclenchait, mais il n'arrêterait sûrement pas la coulée maximum.

À l'est de Digne, la falaise calcaire de Coupe domine le glacis d'érosion quasi désert des Dourbes, au substratum marneux encombré d'éboulis plus ou moins remaniés par le ruissellement, affecté de nombreux et vastes glissements et coulées. L'un d'entre eux, sans doute l'un des plus grands actuellement actifs en France, affecte le bassin de réception du torrent qui draine le site, entaillé dans des éboulis argileux couvrant des marnes très altérées. Il s'est réactivé en amont vers mai 2002 ; en décembre 2002-janvier 2003, il s'étendit vers l'aval à près de 5 m/j et devient une langue d'environ 20 Mm^3, 2 km de long sur 500 m de large, qui longea le hameau de Villard-des-Dourbes construit sur un pointement rocheux stable. En quelques jours, il emporta une portion de sa route d'accès et détruisit en la déplaçant d'une trentaine de mètres une villa isolée imprudemment construite en bordure du torrent ; ce dernier roule toujours des eaux très boueuses, ce qui montre que le glissement n'est pas encore stabilisé mais, la route ayant été déviée, il ne menace plus rien, sauf à imaginer qu'il puisse se transformer en une énorme coulée de boue qui dévalerait jusqu'au quartier des Eaux-Chaudes à Digne – risque très peu probable mais qui mérite d'être surveillé.

À Roquebillière, dans l'arrière-pays niçois, l'état de la colline du Belvédère, en partie marno-gypseuse, au pied de laquelle est construit le village, paraissait préoccupant au début de l'automne 1926 ; une première alerte avait fort prudemment conduit à l'évacuation de la zone menacée ; mais l'événement annoncé tardant à se produire, les gens étaient rentrés chez eux. Le 23 novembre, un glissement sommital suivi d'une énorme coulée (600 × 200 m) a rasé une vingtaine de maisons et fait une vingtaine de victimes. Le vieux village a été entièrement évacué et un village nouveau a été construit sur la rive opposée de la Vésubie, mais les gens sont petit à petit revenus dans les vieux bâtiments que l'on n'avait pas démolis. Le site n'est toujours pas très stable et, avec juste raison, l'administration voudrait faire évacuer une partie du vieux village, mais les occupants ne veulent pas partir et ont fait réaliser une étude qui contredit les conclusions officielles…

En pied de versant, même peu élevé, un glissement de couverture, même peu épaisse, peut entraîner un grave accident, si un immeuble fragile y est construit sans précaution. À Vallouise, au pied du Pelvoux, le rez-de-chaussée d'un immeuble de quatre étages à planchers-dalles sans contreventement a ainsi été fauché par le bourrelet de pied du glissement et les dalles se sont empilées ; il y eut peu de victimes, car l'accident s'est produit hors saison de ski, de sorte que l'immeuble était pratiquement inoccupé. Par contre, fin avril 1952, à la suite de crues dévastatrices des trois torrents qui traversent Menton, l'éboulement d'un pan de versant instable du val du Careï a fait 11 victimes sans prévenir, dans de vieux immeubles fragiles et mal fondés, adossés à son pied.

Les écroulements, les glissements, les coulées de boue ou les laves torrentielles peuvent barrer les vallées et créer des lacs en amont ; ces lacs sont généralement temporaires, car les barrages sont constitués de matériaux meubles saturés, non compactés, et leurs exutoires les érodent. Leur durée de vie est très variable, de quelques jours à plusieurs dizaines ou même centaines d'années ; ils peuvent finir par rompre en provoquant des crues plus ou moins destructrices à l'aval. De telles catastrophes se sont souvent produites, sur l'Isère en aval de Bourg-Saint-Maurice, sur la Romanche, en aval du Bourg-d'Oisans… Si le barrage ne rompt pas, le lac en amont se comble peu à peu : en 1442, la Drôme a été barrée en amont du Luc-en-Diois par l'écroulement du Claps ; le Grand lac qui en était résulté s'est comblé et n'est maintenant plus qu'une surprenante et pittoresque plaine alluviale ; la plaine de Bessans en haute Maurienne, encore plus surprenante et pittoresque dans son décor de haute montagne, a la même origine, sans doute post-würmienne. Au XIIᵉ siècle, dans une zone de fracture de Belledonne, un empilement de coulées de boue issues de chaque versant a fini par barrer la Romanche au verrou du pont de la Vena ; avant de rompre, le barrage avait retenu un lac dont l'alluvionnement a construit la plaine d'Oisans. Dans ces trois cas, la route tortueuse qui franchit l'abrupt chaos constituant l'ancien barrage, permet d'en apprécier les dimensions et la structure. Au cœur du Chablais en avril 1943, une coulée dévastatrice issue d'un grand glissement du versant nord du vallon de la Chèvrerie, a emporté plusieurs granges et fermes, a coupé la route et barré le Brévon ; le pittoresque lac de Vallon s'est ainsi constitué en amont de ce barrage qui ne semble pas devoir rompre ; il est en train de se combler et devrait finir comme les précédents. Des accidents semblables pourraient se préparer : sur le versant micaschisteux nord de la Romanche aux Ruines de Séchilienne, un grand écroulement pourrait se produire à l'emplacement d'une coulée quasi permanente de boue, de débris et de blocs ; il barrerait la vallée, la retenue du torrent submergerait une partie du village et la rupture du barrage provoquerait une inondation particulièrement catastrophique à l'aval jusqu'au-delà de Grenoble. Au pied de la coulée, on a construit un merlon, déplacé la route, établi le chenal de dérivation du torrent et exproprié les habitants des zones considérées comme dangereuses. Sur plus de 100 ha et 650 m de dénivelée, le versant est de la Tinée, en aval de Saint-Étienne, est affecté par un mouvement de peut-être 50 Mm^3 de gneiss très altéré, qui bombarde de blocs le pied de versant et menace de barrer la vallée ; comme il est impossible de le stabiliser, la RD 2205 qui en longeait le pied a été détournée sur le versant opposé ; une galerie de dérivation du torrent, longue de plus de 2 km, y a été creusée pour éventuellement éviter la formation d'un lac qui noierait le village et dont la rupture provoquerait ensuite une inondation catastrophique à l'aval. Ces deux sites sont équipés de moyens automatiques de surveillance.

Mal étudiés, désinvoltes et/ou intempestifs, les travaux de recalibrage ou de déviation de routes anciennes sont souvent incontrôlables : sur la RN 85 à l'est de Castellane, dans un site marneux très fragile, un énorme glissement avait obligé de dévier cet itinéraire très fréquenté sur d'étroites et sinueuses petites routes de montagne durant plusieurs mois. À Meyronnes au pied du col de Larches, la RD 900 traverse un glissement permanent qu'il n'est pas possible de stabiliser ; on en a été réduit à établir un dispositif permanent d'arrêt de la circulation en cas d'alerte. Les travaux neufs ne sont pas à l'abri d'accidents : le versant gauche de la vallée de l'Arc au-dessus de Modane est constitué d'éboulis schisteux épais d'une cinquantaine de mètres, qui glissent lentement à environ 1,5 cm/an mais avec des variations plus ou moins importantes selon l'endroit et les conditions climatiques à l'époque considérée ; l'instabilité connue mais sous-estimée de ce versant n'a pas empêché que l'on y accrochât la voie d'accès au tunnel routier du Fréjus ; on a pu le faire au moyen de coûteux ouvrages d'art et travaux d'aménagement, de réparation et d'entretien qui en font l'une des sections autoroutières de rase campagne les plus chères de France. Le principal ouvrage d'art du tracé, le viaduc de Charmaix long de 345 m, enjambe le vallon le plus instable du versant : de 1977 à 2001, ses piles se seraient déplacées de 6 à 35 cm selon leur position si l'on ne procédait pas des recalages périodiques de leurs pieds et des culées ; le dispositif actuel donne à l'ouvrage une durée de vie fonctionnelle d'une quarantaine d'années. D'autres ouvrages subissent des déplacements analogues et doivent aussi être recalés.

Les torrents de montagne, extrêmement dangereux partout et presque tout le temps, ont des maigres excessifs et des crues brutales ; ils emportent alors des routes, des ponts, des réseaux et quand ils sont redevenus calmes, ils révèlent des modelés nouveaux : ils ont un peu partout des noms significatifs : Merdarel, Bramafan, Rabioux, Bourdous, Infernet, Grave… En aval de Barcelonnette, sur le versant nord de la vallée de l'Ubaye, le riou Bourdous est un torrent alpin typique ; très dévastateur, il a été remarquablement aménagé, mais les ouvrages de protection doivent toujours être surveillés et éventuellement réparés.

Le Guil, affluent de la Durance, a ravagé son étroite basse vallée en juin 1957, emportant une quinzaine de kilomètres de la RD 902 et quelques hameaux, à cause d'embâcles de ponts rapidement détruits, et d'énormes coulées de boue sur les cônes de déjection latéraux.

Le Borne, torrent alpin tributaire de l'Arve, est connu pour ses violentes crues d'été. Dans la nuit du 8 au 9 juillet 1879, l'une d'elle avait été catastrophique : routes coupées, ponts emportés, maisons écroulées ; une autre, presque aussi violente, s'était produite en juillet 1936… Ainsi, très limitée dans l'espace (le bas d'un village de montagne) et le temps (moins de quatre heures), la crue du 14 juillet 1987 au Grand-Bornand n'aurait pas été catastrophique – 23 victimes – s'il n'y avait pas eu de camping au bord du torrent ; seulement quelques champs inondés et/ou érodés, quelques portions de routes, un ou deux ponts emportés… la routine !

Le 5 novembre 1994, les hautes vallées du Var, du Verdon et de l'Asse ont subi une violente crue, à peine plus que centennale ; à Colmars-les-Alpes, le débit du Verdon a atteint 250 m^3/s. Des crues analogues s'étaient produites en 1634, 1787 et deux fois en 1868 ; elles avaient été oubliées et les descriptions de leurs effets analogues ont été retrouvées après coup dans les archives. Des campings heureusement inoccupés, des bâtiments, des parties de routes et de voies ferrées ont été emportés sur une cinquantaine de kilomètres du cours de chaque rivière. La plupart des ouvrages détruits avaient été construits par remblayage en bordure des lits de divagation : le risque qu'ils couraient était donc évident. À l'emplacement de certains d'entre eux, on a même retrouvé d'anciens ouvrages de protection qui avaient été couverts pour élargir une voie, implanter un bâtiment… et des enrochements de défense de routes sur digue avaient été enlevés, car ils gênaient la circulation. En amont de Castellane, le barrage de Castillon, dont la retenue était à son plus haut niveau, a dû laisser passer toute la crue qui a continué ses ravages jusqu'à l'entrée des gorges, une vingtaine de kilomètres plus bas. Dans la basse vallée du Var, où le fleuve est endigué et son lit mineur entrecoupé de seuils, son débit aurait atteint 3 000 m^3/s. On avait oublié les crues des automnes de 1979 et 1981 ; les dégâts ont été importants, notamment à Nice où le nouveau quartier de l'Arénas, établi dans le lit majeur du torrent, a été inondé ; les sous-sols et rez-de-chaussée de la préfecture, de l'hôtel du département et autres services départementaux, du marché d'intérêt national, le nœud autoroutier, l'aéroport… ont été plus ou moins noyés et couverts de boue, en partie parce que le fleuve avait ébréché, renversé ou contourné ses digues, alors que d'autres demeurées stables empêchaient qu'il rejoignît son lit. Ses transmissions coupées, la préfecture ne put plus communiquer avec les services extérieurs, comme cela s'était déjà passé à Nîmes en 1988. Certains quartiers du NE de Nice sont aussi menacés par le Paillon dont la couverture en centre-ville n'est pas des plus rassurantes ; en amont de la ville, on a établi un dispositif de surveillance comportant plusieurs stations de mesures hydrométriques et météorologiques et on réaménage le lit du fleuve et de ses affluents ; une crue d'un millier de mètres-cubes par seconde serait catastrophique. Le régime d'un torrent de montagne peut être largement perturbé par l'aménagement imprudent de son bassin versant : la Ravoire, petit affluent rive gauche de l'Isère, descend vers Bourg-Saint-Maurice ; l'aménagement de la station des Arcs dans son bassin versant et l'ouverture de la route d'accès qui collectait toutes les eaux du bassin et une partie de celles de son voisin ont considérablement accru sa surface de drainage, en partie imperméabilisée. Le 31 mars 1981, une lave torrentielle large d'environ 300 m et épaisse d'environ 5 m a couvert son cône de déjection, coupé la voie ferrée et la RD 220, emporté un pont, et endommagé des constructions ; une partie de ses eaux est maintenant détournée dans la conduite forcée de l'aménagement hydroélectrique de Malgovert, son lit a été amélioré et la voie ferrée est protégée par une tranchée couverte.

En haute montagne, la rupture d'une poche d'eau de glacier peut entraîner une crue destructrice à l'aval : le 12 juillet 1892, une vague de 200 000 m^3 issue d'une poche du glacier de la Tête-Rousse a déferlé sur Saint-Gervais, faisant de gros dégâts et 175 victimes. La rupture éventuelle, au cours de l'été 2004, d'une rive de glace du petit lac du glacier de Roche-Melon dans le massif du Mont-Cenis menaçait Bessans et la Maurienne ; elle ne s'est heureusement pas produite, peut-être en raison d'une vidange partielle par pompage ; comme le lac sera réalimenté à chaque été, il faudra sans doute le vider entièrement en faisant fondre le barrage assez lentement pour éviter une grande crue, mais la situation frontalière de ce lac complique les possibilités d'intervention.

La sismicité des Alpes du nord et du centre est faible (I_B) ; celle de la moyenne vallée de la Durance et des Alpes-Maritimes est moyenne (II). Même faibles, les séismes, fréquents à l'est du département, provoquent parfois des mouvements de terrain.

1.6.3.4 Le bas Languedoc et la Provence

Au sud du Massif central et des Alpes, le bas Languedoc et la Provence sont structurellement rattachés aux Pyrénées ; les plis en chaînons anticlinaux calcaires séparés ou continus y ont une orientation générale ≈ W-E, mais la lithologie est plutôt analogue à celle des Alpes du Sud-Ouest (gypse, calcaire, marne et molasse pour l'essentiel).

Le bas Languedoc est un étroit amphithéâtre en gradins, appuyé contre le Massif central et ouvert vers la mer, où, sur la molasse tertiaire, dominent d'épaisses couvertures alluviales en grande partie argilo-graveleuses vers l'intérieur et sablo-graveleuses sur le littoral. Contre la Montagne noire, les Causses et les Cévennes, les Garrigues sont des alignements de petits massifs isolés anticlinaux ≈ ENE-WSW de calcaires secondaires (la Clape, la Gardiole…) et des plateaux calcaires étroits, séparés par des petites plaines et dépressions synclinales argilo-graveleuses. Au cap d'Agde et vers le nord sur la rive droite de l'Hérault se trouvent quelques petits cônes volcaniques strombolicns et des coulées basaltiques alignés ≈ N-S ; les Garrigues dominent une vaste basse terrasse argilo-graveleuse légèrement ondulée, la Costière, dont la bordure en flexure et faille normale domine elle-même la plaine alluviale littorale à côte basse de plages de sable fin, dunes et lagunes que prolonge la Camargue. Le mont Saint-Louis volcanique à Agde et le mont Saint-Clair calcaire à Sète sont d'anciennes îles reliées au continent par la sédimentation marine récente ; ils conservent de courts rivages rocheux. Du cap Leucate au delta du Rhône, la côte sableuse est dans l'ensemble assez stable ; elle aurait actuellement plutôt tendance à engraisser, grâce aux apports des fleuves du Roussillon, du Languedoc et du Rhône, véhiculés par les dérives côtières d'est ou d'ouest, selon les vents ; la plupart des plages touristiques doivent néanmoins être protégées par des épis. Jusqu'au Moyen Âge, l'embouchure de l'Aude, en fait un delta aménagé, hésitait entre le nord et le sud de la montagne de la Clape, île calcaire reliée à la terre par l'alluvionnement ; le fleuve traversait alors Narbonne, à l'emplacement du canal de la Roubine, un de ses anciens lits. Lors de la tempête de 1982, là où il en restait, le cordon littoral du Languedoc a été détruit en de nombreux endroits et s'est reconstitué plus à l'intérieur des terres... L'Aude, l'Orb, l'Hérault, le Vidourle... sont des petits fleuves torrentiels aux crues soudaines, rapides et souvent catastrophiques provoquées par les orages méditerranéens : au nord de Narbonne et de la Clape, la plaine alluviale au sous-sol vaseux très compressible est entièrement inondable ; les routes et la plupart des villages sont fréquemment affectés. À la suite de la crue de novembre 1999, on a creusé un canal de décharge plus grand que le lit mineur naturel pour protéger Coursan et des constructions particulièrement exposées ont été détruites. En septembre 2002, le Vidourle a eu une crue qui a atteint 8 m à Sommières et il a recommencé en décembre ; la ville est connue pour sa vulnérabilité : la crue de 1958 avait été particulièrement destructrice. Ensuite, d'autres paraissaient avoir été plus ou moins contenues par quelques travaux de protection, en fait d'aménagement de zones inondables ; on y a donc construit des lotissements, un supermarché, et même une caserne de pompiers et une gendarmerie qui ont évidemment été inondées. En 1557, Henri IV avait accordé une foire franche à Sommières, après une crue dévastatrice de *la* Vidourle ! Le 3 octobre 1988 à Nîmes, un seul orage rapide et violent – ≈ 400 mm en quelques heures – sur le plateau dominant la ville, a provoqué une crue éclair à peine plus que centennale, souvent constatée mais aux effets oubliés ; elle a transformé l'agglomération en lac et ses rues en torrents parce que l'on avait sous-calibré ou même négligé l'aménagement hydraulique des petits vallons sinueux descendant du plateau vers la ville, drainés par les cadereaux, ravines à fortes pentes dont les thalwegs, le plus souvent secs, étaient presque tous plus ou moins obstrués par la voirie moderne. Leurs ouvrages de franchissement anciens sont plutôt largement calibrés, ce qui montre que le risque de très forts débits était connu, alors que les tirants d'air des plus récents étaient presque tous ridiculement faibles : à des vieux ponceaux à double arche succédaient des petites buses modernes rapidement saturées puis plus ou moins obstruées par les débris charriés par le courant.

À l'échelle régionale, la Provence géologique est presque aussi variée que l'ensemble métropolitain (*Fig. 3.4.3.c*). On y observe toutes les séries lithologiques cristallines et sédimentaires, tous les types structuraux et morphologiques : la presqu'île de Sicié, les Maures et le Tanneron, composent un massif ancien hercynien en grande partie cristallin, séparé des chaînons provençaux par des dépressions ou des môles de grès et pélites rouges qui leurs sont structuralement attachés ; les chaînons provençaux analogues à ceux de la chaîne subalpine SW, de direction générale ≈ W-E pyrénéenne sont en grande partie marno-calcaires jurassiques et crétacés, avec des structures en faisceaux imbriqués de plis plus ou moins couchés, plis-failles, chevauchements, charriages, failles, décrochements... déterminant un relief montagneux tourmenté de monts, crêts et plateaux calcaires, de vaux et combes marneux. Un peu partout en bordure des dépressions et des môles permiens ou au milieu des chaînons calcaires, des zones triasiques plus ou moins vastes de croupes et buttes anticlinales calcaires en faisceaux subparallèles entourent d'étroites dépressions synclinales de gypses où les fontis sont fréquents ; les bassins de l'Arc, du Beausset, de

Manosque et d'autres plus petits, Jouques, Rians, Taverses, Salernes... constituent des dépressions qui s'insèrent entre les chaînons ; il y a des volcans éteints
d'âges divers près de Rognes, de Rougiers, d'Ollioules, dans l'Esterel ; les plans
d'Albion, de Canjuers... sont des plateaux karstiques ; la plaine de Crau est un
glacis graveleux, vaste cône de déjection ancien de la Durance qui se jetait
directement dans la mer avant d'être captée par le Rhône.

La Durance, le Var, tous les petits fleuves côtiers et tous leurs affluents ont des
régimes torrentiels et des cours à travers des cluses et gorges calcaires séparant
des plaines alluviales graveleuses à surface limoneuse, dont le substratum est
généralement marneux ou molassique, fréquemment inondées, parfois de façon
catastrophique. Dans la grande plaine alluviale de son cours inférieur provençal,
la Durance est souvent dangereuse ; elle est en principe assagie par sa canalisation entre le barrage de Serre-Ponçon (*voir 3.5.3.6.3*) et le confluent ; une partie
de ses eaux est même détournée vers l'étang de Berre ; depuis que son aménagement hydroélectrique et agricole est terminé, quelques fortes crues ont montré
à ceux qui s'étaient trop approchés de son lit mineur pourtant démesuré, qu'elle
était néanmoins toujours aussi redoutable : son débit de grandes crues ne peut
évidemment pas être absorbé par le canal latéral. Le moindre cours d'eau méditerranéen, généralement sec en été, le plus souvent intermittent en fonction des
précipitations, devient un dangereux torrent à l'occasion d'une grosse crue
rapide (digues rompues, routes coupées, ponts emportés, constructions noyées
ou ruinées...) : une des artères principales d'Antibes suit le tracé d'un ruisseau,
entre des coteaux naguère consacrés à l'agriculture, maintenant urbanisés, et la
mer, en traversant plusieurs quartiers ; il est aménagé au coup par coup, à
mesure que l'urbanisation s'étend, généralement à la suite d'une crue dommageable. Il en va à peu près de même à Marseille où de nombreux quartiers sont
traversés par des torrents et ruisseaux, pour la plupart tout ou partie couverts,
canalisés et/ou détournés. Les inondations urbaines sont fréquentes à des
endroits où l'on n'en attendrait pas ; pour en atténuer les effets, on a construit de
nombreux bassins de rétention, on a recalibré au débit estimé cinquantennal les
sections les plus dangereuses des trois cours d'eau principaux qui traversent la
ville (Huveaune, Jarret et Aygalades) ; on a modifié le plan local d'urbanisme de
façon à prendre en compte les risques de probabilité centennale dans les zones
exposées déclarées *non aedificandi* ou soumises à des prescriptions particulières
(marges de recul, niveau de rez, stockage provisoire des eaux de pluies...) ; on a
établi un réseau d'alerte météorologique et hydrologique couvrant le territoire
communal et fonctionnant en temps réel. Cela n'empêche évidemment pas les
inondations, mais cela les rend moins fréquentes et en atténue les effets.

Suivant les particularités géologiques de l'arrière-pays, la côte provençale, dans
l'ensemble très découpée en caps et baies alternant, est basse à plages de sable
ou de galets, rocheuse à écueils et îlots, à falaises ébouleuses ou stables à calanques... Le tombolo de Giens, les îles rocheuses de Marseille, d'Hyères et de
Cannes ont des côtes à peu près stables. Il se produit fréquemment des écroulements à Cassis où la pointe des Lombards, agréable promenade touristique, a dû
être interdite, et au cap Canaille, dans des marnes surmontées de cuestas de grès
et poudingue, au cap Sicié et vers le large à Porquerolles, dans des schistes et
grès, sur les rives nord de la rade de Toulon et du golfe de Giens, dans des

calcaires et marnes. Les embouchures du Gapeau, de l'Argens, de la Siagne… sont des plaines alluviales avec des côtes basses à cordons sableux, marais et étangs ; la côte de l'embouchure du Var est un cordon de galets qui a disparu sous les aménagements du rivage de la baie des Anges entre Nice et Antibes, mais il se manifeste parfois lors de violentes tempêtes de largade : la promenade des Anglais à Nice est alors couverte de galets ; il en va de même de la route littorale entre les deux villes ; la voie ferrée prudemment implantée plus à l'intérieur est rarement affectée ; les aménagements récents entre elle et le rivage ne sont pas à l'abri de ces bombardements de galets. Le glissement d'un pan du versant est du départ du canyon sous-marin du Var creusé dans ses alluvions peu consolidés a provoqué un tsunami très dommageable en 1979, sans doute en raison des travaux de remblayage marin en cours pour le prolongement de l'aéroport de Nice et la création d'un port de commerce, nécessitant quelques millions de mètres cubes de remblais de la plate-forme en construction, compactés d'une façon pour le moins brutale. Ces travaux et les projets ont été abandonnés à la suite de l'accident ; une onde dont la hauteur atteignait environ 2,5 m à Antibes, a balayé une partie de la côte ouest de la rade de Nice, entraînant des dégâts matériels et faisant six victimes ; au large, quelques heures après, le courant de turbidité déclenché par le glissement a dévalé le canyon creusé dans l'abrupte tombée de l'étroit plateau et coupé des dizaines de kilomètres de longueurs de câbles téléphoniques, sur les fonds moins pentus du delta vaseux à une centaine de kilomètres du rivage et à plus de 2 000 m de profondeur. Les rades de Nice et de Cannes, en particulier vers le cap d'Antibes, ainsi que la rade de Marseille et le golfe de Fos ont subi d'autres petits tsunamis qui n'ont fait que des dégâts matériels localisés. Certains seraient directement dus à des séismes comme celui de Vence en août 1818 et celui de Ligurie le 23 février 1887, 2 m à Antibes… D'autres seraient dus à de grands glissements qui affecteraient les versants et les thalwegs des canyons sous-marins en pentes très raides comme ceux de la Roya, du Var, de la Siagne… ; ils échancrent les fonds provençaux dépourvus de plate-forme continentale, et sont tapissés de matériaux meubles très instables ; ces glissements seraient déclenchés par des séismes ou les crues des fleuves et torrents côtiers et ils engendreraient de violents courants de turbidité.

Les mouvements de terrain, écroulements de falaise et glissements de versant sont la règle dans les zones montagneuses de l'intérieur, ainsi que les effondrements dans les nombreuses zones gypseuses ; l'exploitation souterraine de gypse à faible profondeur maintenant abandonnée de Saint-Pierre-lès-Martigues a provoqué un énorme fontis et détruit quelques maisons voisines, car ses piliers étaient vraiment trop minces et s'altéraient rapidement. Les chambres ont ensuite été en grande partie remblayées, ce qui a sécurisé le site sans éviter les mouvements superficiels qui endommagent toujours plus ou moins les bâtiments existants et le rendent totalement inconstructible. À Roquevaire, à l'est de Marseille, une action juridique administrative et civile relative à la stabilité de vastes carrières souterraines de gypse, abandonnées depuis le début des années 1960 et en partie transformées en champignonnières, au-dessus desquelles on a imprudemment construit, est devenue un imbroglio juridique, administratif et politique consternant, dans lequel la technique n'a pas grand-chose à voir ; à la suite de l'ouverture d'un fontis en 1995, on a évacué par précaution quelques habitations, comblé une vaste cavité sous une route très fréquentée et fermé une autre, moins passante ; mais alors considéré comme sécurisé, le site n'est toujours pas sûr : fin octobre 2005, un fontis profond d'une vingtaine de mètres s'est ouvert dans un terrain heureusement libre et… a ranimé l'imbroglio : évacuation puis retour, expropriation mais indemnité insuffisante… Ailleurs, dans toutes les zones triasiques provençales, des fontis naturels ou non s'ouvrent sans prévenir ; les constructions dans les zones suspectes au sol déprimé devraient être interdites, ce qui n'a pas toujours été le cas. Dans les zones charbonnières du sud du bassin d'Aix, des canaux d'irrigation qui avaient acquis de nombreuses contre-pentes ont dû être abandonnés et remplacés par des conduites en charge ; des constructions anciennes ont été ruinées et quand elles sont permises, les nouvelles constructions doivent respecter des règles spécifiques.

La majeure partie de la Provence est plus ou moins sismique ; la basse Durance et le chaînon de la Trevaresse comptent parmi les plus sismiques du territoire métropolitain (II moyenne).

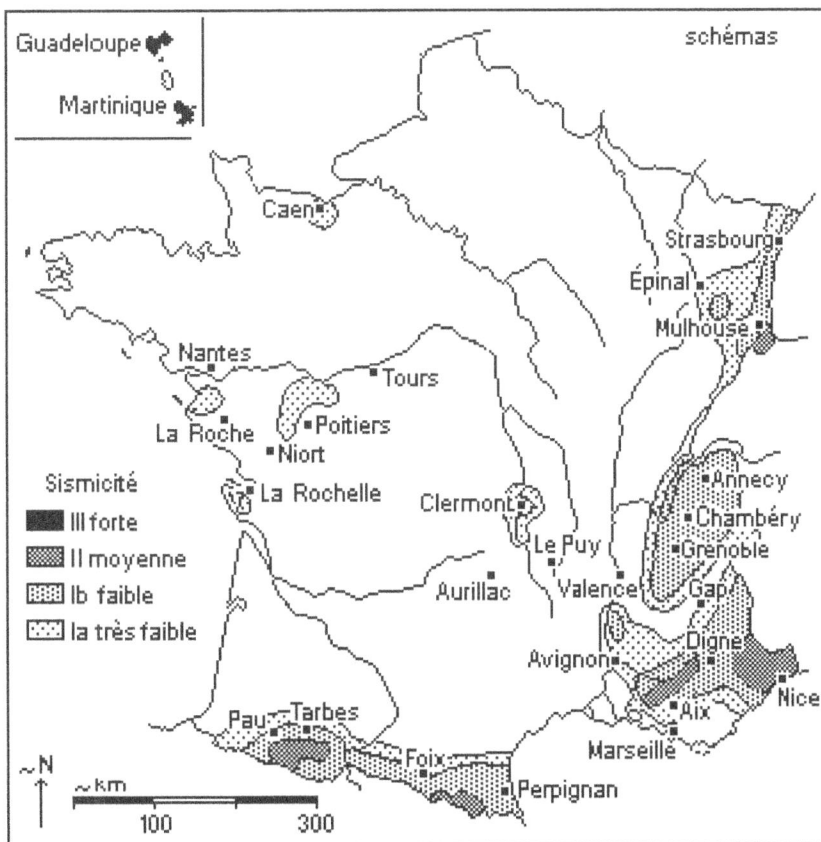

Figure 1.6.c – Zonage sismique de la France

Le zonage sismique établi à partir des archives, de la géologie structurale et des observations sismologiques, n'est pas fixé. Selon celui de 1969, la région d'Aix-en-Provence présentait une sismicité non négligeable de zone II, alors que la région marseillaise était réputée parfaitement calme, de zone 0. Or, à l'échelle du Sud-Est de la France, il y a peu de différences structurales entre ces deux régions limitrophes, situées sur la zone de coulissage pyrénéo-provençale et à proximité de la faille de la Durance, considérées à juste titre comme des zones de sismicité non négligeable (1509, 1708, 1812) : celui qui pourrait les distinguer sur les cartes géologique et sismotectonique de la France à 1/1 000 000, serait très subtil ; à Notre-Dame-Limite, banlieue de Marseille appartenant en partie à Septèmes, commune du canton de Gardanne, un côté de plusieurs rues était en zone 0 et l'autre en zone I. En fait, parmi les plus anciens monuments aixois ou marseillais, aucun ne semble avoir souffert d'un séisme ; les archives font état de cheminées abattues (degré VII), tant à Aix en 1756 qu'à Marseille en 1803. En 1227, un séisme plus ou moins hypothétique de degré X, qui aurait ravagé une bonne partie de la Provence, est attribué à Aix, parce que cette ville et non Marseille en était alors la capitale ; les deux villes en auraient souffert autant l'une que l'autre. Plusieurs observatoires sismiques permanents sont installés en divers endroits de la région d'Aix-Marseille et en particulier à Cadarache, zone d'expérimentation nucléaire sur la faille active de Durance ; on y constate des bruits de fond sismiques de forme et d'intensité analogues. Cette différence de sismicité officielle entre deux régions aussi peu dissemblables par ailleurs, tient à ce que le 11 juin 1909 à 21h15, un séisme catastrophique de degré IX, a ruiné plusieurs villages de l'ouest de l'arrondissement d'Aix et en particulier, celui de Rognes, situé à 15 km d'Aix et à 40 km de Marseille ; ses effets ont donc été ressentis plus intensément à Aix (degré VI/VII), qu'à Marseille (degré V), parce que plus proche de l'épicentre et aussi parce que les zones isosismiques étaient orientées selon la structure générale de la Provence, sensiblement E-W.

Or, à cent ans et une cinquantaine de kilomètres près, ce qui est sismiquement négligeable compte tenu de la structure provençale, ce séisme pourrait ne pas s'être encore produit ou s'être produit ailleurs et toute la région d'Aix-Marseille serait actuellement réputée non sismique. En 1906, c'est-à-dire trois ans avant le séisme de Rognes, F. de Montessus de Ballore écrivait que la Provence n'était pas sismique ; il ignorait ou sous-estimait sans doute le séisme de 1277, et plus sûrement, que la région est fragile, car elle se trouve sur un nœud tectonique important, au croisement de la faille de Durance et de certains chevauchements provençaux, proche du volcan miocène de Beaulieu ; dans cette région où les isoséistes sont elliptiques $\approx$ E/W comme les chevauchements et non NW/SE, comme la faille, il se produit du reste encore de temps en temps, des séismes dont, heureusement, l'intensité n'a plus dépassé V. De l'observation d'un seul événement, on avait donc conclu que d'une part, la région d'Aix était sismique, ce que l'on admet évidemment bien volontiers, de sorte qu'il fallait y prendre certaines précautions de construction, et que d'autre part, la région de Marseille n'était pas sismique, ce qui est beaucoup moins évident, de sorte qu'il était inutile d'y prendre quelque précaution que ce soit. On pouvait espérer que la nature se plierait de bonne grâce à ce zonage sismique, mais on dit qu'elle est capricieuse : comme pour le prouver, le 19 février 1984 le dernier séisme régional sensible (M_L 4,5, MSK V à VI) avait pour épicentre le village de Gréasque, arrondissement de Marseille et donc administrativement non sismique, mais situé sur la bordure sud du bassin d'Aix et donc structuralement et effectivement sismique. Le zonage 1985 a fait une zone I_A de la commune de Gréasque et partant, de tout le canton auquel elle appartient, bien que cette commune soit la seule structuralement exposée du canton : il vaut mieux être plus prudent que moins. Mais le reste de l'arrondissement de Marseille y est toujours réputé non sismique ; pourtant, les Marseillais ont ressenti le séisme de Gréasque, mais pas les Aixois. Si le site de Marseille s'avisait de ne plus respecter le zonage sismique, ce qui est toutefois peu probable, il y aurait lieu de s'inquiéter du comportement éventuel de multiples immeubles anciens et de certains immeubles modernes, construits à flanc de coteaux de l'une de ses nombreuses collines ; leurs structures sont souvent des superpositions sans contreventement, de planchers-dalles portés par de minces poteaux en béton ; on connaît leur dangereuse fragilité sismique, car elles sont particulièrement sensibles aux effets de la composante horizontale de l'accélération.

1.6.3.5 La Corse

La Corse est une grande île qui s'est détachée du continent entre l'Éocène et le Miocène. On y distingue des zones structurales analogues à celles des Alpes :

- À l'ouest et au sud, un massif hercynien analogue aux massifs de la zone centrale alpine occupe près des 3/4 de l'île. Essentiellement granitique, il est néanmoins très hétérogène avec des enclaves de roches cristallines variées (granitoïdes, gneiss, diorites, gabbros, rhyolite...) et de très petits bassins houillers discordants de grès charbonneux ; les granites sont très altérés en chaos de boules, gores, arènes argileuses sur de grandes épaisseurs, souvent cartographiés comme du granite rocheux, en dômes isolés ou en cuvettes bordées d'arêtes de granulite moins altérable. Le massif est montagneux, très abrupt vers l'ouest (2 709 m au Monte Cinto, à $\approx$ 25 km de la côte), les sommets alignés sur une crête $\approx$ NNW-SSE ont des modelés déchiquetés glaciaires ; les vallées sont étroites et profondes sur les deux versants ; la côte est essentiellement rocheuse, très découpée, en falaises et caps escarpés, séparant des golfes (Porto, Sagone, Ajaccio, Valinco) dont les fonds sont occupés par des petites plaines alluviales aux débouchés de torrents pratiquement secs en été (Gravone dans le golfe d'Ajaccio) ; les fonds sont rapidement profonds. À l'extrémité sud de l'île, un petit plateau de molasse sablo-calcaire tertiaire domine en falaises ébouleuses les bouches de Bonifacio ; leur pied est encombré de blocs énormes et elles sont couronnées de vieux immeubles !
- Au nord et au nord-est de l'île, un massif de type pennique alpin d'une extrême complexité tectonique de détail est en majeure partie formé d'une nappe de charriage de zone interne composée de schistes cristallins et d'ophiolites (schistes lustrés), sur lesquelles demeurent quelques klippes de nappes de zone externe composées de flysch et d'ophiolites ; quelques lambeaux de couverture sédimentaire triasique à éocène forment de petits plaquages synclinaux. Un étroit sillon tectonique central $\approx$ NNW-SSE les séparent ; il est constitué d'écailles triasiques à éocènes de grès, calcaires, flysch... chevauchantes vers l'ouest, et de petites dépressions synclinales. Le relief montagneux est moins élevé et les modelés sont moins tourmentés qu'à l'ouest ; les vallées sont aussi encaissées mais les cours d'eau (Golo,

Tavignano, Orbo), plus importants, sont plus longs et plus tortueux ; ils ont des régimes torrentiels parfois violents. Des deux côtés du cap Corse, la côte rocheuse est aussi abrupte. Au centre-est, de Bastia à Solenzara, elle est basse, sableuse à marais, lagunes, cordons littoraux et petits deltas ; au large, les fonds sont peu profonds ; elle borde une plaine alluviale étroite, dominée à l'ouest contre le massif schisteux par des collines de molasse tertiaire, des cônes de déjection (Golo, Orbo) et des terrasses graveleux de piedmont ; au sud de Solenzara, elle redevient rocheuse granitique, analogue à celle de l'ouest.

1.6.4 Les bassins

Les bassins sédimentaires français sont des dépressions de toutes dimensions horizontales et verticales et de diverses formes structurales et morphologiques, dont les bordures et les substratums profonds sont des massifs généralement anciens ou localement alpins. Leur sous-sol est constitué de formations sédimentaires secondaires et tertiaires de toutes natures lithologiques (détritiques, carbonatées, salines), subhorizontales normalement superposées, peu ou pas tectonisées. Leurs reliefs sont des plaines, des plateaux, des collines drainés par des réseaux en grande partie unitaires de cours d'eau convergents vers un grand émissaire, la plupart plutôt calmes, serpentant dans des plaines alluviales plus ou moins larges qu'ils inondent sans trop en modifier la morphologie.

1.6.4.1 Le Bassin parisien

Le Bassin parisien est une vaste dépression sédimentaire grossièrement semi-elliptique de direction axiale NE-SW (Ardennes-seuil du Poitou). Elle est limitée à l'est, au sud et à l'ouest par des discordances stratigraphiques, en principe des transgressions plus ou moins modelées par l'érosion, sur les bordures des massifs anciens (Boulonnais, Ardennes, Vosges, Serre, Massif central, Massif armoricain) séparés par des seuils morphologiques (Artois, Poitou) ; à l'est et au sud-est, les seuils de Saverne et de Bourgogne sont sur les flexures et les failles normales des fossés d'Alsace et du Couloir rhodanien ; le rivage de la Manche est sa limite nord. Son sous-sol est une série sédimentaire d'une trentaine de formations subhorizontales empilées qui va du Permien à l'Oligocène : une douzaine de formations secondaires gréseuses, calcaires et marneuses, chacune épaisse de quelques dizaines à deux ou trois centaines de mètres (au total $\approx$ 3 000 m) et une vingtaine de formations tertiaires sableuses, argileuses, marneuses, gypseuses, calcaires…, chacune épaisse d'une dizaine de mètres (au total $\approx$ 150 m), soit une épaisseur maximum totale $\approx$ 3 200 m sous la Brie, au centre du bassin. La série complète n'affleure qu'entre les Vosges et la région parisienne ; vers l'ouest et le nord, les formations du Permien, du Trias, du Jurassique moyen, du Jurassique supérieur et du Crétacé inférieur s'amincissent graduellement et disparaissent par lacune ou sous la craie du Crétacé supérieur. Tant verticales que latérales, les variations d'épaisseur et de faciès sont la règle dans les formations tertiaires en raison de nombreuses et rapides transgressions successives NW $\rightarrow$ SE de l'Éocène et de l'Oligocène : cas d'école historique, lors du creusement du tunnel de Chalifert, on a observé directement une variation latérale de faciès de l'Éocène supérieur dont on se doutait, car le versant droit de la basse vallée de la Marne est marno-gypseux alors que son versant gauche est calcaire. L'ensemble du bassin est peu tectonisé ; deux combes anticlinales (les « boutonnières » du pays de Bray et du Boulonnais qui percent le plateau de craie) sont des exagérations locales de nombreuses ondulations orientées ≈ NW-SE au nord du bassin ; au centre et au sud, les ondulations, quelques bombements anticlinaux et de nombreuses failles subverticales normales et inverses sont orientées ≈ NNE-SSW.

À l'est (Vosges, Lorraine, Champagne) et au centre (Île-de-France), les formations secondaires et tertiaires marines et lagunaires sont successivement transgressives et parfois régressives avec quelques lacunes. Organisées en cuvettes empilées de tailles décroissantes, composées de roches de natures des plus variées (grès, calcaires, marnes, craie, sables et argiles, accessoirement gypse et sel), elles affleurent en auréoles concentriques, successions de cuestas et de dépressions, à peu près centrées sur la région parisienne. Malgré l'apparence, ces auréoles ne sont pas des limites stratigraphiques, mais sont les produits de l'érosion comme le montrent les multiples buttes-témoins en avant de presque toutes les cuestas : les formations de roches dures (grès, calcaires) et tendres (sables, argiles, marnes) alternent assez régulièrement, déterminant un relief monoclinal à très faible pendage (<< 5°), de plateaux en revers aval-pendage ouest gréseux, calcaires ou crayeux, secs, plus ou moins karstiques, terminés par des cuestas amont pendage est. Du pied des Vosges à l'Île-de-France, on compte huit « côtes » – grès et calcaires triasiques, calcaires jurassiques (Lias, Moselle, Meuse, Bars), craie (Champagne), calcaire tertiaire (Île–de–France) – que l'on retrouve en partie ailleurs (Moselle et Champagne à l'ouest de la Normandie, craie autour des boutonnières de Bray et du Boulonnais). Ces cuestas sont plus ou moins hautes selon les épaisseurs et les faciès généraux ou locaux de leurs formations ; elles dominent d'une cinquantaine à une centaine de mètres des dépressions argileuses ou marneuses humides où subsistent des buttes-témoins, en majeure partie tertiaires sur la craie. À l'ouest contre le Massif armoricain, la série secondaire très lacunaire (Jurassique moyen transgressif sur le massif et craie transgressive sur le Jurassique supérieur) dessine quelques auréoles analogues à celles de l'est, mais les cuestas sont moins marquées, réduites à des collines vallonnées. Au sud, la série secondaire moins épaisse et lacunaire se réduit à des plateaux calcaires (Nivernais, Berry), séparé du Massif central par une dépression argileuse transgressive (Bazois, Auxois, Boischaud) ; dans le Gâtinais et en Touraine, la craie est plus ou moins couverte par des placages tertiaires de faluns – débris coquilliers dans une matrice sablo-argileuse – (Touraine), de calcaire (Beauce) ou d'argile sableuse et graveleuse (Sologne) –, énorme cône de déjection des cours d'eau issus du Massif central. Au nord la craie, plus ou moins couverte d'argile à silex (Normandie) ou de lœss (Picardie), se trouve pratiquement partout, déterminant un relief de plaines ou plateaux vallonnés, morcelés par des vallées encaissées.

Les calcaires jurassiques et la craie sont plus ou moins karstiques et aquifères, avec en surface des résurgences au pied des revers et dans les percées. Certaines de leurs nappes profondes plus ou moins artésiennes sont exploitées pour la géothermie ; la nappe profonde la plus connue est celle du sable albien, vers ≈ 450 m de profondeur en région parisienne, niveau artésien de 33 m au dessus du sol de Grenelle en 1841, actuellement niveau captif vers 70 m de profondeur. Dans les formations calcaires et sableuses tertiaires d'Île-de-France il y a de nombreuses nappes libres suspendues à murs argileux ou captives à murs et toits argileux, plus ou moins étendues, épaisses de 5 à 50 m et perméables de 10^{-3} à 10^{-5} m/s. Elles communiquent plus ou moins verticalement car les formations argileuses qui les séparent ne sont pas strictement continues et imperméables ; essentiellement alimentées par les pluies sur les plateaux, leurs variations saisonnières de niveau sont plus ou moins fortes. Ces nappes localement exploitées pour l'eau gênent les travaux de terrassement et les sources de versants qu'elles alimentent entretiennent leur instabilité et y provoquent coulées, glissements et écroulements. Les nappes alluviales sont essentiellement alimentées par les rivières ; elles sont contenues dans des graves sableuses post-würmiennes dont l'épaisseur peut localement dépasser la vingtaine de mètres ; on les exploite tant pour l'eau que pour les graves.

Le réseau de la Seine draine la majeure partie du bassin dont le climat et la géomorphologie sont relativement homogènes ; sauf au sud l'Yonne qui est un torrent issu du Morvan, la Seine et ses affluents y ont leur source et la totalité de leur cours. Ce sont des rivières calmes à faibles pentes qui louvoient en méandres encaissés dans les plaines alluviales plates ou vallonnées de larges vallées longitudinales aux versants plus ou moins stables en terrasses étagées et passent de l'une à l'autre par des percées transversales, souvent déterminées par des captures. Leur régime pluvial océanique est simple et régulier, avec en général, des hautes eaux d'hiver et des basses eaux d'été ; le débit moyen de la Seine à Paris est d'environ 250 m^3/s ; lors des crues maximales, il peut atteindre 2 500 m^3/s pour une hauteur pouvant dépasser 8 m (≈ 9 m en 1619, $\approx 8,7$ m en 1658 et 1740, 8,62 m le 28 janvier 1910). Mais sur la majeure partie du bassin, les crues d'hiver sont pour la plupart modérées, lentes à monter et descendre, à courant faible sauf à Paris en raison du rétrécissement entre les quais ; on sait à peu près quand elles se produisent et on a le temps de les voir arriver, car leurs ondes se déplacent lentement ; elles sont très fréquentes mais rarement catastrophiques, ni même dangereuses sauf dans leur lit majeur naturellement inondable, maintenant occupé par d'imprudents aménagements ; pour en modérer les effets, on a construit des barrages et des retenue écrêteurs de crues en amont, dans le Morvan pour l'Yonne et ses affluents, en Champagne humide pour la Seine, la Marne, l'Aube et leurs affluents. Leur effet est d'abaisser le niveau à Paris théoriquement d'environ 2,5 m, en fait de 1 m au plus, ce qui est très efficace pour les crues modérées, mais n'empêcherait pas une crue catastrophique. Dans l'est, le nord, et l'ouest les régimes des tributaires du Rhin, de la Meuse, de l'Escaut et des fleuves côtiers de la Manche sont à peu près analogues et leurs grandes crues sont aussi dommageables dans les zones occupées.

Lors de l'hiver 2000/2001, la basse vallée de la Somme a subi une crue assez exceptionnelle, remarquable par son fort débit et parce que l'inondation a duré longtemps et s'est résorbée très lentement (0,1 m/j vers la fin avril), malgré la mise en œuvre de puissants moyens de pompage : pendant plusieurs jours d'avril, plus de trois mois après le début de la crue, le débit du fleuve dépassait encore 100 m^3/s en Abbeville, alors que son débit n'y oscille normalement qu'entre 20 et 60 m^3/s. La longue durée de l'inondation et la décrue très lente étaient dues d'une part à des facteurs hydro-géologiques et humains permanents qui font que la basse vallée de la Somme est un système hydraulique compliqué très vulnérable, et d'autre part à des conditions météorologiques particulièrement sévères : la vallée sinueuse, large d'environ 500 m, est creusée dans le plateau picard (limon/craie). La puissante nappe de la craie, drai-née par la vallée, était à son plus haut niveau, maintenu par des pluies persistantes ; il en allait de même pour les multiples lits anastomosés du fleuve, les marais, les étangs, les canaux, les fossés, les hortillonnages… du fond de la vallée essentielle-ment tourbeux. Le niveau de la nappe phréatique était presque partout légèrement artésien de sorte que des zones éloignées des ruissellements étaient aussi inondées. Certains quartiers d'Abbeville, d'Amiens et de leurs banlieues sont fréquemment inondés, mais en dehors de ces villes, pratiquement tous les vieux quartiers des bourgs et villages sont situés sur les bords du plateau.

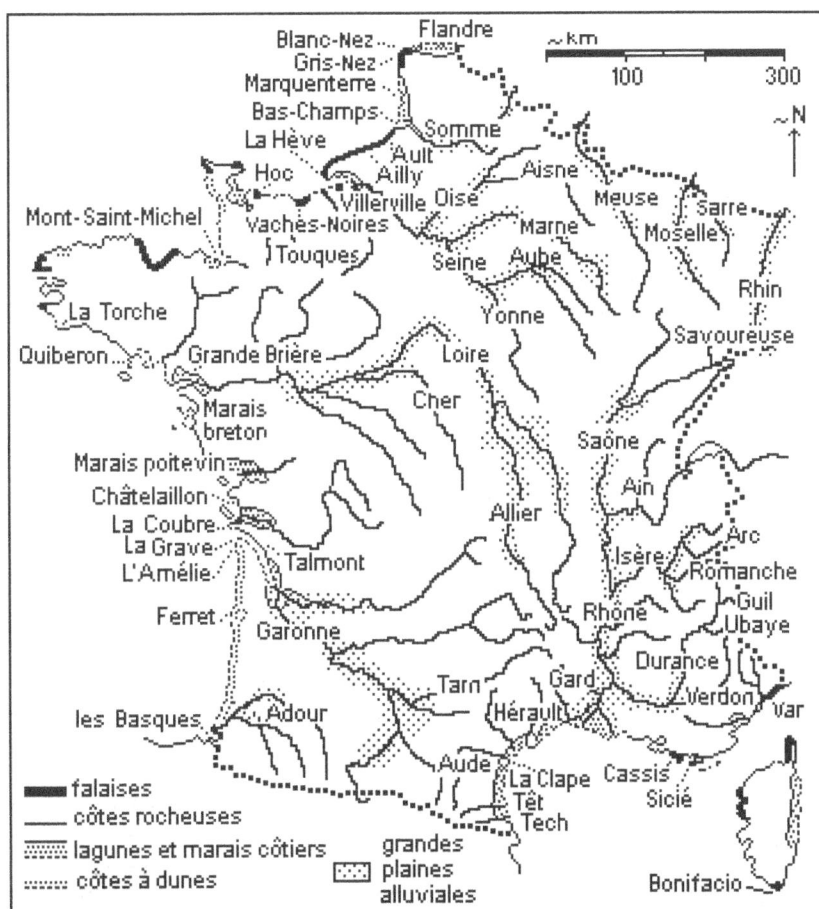

Figure 1.6.d – Les côtes et les principaux cours d'eau de la France

Le fond de la vallée entièrement inondable était consacré à l'agriculture, mais de nombreuses zones inondables y avaient été imprudemment aménagées et construites de façon plus ou moins concertée (habitations individuelles et collectives, entreprises, bâtiments publics…) ; le lit de la Somme, les canaux et fossés des marais et hortillonnages, le canal latéral… n'étaient pratiquement plus entretenus. Un enchaînement ininterrompu de perturbations avait produit de très fortes pluies persistantes sur le plateau et dans la vallée, et de fortes tempêtes sur le littoral qui, jointes à de fortes marées, empêchaient l'écoulement de l'eau vers la mer. La situation à peine redevenue normale, de nouvelles inondations se produisirent en juillet 2001 puis en février 2002 ; elles furent heureusement moins graves.

Au sud du bassin, la Loire et ses affluents de rive gauche sont, comme l'Yonne, des torrents aux crues beaucoup plus violentes et dangereuses. La largeur du lit de divagation de la Loire, considérablement réduite par l'endigage, est passée de quelques kilomètres de lit majeur inondable à quelques centaines de mètres de lit mineur quasi sec en été, ce qui a dangereusement accru la hauteur des grandes crues et la vitesse du courant ; mais ses digues, les levées – qui, pour la plupart, supportent des routes et des chemins –, sont fragiles, souvent en mauvais état et en grande partie submersibles malgré de fréquents rehaussements, et plus dangereuses qu'efficaces par très grosses crues : de temps en temps, une portion de digue est submergée puis éventrée, un pont est emporté… Plus couramment, les bas-quartiers des agglomérations riveraines sont inondés ; au confluent du Cher, Tours est particulièrement exposée.

La plupart des cuestas du bassin sont plus ou moins ébouleuses et celle des versants marneux sont affectées de glissements et coulées, en particulier dans le Boulonnais, le pays d'Auge, dans la vallée de la Moselle entre Nancy et Metz.

Sur les côtes de la Manche, les falaises du Pas-de-Calais, du Boulonnais et du pays de Caux, dont la hauteur dépasse localement la centaine de mètres, sont très ébouleuses, mais de façon assez irrégulière. Globalement, entre Sangatte et Boulogne, la côte recule d'environ 2,5 m/an ; au large, des bancs et des écueils marquent sa position antérieure : le monticule crayeux au pied argilo-marneux du cap Blanc-Nez subit des écroulements qui sont plutôt des événements terrestres ; celui du cran d'Escalles en 1998 a dangereusement fissuré le sommet et induit d'autres mouvements ; à son pied et autour de lui, la falaise de craie de la côte d'Opale se comporte comme celles du pays de Caux, mais le platier de sable au lieu de galets de silex est plus mouvant. Le Gris-Nez, étrave de marne coiffée de bancs de grès et calcaire, bouge beaucoup moins, car les blocs éboulés protègent le pied de la falaise, mais les Épaulards, alignements de bancs en place à fort pendage aval, rappellent que, là aussi, la côte recule. Les dunes de l'estuaire de la Slack sont attaquées et défendues ; de la pointe aux Oies jusqu'au cap d'Alprech, les dalles de grès glissent sur l'argile, plus à cause de suintements et de ruissellements de terre que d'affouillements marins, car le pied des falaises est encombré de blocs et/ou ensablé. D'Ault à Sainte-Adresse, la régression moyenne des falaises crayeuses du pays de Caux atteint 0,5 à 2,5 m/an selon l'endroit et l'époque, soit une trentaine de mètres par siècle, mais près de 60 m vers Saint-Valéry, presque rien aux environs d'Étretat après de nombreux écroulements au XIXe siècle, 2 m/an au cap de la Hève. Le volume de certains écroulements atteint parfois le million de mètres-cubes ; ces falaises débutent à Ault-Onival où, très fracturées, elles sont particulièrement fragiles : dans son premier discours devant la Chambre des pairs, Victor Hugo rappelait la disparition de la partie côtière d'Ault au XVIIIe siècle ; fréquemment affectée par les tempêtes, la falaise d'Onival doit être surveillée et souvent réaménagée car des voies et parfois même des maisons s'écroulent avec un pan de sa crête comme au cours des tempêtes de 1979 et 81 ; on a dû bloquer à grands frais le pied de la falaise au moyen de gros enrochements bétonnés, sans être assuré d'un résultat sûr et pérenne ; la succession des écroulements et des travaux de défense n'est pas prête de s'achever (*Fig. 3.5.5*).

Entre Ault et Antifer, la falaise de craie, affouillée en pied, s'écroule directement. Au cap d'Ailly, c'est la partie haute argilo-gréseuse de la falaise qui s'éboule le plus rapidement, en première analyse par glissements d'origine terrestre, mais en fait par le recul de la falaise de craie elle-même. L'ancien phare a été détruit durant la Seconde Guerre mondiale, alors qu'il n'était plus qu'à quelques mètres de la crête ; ses ruines sont tombées à la mer en 1965 : il avait été construit à la fin du XVIIIe siècle, à environ 150 m de la crête ; au sud-ouest du cap, au bout de la plage de Sainte-Marguerite, un énorme blockhaus a dégringolé de la crête de la falaise en 1944 et s'est planté verticalement dans le platier crayeux à quelques dizaines de mètres de son pied actuel, preuve spectaculaire du recul ; loin vers le large, les rochers naufrageurs d'Ailly, raison d'être du phare, en sont une autre. À l'ouest du cap d'Antifer et jusqu'à celui de La Hève, la craie glisse sur l'argile sous-jacente. Tout le long de la côte de Caux, les matériaux éboulés sont déblayés par la forte dérive littorale d'ouest ; cela avive constamment les pieds de falaise et alimente le colmatage de la côte de la baie de Somme : la dérive littorale du SW, véritable fleuve côtier, engraisse le cordon littoral et les dunes, ensable et dévie les estuaires vers le Nord. De part et d'autre de l'estuaire de la Somme, la falaise morte, coteau herbeux qui n'a plus rien de marin, est isolée de la mer par le Marquenterre et les Bas-Champs, côtes basses fragiles à cordons de dunes, lagunes et marais en partie transformés en polders endigués.

Sur la côte de Normandie, notamment en pays d'Auge, entre Honfleur et Cabourg, les falaises marno-argileuses localement coiffée de petites cuestas calcaires ou gréseuses sont affectées de glissements dont le volume a pu dépasser le million de mètres cubes comme à l'ouest de Villerville en janvier 1982 et à l'est en février 1987 ; ils font reculer certaines zones de plus de 2 m/an, en encombrant le platier de blocs comme aux Vaches Noires à l'ouest de Villiers et en détruisant parfois d'imprudentes villas. Il en va à peu près de même sur la côte du Bessin, entre le cap Manvieux et la pointe du Hoc, notamment vers le Bouffay-de-Comme, Vierville… Au bien-nommé Chaos, la falaise, lardée de bancs de marnes, s'écroule en pans énormes et là aussi, encombre le platier de blocs rocheux. En fait, toutes les agglomérations des côtes à falaises de la Manche sont exposées à des risques d'éboulement ; elles sont maintenant plus ou moins bien défendues en pied par des gros enrochements bétonnés qui ont remplacé les épis détruits de la période précédente et qui subiront le même sort à plus ou moins long terme ; ils doivent être constamment surveillés et régulièrement entretenus.

L'exploitation du sous-sol du Bassin parisien très peuplé a toujours été intense pour la construction (calcaire, gypse), l'agriculture (craie, argile), l'industrie (fer), l'alimentation en eau… : sous Paris et sa banlieue, les carrières souterraines de calcaire et de gypse étaient nombreuses ; abandonnées en l'état, mais maintenant surveillées, elles posent toujours des problèmes de fondations et provoquent des effondrements particulièrement dangereux dans les zones construites. Il en va à peu près de même pour le sel dans les vallées de la Meurthe et du Sânon en amont de Nancy, pour le fer et le charbon en Lorraine, pour l'argile dans le sud de l'Île-de-France, pour la craie et les sapes de guerre en Picardie…

Autour de Caen et dans le seuil du Poitou, la sismicité est très faible (I_A).

1.6.4.2 Le Couloir rhodanien

Du seuil de Bourgogne au nord à la Méditerranée au sud, le Couloir rhodanien est un long et étroit fossé tectonique tertiaire entre le Massif central et les Garrigues à l'ouest, le Jura, les Alpes et les chaînons provençaux à l'est. Il est comblé de molasses tertiaire marines, lagunaires et/ou lacustres dont les faciès locaux sont très variés (sables argileux, argiles, marnes…). Sa surface plus ou moins accidentée de plaines, collines et plateaux est couverte de moraines et/ou d'alluvions fluvio-glaciaires, graveleux en profondeur, limoneux en surface.

En amont de Lyon, les très plates plaines alluviales de Bourgogne, de Bresse et des Dombes sont drainées par la Saône et ses affluents, rivières calmes qui serpentent entre des berges basses et inondent fréquemment et durablement leurs abords, prairies humides qui étalent les crues. La molasse est plutôt graveleuse en Bourgogne, argileuse dans la Bresse et dans les Dombes ; la couverture alluviale graveleuse n'est pas très épaisse mais, très perméable et aquifère aux abords de la rivière, elle est activement exploitée par de grands champs de captage. La couverture morainique argileuse des Dombes retient d'innombrables étangs aménagés.

Le sous-sol de la grande plaine du Rhône à l'est de Lyon est une épaisse couche de grave fluvio-glaciaire très perméable aquifère, qui pose des problèmes de terrassements et d'étanchéité pour les grands ouvrages enterrés (parkings, métro…), d'autant plus difficiles à résoudre que la molasse sous-jacente est elle-même sableuse, perméable aquifère.

De Lyon à Bollène, l'étroite vallée du Rhône est une succession de défilés et de bassins qui longe la bordure du Massif central en l'écornant à Vienne et à Tain, puis traverse les chaînons alpins calcaires du Diois à Cruas et à Donzère où a été réalisée la première tranche d'aménagement du fleuve (barrage de prise, canal, barrage-usine électrique-écluse) ; à l'est, les plateaux du bas Dauphiné sont des piedmonts de graves plus ou moins argileuses morainiques et fluvio-glaciaires alpines couvrant la molasse que la basse Isère entaille contre le Vercors, avant de déboucher dans le bassin de Valence dont la surface est en partie son cône de déjection graveleux. Les pentes des plateaux molassiques du bas Dauphiné sont très instables : au cours de l'hiver 1977-78, une centaine de mouvements ont affecté le réseau routier du département de la Drôme, depuis la chute de quelques blocs rocheux sur une chaussée jusqu'au grand glissement qui a barré le Roubion, petit affluent du Rhône, et emporté une belle longueur de la RD 70 au sud-est de Bourdeaux, en passant par toutes sortes de mouvements dont l'ensemble des descriptions aurait constitué une vraie encyclopédie du genre. La traversée du plateau de Chambaran, où les mouvements de terrain ne se comptent pas, notamment sur le réseau routier courant, a longtemps retardé l'ouverture de l'autoroute A7 à l'est de Saint-Vallier, en raison de glissements de talus répétés, lors des terrassements de la tranchée d'une trentaine de mètres de profondeur que l'on appelle maintenant le col du Grand-Bœuf ; à la sortie sud de la tranchée, on passait dans la combe Tourmentée, au nom évocateur : on a donc eu de grandes difficultés à y faire tenir des remblais. Le franchissement de cette accumulation d'obstacles que l'on n'avait pas su éviter est depuis lors présenté comme un exploit technique dont on n'évoque évidemment pas le coût en temps et en argent. La leçon a tout de même été retenue pour la voie parallèle du TGV qui franchit l'obstacle en tunnel ; les oléoducs dont les tranchées qui franchissaient les versants selon leur plus grande pente fonctionnaient comme des drains sans exutoires, ont été plusieurs fois accidentés.

Vers le sud, à l'aval de Bollène, la plaine s'élargit. Ses bordures sont des chaînons calcaires languedociens et provençaux et sa couverture devient de plus en plus limoneuse ; seules les terrasses sont argilo-graveleuses. Les affluents des deux rives ont des crues torrentielles souvent catastrophiques ; il en allait de même pour le fleuve jusqu'à son aménagement. En aval de celui-ci, la situation n'a pas changé et s'est même aggravée car les agglomérations (Avignon, Tarascon, Arles…) se sont étendues dans les zones inondables et les digues sont mal entretenues. Les divagations du Rhône en Camargue, son delta marécageux, sont limitées par des digues qui cèdent fréquemment ; la côte en régression est défendue autour des Saintes, mais les ouvrages sont souvent détruits par les tempêtes.

La crue du Gard de septembre 2002 a rompu des digues à Aramon et Comps au confluent du Rhône, faisant une vingtaine de victimes ; son débit était tel qu'un remous d'abaissement de plus de dix mètres de dénivellation s'était établi entre l'amont et l'aval des arches du célèbre pont romain fonctionnant comme un venturi. Quoi qu'on en ait dit ensuite, sa solidité n'est plus à démontrer, car il a dû subir beaucoup d'autres crues peut-être plus violentes que celle-là.

À l'automne, vers leurs confluents, le débit de la Durance peut passer très rapidement de 50 à 10 000 m^3/s et celui de l'Ardèche, de 10 à 7 500 m^3/s ; le niveau de crue peut atteindre + 20 m dans les gorges de l'Ardèche.

La Camargue marécageuse est le delta du Rhône extrêmement mouvant tant à l'intérieur que sur la côte qui est actuellement en recul quasi général : l'eau est montée d'environ 0,2 m durant le XXe siècle, à cause des effets conjugués de l'eustatisme et de la subsidence. Par contre, le déficit d'alluvionnement dû à la canalisation du Rhône et aux aménagements hydroélectriques de pratiquement tous ses affluents serait négligeable ; pour le moment, il n'affecte que l'embouchure du petit Rhône. Seul à être vif en dehors des fortes crues, le grand Rhône avance encore vers le sud-est, mais plus lentement : Arles était à une dizaine de kilomètres de la mer à l'époque romaine ; elle en est maintenant éloignée d'une vingtaine ; la tour Saint-Louis était sur le rivage quand elle a été construite vers 1750 ; elle est maintenant à une dizaine de kilomètres de l'embouchure du grand Rhône ; à l'est de cette embouchure, la flèche de la Gracieuse, constituée à partir de l'épave du navire éponyme échoué en 1892, couvre le port de Fos ; très instable, en partie détruite par la tempête de 1982, elle a été plus ou moins fixée en y échouant des vieilles barges. Par contre, la côte régresse rapidement entre l'embouchure et le golfe de Bauduc : le phare de Faraman a été construit en 1840, vers 700 m du rivage ; il a été englouti en 1917, puis reconstruit toujours vers 700 m du rivage. La digue à la mer très fragile protège plus ou moins bien la côte sud de la Camargue, car elle est de plus en plus fréquemment attaquée et doit être sans cesse réparée ; cela commence à poser des problèmes aux Saintes-Maries-de-la-Mer qui se trouvaient à quelques kilomètres de la côte au Moyen Âge et encore vers 500 m à la fin du XVIIIe siècle. Préférant se fier à la mode écologique plutôt qu'à l'histoire, on a récemment prétendu stabiliser la côte avec des rubans en plastique fixés sur le fond, pour remplacer les posidonies dont on disait qu'elles retenaient le sable avant de disparaître sous l'effet de la pollution ; elles sont revenues sans que la pollution et la régression cessent. Les tempêtes de l'hiver 1997 ont montré que le village lui-même devenait très exposé ; pour protéger le front de mer en cours d'aménagement, on a d'abord immergé des blocs rocheux et de béton devant la plage et comme on sait qu'en fait, cela ne sert pas à grand-chose, car ils s'ensablent et s'enlisent peu à peu comme les épaves, on a placé de lourdes plaques métalliques sur le fond ; elles s'ensablent et s'enlisent elles aussi ; le front de mer maintenant aménagé pour le tourisme (port, promenade sur digue, plages entre épis), paraît stabilisé, mais il est peu probable que ce soit à long terme. La batterie d'Orgon était près du rivage, sur la rive gauche du petit Rhône en 1680 ; en 1880, c'était un écueil à 100 m de la côte ; il a maintenant disparu, comme disparaissent peu à peu toutes les épaves qui jalonnent la côte hostile et mouvante du golfe

Vers Montélimar, la sismicité est faible (I_B).

Le Couloir rhodanien est pratiquement couvert d'aménagements de toutes sortes anciens, récents et en cours : routes, voies ferrées, oléoducs, canaux, barrages, écluses, viaducs, tunnels, sites industriels et portuaires, carrières, captages d'eaux souterraines, agglomérations… qui en font un musée du BTP des plus variés et des plus complets ; dans un espace relativement restreint et facilement accessible, on peut en particulier y voir comment des problèmes géotechniques analogues, la plupart de ceux qui se posent couramment partout, ont été traités à diverses époques et/ou dans les mêmes sites et/ou dans des sites différents. C'est aussi une grande région agricole très diversifiée, tout aussi intéressante pour l'étude des terroirs notamment viticoles : Bourgogne (calcaire), Beaujolais (cristallin), Côtes-du-Rhône (graveleux).

1.6.4.3   Le bassin d'Aquitaine

Entre les Pyrénées au sud, la côte atlantique à l'ouest, le Massif armoricain, le seuil du Poitou, le Massif central et le seuil du Lauragais au NW-SE, le bassin d'Aquitaine a la forme d'un triangle. Ses parties nord et nord-est sont des plateaux de calcaires secondaires à peu près analogues à la partie sud-ouest du Bassin parisien avec laquelle il communique par le seuil du Poitou ; ses parties centrales, sud-est et sud sont des collines molassiques et des glacis graveleux, à peu près analogues au Couloir rhodanien avec lequel il communique par le seuil du Lauraguais et le bas Languedoc. La série sédimentaire strictement aquitaine réduite et discontinue est limitée au Jurassique (argiles, marnes et surtout calcaires), au Crétacé supérieur (sables, argiles, marnes et surtout calcaire crayeux),

crayeux), au Tertiaire (molasses et graves) et au Quaternaire (sables et graves). En subsurface, la structure générale du bassin est relativement simple : au nord et au nord-est, failles normales et ondulations synclinoriales de direction ≈ NW-SE, ailleurs quasi-horizontalité, même au sud car les plis de la zone sous-pyrénéenne sont masqués par les formations détritiques tertiaires ; le seuil du Poitou est une flexure ≈ NW-SE peu marquée, associée à quelques failles normales à fort pendage SW ; les bordures nord et nord-est sont des discordances stratigraphiques sur les massifs hercyniens ; la bordure Quercy/Rouergue-Ségala est un faisceau de failles normales ≈ NNE-SSW prolongeant le Sillon houiller ; le seuil du Lauraguais est un fossé en discordance stratigraphique avec le sud de la Montagne noire et chevauché par le versant nord des Corbières.

Les dalles et plateaux de calcaires jurassiques du nord et du nord-est sont isolés des massifs hercyniens bordiers par une étroite dépression marneuse discontinue. L'Aunis est un plateau ondulé traversé par des vallées sinueuses, où le calcaire jurassique est subaffleurant (Champagnes sèches) ou couvert de plaquages de sable et argile humides ; quelques escarpements de failles ont des allures de cuestas. Le Marais poitevin est une dépression synclinoriale entourée de falaises mortes, colmatée par des vases et sables marins d'où émergent des îlots calcaires sur lesquels sont construits les villages à l'abri des inondations de la Sèvre ; l'île de Ré, prolongement maritime de la bordure sud du Marais, est une petite dalle anticlinale calcaire jurassique découpée en îlots reliés par des marais bordés de petites dunes sur le rivage sud-ouest. Analogues aux Causses languedociens dont ils ne sont séparés que par le Rouergue, les Causses du haut Quercy sont des plateaux de calcaire jurassique karstique, dur, sec en surface où il y a de nombreux et profonds avens et des grandes dolines à fonds argileux ; ils sont plus ou moins couverts de placages de sablo-argileux qui cachent des poches remplies de matériaux analogues riches en phosphates, très fossilifères, les phosphorites. Les réseaux hydrauliques souterrains sont très développés, en partie accessibles ; la Dordogne, le Lot et leurs affluents assez gros pour ne pas s'y perdre y ont des profondes vallées encaissées très sinueuses ; celles du réseau secondaire ont aussi des hauts versants en falaises, jalonnées de pertes et résurgences entre leurs sections sèches permanentes ou intermittentes. Les vallées sèches sont à peine marquées à la surface des plateaux. En Saintonge, les calcaires plus marneux et/ou crayeux et plus tendres du Crétacé supérieur, localement plaqués de sable de ruissellement et d'argile de décalcification, forment une plaine vallonnée, assez sèche en surface, que la Charente et la Seudre traversent dans des larges vallées à terrasses, aboutissant sur la côte dans des estuaires envasés. Oloron est une arrête calcaire en trois parties : calcaire crétacé de Saintonge sur la côte sud-ouest, calcaire jurassique d'Aunis sur son axe, marais sur la côte nord-est. Le plateau du Périgord est un empilement ondulé de couches de calcaires gréseux, marneux, crayeux crétacés, moins karstiques ; les vallées y sont très sinueuses, tour à tour larges avec des petites plaines alluviales et étroites avec des versants plus ou moins abrupts, peu élevés, gradins de petites falaises sous-cavées en abris-sous-roches étagés et creusées de vastes grottes sèches, habitées par les hommes du Paléolithique (vallée de la Vézère…).

Le sous-sol du reste – les trois quarts – du bassin est constitué de molasse tertiaire subhorizontale à stratification oblique, très hétérogène car formée au cours de transgressions et régressions successives. Ainsi, les faciès locaux marins, lagunaires ou lacustres sont très variés, sables argileux, argiles et marnes formant des collines dont les versants sont souvent instables, grès et calcaires formant des corniches, des buttes et des petits plateaux ; les pentes molassique très argileuses de l'Agenais sont très instables. Au sud, la molasse est couverte par l'énorme cône de déjection de Lannemezan formé de graves argileuses fluvioglaciaires ravinées par les affluents de la Garonne et par l'Adour et ses affluents. Leurs plaines alluviales sont inondables jusqu'au pied de leurs nombreuses terrasses sur lesquelles sont construits les vieux quartiers des villes et villages ; les quartiers récents construits en pied de terrasses sont plus ou moins inondables. Entre les confluents de l'Ariège et du Tarn, la plaine alluviale de la Garonne et de ses affluents est très large, près d'une quarantaine de kilomètres terrasses comprises, inondable sur 5 à 10 km de large ; les fréquentes inondations sont très étalées et durables, heureusement en grande partie dans des zones agricoles écrêteuses (*Fig. 3.5.1.b*) ; les bas-quartiers de ses villes riveraines en souffrent néanmoins souvent : « *Que d'eau ! Que d'eau !* », selon Mac Mahon lors de la crue catastrophique de 1875 ($\approx$ 500 victimes). Il aurait pu dire la même chose en 1930, entre Montauban et Moissac : ponts détruits, routes et voies ferrées emportées, digues rompues, constructions traditionnelles en briques crues, derniers refuges des habitants, pratiquement liquéfiées ($\approx$ 700 victimes). À l'aval du confluent du Tarn, la vallée, toujours entaillée dans la molasse et de nombreuses terrasses, est plus étroite de sorte que les crues y ont couramment des hauteurs supérieures à la dizaine de mètres – les bas-quartiers d'Agen sont particulièrement exposés ; le niveau de l'eau y frôle très couramment la crête de la digue riveraine (11,7 m lors de la crue de 1930). Les terrasses graveleuses du Bordelais portent des vignobles de grands crus (Médoc, Graves, Pomerol).

Dans le sous-sol de la vaste plaine des Landes, la molasse est couverte par un épais tapis de sables argilo-graveleux localement ligniteux fluviatiles, surmonté d'une couche de sable éolien würmien épaisse de 0,5 à 4 m légèrement ondulé par des petites dunes fixées, localement cimenté vers la surface en alios, grès ferrugineux. Le sol est ainsi à peu près imperméable, ce qui, ajouté à sa planéité, entraîne la formation de mares et marais très difficiles à drainer ; la bande côtière de sable marin large de 4 à 8 km est un entrelacs de dunes élevées, barkanes récentes, mouvantes, parallèles à la côte, anciennes de diverses formes plus ou moins fixées à l'intérieur ; à l'exception de la Leyre, seul long cours d'eau permanent landais dont le débit suffit à maintenir l'ouverture maritime du bassin d'Arcachon, et de l'Adour dont l'embouchure, avant d'être artificiellement stabilisée à Bayonne, se déplaçait au gré du déplacement des dunes sous l'effet des tempêtes, tous les autres cours d'eau aboutissent à des étangs en arrière du cordon de dunes littorales.

La majeure partie des côtes du bassin d'Aquitaine (Marais poitevin, marais de Saintonge, côte des Landes) est basse (cordons de dunes, étangs, marais, polders…), sableuse, fragile, la plupart en régression permanente ; les défenses – digues, épis… –, plus ou moins efficaces doivent être constamment entretenues et réparées, car elles sont souvent emportées. Les basses falaises de calcaire marneux et de craie d'Aunis, de Saintonge, de Ré, d'Oléron et de Gironde sont presque aussi fragiles et aussi difficiles à défendre, mais la plupart d'entre elles sont mortes, car cette côte très sinueuse est presque partout ensablée.

Du Marais poitevin à la Gironde, l'étroite guirlande de plages est plus ou moins fragile, hérissée d'épis, et doit être entretenue, souvent à grands frais, pour permettre aux touristes d'en disposer à la belle saison : les alluvions de la Gironde et de la Loire ne suffisent plus à les engraisser ; dans le pertuis d'Antioche, la plage de Châtelaillon n'est pas très stable.

De la Gironde à l'Adour, le fragile littoral sableux d'Aquitaine régresse sans cesse ; il est soumis à de violentes tempêtes frontales dont on estime que les vagues annuelles atteignent 10 m, décennales 15 m, centennales 20 m ; la passe de la Gironde est très instable sur les deux rives dont la défense permanente est nécessaire : la pointe de la Coubre a perdu 3 km en 100 ans avec des pointes de 30 m/an et son phare a dû être reconstruit plusieurs fois. Jusqu'à la fin du XVIe siècle, l'îlot de Cordouan était suffisamment vaste pour que les constructeurs du phare aient pu y loger en permanence ; à marée basse, il était relié à la pointe de la Grave qui s'est constamment éloignée de lui en se dégraissant vers l'est ; distants de 5 km en 1630, de 7 km en 1870, ils sont à près de 10 km actuellement ; cette pointe est en effet très mobile : Soulac, sur la Gironde au Moyen Âge est actuellement sur l'océan ; la pointe s'est déplacée de près de 1 km vers le sud-est de 1818 à 1846 ; elle est maintenant artificiellement fixée. Un peu plus au sud, le cadastre de L'Amélie-les-Bains montre que le rivage a reculé d'environ 200 m en une centaine d'années, faisant disparaître des rues et des bâtiments ; toujours très mobile, il faut incessamment le défendre ; le rivage recule aussi de 2 m/an à Hourtin… Par contre, le cap Ferret a avancé vers le sud d'environ 4 km en deux cents ans. Mais tout le long de la côte et notamment au pied de la dune du Pilat, les blockhaus baladeurs du mur de l'Atlantique attestent cette régression que des épis et autres ouvrages plus ou moins efficaces essaient de réduire aux abords des stations balnéaires.

L'embouchure de l'Adour a été tout aussi baladeuse que la pointe de la Grave, jusqu'à ce que, vers 1575, on la fixe à grand mal et grâce à une crue de la Nive, où elle est actuellement, en la maintenant par de fortes digues sur la rive nord, pour éviter qu'elle reparte, et en la draguant sans cesse pour qu'elle demeure navigable jusqu'au port de Bayonne. Auparavant, elle se promenait entre Vieux-Boucau (Port-d'Albret) et Bayonne, derrière le cordon de dunes qui lui barrait le passage jusqu'à ce qu'une tempête lui ouvre un accès provisoire à la mer ; elle s'arrêtait parfois à Capbreton, en regard du Gouf où structuralement, elle devrait demeurer. Au sud, les plages de l'Anglet imprudemment urbanisées ont été plusieurs fois ravagées ; on les maintient tant bien que mal au moyen d'énormes épis qu'il faut constamment réparer.

La zone côtière d'Aunis et de Saintonge et les îles sont légèrement sismiques (I_A très faible).

1.6.4.4 Autres bassins

D'innombrables bassins de plus petites dimensions et de tous âges sont disséminés dans les grandes structures hercyniennes et alpines ; ils en font partie mais se distinguent par leurs caractères propres, ceux de tous les bassins, structures et morphologies de grabens ou cuvettes, séries sédimentaires continues relativement homogènes, peu tectonisées ou de façon différente : grabens d'Alsace, des Limagnes..., bassins armoricains de Châteaulin et de Rennes, houillers du Massif central, du Crétacé supérieur (Arc, Beausset...) et de l'Oligocène (Manosque, Marseille...) en Provence...

1.6.5 L'outre-mer

À une dizaine de milles à l'ouest de l'extrémité de la péninsule de Benin, au sud de Terre-Neuve, Saint-Pierre-et-Miquelon est un petit archipel ≈ N-S de quatre îles épicontinentales appartenant à la bordure appalachienne de la plate-forme nord-américaine. Le substratum de ce petit espace de massif ancien très tectonisé (plis et failles ≈ NE-SW) montre une surprenante variété de roches magmatiques (gabbros, basaltes...), métamorphiques (gneiss et micaschistes amphibolitiques...) et sédimentaires (grès, argiles schisteuses, calcaire...), rabotées par l'inlandsis nord-américain. L'ensemble, de faible altitude excepté le centre de la grande Miquelon, est couvert d'un tapis morainique parsemé de marécages tourbeux, en falaises instables sur les côtes ; les trois îles de Miquelon sont reliées par de minces et fragiles tombolos ; quelques petites îles et écueils rocheux entourent Saint-Pierre.

La Guadeloupe et la Martinique sont des îles volcaniques d'arc de subduction actif ; elles ont une activité sismique importante (moyenne II) et des volcans peu actifs mais explosifs ; au cours d'éruptions très dangereuses, difficilement prévisibles, heureusement peu fréquentes ils émettent des laves très visqueuses qui se figent en dômes entourés de pyroclastites. L'archipel de la Guadeloupe est formé de deux îles principales, Basse-Terre au sud et Grande-Terre au nord séparées par l'étroit canal de la Rivière salée, et à peine éloignées d'elles, par La Désirade, Marie-Galante et Les Saintes. Basse-Terre est une île montagneuse entièrement volcanique : la Soufrière y émet en permanence des fumerolles et produit parfois des éruptions phréatiques et des lahars dans les torrents très pentus qui en descendent, en particulier vers l'abrupte côte atlantique ; la sismicité est continue avec quelques pointes avant et pendant les éruptions. Grande-Terre est un plateau vallonné plutôt sec, sans cours d'eau important, fait d'une dalle de calcaire karstique posée sur un socle volcanique et couverte d'argile sableuse ; la côte ouest basse, marécageuse, borde un lagon corallien ; la côte est a des hautes falaises qui, exposées aux tempêtes atlantiques, s'écroulent fréquemment ; entre les deux îles, l'isthme de la Rivière salée est une petite plaine marécageuse. La Martinique est entièrement volcanique ; le sud a un relief de collines (mornes) parsemées de petites cuvettes alluviales débouchant au sud sur de grandes plages séparées par des caps rocheux ; le nord est montagneux, très accidenté. La montagne Pelée n'a pratiquement pas de manifestations volcaniques entre ses éruptions explosives très violentes ; le centre-ouest est occupé par la plaine alluviale du Lamentin ; la côte atlantique rocheuse, découpée est bordée de récifs coralliens ; les torrents sont courts, très pentus, très maigres à la saison sèche.

Sur la bordure atlantique du nord de la plate-forme amazonienne, l'intérieur de la Guyane est un plateau incliné vers la côte, qui sépare les bassins des deux fleuves frontières, Maroni et Oyapock. Il est constitué de granite et gneiss profondément arénisés et kaolinisés avec des escarpements de roches dures ; vers le nord-ouest, il est bordé par un ensemble discordant de roches détritiques plissé en synclinorium qui passe à une bande de sable et argile kaolinique modelée en collines dominant la plaine alluviale côtière marécageuse, large de 10 à 50 km ; la côte est basse, à cordons littoraux, lagunes…

La Réunion est une île océanique de point chaud entièrement volcanique, montagneuse, très élevée et très accidentée : les caldeiras d'éruptions successives ont de hautes parois subverticales et l'érosion très forte en raison de précipitations énormes, modèle des versants abrupts dans des empilements de coulées de laves dures et de couches de pyroclastites. Le Piton de la Fournaise est très actif mais pas dangereux : avant d'entrer en éruption il prévient par de petits séismes et produit sans explosions des coulées de lave fluide dans une zone assez bien délimitée vers le sud ; des torrents abondants et très rapides sortent des cirques de montagne par des gorges étroites et menacent de crues souvent ravageuses les petites plaines alluviales dans lesquelles ils débouchent ; il y a des récifs coralliens frangeants sur la côte ouest ; la côte sud est instable en raison des glissements qui affectent l'Enclos au sud du cratère actif.

La Nouvelle-Calédonie est une île-continent montagneuse longue et étroite, entourées de récifs barrières coralliens ; sa structure est proche de celle d'une chaîne alpine, avec un socle de massif primaire métamorphique noyé dans une chaîne sédimentaire détritique et schisteuse triasique à jurassique, plissée selon la direction NNW-SSE de l'allongement de l'île, fracturée et métamorphisée, modelée en croupes gréseuses, dépressions schisteuses et crêts calcaires. L'ensemble est couvert en discordance par une formation détritique crétacée à éocène peu déformée, chevauchée par une nappe d'ophiolites (gabbros, péridotites et basaltes océaniques) qui affleure en continu au sud et sur de nombreux klippes au centre et au nord, formant des massifs coiffés de cuirasses latéritiques nickélifères, limités par des abrupts qui dominent des dépressions de basalte très altéré. À une cinquantaine de miles à l'est, les îles Loyauté sont des plates-formes de calcaire corallien karstique surmontant des volcans éteints submergés d'arc insulaire parallèle à la Grande Île.

Les autres îles du Pacifique sont des montagnes volcaniques entourées de récifs-barrières coralliens, des atolls ou des plates-formes de calcaire corallien surmontant des volcans éteints ; l'érosion marine des récifs produit une couverture littorale détritique de sable et débris et blocs plus ou moins volumineux. Dans les zones montagneuses, lors de violentes précipitations cycloniques, les torrents ont de fortes crues rapides et les versants sont affectés de glissements et coulées de boues.

2 ÉLÉMENTS
DE GÉOMÉCANIQUE

La géomécanique – que l'on confond généralement avec la géotechnique – n'est que son outil mathématique, nécessaire mais insuffisant. Son but est de poser mathématiquement et de résoudre par le calcul les problèmes types de la géotechnique, au moyen de modèles de formes et de comportements schématiques : stabilité d'un talus naturel, de remblais ou de déblais, d'une excavation souterraine, d'un soutènement ; rupture et/ou tassement de fondation ; débit de puits, épuisement de fouille, drainage…

Ses branches sont la mécanique des sols, la mécanique des roches, l'hydraulique souterraine et une partie de la géophysique : l'étude du comportement mécanique des formations meubles de couverture, les sols de la géomécanique, ressortit à la mécanique des sols, la plus ancienne, la plus connue et la plus pratiquée de ces disciplines parce que la plupart des problèmes géotechniques se posent pour la mise en œuvre de ces formations lors de la construction de la plupart des ouvrages. La mécanique des roches en est une adaptation pour les études d'ouvrages profonds ; l'hydraulique souterraine concerne l'écoulement de l'eau dans le sous-sol sous l'effet de la gravité et/ou par pompage ; le sismique et la gravimétrie sont les parties mécanistes de la géophysique.

Adaptation de celle de la mécanique générale, la démarche théorique de la géomécanique consiste à construire le modèle de forme d'un milieu type et à choisir le modèle de son comportement, adaptés au contexte et à la résolution du problème posé, puis à les manipuler pour obtenir le résultat attendu par le calcul. Les modèles doivent être assez simples pour que leur manipulation mathématique soit commode et efficace : l'espace géomécanique de calcul est à deux dimensions dans le plan des contraintes principales maximale et minimale. Les figures sur ce plan sont les coupes perpendiculaires de modèles de formes infinis selon l'axe de la contrainte moyenne ; leurs limites sont généralement des segments de droite et des arcs de cercle, plus rarement des arcs d'ellipse, de spirale logarithmique, de cycloïde… ; l'extension des parties non limitées des figures est infinie. Le milieu qui occupe le modèle de forme est continu, homogène, isotrope, libre de contraintes confinées et immuable ; son comportement est caractérisé par une ou deux qualités (résistance, perméabilité, compressibilité…) quantifiées par des paramètres mesurés *in situ* ou sur échantillons selon des procédures normalisées. Le modèle de forme isolé est soumis à un modèle de comportement, généralement une relation cause/effet déterministe : une action mécanique extérieure (force, pression) produit une réaction du modèle (déplacement, déformation) et/ou du milieu (contrainte, rupture, écoulement…). Dans la plupart des cas, on calcule la grandeur de l'effet selon l'« intensité » de la cause par une formule biunivoque issue d'un calcul d'intégration théorique : on obtient l'état statique final que le modèle de forme atteint instantanément à partir de son état statique initial. Ainsi, un événement géomécanique est l'effet instantané d'une action isolée intemporelle ; il est déterminé par une « loi » qui contraint l'action ; on peut le reproduire à l'identique n'importe où et n'importe quand ; le milieu dans lequel il se manifeste est transformé instantanément ; il n'évolue pas. Ce n'est évidemment pas ainsi que se produisent les événements naturels et les comportements réels induits par les ouvrages.

Le comportement mécanique type du géomatériau gêné soumis à un effort est de se déformer et/ou de rompre. Le matériau est constitué de matière minérale généralement plus ou moins sablo-argileuse et d'eau. Une partie de cette eau, l'eau libre, est mobile et peut s'écouler sous l'action d'un gradient de pression. Si l'on néglige le rôle de l'eau dans le comportement du géomatériau, son modèle mécanique est un milieu monophasique ; l'effort a un effet mécanique. Si l'on ne néglige pas ce rôle, son modèle est un milieu biphasique au comportement plus complexe ; l'effort a un effet mécanique et un effet hydraulique : sous l'effet d'une charge, le géomatériau devient plus compact et moins perméable…

L'effort type auquel le géomatériau est soumis est une force de volume et/ou extérieure dérivée de la gravité, appliquée à des surfaces horizontales ou obliques, provoquant des compressions, des extensions, des torsions et/ou des cisaillements. Si l'effort est à la mesure des caractères mécaniques du matériau, de telles déformations ne sont pratiquement jamais petites et instantanées, de sorte que l'on devrait considérer que le temps est un des paramètres du comportement : lors d'un chargement progressif croissant, chaque palier de chargement provoque une déformation croissante dans le temps, de plus en plus rapide et dans un laps de temps de plus en plus long ; lors d'un déchargement éventuel, si l'effort maximal est resté faible eu égard à la compacité du matériau, une déformation inverse mais moins importante et moins rapide se produit généralement. En négligeant le temps, la valeur asymptotique de la déformation est considérée comme atteinte globalement, uniformément et instantanément dans la totalité du milieu sans inertie ; la relation effort/déformation décrit un comportement élastoplastique en trois étapes : lors de la première étape, tant que l'effort peut être considéré comme faible, la déformation s'accroît modérément et lentement en tendant vers une valeur asymptotique, la relation est à peu près linéaire, la partie de courbe correspondante est un segment de droite : la déformation est élastique. Lors de la deuxième étape, au-delà d'un certain palier de l'effort, la déformation s'accroît rapidement, s'accélère et tarde de plus en plus à se stabiliser, la relation est polynômale, la partie de courbe est à peu près parabolique : la déformation est plastique. Lors de la troisième étape, un dernier palier d'effort peut provoquer une déformation indéfinie à effort constant, la relation est linéaire, la partie de courbe est une demi-droite parallèle à l'axe des déformations : la déformation est un fluage ; il peut aussi provoquer une rupture fragile si le matériau éclate en débris, cassante s'il se sépare en deux parties selon un plan de glissement, ductile s'il s'écrase progressivement (*Fig. 1.2.2.a*).

Les formes et les durées de chacune de ces étapes sont très variables selon les qualités mécaniques du matériau et les circonstances de l'expérience ; on l'interprète de différentes façons selon que l'on privilégie la nature, la compacité ou le confinement du matériau :

- l'élastoplasticité à rupture ductile correspond à un matériau argileux purement cohésif, ou très compact ou sous très forte pression de confinement ;

- l'élastoplasticité à rupture cassante ou fragile correspond à un matériau sableux purement frottant, ou peu compact ou sous faible pression de confinement ;

- entre ces deux extrêmes, l'élastoplasticité à rupture progressive ou à effet retardé correspond à des matériaux qui sont un peu de tout cela : un même matériau peut présenter un comportement d'élastoplasticité à rupture fragile sous faible pression de confinement et tendre vers ou même atteindre l'élastoplasticité à rupture ductile sous forte pression, en passant par des ruptures de plus en plus progressives de la fragilité à la ductilité alors que la pression de confinement augmente.

Lors d'un essai géomécanique, les valeurs retenues du couple effort/déformation sont celles atteintes dans un laps de temps convenu au bout duquel elles paraissent stables à la précision des mesures près ; pour limiter la durée de certains essais, on fixe ce laps de temps de façon plus ou moins arbitraire.

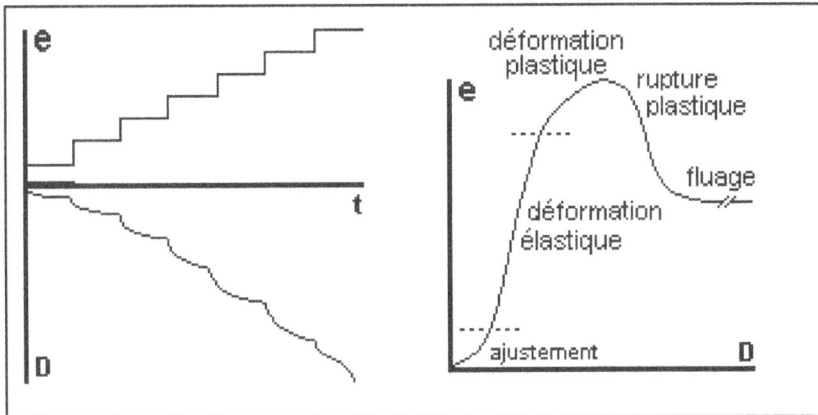

Figure 2 – L'élastoplasticité

Les milieux, les modèles de forme et de comportement de la géomécanique devraient être compatibles avec ceux de la géologie, mais ils ne peuvent manifestement pas l'être (*Fig. 1* et *3.8*) : la lithologie indique que les roches sont bien plus diverses et variées que les milieux de la géomécanique, réduits à trois « sols » types, des sols meubles – sable (frottant) et argile (plastique) éventuellement mêlés en quantités variables – et des roches dures – quelle qu'en soit la nature (élastique ?). La géologie structurale et la géomorphologie indiquent que les formes naturelles des formations rocheuses ne peuvent jamais être réduite à des formes géométriques simples : aucun géomatériau n'est homogène et isotrope, indéfiniment identique à lui-même vers la profondeur et latéralement ; la surface du sol, d'une strate, d'une faille n'est jamais plane et ne fait jamais un angle constant par rapport à un repère horizontal ou vertical ; aucun pli n'est cylindrique… La géodynamique indique que le géomatériau altérable n'est pas immuable, qu'il ne réagit pas instantanément et de façon convenue aux diverses actions auxquelles il peut être soumis…. Ainsi, la démarche géomécanique strictement déterministe conduit bien à un résultat mathématique précis, mais pour l'obtenir, il a fallu schématiser la réalité géologique de sorte qu'il n'a qu'une valeur pratique d'ordre de grandeur ; on le minore donc au moyen d'un coefficient de sécurité afin que l'ouvrage projeté et construit sur sa base soit solide, propre à sa destination et le reste sans subir de dommages ; pour éviter de surdimensionner l'ouvrage, ce coefficient doit être aussi petit que possible, mais on ne sait pas comment y parvenir par le calcul, car son imprécision n'est pas que métrologique. La critique géologique du résultat géomécanique est donc nécessaire : en effet, que veulent dire les mots stabilité et équilibre, qui appartiennent à la statique, appliqués à des sites et/ou des ouvrages, sièges et/ou objets de déplacements évidemment dynamiques, suivant qu'ils désignent les résultats de calculs ou ceux d'observations géologiques ? La géomécanique, qui ne connaît que la rupture instantanée, indique que tel talus de hauteur et pente données, constitué d'un matériau meuble de densité, teneur en eau, cohésion c et angle de frottement φ donnés, est stable. L'observation géologique de son site amène à en douter ; le talus demeure apparemment stable, parfois fort longtemps : le calcul avait raison ; un glissement se produit, souvent à la suite d'un orage : l'observation n'était pas trompeuse – le calculateur avait oublié ou ignoré qu'entre temps, la roche s'altèrerait : au moment du glissement, les valeurs de la densité, de la teneur en eau, de la cohésion et de l'angle de frottement du matériau n'étaient plus celles utilisées pour le calcul, et le modèle de comportement ne permettait pas d'intégrer la variabilité naturelle de ces constantes mathématiques par altération du matériau. À géométrie constante, on peut estimer par itération les valeurs des paramètres correspondant à un glissement possible ; mais on ne saura pas comment et quand elles seront éventuellement atteintes.

2.1 Les théories

Au moyen de courbes graphiques temps/contraintes/déformations, l'analyse qualitative de ce comportement complexe est possible mais insuffisante pour obtenir un résultat particulier. Pour obtenir mathématiquement un tel résultat, il faut analyser chaque étape du comportement au moyen d'une théorie trop spécifique d'un problème type pour être généralisée sans devoir recourir à des développements compliqués et mal fondés. Ainsi, dans l'état actuel de nos connaissances mais sans doute par essence, une théorie unitaire de la géomécanique ne peut pas être formulée : c'est ce que pensaient la plupart des praticiens (Collin, Fellenius, Terzaghi…), mais pas toujours les théoriciens (Poncelet, Boussinesq, Caquot…).

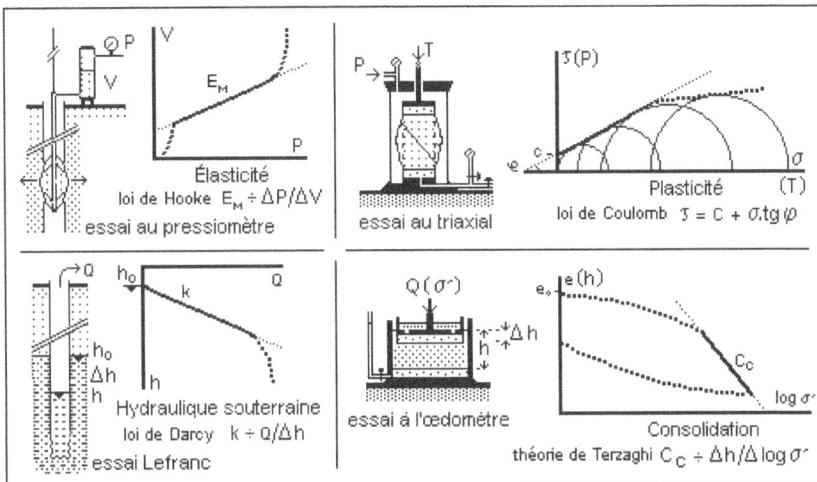

Figure 2.1.1 – Formulation linéaire des théories géomécaniques
Élasticité, loi de Hooke – Plasticité, loi de Coulomb
– Hydraulique, loi de Darcy – Consolidation, théorie de Terzaghi

Or les théories fondamentales de la géomécanique sont circonstancielles : elles ont été formulées par leurs auteurs respectifs qui étaient des ingénieurs praticiens pour résoudre des problèmes techniques très spécifiques que posaient la conception et la construction d'objets et/ou d'ouvrages nouveaux, en s'appuyant sur des observations de phénomènes qu'ils supposaient influents et sur des expériences simples, de courte durée, que la géomécanique appelle essais. La formulation linéaire de ces théories est une schématisation qui correspond à de courts intervalles de définition, car les moyens d'expérimentation et de calcul dont ils disposaient n'en permettaient pas davantage, et la simplicité relative des ouvrages qu'ils devaient construire n'en exigeait pas plus ; elles ont ensuite facilité les développements des théories ; elles facilitent toujours nos calculs pratiques.

Les essais que l'on réalise pour mesurer les paramètres des matériaux du sous-sol d'un site, *in situ* au cours de sondages ou au laboratoire sur des échantillons sont en fait des expériences de validation de ces théories… dont les résultats ne sont pas toujours très convaincants, car l'alignement des points représentatifs des mesures n'est obtenu qu'au moyen de plus ou moins de lissage.

2.1.1 Théorie de l'élasticité

La théorie de l'élasticité est fondée sur la loi de Hooke qui a été développée par Young et Poisson.

L'expérience de Hooke décrit le comportement élastique d'un fil métallique tendu par une force de traction F : le fil, de longueur L, de diamètre D et de section S, s'allonge et rétrécit de quantités proportionnelles à cette force d'intensité limitée pour qu'il retrouve ses dimensions initiales quand elle cesse. Pour l'allongement, le facteur de proportionnalité est le module de Young E_Y, tel que $F/S = -E_Y * \Delta L/L$; pour le rétrécissement, le facteur de proportionnalité est le coefficient de Poisson ν, tel que $\Delta D = -\nu * \Delta L * E_Y$ et ν sont les constantes caractéristiques du matériau comprimé ou étiré.

En mécanique des milieux continus, la loi de Hooke s'exprime en termes de relation linéaire contrainte/déformation : les formules s'écrivent $\varepsilon_x = \sigma_x/E_Y$ et $\varepsilon_y = \varepsilon_z = -\nu * \varepsilon_x$ avec ε_x, ε_y, ε_z composantes de la déformation dans les trois directions d'axes et σ_x contrainte uniaxiale selon l'axe x.

Un fil métallique tendu n'a pas grand-chose à voir avec le géomatériau ; néanmoins, la loi de Hooke a été adoptée par les géomécaniciens dans sa forme de la mécanique des milieux continus monophasiques, mais les modules généralement de compression bi- ou triaxiale qu'ils manipulent en s'y référant, n'ont que des ressemblances de principe avec le module de Young de traction uniaxiale. Sans en donner une définition claire, les géomécaniciens parlent donc de milieu pseudoélastique et définissent autant de modules « élastiques » différents que d'appareils d'essais et de méthodes d'exploitation. La théorie de l'élasticité peut ainsi s'appliquer à certains comportements mécaniques des sols et des roches, et à leur comportement sismique.

Plusieurs essais *in situ* et de laboratoire permettent de mesurer de tels modules. L'essai *in situ* au pressiomètre est le plus courant et le plus simple d'entre eux ; les valeurs du module ainsi obtenues doivent être utilisées dans le cadre strict de la méthode pressiométrique dont les formules d'application ne conduisent à des résultats pratiques acceptables qu'avec des valeurs de module pressiométrique que seul l'essai pressiométrique fournit ; leur utilisation dans un autre cadre serait toujours incorrecte. Cet essai consiste à mesurer la variation de volume d'une cellule dilatable placée à une profondeur donnée dans un forage, en fonction de la pression hydrostatique ; on établit le diagramme volume/pression, puis on tire, de la partie à peu près rectiligne de ce diagramme censée modéliser la déformation pseudoélastique, la valeur du module pressiométrique au moyen d'une formule empirique $E_M \approx K * \Delta p/\Delta V$, dans laquelle K est un coefficient de forme dépendant des caractéristiques et du comportement de la cellule utilisée, de la progression et de la durée des paliers de pression, et qui permet de donner à ce « module » la dimension d'une pression. La pression de fluage p_f et la pression limite p_l qui, en principe, correspondent respectivement au seuil de plasticité et au point de rupture, se déterminent directement sur la courbe pressiométrique, souvent par estimation, car on ne les atteint pas si le matériau résiste à la pression maximum que peut développer la cellule.

2.1.2 Théorie de la plasticité et de la rupture

La théorie de la plasticité et de la rupture la plus couramment utilisée en géomécanique est fondée sur la loi de Coulomb et concerne plus particulièrement les matériaux sablo-argileux meubles, traditionnellement étudiés par la mécanique des sols.

S'occupant d'abord de l'équilibre d'un véhicule sur un plan incliné, Coulomb avait établi une formule qui lie linéairement la résistance au glissement T d'un patin sur un plan dont l'inclinaison varie, à l'effort gravitaire normal de contact N qu'il exerce sur lui et à l'angle φ du plan : T = N$_*$tgφ. S'occupant ensuite des glissements de remblais lors de leur mise en place par gravité et sans compactage, il avait constaté que la pente de talus du remblai ne peut pas dépasser un certain angle qui dépend du matériau. Il avait aussi constaté qu'au bout d'un certain laps de temps, le remblai se compacte plus ou moins sous l'effet de son propre poids ou éventuellement d'un compactage et demeure généralement stable, même si son talus acquiert une pente supérieure à sa pente initiale, qui peut être verticale si sa hauteur ne dépasse pas une certaine valeur dépendant de la nature et de la compacité du matériau. En identifiant la pente du talus à l'inclinaison du plan et en appelant cohésion c la qualité acquise par le remblai en vieillissant, Coulomb a établi une formule linéaire permettant de prévoir la rupture par cisaillement d'un tel remblai : $\tau = c + \sigma_*$tgφ dans laquelle τ est la contrainte tangentielle (T), σ la contrainte normale (N), c et φ les constantes caractéristiques du matériau de remblai et de sa compacité. En fait, c et φ dépendent de σ et la courbe représentative de cette fonction est une demi-parabole dite *courbe intrinsèque du matériau* que l'on convertit en droite par lissage. Si le point représentatif de l'état du matériau caractérisé par un couple c/φ est situé au-dessous de la demi-droite de Coulomb, c et φ sont virtuels, le matériau se déforme élastiquement ; s'il est sur la courbe, il est à sa limite d'adhérence au-delà de laquelle à la fois naît le glissement et se produit la rupture ; s'il est au-dessus de la droite, c disparaît et une partie de φ persiste, il glisse plastiquement.

Par convention, on appelle *milieu purement frottant* celui dont la cohésion est nulle, et *milieu purement cohérent* celui dont l'angle de frottement est nul. Dans le premier cas, $\tau = \sigma_*$tgφ, la demi-droite de Coulomb passe par l'origine O et dans le second, $\tau = c$, elle est parallèle à l'axe Oσ. Il n'existe pratiquement pas de tels matériaux naturels ; ils présentent tous plus ou moins de frottement et de cohésion : si c est petit devant σ_*tgφ, le matériau est frottant ; si c est grand, le matériau est cohésif ; si c est très grand, la loi de Coulomb n'est plus pertinente, le matériau est dur et cassant, on le caractérise mieux par sa résistance à la compression simple R_c.

Plusieurs essais de terrain et de laboratoire permettent de mesurer la cohésion et l'angle de frottement d'un géomatériau. L'essai de laboratoire par cisaillement plan à la boîte de Casagrande est le plus courant et le plus simple. Les valeurs de couples génériques c/φ ainsi obtenues peuvent être utilisées pour la plupart des applications pratiques : plusieurs éprouvettes sont successivement placées entre deux pierres poreuses, dans deux coquilles rigides superposées, dont l'une est fixe et l'autre coulissante ; on exerce un effort de compression constant N à la partie supérieure de l'éprouvette, un effort de traction T augmentant à vitesse constante sur la coquille coulissante et on mesure son déplacement jusqu'à la rupture pic dans le plan de coulissage, la seule pratiquement observable. On construit directement la demi-droite de Coulomb à partir des couples T/N correspondant à la rupture de chaque éprouvette soumise à un effort de compression différent.

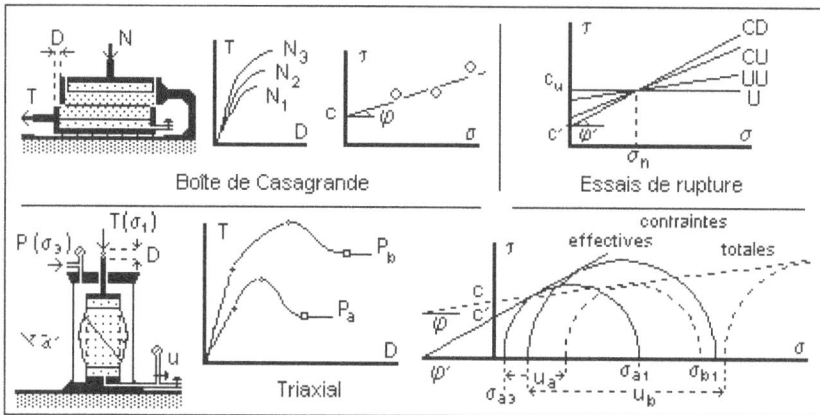

Figure 2.1.2 – Plasticité et rupture

Selon que l'on compacte ou non le matériau des éprouvettes et que l'on tracte plus ou moins rapidement, on réalise un essai consolidé, drainé ou lent, CD, censé modéliser le comportement naturel à long terme ou un essai non consolidé, non drainé rapide, UU, censé modéliser le comportement naturel à court terme. Ils donnent respectivement des couples c/φ différents qui n'ont rien de naturel à quelque terme que ce soit ; long et court termes sont en fait indéterminés. En pratique, on maîtrise mal le drainage de l'éprouvette et donc l'état de consolidation du matériau ; ainsi, on réalise plutôt un essai à peu près consolidé, ni trop rapide ni trop lent, qui donne un couple c/φ générique, largement suffisant pour les applications courantes. L'essai au triaxial permet de réaliser tous les types d'essais ; c'est très long, très compliqué et les résultats obtenus sont rarement nécessaires en pratique.

L'essai de résistance à la compression simple consiste à comprimer longitudinalement jusqu'à son écrasement ou sa rupture un échantillon cylindrique droit qui doit être suffisamment consistant pour ne pas se déformer sous l'effet de son propre poids ; il ne nécessite qu'une presse, un anneau dynamométrique et éventuellement une règle pour mesurer la diminution de hauteur de l'échantillon avant sa rupture. R_c est le paramètre pratique qui caractérise le mieux les matériaux très résistants à rupture fragile ; on admet que $R_c \approx 2c$, ce qui assimile ces matériaux à des milieux purement cohésifs (?).

2.1.3 Théorie de la consolidation

Les théories précédentes concernent les milieux monophasiques. Le comportement beaucoup plus complexe des milieux biphasiques est l'objet de la théorie de la consolidation proposée par Terzaghi.

Sous l'action constante de son propre poids dans la nature ou sous celle d'une charge extérieure, un matériau meuble aquifère se consolide de plus en plus à mesure que le temps passe : son indice des vides et sa teneur en eau diminuent, sa densité et sa résistance mécanique augmentent ; le phénomène naturel est la partie mécanique de la diagenèse qui transforme les sédiments meubles en roches sédimentaires à l'échelle du temps géologique ; le phénomène induit par une charge extérieure verticale comme le poids d'un ouvrage est un tassement à l'échelle du temps humain. À l'inverse, si l'action est une décharge, l'indice des vides et la teneur en eau du matériau augmentent, sa densité et sa résistance mécanique diminuent ; le phénomène naturel est la partie mécanique de l'altération qui transforme les roches dures en altérites meubles ; le phénomène induit est un gonflement – talus de déblais, fond de fouille, parois de galerie… Dans certaines circonstances, le géomatériau peut alternativement tasser en se desséchant et gonfler en s'hydratant (*Fig. 1.4.3.c*).

Le matériau se consolide si la charge est constante et si l'eau libre qu'il contient peut circuler. Il se produit d'abord une consolidation primaire, tassement important par expulsion d'eau, et donc diminution jusqu'à l'annulation de la surpression et déformation de la structure minérale du matériau ; il se produit ensuite une consolidation secondaire, tassement nettement moins important par écrasement de la structure. En fait, la consolidation secondaire débute dès le début de la charge, mais elle est alors masquée par la consolidation primaire. L'extension résultant de la décharge en cours de consolidation primaire entraîne la détente de la structure du matériau ; le gonflement compense plus ou moins le tassement primaire mais pas le tassement secondaire (*Fig. 2.1.3*) ; au total, le matériau plus consolidé qu'à l'origine et dont l'indice des vides et la teneur en eau ont diminué, est devenu plus dense, plus résistant, et moins perméable.

Selon cette théorie, la composante normale σ de la contrainte totale résultant de la charge extérieure sur le matériau aquifère peu perméable dans son ensemble peut s'exprimer comme la somme de la surpression interstitielle u résultant de la charge sur l'eau et de la contrainte effective σ' résultant de la charge sur le matériau : $\sigma = \sigma' + u$; les contraintes tangentielles totale τ et effective τ' sont égales puisqu'il n'y a pas de contrainte tangentielle dans l'eau ; la déformation est pseudoélastique. Sous faible charge et/ou faible durée d'application, l'eau ne circule pratiquement pas dans le matériau qui paraît imperméable ; l'effet de la charge serait alors entièrement supporté par l'eau incompressible : la surpression interstitielle ne se dissiperait pas et le matériau ne se déformerait pas. Cela ne se produit jamais en réalité ; sous faible charge et longue durée d'application, la pression interstitielle varie d'autant plus vite que le matériau est plus perméable, mais à mesure qu'il se consolide, sa perméabilité diminue ; à la limite, il acquiert ainsi un état à peu près stable et la variation de déformation (le tassement) cesse.

Le rapport contrainte/déformation n'est pas constant comme le module de Young du comportement élastique linéaire ; il dépend de la pression interstitielle et de ses variations qui, elles, dépendent de la perméabilité du matériau ; la durée du tassement mais non sa valeur dépendent aussi de la perméabilité. Pour pouvoir traiter la relation contrainte/déformation du tassement primaire au moyen d'une formule biunivoque facilitant les calculs d'application, Terzaghi a défini une constante curieuse, l'indice de compression C_c qui lie l'indice de vides du matériau e au logarithme décimal de la contrainte effective σ' : $C_c = -\Delta e / \Delta\log\sigma'$ et pour traiter sa relation déformation/temps, il a défini une autre constante, à peine moins étrange, le coefficient de consolidation C_v.

Dans un œdomètre, on soumet une éprouvette frettée, saturée et drainée, de section d'environ 50 cm^2, hauteur d'environ 3 cm, à un effort axial croissant puis décroissant par paliers dont les durées sont adaptées aux réponses du matériau. Selon le nombre de paliers et la perméabilité du matériau, un essai peut durer de quelques jours à plus d'un mois ; à chaque palier, on mesure la déformation de l'éprouvette, tassement puis gonflement, en fonction du temps, jusqu'à la stabilisation à la pression de consolidation correspondante. Parallèlement, on calcule l'indice des vides initiaux e_0 puis l'indice e correspondant à chaque état de consolidation du matériau en fonction du rapport déformation/épaisseur de l'éprouvette $\Delta e = (1 + e_0)*\Delta h/h$.

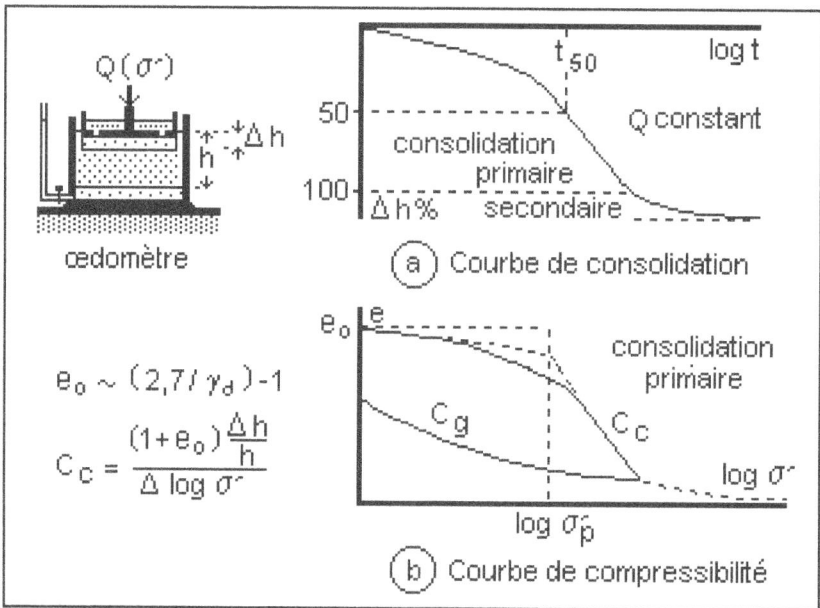

Figure 2.1.3 – Consolidation

En coordonnées semi-logarithmiques, on trace la courbe de consolidation $\Delta h\%$ / logt pour un palier ; sur cette courbe, on détermine le temps t_{50} nécessaire pour obtenir 50 % de la déformation correspondant à la consolidation primaire et l'on calcule le coefficient de consolidation C_v à la pression du palier : $C_v \approx 0,2/t_{50}*h^2/4$. Le calcul de C_v tel que l'a défini Terzaghi impose de mesurer le coefficient de perméabilité du matériau : $C_v = k_*(1 + e) / C_c$.

Toujours en coordonnées semi-logarithmiques, on trace la courbe de compressibilité e/logσ' ; dans la zone tassement; elle présente généralement deux parties droites dont l'abscisse du point d'intersection correspond à ce que l'on considère comme la pression de consolidation du matériau en place σ_p'. La pente de la deuxième partie droite de la courbe mesure le coefficient de consolidation $C_c = \Delta e / \Delta(log\sigma')$; dans la zone gonflement, la pente d'une troisième partie mesure de façon analogue le coefficient de gonflement C_g. Le module œdométrique aux alentours de σ' s'obtient par la formule $E_{œd} = 2,3*\sigma'*(1 + e_0) / C_c$.

Tout cela est bien compliqué ; les hypothèses sur lesquelles est fondée la théorie de la consolidation sont problématiques : écoulement de l'eau selon la loi de Darcy, coefficient de perméabilité constant au cours de la consolidation, eau incompressible, structure pseudoélastique du matériau ; mais aussi curieux que cela paraisse, c'est efficace en pratique si l'on s'en tient aux ordres de grandeur.

2.1.4 Théorie de l'hydraulique souterraine

La théorie de l'hydraulique souterraine est fondée sur la loi de Darcy (*voir 1.4.2.2*), qu'il a établie pour calibrer des filtres à sable. Il a minutieusement décrit ses expériences et leurs résultats, de sorte que l'on peut encore évaluer la pertinence de cette loi.

Lors des quatre expériences dont il rend compte, Darcy a mesuré le débit de l'eau en régime permanent Q à travers un filtre à sable vertical de 2,5 m de hauteur et de 0,35 m de diamètre, en faisant varier la nature et la granulométrie du sable, la hauteur de matériau filtrant L, la charge d'eau Δh. Il a calculé les rapports $Q/\Delta h$ correspondants et en a déduit la formule $Q = k_*\Delta h_*S/L$ que l'on peut aussi écrire $Q/S = k_*\Delta h/L$ (*Fig. 1.4.2.2*). En fait, les résultats de la première expérience portant sur dix mesures peuvent se mettre sous la forme $\Delta h \approx 0,3Q + 0,003Q^2$: le terme du second degré était effectivement assez faible pour être négligé pour de faibles débits ; en négligeant ce terme, l'imprécision de ses résultats pour une vingtaine de mesures est de l'ordre de 15 %. Darcy en déduit avec une prudence dont nous avons oublié la pratique : « *Il paraît donc que pour un sable de même nature, on peut admettre que le volume débité est proportionnel à la charge et en raison inverse de l'épaisseur de la couche traversée.* » Selon son auteur lui-même, cette loi très déterministe ne l'est donc pas tant que cela : pour qu'elle soit valable, les écoulements doivent être laminaires, ce dont on a fait une condition nécessaire de validité de la loi de Darcy dans les conditions de son utilisation actuelle. Évidemment, à mesure que le débit augmente, le terme du second degré qui correspond à un écoulement turbulent devient de plus en plus influent et on ne peut plus le négliger ; on le constate facilement en fin d'essais Lefranc ou de pompage dans les forages, quand le niveau de l'eau dégringole brusquement à proximité du débit limite de l'ouvrage.

Au laboratoire, la perméabilité se mesure au moyen de perméamètres à charge constante ou variable selon la perméabilité du matériau et donc selon la quantité d'eau mobilisable dans un laps de temps acceptable. Les matériaux à très faible cohésion comme les sables et les graves aquifères sont quasiment impossible à carotter ; on ne peut donc pratiquement pas mesurer leur perméabilité à charge constante ; Darcy l'avait fait, mais sur des sables homométriques remaniés de filtre. Pour les matériaux plus ou moins argileux, les essais à charge variable sont difficiles à réaliser correctement et leurs résultats sont incertains, car ils sont influencés par la physico-chimie de l'eau utilisée et par le contact matériau/paroi de l'appareil qui est zone d'écoulement privilégié. Les essais *in situ* sont plus efficaces (*Fig. 2.2.3.b*).

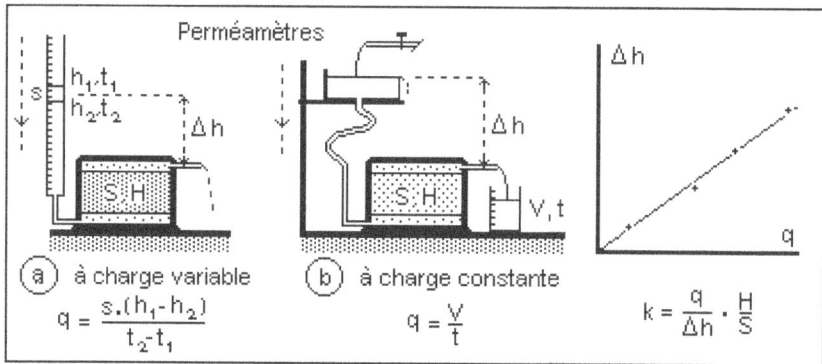

Figure 2.1.4 – Perméamètres

Lors d'un essai à charge constante, on mesure les débits stabilisés correspondant à des charges successivement augmentées ; on trace ensuite le diagramme débit/charge qui doit être une droite lissée dont on tire la perméabilité par la formule de Darcy.

Un œdomètre aménagé peut être utilisé comme perméamètre à charge variable en cours d'essai de compressibilité afin de pouvoir calculer C_v selon la formule de Terzaghi. De cette façon, on vérifie aussi que, comme cela est logique mais contraire aux hypothèses, la perméabilité du matériau varie avec sa compacité.

2.2   Les méthodes de calcul

Ces théories ont été développées pour faciliter la résolution de problèmes types au moyen de méthodes graphiques et/ou analytiques relativement simples à utiliser ; on n'a pu le faire qu'en multipliant les hypothèses simplificatrices ; les méthodes les plus simples en imposent le plus et doivent donc être utilisées avec circonspection pour résoudre des problèmes pratiques.

La plupart des formules géomécaniques ont des expressions très compliquées, souvent trigonométriques ; il était pratiquement impossible de les utiliser sans risque d'erreur avec du papier et un crayon et de vérifier leurs résultats ; c'est la raison pour laquelle les tables et abaques de résultats partiels ont été établis en grand nombre et sont toujours utilisés, bien qu'on puisse désormais effectuer ces calcul automatiquement sans risque d'erreur – sauf de données… en vérifiant tout de même le résultat au moyen de l'abaque correspondant.

Dans le modèle élastoplastique de Hooke/Coulomb (enchaînement d'une déformation élastique puis d'un glissement plastique), on considère que le milieu monophasique a un comportement élastique jusqu'à ce qu'il rompe brusquement comme un milieu cassant, mais par glissement plastique ; c'est plutôt paradoxal, aussi prend-on la précaution de séparer nettement les études de déformation des études de rupture. En fait, ce paradoxe est justifié en géomécanique appliquée : atteindre l'état limite de service du géomatériau est pratiquement inacceptable car une petite déformation plastique de ce matériau peut entraîner de graves dommages, sinon la ruine d'ouvrages mal adaptés à la subir et qui eux, se trouveraient ainsi au-delà de leur état limite ultime. C'est l'application d'un coefficient de sécurité au résultat du calcul qui permet en principe que le géomatériau reste en état élastique.

2.2.1 L'équilibre élastique

L'étude de l'équilibre élastique d'un massif soumis à un effort extérieur avant que le matériau qui le compose n'ait atteint la limite de rupture est fondée sur l'application de la loi de Hooke généralisée.

À l'état élastique, le matériau de poids volumique γ développe dans le massif une pression géostatique dont on peut admettre qu'à la profondeur h, la composante verticale vaut $p_v = \gamma h$ et la composante horizontale $p_h = K_0 p_v$ avec $K_0 \approx 1 - \nu/(1 - \nu)$ ou $K_0 \approx 1 - \sin \varphi$. Si le matériau est saturé, on considère qu'il est déjaugé et son poids volumique ne vaut plus que $\gamma' = \gamma - \gamma_w$. Ainsi, la pression géostatique est minorée, mais il faut lui ajouter la pression hydrostatique pour obtenir la pression totale : cela ne change rien à la valeur de sa composante verticale mais majore sensiblement la composante horizontale. La répartition de la pression géostatique en fonction de la profondeur conduit à un diagramme triangulaire.

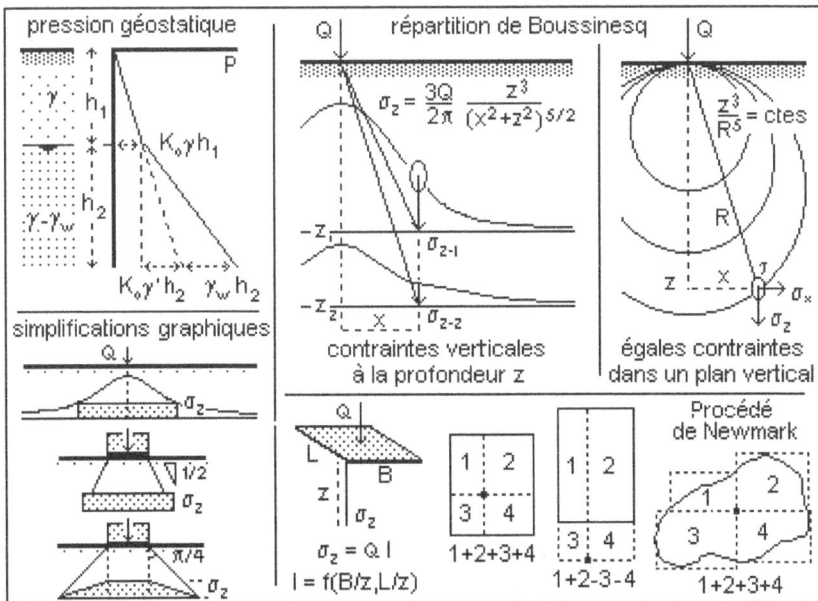

Figure 2.2.1 – L'équilibre élastique

La méthode de Boussinesq est relative à la répartition des contraintes et des déplacements dans un milieu élastique, semi-infini, sans tension initiale et donc non pesant, limité par un plan infini soumis à un effort extérieur. Les formules qui permettent de toutes les calculer sont assez compliquées, mais les géomécaniciens n'ont généralement besoin de connaître que la contrainte normale maximale σ_z pour s'assurer qu'elle est inférieure aux limites d'élasticité et/ou de rupture du géomatériau et pour calculer le tassement selon la théorie de la consolidation. Comme le matériau est pesant, on utilise le principe de superposition pour permettre l'usage de cette théorie en géomécanique : si l'effort est une pression uniformément répartie à l'entier plan limite, la contrainte maximale à la distance perpendiculaire z du plan ne dépend que de cette pression à laquelle s'ajoute la pression géostatique ; la contrainte totale est donc indépendante de la loi de comportement du milieu et en particulier de son module de Young. Cette jonglerie qui superpose un milieu non pesant muni d'un comportement à un matériau pesant qui n'en a pas, permet de calculer la contrainte maximale due au seul effort extérieur en utilisant la loi de Hooke.

Pour une charge ponctuelle, perpendiculaire à la surface du milieu, Boussinesq a établi la formule $\sigma_z = 3\ Q/2\pi {}_* z^3/(x^2 + z^2)^{5/2}$ dans laquelle Q est la charge ; on la met sous la forme $\sigma_z = Q{}_* I_B/z^2$ en posant $I_B = 3/2\pi {}_*(1 + (x/z)^2)^{5/2}$, coefficient d'influence sans dimension que l'on trouve sous forme de table ou d'abaque en fonction de x/z dans les ouvrages de mécanique des sols. On la simplifie plus ou moins en admettant qu'à des profondeurs croissantes, la charge s'étale régulièrement sur des surfaces croissant selon un angle donné, arctg 1/2 à $\pi/4$ ou φ, sans qu'il en résulte de grandes différences pratiques. Le procédé d'intégration de Newmark établit l'influence d'une charge rectangulaire à la verticale d'un angle du rectangle : la valeur du facteur d'influence I à une profondeur donnée dépend de cette profondeur et des dimensions du rectangle ; elle s'obtient par des tables et/ou des abaques. On calcule l'influence d'une charge quelconque sur une surface quelconque par sommation des influences de rectangles ; ce procédé est bien adapté au calcul numérique.

Divers auteurs dont Fröhlich et Westergaard ont proposé des méthodes censées améliorer celle de Boussinesq ; elles aboutissent à des formules encore plus compliquées sans que dans l'ensemble, leurs résultats pratiques soient meilleurs, car elles reposent sur les mêmes hypothèses simplificatrices générales et sur des hypothèses particulières supplémentaires.

2.2.2 L'équilibre plastique

L'étude de l'équilibre plastique d'un massif de matériau meuble est fondée sur l'application de la théorie de Coulomb pour définir la limite d'adhérence du matériau sur la surface de rupture. La détermination de la position et de la forme de la surface de rupture, celle de la distribution et de la valeur des contraintes sur cette surface sont les problèmes mathématiquement insolubles, ou du moins qui ne peuvent recevoir que des solutions particulières, fondées sur des hypothèses de calcul simplificatrices plus ou moins réalistes :

- le massif est limité horizontalement par un socle et une surface libre, verticalement par un écran rigide ou un talus ;
- il est constitué d'un matériau homogène, isotrope et invariant ;

- il est soumis à l'action de la gravité et/ou d'une force extérieure ;
- la déformation plastique du matériau avant la rupture est négligée ;
- la surface de rupture est une surface réglée dont on ne connaît pas la position dans le massif ;
- perpendiculairement au plan, la largeur de la surface de rupture est infinie ;
- le massif dans lequel la rupture se produit était primitivement en équilibre ;
- l'inertie n'intervient pas dans le processus : la rupture est générale, instantanée ;
- les matériaux glissés disparaissent sans participer au nouvel équilibre du massif, maintenant limité à la surface de rupture dont la trace dans le plan de la figure est un segment de droite ou un arc de cercle.

Dans le cas du talus de remblais simplement déversé en crête ou de l'écran, le milieu monophasique est purement frottant, sec, et la surface de glissement est un plan plus ou moins incliné. À l'origine des études de Coulomb, l'angle du plan du talus est φ par définition et la stabilité du massif est compromise par la poussée sur l'écran du coin limité par un plan d'angle φ assimilé au patin du plan incliné. Avec le développement de Rankine, si la contrainte maximale est verticale, $\sigma_V/\sigma_H > 1$, sa stabilité est compromise par la poussée sur l'écran du coin limité par un plan d'angle $\pi/4 + \varphi/2$ et le massif est en état actif ; si la contrainte maximale est horizontale, $\sigma_V/\sigma_H < 1$, sa stabilité est compromise par la butée exercée par l'écran sur le coin limité par un plan d'angle $\pi/4 - \varphi/2$ et le massif est en état passif. Ces deux méthodes ne sont adaptées qu'à des cas simples que l'on traite graphiquement ; elles fournissent rapidement des résultats très approximatifs pour vérifier la stabilité des remblais frais, déversés à l'air libre ou derrière un écran.

Selon Fellenius dans le cas du talus quelconque, le milieu biphasique est frottant, cohésif, humide et la surface de glissement est cylindrique : le glissement est rotationnel. Cette méthode est la plus utilisée parce qu'adaptée à la plupart des cas et ses applications conduisent à des résultats graphiques ou numériques dont les ordres de grandeur sont généralement acceptables.

La partie du massif située au-dessus de l'arc de cercle, trace de la surface de glissement, est découpée en éléments perpendiculaires d'épaisseur unité appelés tranches, suffisamment petits pour qu'il soit possible de caractériser les conditions d'équilibre de chacun, des uns par rapport aux autres et de l'ensemble, en faisant les bilans locaux et le bilan général des forces d'actions et de réactions qui doivent s'équilibrer plastiquement. Bien entendu, la difficulté et la longueur des calculs sont d'autant plus grandes que le nombre d'éléments et pour chacun le nombre de paramètres et de relations sont plus grands. Ces calculs, fastidieux à la main, ont été largement facilités par l'informatique.

Chaque élément, indépendant de ces voisins, est en équilibre limite sur la ligne de glissement ; le bilan des forces et des moments qui participent à cet équilibre peut être plus ou moins détaillé selon le cas et les moyens de calcul dont on dispose. Fellenius, dont les moyens de calcul étaient très limités, ne retenait que le poids de l'élément et les paramètres de Coulomb du matériau dont il est constitué ; grâce à Bishop puis à l'informatique, on peut maintenant y adjoindre des forces et moments dérivés de la pression interstitielle, de la pression de courant, des contacts des éléments contigus, d'efforts extérieurs… et la ligne de glissement peut être quelconque. On peut alors tracer des polygones de forces plus ou moins compliqués selon les cas, dont la manipulation qui ressortit néanmoins à la statique élémentaire, permet de définir l'équilibre de l'élément, puis en passant de l'un à l'autre, de l'équilibre de l'ensemble du massif ; dans les cas compliqués, on ne peut le faire que si l'on dispose de logiciels et d'une puissance de calcul automatique adéquats.

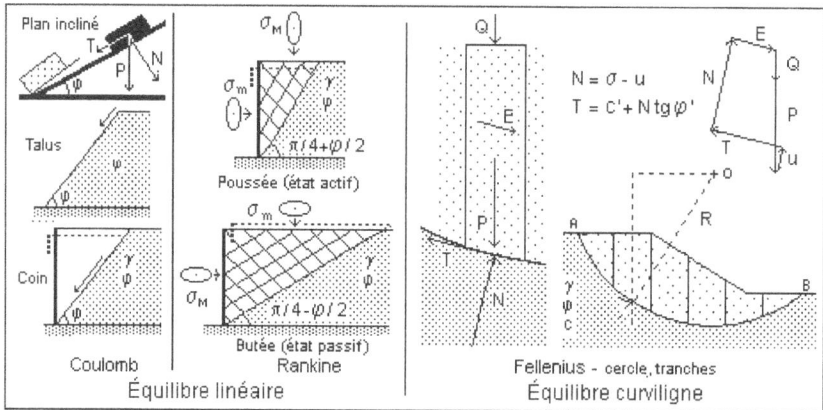

Figure 2.2.2 – L'équilibre plastique

2.2.3 L'écoulement de l'eau dans un milieu perméable

Dans un milieu perméable, l'écoulement de l'eau est supposé régi par la théorie de l'hydraulique générale et par la loi de Darcy : ainsi, le vecteur vitesse d'écoulement est défini par deux équations, $\mathrm{div}V = 0$ et $V = k_*\mathrm{grad}\Phi$. Leur combinaison aboutit à deux fonctions conjuguées qui satisfont à l'équation de Laplace ; les solutions de ces équations, Φ et Ψ constantes en certains points du milieu, dépendent de la forme, de la structure et des conditions aux limites du domaine d'écoulement, mais ni du coefficient de perméabilité k du milieu et donc de son comportement, ni de la charge sous laquelle se produit l'écoulement : dans un espace à deux dimensions, les valeurs de Φ et de Ψ s'ordonnent en un réseau de deux groupes perpendiculaires de courbes, les lignes de courant et les lignes de niveau ou de pression.

En raison de sa lourdeur, la méthode analytique ne permet de calculer directement qu'un petit nombre de valeurs, dans quelques cas simples. Avec un peu d'habitude, on peut tracer manuellement des réseaux simples par approximations successives ; naguère, on en traçait un peu plus précisément par analogie, au moyen de modèles électriques. Maintenant, on le fait numériquement, avec la précision mathématique que l'on veut, si l'on dispose des moyens informatiques adéquats, mais la difficulté de définir des conditions aux limites particulières réalistes, restreint la précision pratique de la technique.

La résolution de n'importe quel problème d'écoulement est en principe possible si l'on a établi un bon réseau, mais ce n'est pas toujours simple à faire ; on préfère donc résoudre certains problèmes qui se posent souvent et qui s'y prêtent, au moyen de méthodes spécifiques.

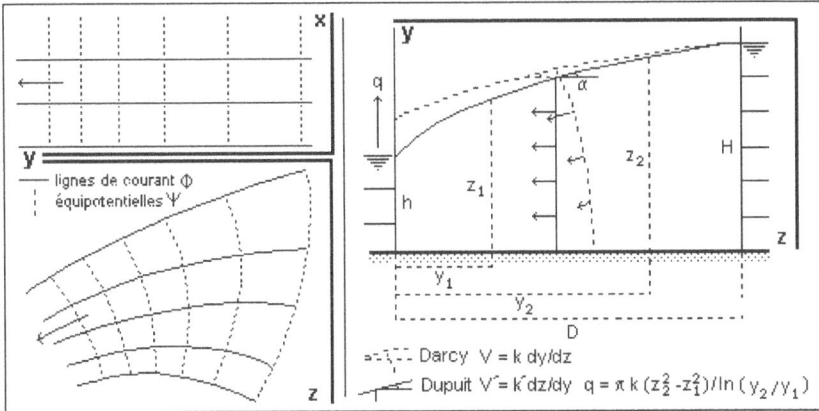

Figure 2.2.3.a – L'écoulement – méthode de Dupuit

La plus simple et la plus commode est celle de Dupuit pour le calcul du débit d'ouvrages élémentaires d'épuisement, tranchées drainantes, puits… en fonction de pertes de charges dans des domaines et pour des conditions aux limites simples, en introduisant évidemment des hypothèses simplificatrices : si le niveau statique de la nappe à surface libre et son mur sont horizontaux, et si le débit permanent d'un puits est au plus égal à l'apport permanent à la limite de la zone d'écoulement perturbé par le prélèvement, Dupuit admet qu'à une distance y de l'ouvrage, la composante verticale de la vitesse d'écoulement est nulle et donc que la vitesse est constante en grandeur et direction sur une même équipotentielle ; ce ne l'est qu'assez loin de l'ouvrage pour que les lignes de courant soient à peu près parallèles : si α est l'angle d'une de ces lignes avec l'horizontale, il faut pouvoir assimiler son sinus à sa tangente car dans la théorie de Darcy, l'expression de la vitesse d'écoulement est $V = k_* \Delta y / \Delta z$ alors que dans celle de Dupuit, elle est $V' = k'_* \Delta z / \Delta y$. Quel que soit α, on peut néanmoins confondre k et k' sans grand effet pratique eu égard à la précision relative de la méthode et au fait qu'elle n'est rigoureuse que dans le cas simple du mur horizontal, du puits drainant la nappe sur toute sa hauteur et du fait que la crépine du puits peut être en partie dénoyée, précisément sur la hauteur séparant les lignes de saturation de Darcy et de Dupuit. Ainsi, dans un plan vertical, les équipotentielles sont verticales et les lignes de courant sont horizontales ; avec Q débit permanent de l'ouvrage, y_1 et y_2 distances à l'ouvrage, z_1 et z_2 hauteurs d'eau au-dessus du mur imperméable horizontal, on a alors $Q = \pi k_* (z^2_2 - z^2_1)/\ln (y_2/y_1)$.

Le régime permanent d'écoulement ne s'établit évidemment pas instantanément – en fait, il ne s'établit même jamais, car le niveau de l'eau dans le puits tend théoriquement vers une valeur asymptotique : la méthode de Dupuit ne s'applique en principe que pour une durée infinie de pompage à débit constant.

L'écoulement devient turbulent si le gradient $\Delta y / \Delta z$ (ou $\Delta z / \Delta y$) dépasse le gradient de Sichard, $i_0 \approx 1/15k$; la loi de Darcy n'est alors plus applicable.

Les essais *in situ* (essai Lefranc ou de perméabilité, essai Lugeon et essai sur puits filtrant) permettent de mesurer la perméabilité des matériaux boulants comme les sables et les graves, ou fragiles comme les roches fissurées, que l'on ne peut pas échantillonner correctement.

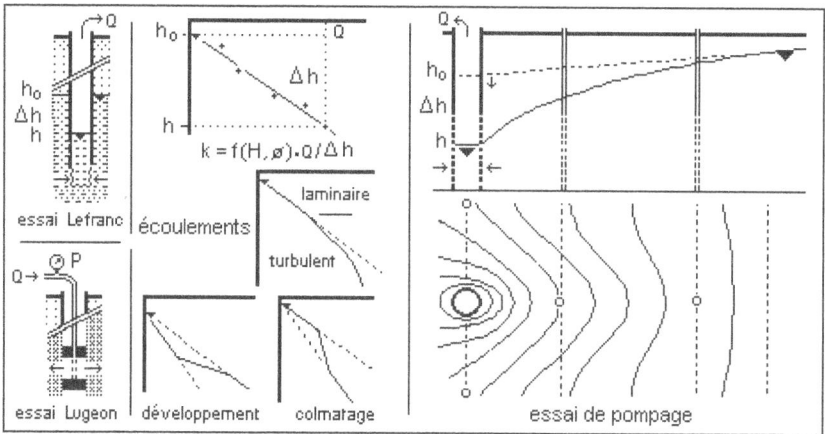

Figure 2.2.3.b – Essais hydrauliques

On réalise un essai Lefranc à l'avancement en fond de forage en cours d'exécution, dans des matériaux boulants, aquifères, à la pression atmosphérique. Pour cela, on crée sous le sabot du tubage une lanterne plus ou moins haute selon la stabilité du matériau, et selon le niveau piézométrique naturel, on pompe ou on injecte de l'eau. Pour les perméabilités supérieures à 10^{-4} m/s, on travaille à niveaux et débits de pompage ou d'injection constants, pour les perméabilités inférieures, à niveau variable montant ou descendant. Ces procédures ne sont pas interchangeables ; les sondeurs préfèrent les essais à niveau variable descendant par facilité de chantier, au détriment de la qualité du résultat si les conditions naturelles n'y sont pas adaptées. Si l'écoulement dans le matériau est laminaire, le débit q mis en œuvre est proportionnel à la perméabilité k du matériau, à la charge ou décharge hydraulique Δh et à la position et la forme de la lanterne exprimées par un coefficient de forme f dépendant du rapport hauteur/diamètre de la lanterne et de sa distance à la surface de la nappe ou à son mur : $q = k.*\Delta h.*f$. À débits et niveaux constants, on fait varier le débit par paliers et on note les hauteurs d'eau correspondantes dans le forage ; à niveau variable, on note la position du niveau en fonction du temps. On établit ensuite le diagramme $q/\Delta h$ qui doit être une droite ; si ce n'est pas le cas, ce peut être que l'essai est mal exécuté, mais cela peut aussi traduire un comportement particulier du matériau qu'il est utile d'analyser, variation naturelle du niveau en cours d'essai, seuil de turbulence, seuil de renard, colmatage ou éboulement de la lanterne...

On peut réaliser des essais analogues dans des matériaux secs, par injection ou descente ; il faut alors saturer préalablement un volume suffisant de matériau pour pouvoir considérer que la condition d'écoulement laminaire est à peu près respectée. L'allure du diagramme permet d'y parvenir plus ou moins bien, mais les résultats de ce type d'essai ne sont pas très convaincants.

Pour réaliser un essai Lugeon dans des roches fissurées peu perméables, on injecte de l'eau à pressions et débits constants croissants puis décroissants, dans un segment de forage isolé par un obturateur simple ou double. Cet essai permet de mesurer un paramètre spécifique : le lugeon, qui désigne la quantité d'eau en litres, absorbée par minute et par mètre de forage, sous 10 bar de pression ; en assimilant la tranche de forage à une lanterne Lefranc, on peut traduire le lugeon en m/s ; un lugeon vaut à peu près 10^{-7} m/s. On trace un diagramme débit/pression et on calcule d'après sa partie droite ; son allure générale permet de caractériser d'éventuels phénomènes perturbateurs, essentiellement écoulement turbulent, colmatage, débourrage.

Les essais Lefranc et Lugeon sont ponctuels ; par ces seuls procédés, même en les multipliant dans un site donné, il est difficile d'estimer globalement la perméabilité moyenne du matériau aquifère contenant une nappe ou même d'un de ses secteurs peu étendu. On y parvient en réalisant un essai de pompage à débits et niveaux constants croissants, par paliers si possible stabilisés, sur un puits filtrant entouré de piézomètres, si possible répartis régulièrement sur l'ensemble du secteur étudié ; on provoque ainsi un rabattement de nappe.

On établit d'abord la carte piézométrique naturelle de la nappe (*voir 1.4.4.1*) qui devrait être horizontale et donc immobile, ce qu'elle n'est évidemment jamais, puis à chaque débit testé, on modifie la carte et on applique la formule de Dupuit aux différences de niveaux mesurées sur tous les couples puits/piézomètre et piézomètre/piézomètre dont on dispose, pour calculer la perméabilité moyenne du matériau entre chaque appareil.

2.3 Les applications

Les problèmes géomécaniques qu'un géotechnicien peut avoir à résoudre sont innombrables : aucun site, aucun ouvrage n'est identique ni même analogue à un autre. Voici ceux que l'on rencontre le plus souvent et dont les solutions de principe sont les plus faciles à obtenir. J'attire l'attention sur ce que des formules de même usage, à première vue identiques, ont souvent des expressions plus ou moins différentes selon les auteurs ; cela n'a pas trop d'importance pratique, car leurs solutions mathématiquement justes sont des ordres de grandeur que l'on contrôle par la valeur du coefficient de sécurité qui les corrige ; c'est pour le rappeler que j'emploie le signe $\approx$ dans les formules.

2.3.1 Stabilité des murs de soutènement et des talus

La pente naturelle d'un versant ou l'ouverture d'une excavation posent le problème de la stabilité d'un talus et d'un éventuel soutènement ; elle dépend de leur hauteur verticale et des paramètres du géomatériau qui les constitue, réduits à γ, c, φ et u que l'on considère comme constants alors qu'ils ne le sont pas. Les figures sont des coupes perpendiculaires de volumes cylindriques, infinis dans les deux sens perpendiculaires à la coupe ; on néglige ainsi l'effet de voûte des côtés du talus.

2.3.1.1 Stabilité des murs de soutènement

La mécanique des sols a été créée et s'est développée pour résoudre le problème de la stabilité d'un ouvrage de soutènement et plus particulièrement celui de la détermination de la poussée d'un matériau meuble sur un mur. Dès l'origine, Coulomb l'a résolu par la méthode du coin : l'ouvrage type est un mur-poids rigide de hauteur H, fondé sur le sol naturel stable et qui soutient un remblai frais et sec, donc sans cohésion, caractérisé par son angle de talus naturel φ et son poids volumique γ ; la poussée sur le mur est développée par l'effet gravitaire du prisme de rupture, le coin de Coulomb limité par le parement amont du mur, le faîte plan horizontal du massif soutenu et un plan de rupture incliné de φ ; le poids W du prisme diminué de la résistance au cisaillement Q sur le plan détermine la poussée sur le mur qui doit être au moins équilibrée par sa réaction R, sinon la fondation du mur indéformable glisse horizontalement. Cette méthode simple est en général assez efficace pour les cas courants de poussée ; Coulomb l'a proposée pour « *la facilité de ses applications à la pratique* » en conseillant de se fier davantage à l'observation qu'au calcul ; ce point de vue toujours valable peut s'appliquer à n'importe quel résultat géomécanique.

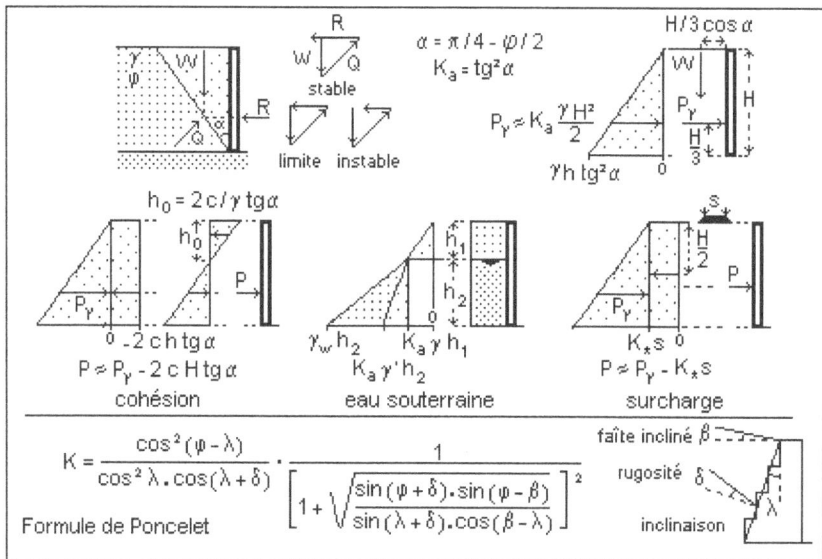

Figure 2.3.1.a – Stabilité des murs de soutènement

La méthode de Rankine permet de résoudre des cas plus compliqués au prix de difficultés de calcul reposant sur de nombreuses hypothèses censées décrire des cas réels :

- le modèle de forme est le coin de Coulomb, mais l'angle du plan de rupture avec l'horizontale est $\alpha' = \pi/4 + \varphi/2$ caractérisant l'état actif de poussée ;
- le matériau est pesant, cohésif et frottant : γ, c et φ sont constants ;
- pour calculer la poussée totale P_γ contre le mur, on utilise $\alpha = \pi/4 - \varphi/2$ avec la verticale, angle complémentaire d'α' : $P_\gamma \approx 1/2\ \gamma\ H^2{}_*tg^2\alpha$.

Pour tenir compte de formes plus compliquées et de sollicitations plus nombreuses (matériau cohésif c, hauteur d'eau en amont du mur h, parement amont du mur incliné de λ, rugosité déviant la poussée de δ, faîte du massif en plan incliné de β et en surcharge de s…) et calculer la poussée totale P, on ajoute algébriquement les poussées P_γ, P_c, P_s, P_w… en résultant, elles-mêmes calculées au moyen de coefficients de poussée spécifiques $K_{c,\ \delta,\ \beta,\ \lambda,\ h…}$, obtenus par la formule de Poncelet. Les valeurs de ces coefficients ainsi que de $K_a = tg^2\alpha$ se trouvent dans des tables, sur des abaques et maintenant dans des logiciels.

Pour que la stabilité du mur soit compromise, il faut que l'ensemble indissociable matériau/ouvrage se déforme et/ou se déplace jusqu'à ce que le matériau atteigne puis dépasse sa limite de plasticité sur au moins le plan de rupture, mais en fait l'ensemble du prisme doit être à l'état actif ; cela est possible si la structure de l'ouvrage est souple (gabions, remblai armé…). Or, l'ouvrage est généralement monolithique et rigide (maçonnerie, béton armé…) ; sa fondation est toujours ancrée sous le niveau du pied de talus ; il ne peut donc se déformer ou se déplacer que dans d'étroites limites, alors que le matériau doit se déformer plastiquement avant de rompre et développer sa poussée dont on dit alors qu'elle se mobilise. On justifie cet étrange processus en remarquant que le déplacement de l'ouvrage préalable à la rupture est infime ; en fait, ce processus est rarement celui de la ruine d'un soutènement réel qui survient généralement en raison d'un excès de poussée hydrostatique.

La valeur pratique du résultat ainsi obtenu n'est pas toujours très évidente ; ce n'est pas grave car la cause la plus fréquente de ruine d'un mur n'est pas la faute de calcul mais le défaut de drainage amont, souvent par colmatage progressif du drain : à hauteurs égales, la poussée hydrostatique est nettement supérieure à la poussée du matériau non aquifère que l'on a calculée ; en se comportant comme le barrage hydraulique qu'il ne devrait pas être, le mur ne pourrait pas la supporter et il se fissurerait ou même céderait.

2.3.1.2 Stabilité des talus

Pour caractériser la stabilité d'un talus quel qu'il soit, la géomécanique utilise soit la méthode de Rankine et la hauteur au-delà de laquelle le talus est potentiellement instable (sa hauteur critique), soit la méthode de Fellenius et la valeur du rapport d'un effort moteur essentiellement dû au poids des matériaux situés au-dessus d'une hypothétique ligne de glissement, à un effort résistant dû à la contrainte de cisaillement le long de cette ligne. Elle appelle improprement ce rapport *coefficient de sécurité* ; sa valeur doit évidemment être supérieure à 1. Les calculs qui découlent de ces méthodes sont très compliqués et leurs résultats ne sont jamais très précis ; on utilise donc ceux qui, selon l'objet et les données du problème posé, conduisent le plus simplement à sa solution.

Par définition, l'angle φ d'un matériau de remblai simplement déversé est la pente que son talus acquiert normalement ; en vieillissant, si aucune action extérieure ne le perturbe, le matériau se compacte sous l'effet de son propre poids, il acquiert de la cohésion et s'humidifie. À mesure qu'il vieillit, γ, c, φ augmentent et u diminue : la stabilité du talus, précaire à court terme, s'améliore avec le temps ; à long terme et à condition de ne pas atteindre une hauteur dite critique, le talus peut même demeurer quelque temps vertical puis s'ébouler si la hauteur critique est dépassée et/ou si γ, c, φ diminuent et u augmente par altération. Les matériaux des versants et des déblais se décompactent en vieillissant ; γ, c, φ diminuent, u augmente ; sans qu'aucune action extérieure ne les perturbe, la stabilité de leurs talus se dégrade jusqu'au glissement éventuel ; pour la calculer, on doit en principe utiliser à court terme c'/φ' en contraintes effectives et à long terme c_u/φ_u en contraintes totales, sans toutefois pouvoir attribuer une durée à cette expression et une valeur à l'u correspondant. À quelque terme que ce soit, un glissement peut se produire si la pente de talus croît artificiellement ou naturellement, ou par insuffisance ou perte de cohésion du matériau qui le constitue. Un talus demeure stable à paramètres constants, si sa hauteur verticale est d'autant plus grande que sa pente est plus faible – inférieure à sa pente limite :

- si φ diminue, la pente du talus doit diminuer à hauteur constante ;
- si c diminue, sa hauteur doit diminuer à pente constante ;
- si γ diminue et/ou u augmente, sa pente et sa hauteur doivent diminuer ;
- si le talus est chargé en crête, sa hauteur peut augmenter si sa pente est faible et sa hauteur doit diminuer si sa pente est forte.

2.3.1.2.1 Méthode de la hauteur critique du talus

Par application de la méthode de Rankine, la hauteur critique d'un talus incliné est $H \approx (c/\gamma)*N_s$, avec N_s facteur de stabilité sans dimension que l'on obtient au moyen d'un abaque, en fonction de β, angle de talus sur l'horizontale, et de φ. Si le talus est vertical, sa hauteur critique est $H \approx 4(c/\gamma)*\text{tg}(\pi/4 + \varphi/2)$.

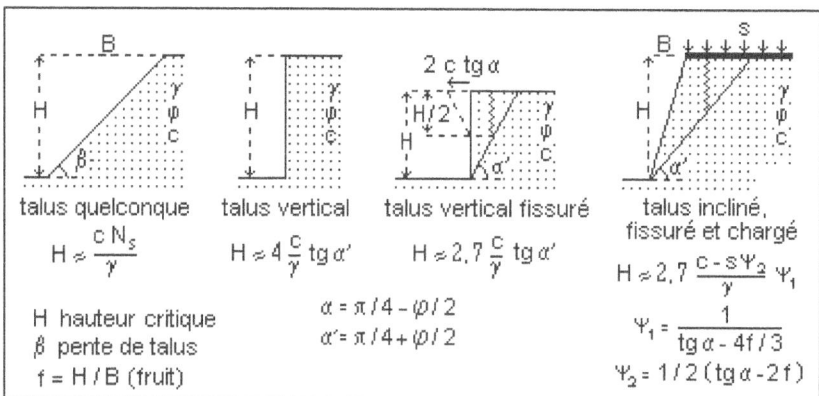

Figure 2.3.1.b – Hauteurs critiques des talus

Si l'on admet que la demi-hauteur supérieure du talus est soumise à un effort de traction dont la valeur maximale en crête est $2c_*tg(\pi/4 - \varphi/2)$ (équilibre passif), le massif est censé se fissurer en arrière du front jusqu'à la ligne de glissement ; la hauteur critique est diminuée de 2/3 et le facteur numérique de la formule précédente devient 2,7.

Si le talus est incliné, fissuré et chargé en tête, ce qui est le cas le plus fréquent en réalité, la formule donnant sa hauteur critique se complique et le recours aux abaques et/ou aux formules intermédiaires programmées est de rigueur. En exprimant la pente du talus par son fruit $f = tg(\pi/2 - \beta)$ pour respecter les usages du BTP, et en appelant s la charge considérée comme une pression uniforme appliquée à la plate-forme sommitale, la hauteur critique du talus devient $H \approx (2,7(c - s_*\psi_2)/\gamma)_*\psi_1$, avec $\psi_1 = 1/(tg(\pi/4 - \varphi/2) - 4/3 \text{ f})$ et $\psi_2 = 1/2(tg(\pi/4 - \varphi/2) - 2 \text{ f})$!

En pratique, on ne peut utiliser ces formules que pour un avant-projet ou pour le très court terme, en phase provisoire de terrassement, avant la mise en place d'un soutènement, à condition qu'un glissement éventuel ne mette pas en péril un ouvrage voisin et/ou une vie humaine. On doit alors affecter la hauteur ainsi calculée d'un coefficient de sécurité de 2/3 et demeurer attentif à l'évolution des conditions de stabilité.

2.3.1.2.2 Méthode du coefficient de sécurité au glissement

Le coefficient de sécurité au glissement d'un talus est le rapport de l'effort moteur, poids du volume de matériau au-dessus de la ligne de rupture, à l'effort résistant, contrainte de cisaillement sur la ligne.

Le glissement plan est le plus courant dans la nature notamment sur les contacts couverture/substratum, marne/calcaire… et le plus simple à traiter par le calcul. Le coefficient de sécurité au glissement d'une couche de hauteur verticale H reposant sur un plan de glissement potentiel d'angle horizontal β, constituée d'un matériau cohérent est $F \approx 2c/\gamma H \sin^2\beta$; si le matériau et purement frottant, il est $F \approx tg\varphi/tg\beta$ ($F = 1$ si $\beta = \varphi$ – hypothèse de Coulomb) ; pour un matériau quelconque, il peut être $F \approx 2c/\gamma H \sin^2\beta + tg\varphi/tg\beta$.

Si la ligne de glissement n'est pas une droite dont la position est connue, le problème est insoluble par le calcul direct ; parmi toutes les courbes de glissement régulièrement concaves qui soient possibles entre la crête et le pied du talus, la plus simple à manipuler notamment pour calculer le moment moteur, est l'arc de cercle. Adopté pour cela par presque toutes les méthodes, il est défini par son rayon et la position de son centre ; mais ces paramètres ne sont ni connus ni calculables. Pour identifier le cercle critique d'un talus donné, on ne peut que chercher parmi plusieurs arbitrairement choisis, celui pour lequel le moment moteur est le plus voisin du moment résistant ; on peut limiter la recherche du cercle critique par la construction de lieux de centres possibles comme la verticale dressée à mi-longueur du talus ou d'autres droites plus compliquées à construire au moyen d'abaques fondés sur la hauteur et la pente du talus ; mais plus généralement, on calcule systématiquement la *stabilité* (rapport des moments) de tous les cercles dont les centres sont disposés selon un semis régulier et l'on interpole les courbes d'isostabilité. Bien entendu, quelle que soit la méthode, il faut aussi calculer la stabilité de plusieurs cercles d'un même centre ; au total, cela en fait un très grand nombre. La détermination du cercle critique d'un talus est donc une opération laborieuse que l'expérience et des méthodes simplificatrices permettait de limiter ; l'informatique a avantageusement remplacé le crayon et le papier.

La méthode des tranches de Fellenius-Bishop est la seule que l'on utilise maintenant sous une forme plus ou moins adaptée à la complexité du problème et aux moyens dont on dispose. En principe, le géomatériau peut être hétérogène, anisotrope, aquifère, mais on a avantage à le ramener à un modèle de forme relativement simple, généralement des couches superposées constituées chacune d'un matériau homogène et isotrope dont les paramètres de Coulomb sont constants. Avec un crayon et du papier, la ligne de glissement potentiel ne peut pratiquement être qu'un arc de cercle ; avec l'informatique, elle peut être quelconque ; mais là encore, le problème de fond est d'identifier cette ligne avant que le glissement se produise, ce que l'on ne sait pas faire autrement qu'en en testant plusieurs. Cela n'est déjà pas simple avec des arcs de cercles ; alors, avec des lignes quelconques, inconnues et donc arbitraires, pour lesquelles on ne sait pas très bien quels points sont les centres de moments dont on ignore les bras de leviers… !

La zone limitée par l'arc et le talus est découpée en panneaux verticaux (les *tranches*), dont la largeur est adaptée à la structure du modèle de forme. Chaque tranche est l'objet d'un bilan des forces motrices et résistantes qui participent à son équilibre (poids, charge en tête, poussées et frottements des tranches contiguës, frottement sur la portion d'arc correspondante…) en tenant plus ou moins compte des réactions de contiguïté et du couple de rotation qui en résulte ; puis on somme ces équilibres partiels le long de l'arc ; enfin on fait le rapport des moments moteur et résistant de l'ensemble par rapport au centre du cercle de glissement. Avec les moyens dont il disposait, Fellenius avait posé le problème en ne tenant compte que du poids et du frottement sur l'arc ; pour obtenir une meilleure précision, Bishop a ensuite donné aux réactions de contiguïté des composantes verticales et horizontales et a opposé ces dernières, ce qui supprime le couple de rotation.

L'informatique permet maintenant de tenir compte de tous les éléments du bilan des forces, y compris des écoulements permanents ou non, des ouvrages existants ou projetés, des soutènements… Les plus perfectionnés fonctionnent à la manière des logiciels numériques aux éléments distincts, souvent en utilisant l'écran pour améliorer la solution en faisant subir au modèle de forme des déformations successives.

Reste à appliquer l'une de ces démarches à un nombre de cercles ou de lignes plus compliquées pour déterminer la configuration à laquelle correspond le coefficient de sécurité le plus faible. La plupart des logiciels dont on dispose permettent de le faire assez rapidement pour plusieurs centaines d'entre eux, ce qui ne garantit pas une meilleure précision d'application qu'avec les quelques cercles que l'on testait naguère, car la précision du résultat dépend essentiellement des hypothèses admises qui ne changent pas quel que soit le procédé de calcul ; par contre, on peut évidemment faire varier les paramètres de Coulomb et quelques autres, dans des limites arbitraires ou résultant de données statistiques ou d'expérience. Il est enfin prudent – sinon obligé – de valider le logiciel utilisé et de critiquer les résultats qu'il fournit, car les sources d'erreurs et/ou d'imprécisions sont très nombreuses.

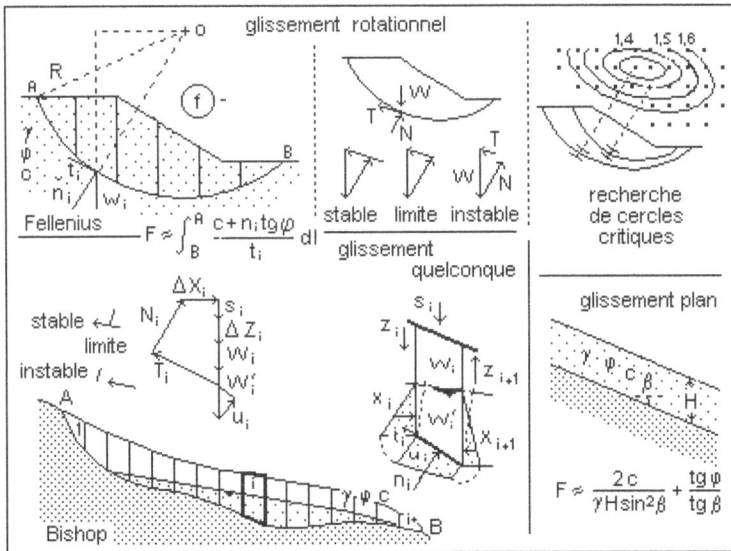

Figure 2.3.1.c – Coefficient de sécurité au glissement

Pour des raisons d'économies de chantier, on retient souvent un coefficient de sécurité plutôt fort, voisin de 1/1,2 qui ne devrait l'être que pour un avant-projet ou pour le très court terme. Il est toujours prudent de dépasser 1/1,5 et davantage pour le long terme ou si un glissement éventuel est susceptible de mettre en péril un ouvrage voisin et/ou *a fortiori* une vie humaine.

2.3.1.2.3 Stabilité des massifs aquifères

Dans un massif perméable aquifère, le matériau est toujours soumis à la pression hydrostatique et s'il s'y produit un écoulement, il est aussi soumis à la pression de courant qui peut entraîner sa désorganisation par effet de renard sur une limite de résurgence.

Si l'eau est immobile – ce qui n'est jamais le cas – et donc plutôt si le gradient hydraulique est inférieur au gradient de Sichard, limite théorique de l'écoulement laminaire, on considère que la pression hydrostatique agit seule au contact de l'eau et du matériau ou d'une limite du massif aquifère (talus, écran vertical, incliné ou horizontal). Elle ne dépend pas de la perméabilité et donc s'exerce même dans un matériau presque étanche : à charge égale, elle est la même dans une couche de grave ou d'argile. Le matériau immergé est déjaugé, γ' ; la répartition de la pression est triangulaire contre un écran vertical ; elle est constante et on l'appelle *sous-pression* contre un écran horizontal, radier, fond de fouille…

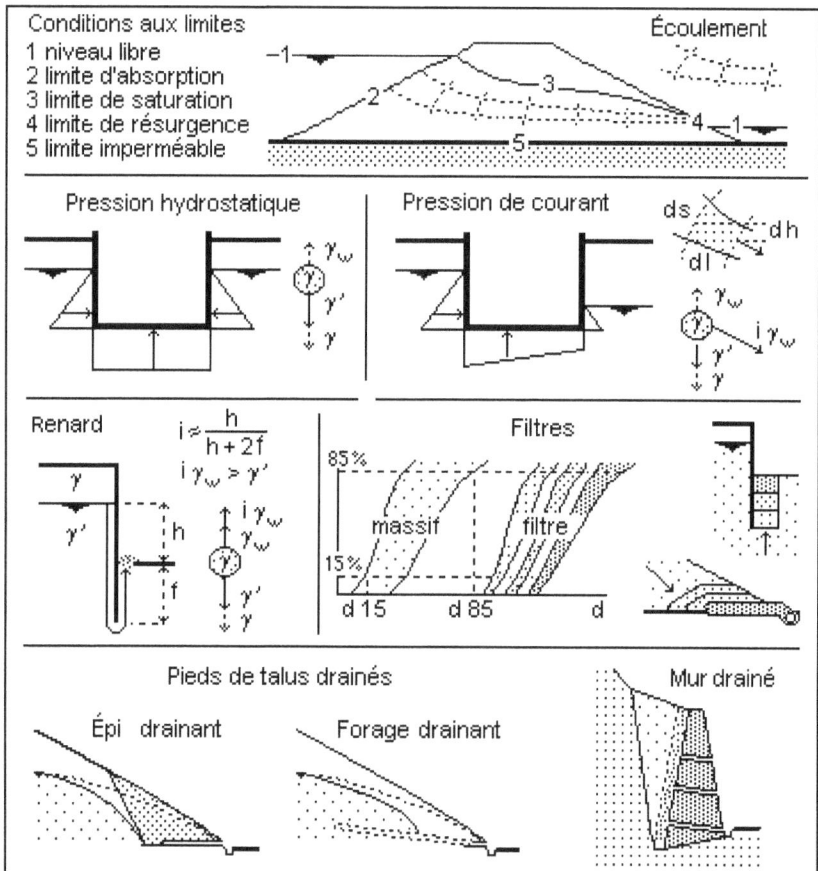

Figure 2.3.1.d – Stabilité des massifs aquifères

Si le gradient hydraulique est supérieur à celui de Sichard, l'écoulement est théoriquement turbulent ; l'obstacle que constitue chaque grain du matériau subirait alors une force de frottement visqueux, parallèle à l'écoulement et dans le même sens, que l'on appelle improprement *pression de courant*, sans doute parce qu'elle crée dans le matériau des contraintes effectives u qui ne se dissipent pas tant que le matériau demeure stable. Elle est proportionnelle à la granulométrie S et au gradient i, $F \approx \gamma_w * i * V$ ou $F \approx \gamma_w * h * S$. Elle est indépendante de la perméabilité k et du débit Q de l'écoulement, mais si l'on rapporte le gradient à la perméabilité et au débit, $i = Q/k_* S$, on voit que pour un même gradient, une même pression de courant pourrait résulter d'un fort débit dans un matériau très perméable ou d'un très faible débit dans un matériau peu perméable.

Si le gradient est fort à une limite d'absorption du massif (talus amont de digue ou de barrage en terre, plage à marée montante, puits d'injection…), les lignes de courant sont perpendiculaires au plan du talus ; la pression de courant accroît les contraintes effectives dans le matériau et donc sa cohésion, ainsi que la contrainte normale et donc l'angle du talus ; cette cohésion est celle des états correspondants.

Si le gradient est fort à une limite de résurgence du massif (fond de fouille, pied de talus, plage à marée descendante, puits exploité au delà de son débit limite…), la pression de courant peut annuler les contraintes effectives dans le matériau : il perd toute cohésion, se désorganise, devient boulant. Le phénomène est continu et va souvent en s'amplifiant : en pied de talus, le massif subit une érosion régressive et l'on ne peut pas approfondir une fouille immergée non blindée. Si la fouille est blindée, on admet qu'il se produit un écoulement ascendant le long de la fiche du rideau côté fouille ; la pression géostatique s'oppose à la pression de courant ; si le gradient dépasse la valeur critique $i \geq \gamma'/\gamma_w$, il se produit un *renard*, rupture brusque d'une partie du fond en pied de rideau, fort accroissement du débit et afflux très rapide d'une quantité de matériau pouvant combler la fouille jusqu'au niveau statique de la nappe et provoquer de graves affaissements aux abords. Le rapport entre la pression géostatique et la pression de courant est d'autant plus élevé que la granulométrie du matériau est plus fine : les matériaux fins ou les parties fines des matériaux à granulométrie étalée sont les plus sensibles à l'effet de renard. Pour le prévenir, on peut allonger la fiche du rideau, réduire le gradient par pompage en amont ou en fond, mettre en place un filtre. Contre une crépine de puits ou forage, où l'écoulement est toujours turbulent, on préfère favoriser le phénomène au cours d'une opération préliminaire de développement, destinée à créer un filtre par extraction des éléments fins du matériau ; ainsi il demeurera stable en cours d'exploitation. De plus, cette opération peut augmenter le rendement Q/h et même le débit de l'ouvrage.

En amont d'un talus, le gradient peut être fort sans que la limite de boulance soit atteinte ; il peut néanmoins l'être assez pour que la pression de courant compromette la stabilité au glissement du talus. En régime permanent, c'est le cas des talus aval des digues et barrages en eau ; en régime transitoire, c'est celui des talus amont lors de la vidange. L'effet de la pression de courant doit alors être ajouté aux autres forces participant à l'équilibre du talus.

Un filtre est destiné à éviter l'entraînement des fines, la mise en boulance, le renard à la limite de résurgence d'un massif soumis à un fort gradient d'écoulement, ou à éloigner d'un talus la ligne de saturation. Il agit par le calibre de sa perforation ou par sa granulométrie et, pour les écoulements ascendants, par son poids. Souvent mal adaptés aux cas particuliers et/ou mal développés, les filtres se colmatent plus ou moins vite si on ne les entretient pas scrupuleusement. Il faut évidemment drainer et évacuer l'eau captée par un filtre.

2.3.2 Fondations

Le choix du type de fondations d'un ouvrage (*Fig. 1.3.2.a* et *3.6.3.a*), superficielles (semelles filantes, semelles isolées, radier), semi-profondes (puits), profondes ou spéciales (pieux ancrés, pieux flottants) pose un problème

géotechnique à la fois géologique et géomécanique. Les mouvements susceptibles d'affecter des fondations sont les tassements élastiques ou de consolidation, les gonflements, les ruptures plastiques (basculements, poinçonnements ou
glissements). On doit s'accommoder des tassements ; on peut éviter les
gonflements ; il est indispensable d'éviter les ruptures. Ces phénomènes sont
évidemment étroitement liés en pratique, mais la géomécanique ne sait les traiter qu'indépendamment. Le cas des fondations superficielles est le plus courant
en pratique : à partir des essais de laboratoire, les calculs de rupture reposent sur
des extensions de la théorie de Coulomb et les paramètres mesurés à la boîte
de Casagrande ou au triaxial ; ceux de tassements reposent sur la théorie de
Terzaghi et les paramètres mesurés à l'œdomètre ; à partir de l'essai pressiométrique, la rupture se calcule selon la pression limite et les tassements selon le
module pressiométrique.

La répartition des contraintes dans le géomatériau sous une charge de fondation
n'est évidemment pas uniforme ; elle dépend de la distance du point considéré à
la surface d'application de la charge et théoriquement des hypothèses relatives à
la rigidité de cette surface, au comportement du matériau et aux conditions aux
limites du problème. Pour l'établir, la méthode la plus utilisée est celle de
Boussinesq en élasticité linéaire, généralement en intégrant sa solution de base
de la charge verticale ponctuelle dans diverses conditions aux limites figurant
des cas particuliers, au moyen soit de tables et/ou d'abaques de facteurs
d'influence, soit par une simplification graphique, par le procédé de Newmark
ou par un procédé numérique (*Fig. 2.2.1*).

Les calculs de tassement et de gonflement utilisent simultanément soit les
méthodes de Boussinesq, de Terzaghi et de Coulomb, et les mesures de laboratoire, soit la méthode et les mesures pressiométriques. Les calculs de rupture
utilisent soit la méthode de Coulomb adaptée par Terzaghi et d'autres, et les
mesures de laboratoire, soit la méthode et les mesures pressiométriques. Les
mesures au pénétromètre statique permettent des estimations de rupture, mais
pas de tassement ; celles au pénétromètre dynamique ne permettent pas grand-
chose de fiable, sauf étalonnage spécifique local très rigoureux.

2.3.2.1 Tassements

Si la pression de contact est nettement plus faible que celle de rupture, ce qui est
en principe toujours le cas en pratique puisque le coefficient de sécurité à la rupture est de 1/3, on considère que les tassements soit sont élastoplastiques et ressortissent à la théorie de Terzaghi pour les matériaux peu cohérents, soit sont
élastiques et ressortissent à la méthode de Boussinesq pour les matériaux cohérents. On admet néanmoins dans les deux cas que la répartition des contraintes
dans le géomatériau est élastique. Mais comme le module d'un matériau donné
dépend de la pression et que le sous-sol d'un site n'est jamais homogène, on est
obligé de pondérer sur une même verticale, et *a fortiori* d'une verticale à une
autre, l'influence de plusieurs valeurs de modules ; on peut alors écrire que localement, le tassement est proportionnel à la pression, ce qui se manipule bien en
calcul numérique ; pour traiter le géomatériau comme un élément de structure,

on peut lui attribuer un coefficient de raideur, ce qui conduit à de classiques équations homogènes relatives à un ensemble élastique continu structure/assise.

Les calculs de tassement doivent éventuellement être effectués à deux échelles, celle de l'emprise de l'ouvrage que l'on considère comme une surface souple ou rigide et, si les appuis sont isolés, à celle de chaque appui, semelle, pieu ou groupe de pieux que l'on considère comme des surfaces rigides. Dans le cas de tassement de consolidation, on calcule le tassement final qui n'est obtenu qu'au bout d'un laps de temps plus ou moins long ; il faut donc calculer aussi son évolution dans le temps. Les autres méthodes donnent en principe le tassement final et ne permettent pas de calculer son évolution.

Quelle que soit la méthode utilisée, il serait très imprudent de considérer les résultats des calculs de tassement comme autre chose que des ordres de grandeur, car dans tous les cas, ils sont obtenus au moyen de nombreuses hypothèses, de conditions aux limites schématiques et de données peu nombreuses et imprécises. Toutes choses égales par ailleurs, le rapport des résultats de méthodes différentes peut être supérieur à 3 ; il n'est donc pas nécessaire de recourir à des calculs trop compliqués, mais il est utile de calculer successivement selon plusieurs méthodes, en variant les hypothèses et les données éventuellement estimés, puis de pondérer les résultats en critiquant les bases de chacun.

Soulignons enfin que chaque méthode définit son propre module et que leurs valeurs pour un même matériau se corrèlent mal et ne sont évidemment pas interchangeables.

2.3.2.1.1 Méthode de Boussinesq

L'intégration de la formule de Boussinesq dans le cas d'une fondation plane superficielle de forme quelconque, reposant sur un milieu homogène semi-infini de module de Young E_Y, donne $\Delta h \approx C_{f*}P_*R_*(1 - v^2)/E_Y$, avec C_f coefficient fourni par une table ou un abaque, qui dépend de la position, de la forme et de la raideur de la fondation, et R une dimension caractéristique (rayon, demi-côté, demi-largeur…) de la fondation uniformément chargée à la pression P. Dans le cas d'un rectangle souple, on peut ainsi calculer les déformations moyenne, centrale, à chaque coin, à chaque demi-côté ; en superposant par sommes et/ou différences les déformations de coins de rectangles contigus, on calcule la déformation d'un point quelconque d'une surface quelconque. Cela permet de calculer les déformations de l'assise d'un ouvrage et ainsi d'estimer les contraintes que sa structure subira si elle est plus ou moins rigide.

2.3.2.1.2 Méthode œdométrique

Le modèle de calcul de tassement est une coupe verticale sur laquelle figure les valeurs des paramètres œdométriques en fonction de la profondeur, en regard de laquelle on figure la courbe de répartition des contraintes sous la charge P. Pour chaque tranche de hauteur H correspondant soit à une couche réelle, soit à une épaisseur régulière arbitraire (ce qui n'est pas très conforme au modèle œdométrique), on calcule le tassement correspondant, $\Delta h \approx h_*(\Delta e/(1 + e_0))$, $\Delta h \approx h_*(\Delta\sigma'/E')$ ou $\Delta h \approx h_*(C_c/(1 + e_0)_*\Delta\log \sigma')$, puis on somme l'ensemble sur la hauteur de la coupe. Les déformations de l'assise de l'ouvrage s'obtiennent en calculant ainsi les déformations sur plusieurs coupes. Il est rare que l'on dispose d'un nombre suffisant de valeurs œdométriques pour calculer ainsi et l'on se contente généralement d'un calcul global sur la hauteur de la coupe.

Une tranche compressible d'épaisseur 2 h, située entre deux couches drainantes est plus conforme au modèle œdométrique ; son degré de tassement U % en fonction du temps s'exprime au moyen du facteur de temps, $T_v \approx t_* C_v/h^2 : U \% \approx f(T_v)$, que l'on obtient par une table ou un abaque ; inversement, on obtient le laps de temps au bout duquel on atteindra un certain degré de tassement.

En principe, on peut utiliser les mêmes méthodes de calcul pour les gonflements.

2.3.2.1.3 Méthode pressiométrique

Pour calculer les tassements, la théorie pressiométrique a produit une formule très compliquée qui utilise des facteurs empiriques obtenus par des tables ou des abaques, dépendant du géomatériau, α, et des dimensions de la fondation, λ et λ', ainsi que deux modules calculés à partir de celui issu de l'essai. Une forme simplifiée de la formule complète est largement suffisante en pratique : par exemple, avec une semelle carrée de côté 2R sur un matériau élastique, on obtient $\Delta H_p \approx 0,6\ P_* R/E_M$; dans les mêmes conditions, on obtient $\Delta H_Y \approx 2\ P_* R/E_Y$ par la méthode de Boussinesq ; il faut évidemment se garder d'en déduire que $E_M \approx 3\ E_Y$.

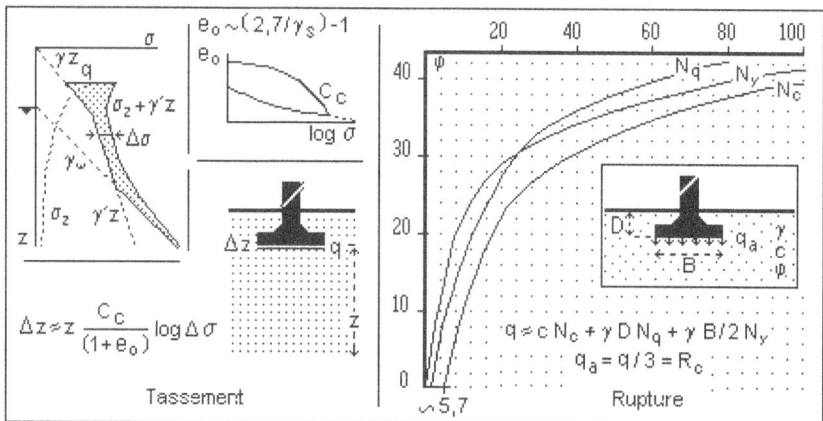

Figure 2.3.2 – Stabilité d'une semelle filante – tassement – rupture

2.3.2.2 Rupture

L'étude à la rupture d'une fondation superficielle est fondée sur l'application de la théorie de Coulomb pour définir sa charge ultime. Cette charge dépend des caractéristiques mécaniques du géomatériau d'assise, de la forme, de la surface et de la profondeur de la fondation. Selon la méthode de Rankine/Prandtl, si cette charge est dépassée, le massif qui la supporte rompt par glissement, même cette charge est dépassée, le massif qui la supporte rompt par glissement, même si la charge est strictement verticale, car sa résultante serait oblique ; la courbe de glissement est un arc de spirale logarithmique prolongée par un segment de droite et le matériau est purement frottant.

Dans la plupart des cas, la pression admissible d'un mode de fondation quel qu'il soit doit correspondre à une charge au plus égale à celle qui provoquerait le passage de l'état élastique à l'état plastique du matériau d'assise, c'est-à-dire être sur la partie linéaire de la courbe D f(e) de la figure 2. Ainsi, la pression permettant de respecter le critère de tolérance au tassement d'une structure courante est nettement inférieure à la pression qui entraînerait la rupture de l'assise d'une fondation ; d'autre part, le risque de rupture diminue à mesure que les tassements se produisent car la consolidation améliore la résistance du géomatériau ; enfin, à l'exception de hauts remblais pour lesquels on adopte des solutions constructives particulières, on fonde en profondeur un ouvrage qui transmettrait à son assise une pression trop proche de sa limite de rupture : sauf erreur grossière, la pression qu'une fondation transmet à son assise pour limiter les tassements est donc en fait toujours admissible pour éviter la rupture ; un contrôle est évidemment nécessaire dans chaque cas. On affecte toujours la pression de rupture calculée, q, d'un coefficient de sécurité de 1/3 pour en faire la pression admissible, q_a, celle qu'utilise l'ingénieur de structure pour établir son projet. Par ailleurs, la pression admissible est la référence qui justifie le choix d'un type de fondation dans un cas donné. Là encore, les hypothèses et conditions aux limites conjecturales ainsi que les données peu nombreuses et imprécises sur lesquelles sont basés les calculs amènent à varier les méthodes, les hypothèses et les données éventuellement estimés, puis à comparer les résultats pour en retenir une estimation globale.

En fait, les dommages graves et encore plus les ruines de bâtiments par rupture du matériau de fondations sont rares ; à cause d'erreurs de conception et/ou d'exécution, elles se produisent dès la fin de la construction ou même en cours, sauf évidemment pour une cause géologique ultérieure (séisme, crue, mouvement de terrain…), mais pratiquement jamais pour une erreur de calcul géomécanique : le coefficient de sécurité veille ! La plupart des dommages géomécaniques aux ouvrages résultent de tassements différentiels que les structures fragiles supportent mal ou pas ; les dispositions techniques imposées par la limitation des tassements et par la prise en compte de leurs effets sur la structure de l'ouvrage sont nettement plus contraignantes que celles imposées par les risques géomécaniques de rupture de fondations.

2.3.2.2.1 Formule de Terzaghi

À partir de la méthode de Rankine/Prandtl qui permet le calcul de la charge ultime q d'une fondation superficielle en la considérant comme la somme d'un terme de profondeur et d'un terme de surface, Terzaghi a proposé une « *méthode approchée* » tenant compte de la cohésion : l'espace sous la fondation est infini, le matériau est homogène, isotrope ; il ne se consolide pas sous la charge et donc γ, c et φ demeurent constants ; la charge est verticale et centrée ; la fondation est indéformable : $q \approx c*N_c + \gamma*D*N_q + \gamma*B/2*N_\gamma$, avec B largeur d'une semelle filante de longueur infinie, D profondeur de la base de la fondation, N_c, N_q et N_γ

coefficients sans dimension fonctions de φ et obtenus par des formules compliquées ou plus simplement par des abaques dont la précision est largement suffisante en pratique. Divers auteurs ont calculé des valeurs de coefficients plus ou moins différentes de celles de Terzaghi et ont plus ou moins modifié la formule de base pour tenir compte de la nature, de la forme, de l'excentricité, de l'inclinaison et des dimensions de la fondation, ainsi que de la topographie de l'implantation ; quelle que soit la forme utilisée, on obtient pratiquement des résultats analogues après application du coefficient de sécurité. Plus simplement donc, si on tient compte de ce qu'il n'existe presque pas de matériau purement frottant naturel et sachant que le poids du terme c_*N_c dans la formule fait qu'il détermine pratiquement le résultat, si l'on néglige le frottement et la profondeur d'encastrement, il vient $q \approx 5,7c$; et comme la résistance à la compression simple R_c est le paramètre le plus facile à mesurer par divers moyens sur la majorité des matériaux naturels, avec $R_c \geq 2c$ on peut admettre sans risque $q \approx 3R_c$ et en appliquant le coefficient de sécurité, $q_a \approx R_c$: dans la plupart des cas, si la pression de contact d'une fondation est au plus égale à la résistance à la compression simple du matériau d'assise, la stabilité à la rupture est assurée.

2.3.2.2.2 Méthode pressiométrique

La pression admissible d'une fondation par la méthode pressiométrique se calcule à partir de la pression limite p_l que l'on ne mesure pas toujours effectivement, car la déformation du matériau peut dépasser la capacité d'extension de la cellule. La formule complète de calcul tient aussi compte de plusieurs autres paramètres : nature des matériaux pour les classer en catégories conduisant à des valeurs de coefficients d'influence obtenus par des calculs, des tables ou des abaques, nature de la fondation, profondeur de l'assise, valeurs des p_l de tous les matériaux situés sous l'assise… Plus simplement par analogie avec la démarche précédente et pour les mêmes raisons, on peut admettre une adaptation de la théorie du pressiomètre selon laquelle $p_l \approx 5,5c$ et donc considérer que la stabilité à la rupture d'une fondation est assurée si $q_a \approx p_l/3$.

2.3.3 Extraction de l'eau souterraine

On étudie l'extraction d'eau souterraine dans un massif constitué de matériau perméable aquifère pour l'exploiter par pompage dans un puits ou un forage ou pour y assécher une fouille dont le fond est sous le niveau de la nappe.

Les études d'hydraulique souterraine portent sur le dispositif à mettre en œuvre (type, implantation, débit) afin d'obtenir le débit d'exploitation ou le rabattement du niveau de la nappe nécessaire dans l'ensemble d'une zone de travaux, en contrôlant éventuellement les effets lointains de l'opération sur la nappe. Pour les projets complexes et les opérations durables aux effets très perturbateurs, on peut avoir intérêt à effectuer des calculs numériques par éléments finis, à partir de réseaux d'écoulement théoriquement détaillés et de la loi de Darcy. Pour dégrossir ceux-là et en étudier de moins complexes, on peut se contenter de tracés approchés des lignes d'eau par des calculs manuels aux différences finies sur des réseaux schématiques. Pour les études courantes d'épuisement de fouilles temporaires, on obtient plus facilement des estimations correctes de débits au moyen de formules généralement issues de la méthode de Dupuit ; en principe, elle ne peut s'appliquer qu'aux écoulements noyés, c'est-à-dire si la fouille n'est pas asséchée alors que c'est ce que l'on veut obtenir. De plus, le coefficient de perméabilité de Dupuit n'est pas exactement celui de Darcy ; en outre, les calculs concernent l'état stationnaire de l'écoulement qui, même en théorie, n'est pas atteint instantanément ; ensuite mais pas enfin, ces formules ne sont simples que si l'on admet que le fond des ouvrages d'épuisement est au niveau du mur imperméable de la nappe, ce qui est rarement le cas. En pratique, on ne tient pas compte ni tout cela ni de quelques autres hypothèses nécessaires aux modélisations manipulables ; en effet, les imprécisions sur les valeurs de k, les dissimilitudes entre les modèles les plus perfectionnés que l'on saurait manipuler ainsi et la réalité sont telles qu'il serait illusoire d'essayer d'atteindre une meilleure précision théorique au prix de lourdes complications qui n'améliore-raient pas les résultats de façon significative. Quoi que l'on fasse, on n'obtient que des ordres de grandeur, largement suffisants pour définir les principes et méthodes d'intervention, puis sur le terrain au moyen d'essais de pompage sur les ouvrages, on ajuste à la demande les dispositifs, on établit les programmes d'exploitation et on module les débits.

Le débit permanent d'un puits ou d'un forage se calcule selon la formule de Dupuit : $Q \approx \pi_* k_* (H^2 - z^2)/\ln R/r$. Dans la plupart des cas, il est inutile de raffiner davantage : quelle que soit la méthode de calcul, on n'obtient que des ordres de grandeur de débit et de rabattement, de sorte que l'on doit toujours prévoir des ouvrages surabondants si l'épaisseur, la perméabilité et l'alimentation de l'aquifère le permettent.

Le débit d'une file de puits peut se calculer comme celui d'une tranchée drainante : $Q \approx k_*(z_2^2 - z_1^2)/2(y_2 - y_1)$. Si le dispositif comporte plusieurs files, on superpose les solutions en ajoutant les débits de chacune ; c'est théoriquement justifié mais on obtient alors un débit total surévalué, ce qui est préférable en pratique ; dans la formule de Dupuit, on peut aussi remplacer le rayon r du puits par celui d'un cercle inscrivant la fouille ou si sa forme ne se prête pas à cela, en remplaçant r par la moyenne géométrique des distances de tous les puits à un point central de la fouille $\sqrt[n]{(y_1 * y_2 \ldots * y_n)}$. Plus simplement et assez logiquement, on peut aussi admettre que le débit total du dispositif est un peu supérieur à celui d'un pompage en pleine fouille de mêmes dimensions que lui.

Le dispositif doit fonctionner pendant un laps de temps j (jours) plus ou moins long avant que le régime permanent de l'ouvrage ne s'établisse, ce qui peut ne jamais se produire. Ce laps de temps, durant lequel le rayon d'influence R du pompage augmente, dépend de la perméabilité du matériau, de la puissance de la nappe, du débit extrait et du rabattement que cela provoque ; la durée de retour à la situation initiale après l'arrêt du pompage dépend des mêmes facteurs. On peut les calculer au moyen de formules empiriques qui permettent d'en estimer les ordres de grandeur, $R \approx 3\,000\,h_*\sqrt{k}$ et $j \approx 3{,}5_*(R^2/k_*H)*10^{-6}$. Les calculs plus précis mais plus compliqués de ce rayon et de ce laps de temps en régime transitoire selon la méthode de Theis imposent un essai de pompage préalable en vraie grandeur pour mesurer le coefficient d'emmagasinement du matériau et la transmissivité de la nappe. Cela se justifie rarement en pratique ;

on peut plus simplement admettre que le rabattement et le rayon d'influence croissent comme $\sqrt{k}$ et $\sqrt{t}$ ou log t.

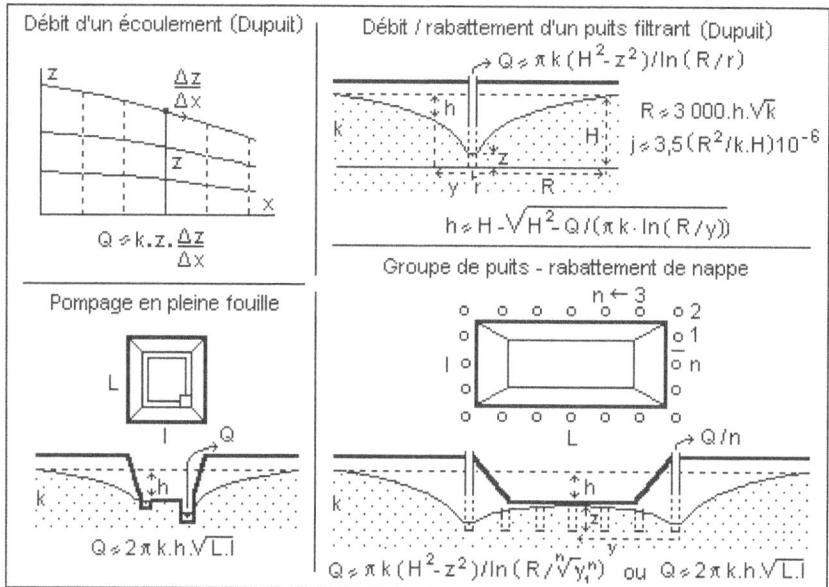

Figure 2.3.3 – Extraction d'eau souterraine

Le pompage en pleine fouille non blindée ne peut se pratiquer que pour de faibles débits, à condition que les talus demeurent stables durant le chantier. Le calcul préalable du débit d'exhaure est sans grand intérêt pratique : une formule simple permet de l'estimer grossièrement ; elle est de la forme $Q \approx 2\pi_* k_* h_* C$ où C est un coefficient de forme qui dépend autant des conditions aux limites du problème que de la façon d'en tenir compte ; on peut utiliser le plus simple, $C \approx \sqrt{S}$, avec S, surface nette ou mouillée de la fouille.

Les problèmes d'extraction dans les réseaux karstiques dénoyés ou au-dessus de la surface des nappes libres ne peuvent pas être traités par l'hydraulique souterraine ; qualitativement, ils peuvent l'être par l'hydrogéologie.

On soustrait à la pression hydrostatique (sous-pression) et on assèche éventuellement les planchers bas traités ou non en radiers de fondation de certains soussols d'immeubles ou de parkings enterrés, au moyen de tapis drainants sous radiers, reliés à des dispositifs de collecte et d'exhaure.

2.4   Qualité des résultats géomécaniques

On peut retenir de tout ce qui précède que la géomécanique est un indispensable recueil de recettes dont la rigueur mathématique est purement formelle. L'incertitude sur la solution de n'importe quel problème géomécanique dépend d'un nombre considérable de facteurs ; sans être exhaustif, on peut citer la réalité des paramètres de Hooke, de Coulomb, de Darcy, de Terzaghi, la pertinence des milieux et des modèles de Boussinesq, de Rankine, de Fellenius, de Dupuit, le bien-fondé des conditions aux limites prêtées aux phénomènes étudiés qui sont des abstractions commodes pour faciliter les calculs... À condition de suivre scrupuleusement la recette qui correspond à un cas générique, le calcul fondé sur la méthode dont elle est l'expression conduit à un résultat qui n'est indiscutable qu'en apparence puisqu'il repose sur les très nombreuses hypothèses simplificatrices qui ont permis de mener à bien ce calcul. Ce résultat, image floue de ce qui pourrait advenir à l'ouvrage durant sa construction et après, exprime un ordre de grandeur grossier qu'il est indispensable de connaître mais qu'il serait imprudent d'utiliser sans critique. Il suffit néanmoins à la plupart des applications à condition de ne pas avoir trop simplifié l'exposé et le traitement du problème, en particulier en n'ayant pas tenu compte de ce que les paramètres attribuées aux matériaux sont spécifiques d'une théorie et d'un processus d'essai, et que leurs valeurs, issues de mesures peu nombreuses, ponctuelles et imprécises doivent être extrapolées à l'ensemble du site. Cela pose le problème du passage indispensable de l'échantillon au site, insoluble par le calcul intégral qui impose des modèles de forme et des conditions aux limites ultra simples ; on ne peut le résoudre que par un changement d'échelle du modèle de forme par référence au modèle structural du site et si possible à son modèle sismique (*voir 3.3.4 b*). Je souligne aussi l'influence déterminante de l'eau dans l'état et le comportement mécanique du géomatériau, soit par les variations de sa teneur en eau – de sa pression interstitielle – entraînant celles de γ, c, φ, soit par celles de la pression hydrostatique ou de courant altérant la stabilité d'un massif.

Les résultats auxquels on aboutit ainsi sont mathématiquement exacts mais physiquement imprécis voire incertains. Il est indispensable de les connaître comme des solutions de problèmes pratiques dont ils donnent l'ordre de grandeur : la géomécanique appliquée au BTP, techno-science des ordres de grandeur, devrait s'exprimer au conditionnel, ses formules doivent s'écrire avec le signe $\approx$ plutôt qu'avec le signe $=$ et ses résultats ne devraient comporter qu'un ou deux chiffres significatifs ou mieux, être exprimés comme des intervalles de relative confiance ou plutôt comme des limites floues d'indétermination

On ne peut pas admettre les conséquences de telles imprécisions sur la stabilité des sites et la sécurité des ouvrages : afin d'utiliser ces résultats sans trop de risques, on a donc recours à des coefficients de sécurité dont on peut moduler les valeurs pour les minorer en tentant ainsi de se prémunir des conséquences redoutables d'erreurs d'appréciation toujours possibles. La méthode de justification d'ouvrage que les eurocodes substituent à celle du coefficient de sécurité est difficile à appliquer à la géotechnique dont la démarche est trop compliquée et trop mobile. Avec un coefficient de sécurité ou une justification d'ouvrage, on minore un résultat dont on sait par expérience qu'il est plus ou moins douteux. On sait aussi que la plupart des dommages et accidents géotechniques résultent de la méconnaissance de la géologie du site et non d'erreurs de calculs géomécaniques ; la meilleure façon d'assurer la sécurité d'un ouvrage est donc de toujours vérifier qu'un résultat géomécanique n'est pas contredit par une observation géologique.

3   GÉOLOGIE DU BTP

Aménagements, ouvrages, travaux

L'exploitation et l'aménagement du sol et du sous-sol – pour trouver un gisement (minerais, matériaux, eau...), en tracer les limites et en estimer les réserves, caractériser et suivre une strate, un filon, les retrouver après le passage d'une faille par les mesures de direction et de pendage –, l'optimisation de l'étude et de la construction d'un aménagement et/ou d'un ouvrage, pour assurer sa sécurité... sont des opérations partout exercées depuis la nuit des temps. Elles impliquent des connaissances géologiques qui ont longtemps été empiriques puis ont commencé à se rationaliser vers la fin du XVIe siècle quand on les a utilisées méthodiquement tant pour l'exploitation des minerais (Agricola, *De re metallica*, 1546) et de l'eau (Pierre Perrault, *De l'origine des fontaines*, 1674) que pour l'aménagement et la construction (W. Smith, *Map of the strata, England and Wales*, 1815)... Ainsi, la géologie (terme attesté en 1657 : *Geologia norvegica*) a été initialement conçue et pratiquée par des techniciens comme outil de compréhension et de normalisation de leurs observations de terrain et de chantier dans un but d'efficacité pratique. Il en va toujours ainsi : les géologues ont besoin des techniciens pour prolonger et conforter leurs observations de surface, bâtir leurs modèles, échafauder et défendre leurs théories, car ils ont rarement les moyens économiques de faire directement les observations que permettent les excavations (mines, tunnels, forages, déblais, sondages...), les prospections géophysiques pétrolières, les études sismiques imposées par les risques nucléaires... : à la fin du XIXe siècle, le creusement des grands tunnels ferroviaires alpins a permis à d'éminents géologues (Révenier, Heim, Taramelli, Schardt, Argand... pour le Simplon) de modéliser de mieux en mieux la structure particulièrement complexe des Alpes que les creusements des nouveaux très longs et très profonds tunnels de base (Lötschberg, Gothard...) permettent actuellement d'affiner en révélant de nombreuses surprises structurales. À partir des années 1930, sur le modèle des pétroliers qui ont toujours été d'importants utilisateurs et pourvoyeurs de données stratigraphiques et structurales, des départements géologiques intégrés aux services généraux de grands aménageurs (adductions d'eau, hydroélectricité...) se sont développés et leurs observations évidemment pratiques ont aussi permis d'accroître les connaissances de géologie structurale et d'hydrogéologie. Dans le courant des années 1960, les cartes topographiques détaillées du fond des océans, levées pour permettre le repérage des sous-marins nucléaires en plongée permanente, ont étayé de façon décisive la théorie de la tectonique de plaques... Réciproquement, les techniciens ont besoin des géologues pour cataloguer, interpréter leurs observations et les utiliser rationnellement : durant les années 1920 et 1930, d'autres éminents géologues (Berkey, Lugeon, Barbier…) ont collaboré aux études des grands aménagements hydrauliques de montagne pour l'adduction d'eau et/ou pour la production électrique ; à partir de la fin des années 1950, la géologie du BTP a par contre raté le coche des autoroutes, des grands aménagements urbains…, sur lesquels n'intervenaient pratiquement que des ingénieurs généralistes de même formation que les responsables des projets et de leurs réalisations, uniquement préoccupés de sondages et d'essais. Cela explique en grande partie la mainmise de ces ingénieurs sur la géotechnique actuelle : on leur a enseigné et ils considèrent que la géomécanique est un chapitre de la résistance des matériaux qui permet de résoudre par le calcul tous les problèmes géotechniques (talus, soutènements, fondations, pompage…) à partir de modèles mathématiques ; mais une tranchée routière ne se réduit pas à une pente de talus, un tunnel à l'épaisseur de son revêtement, un immeuble à la profondeur de ses fondations, un forage à son débit… et un site de construction aux résultats de quelques sondages et essais sur échantillons ou *in situ*. Le nombre et la gravité de leurs ratés a redonné à la géologie du BTP un peu de la place qu'elle n'aurait pas dû perdre, mais on continue à utiliser la géotechnique réduite à la géomécanique comme un élément secondaire de l'étude d'un projet et de sa réalisation. Alors, on néglige ou on ignore que la géologie est bien plus efficace que la géomécanique pour éviter les obstacles et les défaillances géotechniques : ce n'est pratiquement jamais une erreur de calcul géomécanique qui en est la cause, mais l'ignorance ou la négligence de la géologie ; les réfections des défauts de projets, les réparations d'accidents de chantier et de dommages aux ouvrages et/ou à leurs environs ne peuvent recevoir de solutions pratiques fiables que si leurs causes géologiques ont été établies. C'est à peu près ce que pensait Terzaghi, le père de la géotechnique moderne, en décrivant le géotechnicien idéal comme un géologue qui serait aussi mécanicien du sol et non l'inverse.

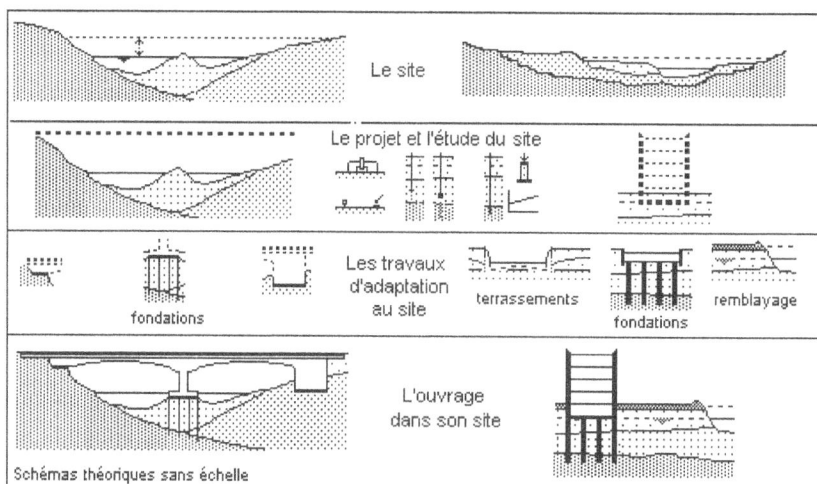

Figure 3 – De la géologie à la géotechnique ; du site à l'ouvrage

En exagérant à peine, on pourrait donc considérer que la géotechnique est la géologie du BTP complétée par de la géomécanique pratique ; ainsi dans cet essai, géologie du BTP et géotechnique sont des termes à peu près synonymes ; le passage progressif de la géologie à la géotechnique *stricto sensu* se fait d'une étape d'étude à la suivante.

Dans cet essai, j'utilise l'expression *géologie du BTP* plus compréhensible pour des non-spécialistes que celle de *géologie de l'ingénieur* qu'utilisent les spécialistes (*engineering geology, Ingenieurgeologie, Comité français de géologie de l'ingénieur...*).

3.1   Le site géotechnique

Objet spécifique de la géotechnique, le site est un ensemble évolutif indissociablement constitué d'un massif de géomatériau, infime portion de la subsurface terrestre siège de phénomènes naturels, et d'un ouvrage induisant dans ce massif des actions spécifiques qui modifient plus ou moins le cours des phénomènes naturels, certaines caractéristiques du géomatériau et plus ou moins l'état initial, naturel ou déjà modifié du massif, en particulier sa stabilité. Dans un laps de temps plus ou moins long, le massif va s'auto-organiser (Fig. *1.5.4.c*) pour acquérir une stabilité plus ou moins différente de celle de son état initial ; c'est ce qui se passe lors d'un glissement de talus de déblais, quand le sous-sol tasse sous un immeuble, quand une digue de cours d'eau rompt... Un site de risque « naturel » est appelé *bassin de risque*.

Tant pour des raisons techniques qu'économiques, le site de n'importe quel ouvrage doit être décrit, étudié et modélisé spécifiquement d'abord géologiquement, ensuite géomécaniquement en respectant les données géologiques.

3.1.1 Dimensions

Les dimensions temporelles et géométriques d'un site géotechnique ne peuvent pas être définies *a priori*, en particulier en ne considérant que l'emplacement de l'ouvrage comme on le fait généralement. Elles dépendent évidemment de la nature, des dimensions et la durée de vie attendue de l'ouvrage, mais aussi de la nature et de la structure du site, de la façon spécifique dont il réagira sous son influence et de l'intensité à partir de laquelle on pourra considérer que ses réactions ne seront plus sensibles ou mesurables. En fait, on se limite aux phénomènes et à l'intensité de leurs effets susceptibles d'influencer directement le fonctionnement de l'ouvrage durant sa vie ; le site d'un immeuble est son emplacement et ses environs immédiats ; celui d'un barrage est la région aux limites de laquelle des fuites inévitables et incontrôlables, suffisamment importantes pour altérer le bon fonctionnement de la retenue sont susceptibles de se produire ; celui d'un site inondable est tout le bassin amont du cours d'eau ; celui d'un glissement est tout le versant qu'il affecte...

3.1.1.1 Par rapport au temps

Les phénomènes naturels qui se produisent dans un site y ont éventuellement des effets dommageables dont il importe d'estimer le temps de retour, comme ceux d'une crue pour un site inondable ; l'ouvrage y a des effets spécifiques plus ou moins durables comme le rabattement d'une nappe alluviale par un pompage d'assèchement de fouille ou d'exploitation d'eau, le tassement d'un immeuble… : le temps est donc une dimension intrinsèque du site, généralement négligée par la géomécanique.

3.1.1.2 Par rapport à l'ouvrage

Les dimensions géométriques d'un site dépendent des dimensions de l'ouvrage ; celles du site d'une section d'autoroute en rase campagne sont très supérieures à celles du site d'un immeuble urbain. Elles dépendent également du type de l'ouvrage ; dans une même plaine alluviale, le site d'un puits exploitant de l'eau souterraine, défini par son domaine d'influence sur le niveau de la nappe, qui peut s'étendre très loin de cet ouvrage de petites dimensions, est beaucoup plus grand que celui d'un immeuble dont la construction n'influence pratiquement que la portion du sous-sol immédiatement située sous lui…

3.1.1.3 Par rapport à la structure géologique

Les dimensions d'un site dépendent aussi de la structure géologique de la région dans laquelle est implanté l'ouvrage. Un site couvre en général des formations organisées à l'échelle d'une unité structurale et la région lui sert alors de cadre ; mais il y a des sites à l'échelle d'une formation dont le cadre est alors l'unité structurale, et des sites à l'échelle d'une région dont le cadre est une ou plusieurs provinces géologiques. Cela n'implique pas qu'il y ait forcément une relation entre cette échelle structurale et l'échelle de dimensions de l'ouvrage.

Dans une région structurale simple comme un bassin sédimentaire, le site d'un grand ouvrage peut n'être qu'une seule formation plus ou moins homogène. Par contre, dans une région de structure complexe comme une chaîne de montagnes, le site d'un petit ouvrage peut couvrir plusieurs unités ou formations dont on ne pourra établir les corrélations qu'en s'intéressant à la structure d'ensemble de la région.

Ces différences structurales sont particulièrement évidentes quand on cherche à apprécier les risques de fuites d'une retenue de barrage : dans une région granitique homogène, peu favorable aux infiltrations et aux circulations profondes et lointaines d'eaux souterraines, le site est limité aux abords de l'ouvrage et de la retenue, alors que dans une région sédimentaire fracturée, où l'on trouve des formations calcaires propices aux infiltrations abondantes et aux circulations karstiques lointaines, le site peut s'étendre très loin de l'ouvrage.

3.1.1.4 Par rapport aux phénomènes

Les dimensions d'un site dépendent encore de la nature des phénomènes induits envisagés, de l'intensité à partir de laquelle on considère que leurs effets ne sont plus observables, soit par les sens, soit par les instruments et enfin, de celle au dessous de laquelle ils n'ont plus d'effets éventuellement nuisibles sur le comportement de l'ouvrage ou sur celui d'ouvrages voisins : la décompression des roches autour d'une galerie a des effets dommageables sur l'ouvrage lui-même comme les coups de toit, les foisonnements de planchers ou les déformations de pieds-droits. Ils peuvent aussi en avoir en surface comme les affaissements parfois importants qui affectent le sol des bassins miniers où ils endommagent de nombreux édifices. Ils y sont plus généralement peu sensibles mais mesurables au moyen d'un réseau de repères de tassement tels qu'on en établit dans les villes, pour l'étude des tracés d'égouts ou de métropolitains, afin d'éviter que les bâtiments sus-jacents subissent des dommages importants.

3.1.1.5 Par rapport à l'échelle d'observation

Pour assurer l'alimentation en eau d'une agglomération, le site hydrogéologique est d'abord un ou plusieurs bassins versants afin d'y caractériser un endroit particulièrement aquifère comme une plaine alluviale ; cette plaine et ses abords deviennent le site hydrogéologique dans lequel on choisit une zone favorable à l'implantation d'un champ de captage ; c'est cette zone qui constituera enfin le site hydraulique du captage. Il en va de même pour une grande voie nouvelle (autoroute ou TGV) ; on passe progressivement de la recherche du tracé dans un large fuseau à l'échelle de la région, aux terrassements du tracé retenu et aux fondations d'un ouvrage courant, à l'échelle de quelques centaines de mètres carrés.

Les dimensions temporelles et géométriques d'un site géotechnique dépendent donc aussi de l'échelle d'observation : la démarche géotechnique procède par paliers, au moyen de changements d'échelles d'espace et de temps, et de progrès de conception ; elle consiste à extrapoler les résultats d'observations de terrain et d'expériences à l'échelle de l'échantillon, pour prévoir le comportement d'un ensemble site/ouvrage à l'échelle de l'ouvrage. Ce changement d'échelle en cours d'étude impose que l'on adopte un point de vue probabiliste d'indétermination : à une échelle différente de celle à laquelle on les utilise, nos méthodes et nos moyens d'observation et de mesure habituels introduisent des erreurs systématiques irréductibles, de sorte qu'une observation ou un fait expérimental à une échelle donnée ne peuvent être que plus ou moins indéterminés à une échelle différente tant d'ordre supérieur qu'inférieur.

La démarche géologique consiste d'abord à dénommer, classer et cataloguer les phénomènes, ensuite à en retracer le cours s'ils sont durables, continus et indivisibles (*érosion*…), ou à les ranger et répertorier en catégories génériques s'ils sont brefs et faciles à distinguer clairement et définitivement (*mouvements de pente*…). Elle les réduit ensuite à des systèmes complexes, c'est-à-dire composés d'éléments schématiques plus ou moins liés, tels que si l'un manque ou est altéré, l'ensemble est dénaturé (*glissements*…). Enfin, la géomécanique transforme souvent certains d'entre eux en modèles apparemment simples, mais dont l'élaboration a été en fait très compliquée, pour ne pas dire confuse, embrouillée, difficile à comprendre, généralement afin de leur faire subir un traitement mathématique qui exige qu'on les schématise à l'excès (*glissement « rotationnel »*…) ; le milieu compliqué décrit par quelques paramètres constants (cohésion, angle de frotte-ment…) liés par des relations formelles (loi de Coulomb, méthode de Felle-nius…) (*Fig. 2.2.2*) y est substitué au matériau naturel complexe qui implique un nombre inconnu d'éléments plus ou moins variables, dont les liens sont plus ou moins inextricables. Devenus des abstractions déterministes, ces modèles décri-vent rarement une réalité trop complexe, de sorte que leur capacité prospective est limitée, voire illusoire, mais leur utilité didactique et pratique est réelle.

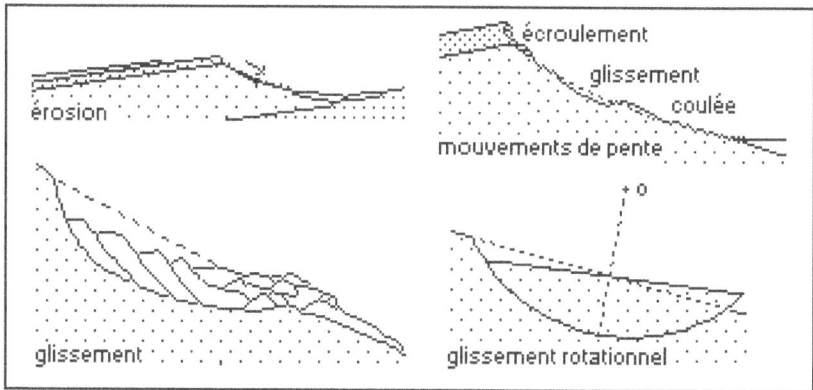

Figure 3.1.1 – Changements d'échelles d'observation

3.1.2 Modélisation

On entreprend la modélisation d'un site géotechnique d'abord pour le définir et le décrire, puis pour caractériser les phénomènes qui s'y produisent, prévoir les phénomènes qui s'y produiront et plus particulièrement ceux qu'y induira la construction de l'ouvrage, c'est-à-dire pour prévoir l'évolution de l'ensemble site/ouvrage. C'est l'opération fondamentale de la géotechnique, celle dont dépendra la qualité de l'ouvrage ; si elle est ratée, le chantier et/ou l'ouvrage subiront des dommages financiers et/ou matériels plus ou moins graves.

La modélisation de forme d'un site géotechnique est en partie analogique pour représenter son aspect géologique et en partie numérique pour représenter son aspect physique. Elle ne peut être correcte que si on la bâtit en considérant le site comme un ensemble structuré et organisé soumis à des phénomènes natu-rels et induits connus ; elle est essentiellement géologique. La modélisation du comportement est essentiellement numérique, mais elle doit respecter les don-nées géologiques, car la géomécanique ne connaît et ne sait manipuler que des modèles simples – ce que le géomatériau n'est pas vraiment…

3.1.2.1 Modélisation géométrique

Le modèle géométrique du site est le plus difficile à établir ; il doit être con-forme aux modèles types de la géologie structurale et de la géomorphologie qui sont très nombreux et variés. Les milieux homogènes, isotropes, semi-infinis… figurent seulement des conditions aux limites simples nécessaires à l'intégration d'équations différentielles et à l'application des formules qui en résultent : les couches homogènes, horizontales et d'épaisseur constante, le versant à pente constante, le glissement circulaire, la loi de Coulomb… sont des images simplistes d'une réalité beaucoup plus complexe.

À petite échelle, une plaine alluviale, un versant de colline, une formation sédimentaire, un massif granitique, un volcan… présentent des compositions et des structures assez caractéristiques et suffisamment différenciées pour que sur la base d'observations de surface, on ne risque pas de les représenter par des modèles aberrants. Aux grandes échelles, le risque est plus important ; on doit en effet intégrer au modèle type, les caractéristiques spécifiques des géomatériaux du sous-sol du site, de façon que le modèle correspondant soit compatible avec le type. Si une telle donnée ne s'intègre pas à ce modèle, c'est le plus souvent qu'il est erroné ; il faut alors chercher et corriger l'erreur, et ne pas bâtir un modèle s'écartant du modèle type pour inclure la donnée perturbatrice ; mais la démarche la plus fréquente est de construire un modèle de forme facilitant l'intégration de l'équation différentielle que l'on va utiliser comme modèle du comportement auquel on s'intéresse.

Concrètement, le modèle géométrique du site consiste en des cartes et des coupes bâties au moyen de l'ensemble des données géologiques et géomécaniques disponibles, interprétées synthétiquement ; il est susceptible de devoir être modifié à mesure que s'accroît le nombre de données.

3.1.2.2 Modélisation du comportement

Pour bâtir le modèle de comportement d'un site, on a intérêt à puiser dans le catalogue de modèles types, nombreux et variés, que propose la géodynamique ; les modèles géomécaniques qu'on peut leur faire correspondre sont au contraire très peu nombreux et relativement analogues puisque la plupart sont bâtis pour faciliter l'intégration analytique ou numérique d'une équation différentielle. La modélisation comportementale d'un site doit donc être en premier lieu et principalement fondée sur la géodynamique ; tel est rarement le cas et le modèle géomécanique de comportement qu'on utilise exclusivement ne représente finalement que lui-même : un glissement de terrain est un phénomène complexe qui affecte un site dont la stabilité n'est qu'apparente ; sa production implique de nombreux paramètres parmi lesquels le temps est l'un des plus influents bien que toujours négligé ; pour que le glissement se produise, il doit se préparer, ou plutôt le matériau dont est constitué le site doit évoluer jusqu'à atteindre le moment où les paramètres de Coulomb qu'utilise le modèle géomécanique de Fellenius-Bishop aient atteint des valeurs telles que le glissement se produise – ce ne sont pas forcement les valeurs du calcul. Ensuite, le matériau va continuer à évoluer jusqu'à ce qu'un nouvel équilibre s'établisse, c'est-à-dire jusqu'à ce que les paramètres aient retrouvé des valeurs telles que le site redevienne stable… en attendant le prochain glissement : les paramètres constants de la géomécanique – il faudrait dire de la géostatique – sont en fait des variables de la géodynamique.

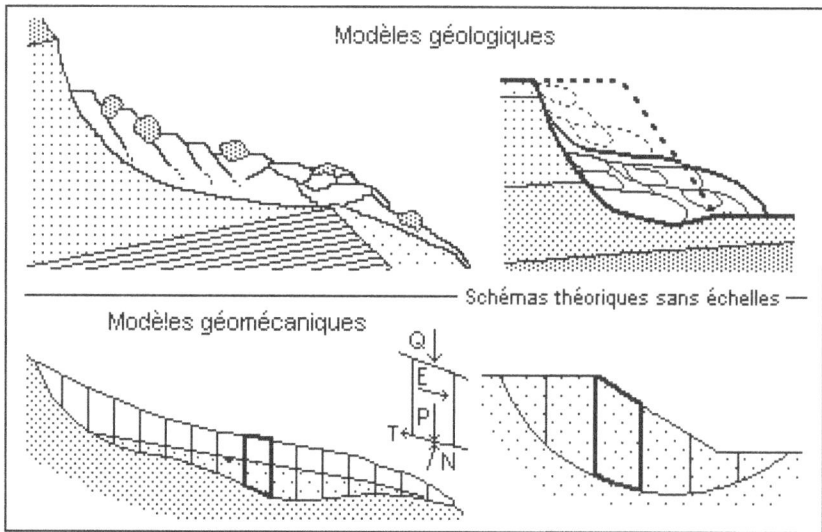

Figure 3.1.2 – Compatibilité de modèles

Les seuls modèles géomécaniques qui tiennent compte du temps sont ceux liés à l'écoulement de l'eau qui, par nature, n'est pas un phénomène statique. C'est la raison pour laquelle le modèle de tassement de Terzaghi est un des rares modèles réellement efficace de la géomécanique ; il rend bien compte de l'évolution du tassement dans le temps, que les modèles de plastorupture traitent comme un phénomène statique – ce qui est assez surprenant ; on ne doit donc pas trop s'étonner de leur manque d'efficacité… De même en hydraulique souterraine, le modèle du régime transitoire de Theis montre l'évolution dans le temps du niveau d'une nappe aquifère sous l'effet d'un pompage, tandis que le modèle de l'écoulement permanent de Dupuit ne montre que de son état final tel qu'il sera au bout d'un laps de temps indéterminé.

Concrètement, les modèles de comportement d'un site sont, dans les cas simples ou simplifiés, des formules permettant de calculer un état final à partir d'un état initial et traduisant une relation de cause à effet. Dans les cas de phénomènes complexes, ce sont des modèles numériques ou des descriptions s'appuyant sur des mesures de paramètres variables dans le temps, comme une série de cartes et de coupes établies à des dates successives, pour représenter un glissement de terrain dans sa phase de déformation plastique, avant que l'on puisse calculer la rupture selon Fellenius-Bishop ou autre.

Une étude de site géotechnique n'est convenable que si le modèle géomécanique que l'on utilise est strictement compatible avec le modèle géologique que l'on a établi ; s'il n'en est pas ainsi, il faut en chercher la raison et modifier le modèle géomécanique.

3.2 L'étude géologique de BTP

Dès que l'on a choisi un site d'aménagement et/ou d'ouvrage, ses caractères naturels – morphologie et hydrologie du site, lithologies, structures et hydrologies de la couverture et du substratum, risques d'événements naturels dangereux – sont les données intangibles du projet et de sa réalisation, à partir desquelles les problèmes techniques d'adaptation pourront être rationnellement posés et résolus : on peut et on doit donner au projet les particularités techniques qui permettront d'adapter sa réalisation aux caractères naturels du site. Par contre, modifier ces derniers pour les adapter à un projet que ses auteurs voudraient intangible se révèle toujours difficile, onéreux et jamais très satisfaisant. Le but de l'étude géologique du site est de faire l'inventaire de ce qui est pour essayer de comprendre et de prévoir ce qui sera : recueillir et exploiter rationnellement les données naturelles et construire le modèle géologique du site pour résoudre les problèmes géotechniques posés par le projet et adapter l'ouvrage à ces données.

Pour recueillir ces données, l'étude géologique est une opération complexe dont dépend en grande partie la qualité de l'ouvrage. Sauf dans le cas d'un petit ouvrage dans un site connu (agglomération urbaine…) dont il est néanmoins indiqué de définir le cadre géologique, une étude doit être conduite par étapes, de façon de plus en plus détaillée de l'esquisse à l'exécution, parallèlement à celles de l'étude du projet et de construction de l'ouvrage, en relation permanente avec les constructeurs. Il est en effet impossible d'imaginer dès le début tout ce qu'il faudra faire pour réaliser une étude satisfaisante : le site, pratiquement inconnu au début, est de mieux en mieux connu à mesure que progresse l'étude et certains problèmes d'abord envisagés, se résolvent beaucoup plus facilement que prévu, alors que d'autres plus difficiles à résoudre, ne se révèlent qu'en cours d'étude. Trois étapes d'étude technique concernent plus particulièrement la géologie : Faisabilité, Avant-projet sommaire (APS) et Avant-projet détaillé (APD) (*Fig. 2.4.3.a*) ; aux autres étapes – Spécifications techniques détaillées (STD), Consultation des entreprises (DCE), Contrôle général des travaux (CGT), Réception des travaux –, on ne recourt à la géologie que pour résoudre des problèmes imprévus, imprécisions ou défauts du projet, incidents ou accidents de chantier, dommages à l'ouvrage… C'est en particulier le cas lors de litiges : l'aléa « géologique », souvent exagéré voire imaginaire, est le prétexte habituel de réclamations plus ou moins abusives d'entreprises en mal d'ennuis de chantier ou de rentabilité : terrassements (matériau rocheux imprévu, talus instable, fort débit d'épuisement…), fondations (matériau d'ancrage moins résistant que prévu, niveau d'ancrage plus profond que prévu…). Dans les cas de graves dommages ou d'accidents aux chantiers et/ou aux ouvrages voisins, les études d'expertise judiciaire nécessaires à la recherche des causes et à la réparation des dommages sont très longues, très difficiles, très coûteuses et rarement satisfaisantes ; elles montrent toujours que ces événements auraient pu être évités ou leurs effets être nettement plus faibles si les études géotechniques préalables avaient été correctement réalisées, c'est-à-dire si la part de la géologie n'avait pas été négligée voire ignorée.

Dans cet essai, j'utilise le découpage des étapes d'étude selon le décret du 2 février 1973 (*Missions d'ingénierie et d'architecture…*), plus clair, plus pratique et passé dans le langage courant de BTP, plutôt que ceux du décret du 1er décembre 1993 (*Missions de maîtrise d'œuvre...*, dit loi MOP) ou de la norme NF P 94-500 (*Missions géotechniques types*). Il existe d'autres découpages non officiels comme celui de l'Équipement : Préliminaire, Avant-projet, Projet de définition, Projet d'exécution…

3.2.1 Cadre général de l'étude (faisabilité)

Il est inutile d'entreprendre l'étude détaillée du site d'un projet d'aménagement et/ou d'ouvrage qui n'est pas encore définitivement arrêté et dont on ignore s'il est faisable en l'état. Placer ce site dans son cadre géologique général est la première étape, rapide et peu onéreuse, d'une étude ; cette étape de faisabilité permet d'évaluer les caractères qualitatifs ou semi-quantitatifs du site et d'organiser au mieux les étapes suivantes de l'étude : l'observation des versants d'une vallée renseigne toujours sur leur stabilité et souvent même sur la nature et la profondeur du substratum de sa plaine alluviale ; l'observation et la corrélation éventuelle des niveaux de points d'eau voisins (puits, sources…) indiquent ou infirment l'existence d'une nappe aquifère dans le sous-sol d'un site…

La consultation de documents géologiques régionaux (cartes géologiques, mémoires…) puis quelques visites de terrain pour en acquérir l'expérience concrète procurent très rapidement et à peu de frais de nombreux renseignements que la télédétection permet de compléter et de synthétiser sous la forme d'une carte géologique et de profils schématiques à petite échelle (1/20 000 à 1/5 000). On peut ainsi localiser des obstacles géologiques entraînant d'éventuelles difficultés de réalisation, proposer et comparer des variantes… Le rôle du géologue est alors particulièrement important, quand l'ouvrage n'est défini que dans ses grandes lignes et quand les possibilités de variantes sont nombreuses ; très souvent le choix d'une variante repose essentiellement sur lui. Paradoxalement, les renseignements dont il dispose à ce niveau sont très fragmentaires et peu précis ; c'est principalement sa perspicacité et son expérience qui sont alors mises à contribution ; il peut s'appuyer sur les caractères généraux de la région dans laquelle se trouve le site.

Le sous-sol des plaines alluviales des grands cours d'eau est généralement constitué d'une couche superficielle épaisse de quelques mètres de limon plus ou moins argileux localement tourbeux, d'une couche moyenne de grave sableuse plus ou moins argileuse dont l'épaisseur varie d'une dizaine de mètres (Durance) à plus de 200 m (Rhin) et d'un substratum marneux (Grésivaudan…), molassique (Saône…), crayeux (basse Seine…) ou cristallin (basse Loire…), plus rarement calcaire (Doubs). Les graves sont toujours plus ou moins aquifères ; certaines zones de craie, de molasse, de calcaire… peuvent l'être aussi. Les bordures sont souvent occupées par des terrasses et certains affluents ont construit des cônes de déjection latéraux graveleux… ; certains versants argileux sont plus ou moins instables. En surface, les cours d'eau décrivent des méandres plus ou moins vagabonds et en crue ils inondent les zones riveraines marécageuses de leur lit majeur ; on s'en défend en les endiguant sans y parvenir tout à fait durablement, car aucune digue n'est ni insubmersible ni indestructible (bas Rhône, Garonne, val de Loire…). Les ouvrages peuvent subir des tassements ou même des dommages plus ou moins graves, éventuellement jusqu'à la ruine s'ils ont fondés superficiellement sur le limon souvent peu consistant, compressible ; pour éviter cela, il faut les fonder en profondeur, généralement sur pieux ancrés dans la grave si elle est compacte ou plus sûrement dans le substratum s'il n'est pas trop profond ; leurs parties souterraines sous le niveau de l'eau doivent être étanches. On peut y exploiter les eaux souterraines par puits ou forages souvent groupés en champs de captage, ce qui provoque parfois des affaissements de zones marécageuses plus ou moins tourbeuses ; les débits extraits sont à peu près stables, car les nappes généralement puissantes sont soutenues par les cours d'eau. On peut y draguer des graves sableuses de construction ; l'exploitation directe dans le lit mineur provoque d'énormes ablations de matériaux amont lors de fortes crues pour rétablir la continuité du thalweg en comblant l'excavation, ce qui peut entraîner la rupture de digues, de quais et/ou de ponts (Bléone à Digne en juillet 1973, Loire à Tours en avril 1978…) ; on préfère exploiter des fouilles latérales, immergées à partir du niveau des nappes qu'elles polluent et dont elles perturbent l'écoulement. Pour récupérer leur surface en fin d'exploitation, on les remblaye parfois imprudemment au moyen d'ordures dont il est ensuite difficile de se débarrasser et/ou de matériaux de décharge polluants ; il est préférable de les aménager en plans d'eau touristiques.

Le substratum des plaines et plateaux structuraux peut être cristallin (Bretagne, Massif central), crayeux (Bassin parisien), molassique (bassin d'Aquitaine, bas Dauphiné)…, plus ou moins altéré vers son toit ; la couverture limoneuse, parfois sableuse ou lœssique peut être épaisse de plus d'une dizaine de mètres ; leurs matériaux sont généralement peu perméables, mais néanmoins plus ou moins aquifères. Leur relief est ondulé ; les vallées tortueuses, peu encaissées, étroites, dont les alluvions sont plutôt argileuses, localement tourbeuses, sont entièrement inondables (Somme) ; leurs versants sont généralement instables, car les zones aquifères plus ou moins continues mais généralement peu puissantes du substratum s'y déversent de façon diffuse ou en sources rarement abondantes mais peu variables. Les déblais de matériaux argileux et leur réemploi en remblais sont difficiles en périodes pluvieuses ou s'ils sont plus ou moins aquifères ; la plupart des talus étant instables, les fouilles doivent être blindées. Les fondations des ouvrages peuvent être superficielles avec des risques de tassement, plus généralement semi-profondes, rarement profondes ; les parties souterraines doivent être étanches et drainées même sans eau souterraine constatée à l'exécution, car la pression des eaux d'infiltration proches risque d'occasionner des dommages aux parois insuffisamment résistantes contre lesquelles elles peuvent s'accumuler.

La stabilité des versants des collines et dépressions molassiques (Aquitaine…), schisteuses (Bretagne…) ou marneuses (Trièves…) dépend de leur exposition climatique et des ruissellements d'orages accrus par leur remembrement, les aménagements routiers ou ferroviaires, les lotissements… La couverture plutôt argileuse est très instable sur les versants mal exposés ; ses glissements peuvent obstruer des vallons étroits. L'extraction des déblais et leur réutilisation sont difficiles en périodes pluvieuses ; les talus qu'il est indispensable de drainer deviennent plus ou moins instables en vieillissant ; les assises des remblais doivent être des redans stabilisés et drainés. Les anciennes plates-formes routières à flanc de coteau sont souvent instables tant en déblais qu'en remblais ; elles doivent être bien entretenues et de nombreux talus doivent être soutenus par des ouvrages (murs, gabions, enrochements…) bien ancrés et drainés sous peine de ruptures qui peuvent affecter tout le réseau d'une même région quand se produisent de fortes et durables précipitations (Drôme, hiver 1977-78…).

Qu'elle soit dénudée (lapiaz), couverte d'argile de décalcification (dolines) ou morainiques plus ou moins épaisse, la surface karstique des plateaux calcaires (Bassin parisien, Causses, Jura, Provence…) pose des problèmes de stabilité générale pour les aménagements et les ouvrages en raison de risques d'affaissement voire d'effondrement pratiquement impossibles à localiser précisément et à prévoir ; mais les zones très karstiques les plus exposées à ces risques sont assez faciles à repérer par la géophysique électrique, ce qui permet de les éviter ou de les étudier spécifiquement pour permettre les adaptations possibles (variantes de tracé ou d'implantation, radiers bétonnés même pour des remblais ou des déblais…). Il en va à peu près de même pour les zones gypseuses, beaucoup plus dangereuses, que l'on doit éviter autant que possible. Les falaises bordières et de gorges sont souvent ébouleuses, en particulier si leur pied est marneux. L'exploitation des eaux des réseaux karstiques impose des études difficiles (Montpellier…) : leurs débits peuvent varier dans des proportions considérables, les pollutions quasiment impossibles à éviter sont permanentes et les implantations d'ouvrages de captage sont plus ou moins aléatoires, même à proximité des grandes résurgences et dans les réseaux noyés, car les galeries et fissures aquifères ne constituent qu'un infime volume du massif et certains forages peuvent n'en atteindre aucune. Les galeries des réseaux dénoyés, non repérables depuis la surface, ne peuvent être exploitées que si elles sont pénétrables pour implanter et diriger le forage et aménager la prise pour stabiliser le débit extrait.

En montagne, on observe à peu près toutes les formes et tous les comportements naturels : les zones homogènes à la fois par la lithologie, la structure, la morphologie… de la plupart des sites montagneux sont peu étendues, parfois réduites à quelques hectares ; des sites voisins ou même des secteurs voisins d'un même site peuvent présenter des caractères géologiques très différents : substratum (granitique, schisteux, calcaire, marneux…), couverture (éboulis, alluvions, moraines…), structure (faillée, plissée, charriée…), morphologie, position topographique. Les modelés, fluvio-glaciaires à l'origine, sont constamment modifiés par les phénomènes naturels (crues, mouvements de terrain…). Les vallées profondes sont formées de sections plus ou moins longues quasi rectilignes de direction – généralement structurale – brusquement changeante, successivement étroites (cluses, gorges) puis larges (plaines alluviales) ; les deux versants d'une même section peuvent être analogues ou totalement différents ; ils sont eux-mêmes divisés en zones tant longitudinales que verticales plus ou moins inclinées, de la pente douce à la falaise ; dans des secteurs souvent très étendus, tous sont affectés de toutes sortes de mouvements de terrain (*Fig. 1.5.4.b*). Les cours d'eau sont des torrents aux crues souvent dévastatrices, déplaçant de grands volumes de matériaux arrachés ici puis déposés là… Dans de tels sites, l'étude, la construction et l'entretien des aménagements et des ouvrages sont particulièrement difficiles quelles que soient leurs natures et leurs dimensions ; le choix de leur emplacement détermine l'économie de leur construction et leur sécurité ultérieure : n'importe quelle partie d'aménagement, n'importe quel ouvrage techniquement corrects en tant que tels peut être emporté par une crue torrentielle (Var-Verdon, novembre 1994...), par un glissement à flanc de versant (Rocquebilliaire, novembre 1926...), être balayé par une coulée de boue (Roc-des-Fiz, avril 1970...), un écroulement de falaise (Neyrolles, 1924...), par une avalanche (Chamonix, février 1999...)... Cela impose d'étendre les études géologiques de projets et éventuellement celles préventives d'ouvrages existants à des zones plus ou moins vastes autour des sites d'implantation. Les anciennes voies de communication et leurs ouvrages sont particulièrement vulnérables ; certaines de leurs sections, généralement bien connues des techniciens et même des usagers, sont fréquemment détériorées voire coupées ; il peut s'y produire de graves accidents parfois répétitifs (gorges de la Bourne, janvier 2002 et novembre 2007). La stabilité et donc la sécurité de certains vieux tunnels (Tende, Galibier...) est précaire, car ils sont implantés exactement sous des cols, modelés glaciaires de sites particulièrement fragiles par essence (roches tendres, évolutives, fracturation intense...). Les études de voies nouvelles imposent d'établir et de comparer des variantes de tracé pour éviter autant que possible les difficultés de construction et les risques de dommages ultérieurs sur celui qui sera retenu ; comme l'on ne peut tout éviter, on doit aussi comparer des variantes d'implantation et/ou de conception technique de certains ouvrages (accès et têtes de tunnels, viaducs...). La prévention de risques majeurs comme les grands mouvements de terrain susceptibles d'obstruer une vallée impose de détourner les cours d'eau, les voies menacés et même d'exproprier les occupants (Séchilière, Saint-Étienne-de-Tinée...) ; si on ne le peut pas techniquement en raison de l'encombrement du site, on doit installer un dispositif permanent de surveillance du mouvement et de contrôle automatiques de la circulation (Meyronnes).

La lithologie détermine en grande partie la forme et le comportement de la plupart des sites littoraux, presque partout incessamment modelés par les actions violentes de la mer. Elle détermine aussi leur capacité à y résister : les sites littoraux à peu près stables quel que soit l'état de la mer sont réduits à certaines parties des côtes rocheuses cristallines (Bretagne, Maures, Esterel, Corse...) et à certaines falaises calcaires (calanques marseillaises...). La plupart des autres falaises, crayeuses (pays de Caux, Saintonge...), marno-calcaires, marno-géseuses ou gréso-schisteuses (Boulonnais, basse Normandie, Aunis, Pays basque, Albères, rade de Toulon...) sont ébouleuses ; les côtes basses sableuses (Marquenterre, Aquitaine, Roussillon, Languedoc...) sont particulièrement instables, alternativement soumises à l'ablation et au dépôt selon l'état temporaire de la mer (tempétueux à calme). Au total, l'érosion est à peu près partout largement dominante, mais quelques baies abritées et la plupart des estuaires s'envasent ; leurs rivages sont marécageux, en partie transformés en polders protégés par des digues. Naguère, la majeure partie du littoral était quasi déserte ; les ports occupaient des sites abrités à peu près stables (ports naturels), dans les estuaires pour les plus grands. Les aménagements touristiques et portuaires récents ont souvent été implantés en négligeant plus ou moins l'hydrographie et la géologie locales ; leurs ouvrages (routes littorales, digues et épis de défense, phares, quais...) résistent plus ou moins longtemps selon l'emplacement, la nature des matériaux de construction et la qualité des fondations ; ils doivent être incessamment réparés puis éventuellement reconstruits (phares d'Ailly, de la Coubre, de Faraman…) ; les plus exposés, les plus fragiles, les plus difficiles à construire et à défendre sont évidemment ceux des côtes basses dont le rivage est très mobile et dont le sous-sol sableux, localement vaseux, est très peu résistant et très compressible sur des épaisseurs pouvant largement dépasser la centaine de mètres ; les constructions trop proches de leur rivage disparaissent à peu près toutes à plus ou moins brève échéance lors de violentes tempêtes (Ault, Villerville, Châtelaillon, Talmont, L'Amélie, Anglet, Biarritz…).

Des considérations plus spécifiques peuvent conduire à préciser le cadre général d'une certaine région ou d'un certain aménagement :

La région parisienne est couverte d'ouvrages de toutes natures et de toutes dimensions, de surface et souterrains, et les chantiers de BTP y sont incessants. Son cadre géologique assez simple est abondamment décrit dans toutes sortes de publications savantes et techniques, et il est représenté par de nombreuses cartes à grandes échelles d'époques, d'origines et de fonctions diverses : sa morphologie est de plateaux calcaires plus ou moins karstiques entaillés de vallées sinueuses et larges constituant des plaines alluviales bordées de terrasses, plus ou moins inondables, parcourues par des cours d'eau assez lents, à méandres, parsemées de buttes-témoins. Son substratum général est un empilement d'une quinzaine de formations sédimentaires en strates subhorizontales plus ou moins ondulées, épaisses de moins de 5 m à plus de 20 m ; leurs faciès sont variés (craie, grès, sable, argile, marne, calcaire, gypse), rapidement changeants tant latéralement dans une même formation que d'une formation à une autre. La couverture est de lœss épais au plus d'une dizaine de mètres sur les plateaux, de grave sableuse perméable aquifère dans les vallées, d'éboulis et produits de glissements et fluages argilo-graveleux à blocs sur les versants plus ou moins instables. Des remblais de toutes sortes épais de quelques décimètres à plus de 20 m couvrent indistinctement toutes ces formations de façon à peu près continue. L'eau souterraine y est abondante – dans les fonds de vallée, nappes alluviales en relations d'échanges avec les cours d'eau ; sous les plateaux, produisant des sources de versant, nappes perchées étagées des formations calcaires, gréseuses ou sableuses plus ou moins perméables, séparées par des formations argileuses ou marneuses… Certaines formations calcaires et gypseuses ont été activement exploitées en surface ou en souterrain ; leurs abords sont dangereux (éboulements, fontis…). Les caractères généraux de la région sont bien connus de la plupart des aménageurs et des constructeurs qui y opèrent ; ils n'en tiennent pas toujours compte comme ils le devraient.

L'autoroute A36 Beaune/Mulhouse traverse diverses régions dont les caractères géologiques sont nettement différents ; à ses deux extrémités, la plaine de Bourgogne au sud-ouest et le Sundgau au nord-est ont des sous-sols assez homogènes, constitués d'une couche superficielle de limon quaternaire d'épaisseur relativement régulière, couvrant uniformément un substratum molassique tertiaire et localement à l'est du Sundgau des argiles graveleuses morainiques. Dans la partie centrale du tracé, le sous-sol du plateau jurassien est beaucoup plus hétérogène, soit de limon de plateau plus ou moins épais ou d'éboulis couvrant irrégulièrement des formations calcaires plus ou moins karstiques, soit de formations marneuses plus ou moins argileuses, généralement couvertes de produits d'altération très argileux. À chaque région, correspond donc un type de sous-sol présentant des caractères morphologiques, hydrologiques et géotechniques définis et assez constants que l'on n'a eu qu'à préciser lors des étapes successives de l'étude du projet. Sur de telles bases, on a pu prévoir les types de problèmes géotechniques à résoudre, tout à fait différents suivant que l'on considère la section Montbéliard/Clerval entièrement située sur les plateaux calcaires qui dominent la rive gauche du Doubs, ou la section Beaune/Dôle, située dans la plaine argileuse de Bourgogne, entre le Doubs, la Saône et la Côte d'Or…

3.2.2 Étude générale du site (APS)

Si l'étude de faisabilité montre que l'adaptation d'un aménagement et/ou d'un ouvrage au site prévu paraît possible, le projet est arrêté dans ses grandes lignes et le site définitivement retenu. On procède alors à son étude géologique générale (lithologie, structure, morphologie, hydrologie…), qui peut être rapide, économique et complète si elle a été bien préparée sur les bases de l'étape précédente ; le maître d'œuvre peut alors recevoir sous une forme directement utilisable les renseignements dont il a besoin pour étudier le plan de masse du projet, estimer le coût d'objectif de son adaptation, préparer les dossiers d'appels d'offres et établir le programme d'exécution de l'ouvrage. À ce niveau, des variantes ou des imprécisions mineures sont encore tolérables, comme celles qui concernent le détail de ses fondations – dans ce cas, les critères ayant permis de définir son implantation et son type ne devront pas être remis en question.

L'étape de l'APS est celle de l'étude générale du site et de ses abords pour en définir les caractères géotechniques principaux et esquisser les grandes lignes de l'adaptation du projet au site. À partir d'observations de terrain, de télédétection, de géophysique et de sondages rapides, on bâtit le modèle structural du site que l'on concrétise par des plans et coupes géotechniques schématiques à petite échelle (1/20 000 à 1/5 000) ; on justifie l'aptitude du site à héberger le projet et on définit les principes généraux d'adaptation.

Les limites immédiates du site correspondent à peu près à celles de l'emprise de l'aménagement ou de l'ouvrage ; ses limites étendues sont, d'une part, celles jusqu'où les phénomènes induits par leur réalisation ne devraient plus être sensibles ou mesurables – pour les ouvrages existants voisins du chantier : risques de terrassements (stabilité des talus, utilisation d'explosifs, compactage de remblais, épuisement d'eau souterraine…), de fondations profondes (pieux battus…), d'exploitation de nappe aquifère…– et, d'autre part, celles jusqu'où des phénomènes naturels dangereux seraient à redouter (versant et/ou falaise amont instable, inondations…). Dans le cas d'aménagements ou de grands ouvrages, les formes et les comportements géologiques du site ne sont généralement pas les mêmes sur toute son étendue. Mais où que ce soit, il n'y a pas n'importe quoi et il ne s'y passe pas n'importe quoi : on peut donc diviser le site en secteurs relativement homogènes (versant/fond de vallée, zones de formations différentes en contact morphologique, stratigraphique, tectonique…) dont les caractères sont à peu près analogues, où il faudra éventuellement traiter certains risques (inondations, mouvements de terrain, séismes...), où des problèmes techniques analogues recevront des solutions analogues. On fait ainsi progresser l'étude du général au particulier ; on va de la région au site puis à certains détails du site, sans toutefois perdre de vue la région, référence nécessaire pour vérifier la cohérence du modèle du site. Dans une plaine alluviale empruntée par le futur tracé en haut remblai d'une autoroute, après avoir délimité une zone marécageuse puis caractérisé sa structure et les matériaux de son sous-sol, on définit les conditions de stabilité de ce remblai et on estime l'intensité et la durée des tassements que le sous-sol subira sous sa charge ; si les effets prévus de certains phénomènes naturels ou induits s'avèrent incompatibles avec la sécurité du futur ouvrage, on modifie le projet pour l'adapter au site ou, ce qui est toujours plus difficile et plus onéreux, on essaie d'adapter certaines particularités du site au projet. Si la stabilité du haut remblai n'est pas assurée ou si le tassement est trop important, on essaie d'abord de diminuer la hauteur du remblai en modifiant le profil en long de l'autoroute ; si cela n'est pas possible pour préserver le tirant d'air d'un passage inférieur, on essaie d'améliorer la portance du sous-sol en accélérant la consolidation par surcharge, par drainage par substitution de matériaux, en injectant... Au XIXᵉ siècle, les constructeurs de voies ferrées, qui ne disposaient pas de nos puissants moyens et ignoraient la géomécanique, traversaient les marécages en accumulant des matériaux divers (troncs, branchages, fascines, cailloux...) jusqu'à la stabilisation ; ils devaient alors faire preuve de beaucoup de patience. En fait, on faisait cela pour traverser des marécages depuis la nuit des temps ; les Hollandais le font toujours et ont des méthodes spécifiques d'étude qui leur permettent d'estimer le volume de ce qui disparaîtra dans le sous-sol avant que la plate-forme soit stable. S'il s'agit de définir les fondations d'un immeuble dans une vallée, on peut prévoir la nature et la structure du substratum dans lequel elles seront ancrées en observant les versants ; on peut ensuite estimer l'ordre de grandeur de la profondeur de ce substratum et le sens de sa variation générale.

Leurs limites fixées et leurs caractères généraux explicités, on entreprend l'étude de chaque secteur du site et de ses environs immédiats. À partir des observations de terrain et par télédétection, on en établit une première esquisse de carte et de coupe géologique détaillées qui présente de nombreuses lacunes (épaisseur de la couverture, nature du substratum, position des contacts cachés...). On précise donc cette esquisse de modèle en retournant sur le terrain puis en utilisant la géophysique. La géophysique complète la géologie, elle ne la remplace pas ; ce serait une erreur méthodologique d'effectuer des travaux de géophysique dans un site dont on n'aurait pas esquissé auparavant la structure géologique. Les techniques géophysiques les plus efficaces en géotechnique sont, sur le terrain, les méthodes électriques (traîné et sondage) et la sismique-réfraction (*voir 3.3.4*), et dans les sondages mécaniques, les diagraphies de résistivité, de polarisation spontanée et de radioactivité naturelle ; des techniques moins courantes comme la gravimétrie, la magnétométrie, l'induction, la tomographie sismique..., peuvent les compléter dans des cas très spécifiques, ou plus rarement quand les premières se sont révélées inefficaces ; la gravimétrie ne permet pas de découvrir mais de repérer certains vides artificiels (carrières, galeries...) à condition que le rapport de leur défaut de masse à leur profondeur soit relativement grand. Mais la structure d'une zone karstique est plus facile à préciser par l'électrique ; dans de telles zones, les variations de résistivité dues à la plus ou moins grande proportion locale d'argile karstique sont toujours plus caractéristiques que les variations de la pesanteur dues à la présence de vides karstiques ; dans un karst, il y a beaucoup plus de fissures argileuses que de vides. Une zone de faible résistivité électrique dans une formation calcaire peut correspondre entre autres, soit à une zone très karstique (Urgonien de Provence…), soit à une passée marneuse (Kimméridgien du Jura…), soit à un épaississement local de la couverture argileuse (Crétacé du Bassin parisien…). L'exploitation des résultats de mesures électriques ne permet pas de préciser à laquelle de ces anomalies on a affaire ; et du reste même, l'éventualité d'existence de l'une d'elles dans un site donné, ainsi que sa position et son extension approximatives, doivent avoir été préalablement définies. La sismique réfraction permet de caractériser les divers matériaux du site par leurs vitesses sismiques liées à leurs compacités ; on peut ainsi distinguer la couverture de l'altérite et du substratum, des formations différentes d'une même série… et mesurer les profondeurs locales de leurs contacts ; un modèle sismique étalonné par la géologie est le meilleur modèle géomécanique d'un site dont on peut disposer. Pour préciser localement certains renseignements structuraux comme la nature et la profondeur d'un substratum, on peut exécuter quelques sondages-étalons, implantés en des points structuralement intéressants, sans trop tenir compte de l'implantation de l'ouvrage.

3.2.3 Étude détaillée du site (APD)

L'étape de l'APD est celle de l'étude détaillée du site et de chacun de ses secteurs. On s'attache à y localiser et à décrire les zones dans lesquelles les travaux de construction (terrassements, fondations, drainage…) seront analogues, et les caractéristiques techniques des matériaux à mettre en œuvre. Le maître d'œuvre pourra ainsi arrêter les implantations des ouvrages, les méthodes d'exécution des terrassements généraux, les niveaux des plates-formes, ceux des sous-sols éventuels, les types, niveaux et contraintes admissibles des fondations ainsi que les caractéristiques générales de toutes les parties d'ouvrage en relation avec le sous-sol, pour adapter au mieux son projet aux particularités du site et pour préciser le coût d'objectif de son adaptation.

Au moyen de compléments de géologie (terrain, télédétection) et de sondages et essais géomécaniques, on construit le modèle géotechnique d'un secteur ou du site, traduit en cartes et profils dressés et présentés à une échelle adaptée à l'étape de l'étude technique du projet (1/1 000 à 1/100). Sur ces documents, les limites des secteurs éventuels apparaissent et les caractéristiques du matériau de chacun sont indiquées ; on y attire l'attention sur celles qui sont utiles à l'étude du projet (résistance, compressibilité, perméabilité…). Ces documents sont spécifiquement géotechniques ; ce ne sont pas des cartes et des profils géologiques complétés par quelques indications géotechniques, mais des descriptions du site dans un but pratique ; ils doivent donc être immédiatement et parfaitement lisibles, même pour un utilisateur qui ne serait pas géotechnicien, puisque ces documents concrétisent pour lui l'aide qu'il attend de la géotechnique. Le même site, étudié pour des projets d'ouvrages de types différents, a, presque à coup sûr, un modèle différent pour chaque ouvrage : une plaine alluviale peut être étudiée pour y exploiter de l'eau souterraine et l'on s'intéresse plus particulièrement à la perméabilité du matériau alluvial, aux limites de la nappe, à son alimentation ; pour y creuser un canal, il faut de plus mettre en évidence la façon dont ce matériau peut être terrassé ; pour y construire un haut remblai, on doit en premier lieu y repérer les zones de matériau compressible ; pour y fonder un ouvrage d'art, on s'assure aussi de la nature, de la profondeur et des caractéristiques mécaniques de son substratum…

Il est rare qu'une formation, au sens géologique du terme, soit un ensemble homogène au sens géotechnique : rien n'empêche donc que sur ces documents, une même formation y soit représentée comme plusieurs matériaux et que certaines parties de deux formations voisines soient représentées comme un même matériau. Ainsi, pour résoudre un problème de fondation, on établit un modèle sur lequel on distingue la couverture de l'altérite et du substratum, sans distinguer les formations qui le composent mais en distinguant leurs matériaux selon leur résistance et leur compressibilité ; pour un problème de terrassement, on distinguera les matériaux selon leur compacité, leur teneur en eau, leur maniabilité, leurs possibilités de réutilisation ; pour un problème d'eau souterraine, on s'intéresse à leur perméabilité…

3.3 Les moyens de la géologie du BTP

Les moyens de la géologie du BTP sont ceux de la géologie générale (levés de terrains, photogrammétrie, géophysique, sondages…) adaptés aux exigences particulières de la géotechnique pour le recueil de données locales choisies : nature et répartition de la couverture, nature, structure et profondeur du substratum… Mais on ne les utilise pas dans le même but : celui du géologue est de déterminer et décrire la structure du sous-sol réduit au substratum du site qu'il étudie ; la carte géologique qu'il établit est un moyen de repérage, un support d'enregistrement et un document de synthèse de toutes les données morphologiques, lithologiques, stratigraphiques… qu'il recueille sans exclusive sur le terrain et ailleurs, puis qu'il interprète selon les modèles qu'il choisit parmi ceux dont il dispose et selon ses propres hypothèses ; pour lui, la carte qu'il lève, établit puis communique est une fin en soi.

Pour un géologue de BTP ou un géotechnicien, cette carte sera le moyen de connaître le cadre de celle qu'il va devoir lever à plus grande échelle pour l'étude spécifique du site dans lequel on envisage de construire un ouvrage. Mais en géologie, subordonner la technique à la science n'est pas convenable : en effet, la majeure partie des connaissances de géologie scientifique dérivent de travaux techniques essentiellement souterrains qui ont permis et permettent encore des observations impossibles depuis la surface du sol : l'origine de la géologie scientifique se trouve dans la nécessité de comprendre la structure d'un gisement de mine métallique puis de charbon pour résoudre les problèmes posés par l'exploitation, suivre une strate, un filon, passer une faille… La structure des Alpes n'a été comprise que quand on a disposé des observations faites lors du creusement des innombrables tunnels ferroviaires suisses et en particulier du tunnel du Simplon – le forage en cours du tunnel de base du Saint-Gothard permet des observations inattendues qui améliorent encore notre connaissance de la structure des Alpes… (*voir 3.5.2.1*). Plus généralement, n'importe quel travail de terrassement, fondations, captage d'eau souterraine… permet de précieuses observations scientifiques malheureusement souvent négligées ; c'est une des raisons pour lesquelles la loi (articles 131 à 137 du Code minier) oblige les maîtres d'œuvre et/ou les entreprises à déclarer leurs travaux souterrains – et en particulier de sondages – de plus de 10 m de profondeur, puis à déposer, pour qu'elles soient archivées par le Bureau de recherches géologiques et minières (BRGM), les données tant scientifiques que techniques ainsi recueillies. Cette obligation n'est pas très respectée pour les petits travaux, ceux qui intéressent plus particulièrement la géotechnique.

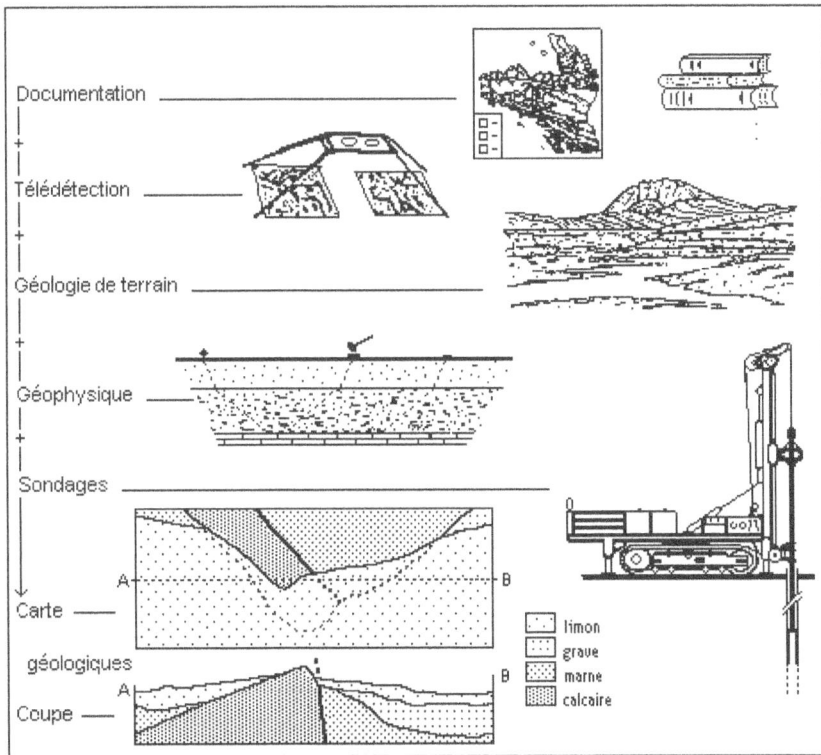

Figure 3.3 – Les moyens de la géologie du BTP

3.3.1 La documentation

Ne pas redécouvrir ce que les autres savent, ne pas refaire ce que les autres ont fait sont de sains principes d'économie d'efforts, de temps et d'argent, en géologie comme ailleurs. Les cartes topographiques et géologiques, les photographies aériennes et satellitaires du commerce et d'autres sources de documentation nombreuses, variées, dispersées et de valeurs très inégales, bibliographies, archives, banques de données, laboratoires, bureaux de contrôle, entreprises… doivent être systématiquement utilisées, mais avec prudence : les préoccupations, les buts et les moyens de ceux qui les ont produits sont rarement ceux qui intéressent directement le géotechnicien pour l'étude dont il est chargé.

Le travail de documentation spécifique doit donc être préparé et organisé ; on ne trouve que ce que l'on cherche, il faut savoir que chercher et comment, puis il faut savoir utiliser ce que l'on a trouvé : la documentation doit être critiquée ; on ne doit en retenir que ce qui est plausible, ce qui est nécessaire et suffisant à l'étude que l'on entreprend et ne l'utiliser que comme première approche d'un cadre général.

3.3.1.1 Cartes et plans topographiques

Les cartes et plans topographiques sont des documents géométriques, modèles de la surface d'un site à une échelle adaptée aux préoccupations de ceux qui les ont établies et de ceux qui les utilisent. En géotechnique, on consulte d'abord les cartes topographiques commerciales de l'Institut géographique national (IGN) à 1/25 000 et 1/50 000 puis on utilise les plans spécifiquement levés sur le terrain et/ou par photogrammétrie pour l'étude et la réalisation de l'ouvrage, dont l'échelle va de 1/200 à 1/5 000 selon le type d'ouvrage et l'étape d'étude. Sur tous ces documents, la planimétrie et l'hydrographie sont figurées par des signes conventionnels décrits dans une légende ; l'orographie (disposition et description du relief) est figurée par des points cotés, des courbes de niveau altimétriques et par des figurés si l'endroit est trop pentu pour que, selon l'échelle, les courbes puissent être séparées. Leur précision dépend évidemment de leur échelle, mais aussi du soin mis à leur levé et à leur tracé, de l'attention apportée à certains détails plutôt qu'à d'autres…

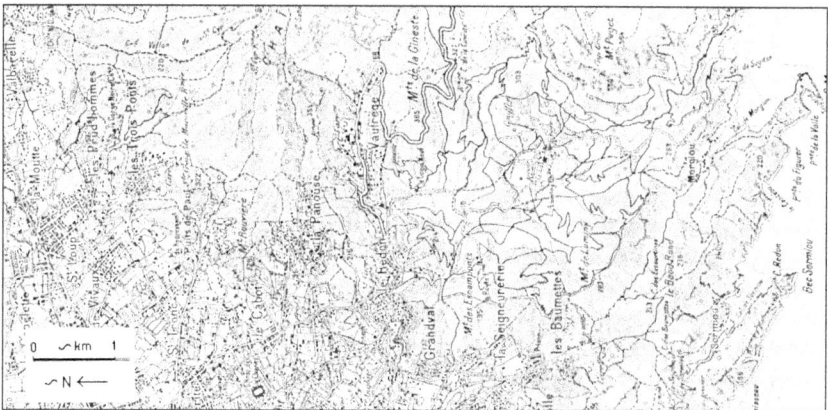

Figure 3.3.1.a – Carte topographique
Aubagne à 1/50 000 – 1942 – © IGN – Cartothèque nationale

En plus de leur rôle spécifique de plans d'études techniques puis de plans de masse et de leur rôle de fonds de plan géologiques, les cartes et plans topographiques ont un rôle direct très utile mais souvent négligé d'interprétation morphologique : les formes du relief et des modelés, les cours d'eau y sont dessinés, les directions des pentes et leurs valeurs y sont mesurables…

3.3.1.2 Cartes géologiques

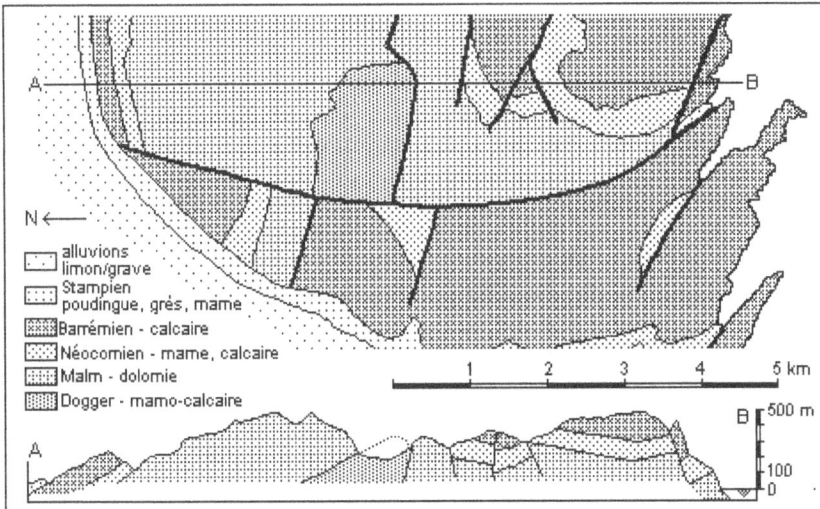

Figure 3.3.1.b – Schémas de carte et coupe géologiques

Une carte géologique est une carte topographique choisie comme fond de plan à une échelle adaptée à la surface du territoire figuré, sur laquelle sont représentées les aires d'extension des formations et les structures géologiques au moyen de couleurs, sigles et signes conventionnels décrits dans sa légende. C'est un modèle analogique géométrique qui représente plus ou moins subjectivement l'étendue des formations de substratum censées affleurer ou être plus ou moins cachées par des formations de couverture peu épaisses sur le territoire qu'elle couvre : c'est un écorché où les formations cristallines sont figurées selon leur faciès ; les formations sédimentaires y sont distinguées et figurées selon leur âge géologique – en réalité, elles peuvent avoir des faciès plus ou moins différents selon l'endroit, ce qui n'apparaît pas toujours sur les cartes ; certaines formations de couverture épaisses et significatives peuvent être représentées, mais elles peuvent aussi être omises si l'auteur pense avec raison ou non avoir deviné la nature du substratum qu'elles cachent ; les structures du substratum d'une zone plus ou moins vaste (site, région, pays, continent, globe) y sont synthétisées. À chaque carte est associée une notice qui comporte la description de chaque formation (faciès, épaisseur…) représentée dans l'ordre stratigraphique et/ou lithologique, la description de la tectonique, de la morphologie, de l'hydrogéologie… du secteur couvert par la carte. Carte et notice sont complémentaires ; il faut toujours consulter la notice pour mieux comprendre et interpréter la carte : l'hydrogéologie n'est presque jamais figurée, mais les notices indiquent généralement les formations aquifères et certaines donnent des indications sur les nappes qu'elles contiennent…

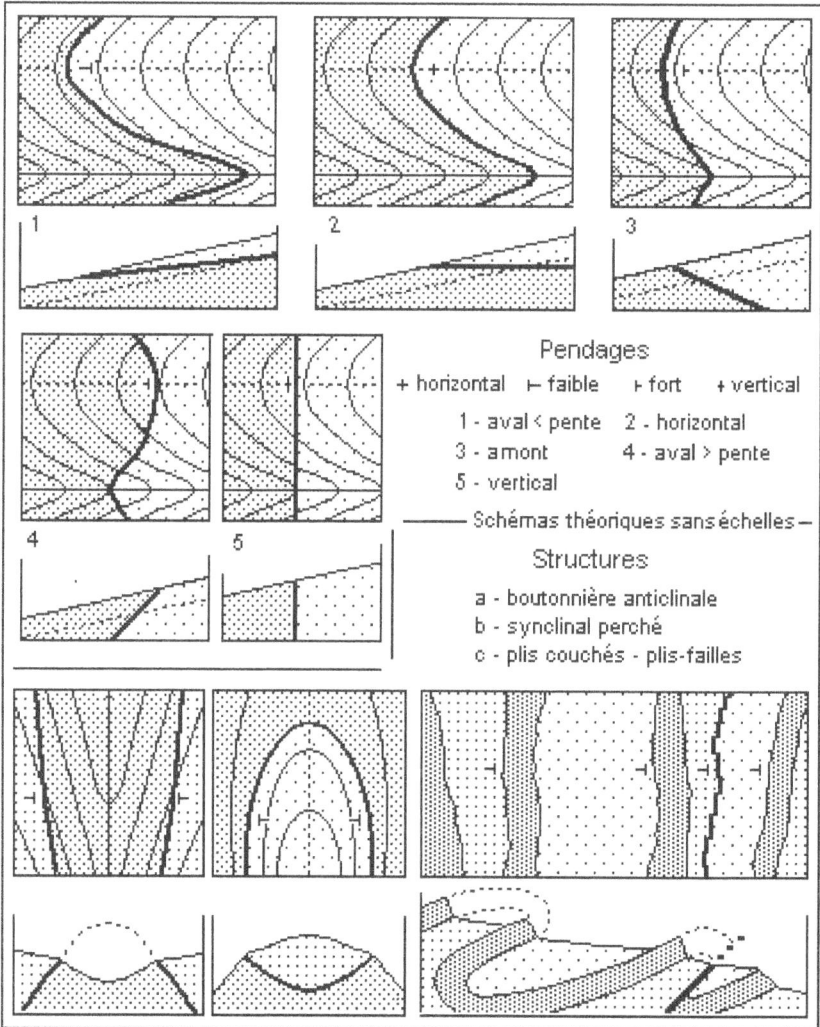

Figure 3.3.1.c – Pendages et structures simples (plans et coupes)

Les cartes commerciales du BRGM sont à l'échelle du 1/50 000 pour la série des plus récentes et à l'échelle du 1/80 000 pour celle des plus anciennes – pour une même zone, je recommande de consulter conjointement ces deux documents, car du point de vue strictement géologique, le second est parfois plus fiable. Sur l'un comme sur l'autre, il ne faut pas chercher à recueillir des données pratiques qui permettraient de caractériser clairement le site d'un projet d'ouvrage ; on ne peut en obtenir que des renseignements généraux dans un cadre régional, ce qui est loin d'être négligeable ; mais pour ceux qui n'en maîtrisent pas la confection et l'usage acquis sur le terrain, les cartes géologiques sont des patchworks difficiles à déchiffrer, source de fréquentes bévues.

Situer un projet, un chantier, un ouvrage, repérer un endroit précis sur une carte BRGM n'est pas convenable, car leurs échelles respectives sont trop différentes ; essayer d'extraire des données géotechniques particulières sur une carte n'est recommandé à personne, géologue ou non : la part d'interprétation – d'abord de l'auteur dont la préoccupation n'était pas de recueillir des données géotechniques mais des données propres à ses travaux de recherche scientifique, ensuite de l'utilisateur – est toujours importante. Par ailleurs, les parties de deux cartes voisines couvrant des territoires contigus, établies par des auteurs différents, présentent souvent des différences d'interprétation et de représentation que les éditeurs ne coordonnent pas toujours correctement.

La carte est un plan en deux dimensions alors que la zone représentée en a trois ; pour comprendre les structures géologiques, la lecture en plan est insuffisante et la référence à l'hypsométrie (points cotés, courbes de niveau) du fond de plan est nécessaire : on peut ainsi dresser des coupes perpendiculaires aux objets structuraux (plis, failles…), souvent parallèles en séries ; les structures sont alors lisibles. Pour qu'elles le soient facilement, on doit souvent adopter des échelles différentes pour les longueurs et les hauteurs des profils topographiques selon les différences d'altitudes de divers points du site ; mais alors les épaisseurs et les pendages des formations sont plus ou moins exagérés et les figures de structures sont distordues.

Le minimum qu'un géotechnicien doit savoir lire sur une carte géologique est le pendage d'une formation d'après le tracé de son contour comparé à celui des courbes de niveau topographiques, ainsi que des structures simples comme un anticlinal, un synclinal, un pli-faille…

3.3.1.3 Autres documents

Une bibliographie régionale spécifique plus ou moins complète est souvent annexée à la notice de chaque carte du BRGM ; mais les documents savants publiés par les auteurs de travaux scientifiques sont d'un accès tant matériel qu'intellectuel très difficile pour qui ne les pratique pas couramment ; la géotechnique n'y a que très rarement recours pour de grands travaux (barrages, galeries…).

Le BRGM doit communiquer les données des archives du Code minier – coupes de sondages pour l'essentiel – à qui les lui demande à condition que le déposant ne le lui ait pas interdit durant dix ans. Leur accès est assez difficile ; les renseignements que l'on en obtient sont pour la plupart d'un intérêt discutable et sont souvent peu fiables : implantations approximatives voire erronées, nomenclature et détails parfois curieux voire farfelus…

3.3.2 La télédétection

La télédétection est l'étude des photographies terrestres, aériennes et satellitaires. C'est la technique de base de la cartographie géologique de n'importe quel site, à n'importe quelle échelle. Les documents dont on peut facilement disposer sont ceux de l'IGN et de l'Internet ; pour les études de grands aménagements et ouvrages, on dispose toujours des séries de photographies aériennes à grande échelle prises pour établir la topographie du site.

L'observation et l'étude de photographies aériennes stéréoscopiques est indispensable pour saisir et éclairer la structure générale d'un site et de ses abords, quelles que soient les dimensions du site et de l'ouvrage et où que ce soit, même dans un tissu urbain dense ; on peut y revenir autant que de besoin, à tout moment, à mesure que l'étude progresse. En géologie structurale et en géomorphologie, les contacts IGN noirs et blancs sont plus parlants que ceux en couleurs, réelles ou fausses, et que les images de satellites. L'évolution naturelle ou provoquée d'un site dans le temps peut être suivie au moyen de clichés pris à des dates différentes éventuellement régulières, ce que l'IGN fait partout en France depuis plus de soixante ans. Les photographies aériennes que l'on trouve sur Internet ne sont généralement pas stéréoscopiques, mais il est possible de les manipuler pour en faire des vues aériennes obliques dont l'exploitation est souvent intéressante.

On utilise d'abord les photos comme moyen documentaire avec les cartes du commerce pour préparer le travail de terrain ; on les utilise ensuite comme outil de travail pour préciser et contrôler les observations de terrain à mesure qu'on les recueille, puis pour synthétiser ces observations et piloter le tracé de la carte finale. Leurs agrandissements accroissent la précision du repérage, contrairement à ceux des cartes. Ainsi, le gain de temps et de précision pour établir une carte géologique spécifique peut être énorme.

La lecture et l'interprétation des photos stéréoscopiques est basée sur la morphologie, l'hydrographie, la pédologie, la végétation… Elle permet un meilleur repérage spatial que les plans et les cartes : on peut y implanter précisément les points d'observation sur le terrain et on peut en repérer d'autres que l'on pourra visiter. On peut facilement déborder du site étudié lui-même pour le placer dans son cadre régional ; en effet, la plupart des structures réelles sont compliquées, souvent très vastes, rarement visibles en totalité ou même en partie significative : il faut les reconstituer à partir d'observations de terrain limitées, plus ou moins dispersées et souvent difficiles à interpréter, en s'appuyant sur des modèles analogiques convenus de structures types. L'observation par télédétection permet souvent de voir l'ensemble d'une structure et donc de dresser la synthèse des observations de terrain, ou même de découvrir une structure passée inaperçue sur le terrain

En géotechnique, la télédétection est indispensable pour les études de tracés linéaires (routes et autoroutes, voies ferrées, grandes conduites…), de grands ouvrages (barrages hydrauliques…), d'hydraulique souterraine, de mouvements de terrain… ; elle est utile pour celles de petits ouvrages, même de bâtiments urbains, pour en fixer le cadre général. Dans les sites où la couverture est épaisse (plaines alluviales, moraines, terrasses, plateaux de lœss...), l'analyse des microreliefs, des nuances des sols, de la végétation... permet de préciser leur structure et même parfois, celle de leur substratum.

Figure 3.3.2 – Photographie aérienne

3.3.3 La géologie de terrain

Parcourir à pied un site d'étude et ses environs, y observer directement les affleurements, les modelés..., les dessiner, les photographier, est le moyen le plus sûr et le plus rapide d'en connaître presque toutes les particularités géologiques ; c'est peu fatigant, tonique et particulièrement efficace : c'est ainsi qu'ont été levées toutes les cartes géologiques. Je recommande à tous les techniciens qui travaillent sur un projet d'aménagement ou d'ouvrage de le faire sur son site d'implantation ; ils pourront ainsi en apprécier concrètement les qualités qu'ils utiliseront et les défauts dont ils devront s'accommoder.

La carte géologique de terrain est le document de base de toute étude géotechnique, quelles que soient les dimensions du site et le type d'ouvrage. Elle doit être levée spécifiquement à l'échelle du fond de plan de l'étape de l'étude du projet, selon la nature et les dimensions de l'ouvrage : 1/25 000 à 1/5 000 pour l'APS, 1/1 000 à 1/200 pour l'APD, 1/500 à 1/100 pour les STD. Les cartes successives à échelle croissante doivent être complétées et précisées à mesure que l'étude technique progresse. Un géotechnicien non géologue ne peut évidemment pas lever une telle série de cartes ; ces opérations doivent être pratiquées par un géologue de terrain bon morphologue et cartographe, car l'apparente simplicité des observations et des mesures de terrain cache la difficulté de les utiliser : ce que l'on voit n'est pas toujours facile à interpréter et il faut ensuite synthétiser le levé de terrain, s'en servir pour bâtir des modèles structuraux aussi proches de la réalité que possible.

Au départ, la zone levée doit largement déborder l'emprise de l'ouvrage pour lui donner un cadre, compléter les structures plus étendues dont on ne voit que des parties et pour couvrir les emprises d'éventuelles variantes. Sur le terrain, on observe la morphologie et l'hydrographie, on repère les affleurements naturels ou dégagés par des travaux et ouvrages de terrassement, carrières, tranchées, talus… ; on note leurs faciès, on mesure leurs pendages et on recueille des échantillons ; sur un talus, on mesure l'épaisseur d'une strate et/ou de la couverture ; on photographie le site et les affleurements…. Les instruments utilisés sont le fond de plan, les photographies aériennes correspondantes, un carnet, des crayons (et une gomme), un marteau, une loupe, une boussole-clinomètre, un altimètre, un GPS, un appareil photographique, éventuellement une tarière à main pour passer la couverture meuble pas trop caillouteuse ni trop épaisse. Au bureau, on groupe les échantillons qui, sans être identiques, ont à peu près le même faciès et donc appartiennent en principe à la même formation ; par référence à celle de la carte géologique commerciale, on établit ainsi la série lithologique et/ou stratigraphique du site en distinguant les faciès les plus faciles à reconnaître et ceux qui présentent des particularités géologiques et/ou géotechniques intéressantes. On trace ensuite les contours apparents des zones des formations de même faciès d'après les sols, la morphologie, la végétation…, car il est rare qu'un contact lithologique ou structural et *a fortiori* une structure complète puissent être suivis ou même seulement observés ; chaque formation est figurée par une couleur et un indice. On complète et on précise ces tracés en utilisant les photographies terrestres et aériennes stéréoscopiques ; on vérifie l'ensemble en trois dimensions en établissant des coupes en série, perpendiculaires à la direction structurale principale, et on corrige éventuellement. Les terrains de couverture sont représentés s'ils sont épais et présentent un intérêt particulier (alluvions, moraines, lœss, ceux affectés de mouvements de terrain…) ; ce sont souvent eux qui importent en géotechnique. Sur les sites où l'on ne trouve pas d'affleurements parce que la couverture est épaisse, un levé de détail est néanmoins indispensable, car il est rare qu'elle soit uniforme et son faciès varie généralement selon son épaisseur et la nature des roches qu'elle couvre. La morphologie y est aussi un indicateur géologique important : dépressions marneuses, buttes calcaires, pente de versant plus ou moins grande selon nature de la roche et son pendage, mouvements de terrain… Les préoccupations des géologues et des géotechniciens sont rarement les mêmes : pour les premiers, la structure prime toujours ; pour les seconds, c'est souvent la morphologie et la couverture. Le niveau d'une nappe aquifère se mesure dans les puits inactifs, les piézomètres, les sources et marais ; la carte et les profils de sa surface piézométrique se tracent par interpolation des mesures rapportées à un nivellement topographique, en général le NGF (*Fig. 1.4.4.c*).

Dans les zones où la morphologie n'est pas lisible et où la végétation ou l'urbanisation est trop dense, on ne dispose que des cartes commerciales, des photographies aériennes, des observations de travaux en cours…, mais on doit procéder comme pour un levé géologique classique, finalement traduit par une carte et des coupes que l'on complétera au moyen de sondages mécaniques.

Selon les dimensions du site et la complexité de sa structure, un levé de carte peut prendre de quelques heures à plusieurs jours, ou même davantage, en alternant le terrain et le bureau. Une carte géologique est toujours perfectible : à mesure que le travail avance, les structures apparaissent de mieux en mieux à la suite de nouvelles observations à l'occasion de travaux d'ouvrages voisins et/ou propres à l'étude géotechnique et/ou à l'ouvrage en cours de chantier…

Sans être géologue, le moins que tout géotechnicien doit savoir faire sur le terrain est l'observation quantifiée des affleurements, mesure de l'épaisseur, de la direction et du pendage des strates, plus ou moins variables d'un affleurement à un autre : ce sont les bases de toute étude de mouvement de terrain naturel ou provoqué et donc de stabilité de site et d'ouvrage. L'affleurement que l'on observe et sur lequel on mesure est repéré par ses coordonnées topographiques (carte, plan, GPS…) ; l'objet des mesures est le plan de stratification matérialisé par l'un des deux joints qui limitent la strate en dessous et en dessus ; l'épaisseur de la strate se mesure perpendiculairement entre les deux joints ; sa direction, intersection entre son plan de stratification et le plan horizontal, se mesure à la boussole par rapport au nord. Le pendage, son inclinaison sur le plan horizontal, se mesure au clinomètre comme l'angle de plongement de la ligne de plus grande pente de son plan de stratification ; le sens du pendage est celui de cette ligne orientée vers le bas ; il est perpendiculaire à la direction de la strate. Si l'on ne dispose pas d'un accès direct au plan de stratification, mais que l'on peut observer sa trace sur une surface subverticale quelconque (falaise, front de carrière…), le pendage apparent est inférieur au pendage réel et l'épaisseur apparente est plus grande que la réelle ; sur une coupe, le pendage et l'épaisseur ne sont réels que si le plan de coupe est strictement dans le sens du pendage ; l'épaisseur apparente est aussi plus grande dans un plan subhorizontal comme la surface de l'affleurement ou sur une carte ; un redressement trigonométrique est presque toujours possible.

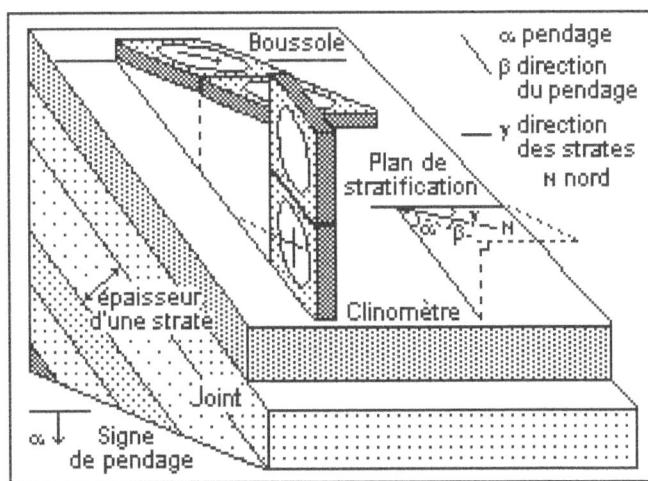

Figure 3.3.3 – Mesure du pendage d'une strate

Les cartes géologiques de sites de projet ne sont évidemment ni assez complètes, ni assez précises pour suffire à l'étude et la construction d'un ouvrage : elles sont établies sur des observations d'affleurements peu nombreux et de modelés peu lisibles ; les coupes que l'on en tire doivent être précisées, contrôlées et validées ; si la couverture meuble est étendue et épaisse comme dans une plaine alluviale, si l'ouvrage projeté est profond comme un tunnel, complexe comme un barrage hydraulique…, il faut lui adjoindre à la demande la géophysique (électrique, sismique…), les excavations (tarières, tranchées, sondages mécaniques, galeries…) et les essais *in situ* et sur échantillons (optiques, chimiques, mécaniques, hydrauliques…). Par la suite, il faudra aussi le faire quelle que soit l'étude pour résoudre les problèmes proprement géotechniques. Les résultats de la mise en œuvre de ces moyens conduisent à plus ou moins modifier la carte initiale qui n'était pas erronée mais perfectible, comme elle le sera constamment durant les travaux notamment de terrassement et de fondation par les nouvelles observations rendues ainsi possibles. Mais ces résultats ne sont pas correctement exploitables si l'on ne connaît pas le cadre géologique général de l'étude, qu'il est donc nécessaire de définir dès l'abord.

3.3.4 La géophysique appliquée à la géologie du BTP

Les théories, les modèles, les paramètres et les façons de les mesurer, les méthodes de calcul qu'utilise la géophysique pour en appliquer les résultats au géomatériau sont ceux de la physique classique (gravité, vibrations, électricité, magnétisme…) : la forme tridimensionnelle et l'évolution d'un champ de forces naturel ou induit, permanent ou transitoire dans le sous-sol d'un site, peuvent être esquissées à partir de mesures ponctuelles de potentiel prises sur le sol au moyen d'un appareil approprié et exploitées par une méthode spécifique de calcul et d'interprétation. Les formules de calcul géophysique sont des modèles mathématiques issus de nombreuses simplifications facilitant l'intégration de l'équation du champ – milieu homogène et isotrope défini par le paramètre de champ, occupant un volume de forme géométrique aux limites duquel les conditions sont imposées par le dispositif d'induction et de mesures ; elles fournissent des valeurs ponctuelles du potentiel dont la distribution spatiale est censé traduire la structure du volume. La géophysique pose en principe que ce volume est l'image du sous-sol ; la mise en œuvre d'une technique de géophysique appliquée adaptée à la résolution d'un problème géométrique de structure et/ou de morphologie permet ainsi de compléter et préciser des observations de terrain ; mais les valeurs mesurées des paramètres géophysiques sont des ordres de grandeur relatifs qui ne caractérisent pas une roche particulière ; leurs variations traduisent qualitativement l'hétérogénéité du sous-sol, ce qui permet d'affiner un modèle structural de site, mais pas d'en établir un. Il faut éviter d'orienter l'ensemble du processus géophysique (champ utilisé, mesures, calculs…) pour justifier une interprétation géologique prématurée. L'interprétation géophysique finale doit être géologique : la géophysique ne remplace pas la géologie ; elle la complète, mais ne doit pas lui être subordonnée. De toute façon, il est essentiel d'avoir une bonne connaissance géologique préalable du site et d'avoir posé correctement le problème géologique que l'on se propose de débroussailler ou de résoudre avant de mettre en œuvre une technique géophysique appliquée dont l'interprétation finale devra être géologique.

Parmi ces nombreuses techniques, celles de résistivité électrique (traîné et sondage) et de sismique (sondage réfraction) sont bien adaptées à l'étude du sous-sol de la plupart des sites géotechniques, peu étendus et peu profonds ; ce sont des moyens efficaces de géologie du BTP qu'il est recommandé d'utiliser conjointement, car les renseignements que l'on en tire sont complémentaires.

Avec un peu de pratique, les mesures sont faciles à prendre, les calculs manuels ou informatiques sont simples à faire, leurs résultats sont fiables, et avec un peu d'expérience, leur interprétation est toujours fructueuse ; elles peuvent donc être couramment mises en œuvre par des géologues et/ou des géotechniciens non spécialistes.

Mais ces techniques ne sont pas équivalentes et elles ont des valeurs et des limites propres ; l'une d'elles est souvent mieux adaptée qu'une autre à l'étude d'un cas ; mal utilisée, une technique risque de produire des résultats sans intérêt, ininterprétables ou erronés. Le choix de la technique et de la façon de la mettre en œuvre détermine en grande partie la valeur pratique des résultats obtenus et l'on doit y consacrer le plus de soins et d'attention, notamment en s'appuyant sur un bon levé géologique : on doit donc poser des questions précises à la technique choisie, et être capable de préjuger la façon dont elle y répondra. Dans certains cas douteux, un essai permettra de savoir s'il est préférable d'utiliser une technique plutôt qu'une autre. Plus généralement dans les cas courants, les trois techniques peuvent être mises en œuvre avec profit, car chacune donne des résultats complémentaires mais pas de même niveau : on utilise le traîné et les sondages électriques pour localiser les zones les plus résistives et donc les moins argileuses, les plus perméables d'une plaine alluviale ; selon que le substratum est marneux, calcaire, granitique… on utilise les sondages électriques et/ou sismiques pour apprécier sa profondeur et dans certains cas, celle du niveau moyen de la nappe aquifère. La grave fluvio-glaciaire qui affleure sur des talus de terrasse se montre localement très argileuse et les talus correspondant sont instables ; sur la terrasse, on peut repérer d'éventuelles zones plus ou moins argileuses par un traîné et des sondages électriques. Une zone de faible résistivité électrique dans une formation calcaire peut correspondre à une zone très karstique où il y a plus de fissures argileuses que de vides, à une variation marneuse de faciès de la formation, à un épaississement local de la couverture argileuse…, mais on ne pourrait pas préciser le cas si l'on n'avait pas d'abord procédé à un levé géologique. La résistivité électrique et/ou la vitesse sismique sont moins élevées dans certaines zones plus fracturées et/ou plus altérées d'un massif calcaire, granitique… que dans le reste du massif. Les sondages sismiques sont indispensables pour établir le modèle géotechnique d'un site de projet d'ouvrage…

Dans des cas particuliers, d'autres techniques d'usage plus difficile (gravimétrie, magnétométrie, induction, réflexion et tomographie sismiques…) peuvent être utilisées en géologie du BTP, à condition d'en respecter les possibilités et les limites, mais elles doivent être mises en œuvre par des spécialistes.

3.3.4.1 La résistivité électrique

En électricité générale, la résistivité (ρ) est la constante caractéristique d'un matériau, d'autant plus faible qu'il est plus conducteur. On la mesure indirectement par la résistance d'un fil cylindre de longueur et de section unités : $\rho = R_*s/l$. Elle s'exprime en ohms-mètre ($\Omega.m$). En géophysique, la résistivité d'une roche pourrait se mesurer de la même façon sur échantillon, mais cela n'aurait pas d'intérêt pratique car, dépendant de caractères variables (fissuration, altération, humidité…), elle ne peut pas être une constante caractéristique d'une roche ni même d'un échantillon. Sur le terrain, on mesure la *résistivité apparente* (ρ_a) du sous-sol au point de mesure. Ce paramètre physico-chimique varie dans l'espace et dans le temps selon la nature des matériaux du sous-sol, leur teneur en eau, les conditions atmosphériques, le dispositif de mesure utilisé… ; sa valeur en un point donné du site n'est pas constante puisque la teneur en eau des matériaux varie dans le temps : des mesures effectuées dans un même site à des époques différentes sont différentes, mais elles indiquent généralement les mêmes tendances, plus ou moins atténuées ou accrues.

Si l'on exclut certains minerais métalliques très conducteurs, la résistivité d'une roche dépend de la proportion d'ions mobiles qu'elle contient. Ces ions peuvent être les ions libres de certaines structures cristallines ou les ions des solutions aqueuses contenues dans les pores et fissures de la roche : une roche très poreuse est isolante si elle est sèche, plus ou moins conductrice selon sa teneur en eau ; une roche ni poreuse ni fissurée est isolante ; les minéraux argileux contiennent des ions libres, des solutions d'eau de constitution, d'eau adsorbée, d'eau libre, de sorte que les roches argileuses sont peu résistives ; une roche altérée est généralement moins résistive que la roche-mère, car elle recèle des fissures plus ou moins argileuses humides… :

(ordres de grandeur)

- sols plus ou moins argileux, limons   20 à 50 Ω.m
- graves alluviales aquifères   30 à 300 Ω.m
- argiles humides   5 à 30 Ω.m
- argiles sèches – marnes   20 à 50 Ω.m
- calcaires marneux   50 à 200 Ω.m
- roches plus ou moins fissurés   100 à 2 000 Ω.m
- roches compactes   500 à > 20 000 Ω.m

Le dispositif de mesure ponctuelle de la résistivité apparente consiste en quatre électrodes A, M, N et B plus ou moins distantes, fichées dans le sol. On injecte dans le sous-sol un courant continu ou alternatif à très basse fréquence d'intensité I entre les électrodes A et B ; on mesure la différence de potentiel V entre les électrodes M et N. La résistivité apparente ρ_a du sous-sol au point de mesure se calcule par la formule $\rho_a = K * V/I$ dans laquelle la disposition des électrodes est réduite à un coefficient géométrique K. Si l'on fait varier la distance des électrodes A et B, le volume dans lequel le champ est induit varie également, et donc aussi la résistivité apparente dans le cas général de l'hétérogénéité du sous-sol. La valeur de la résistivité apparente – que l'on suppose toujours calculée au milieu du dispositif – dépend de la longueur AB : plus elle est grande, plus le volume dans lequel le champ est induit est grand et en particulier plus épais ; ainsi, plus AB est grand, plus la profondeur (p) d'investigation électrique est grande.

En géologie du BTP, sauf pour les galeries de montagne et quelques autres ouvrages exceptionnels, la profondeur maximum d'investigation du site étudié dépasse rarement la cinquantaine de mètres ; la longueur AB peut donc être relativement courte – une ou deux centaines de mètres au plus. Dans ces conditions, le dispositif de Wenner, composé de quatre électrodes équidistantes $AM = MN = NB = (a)$, est le plus couramment employé ; il donne aux mesures une sensibilité à peu près constante quand la longueur de la ligne AB varie et simplifie les calculs : $\rho_a = 2 * a * V/I$. Pour les simplifier davantage, Barness a proposé une interprétation acceptable si les formations en contact subhorizontal ont des résistivités très différentes : $a \approx p$.

Les appareils correspondants de mesure sur le terrain sont plus ou moins puissants selon leur usage habituel ; ils produisent et gèrent automatiquement le courant d'induction et donnent directement la valeur $2 * V/I$ à chaque point de mesure, qu'il suffit de multiplier par (a) pour calculer la résistivité. Ils sont légers, faciles à transporter et à mettre en œuvre. Ils délivrent un courant alternatif de très basse fréquence qui évite la polarisation des électrodes M et N ; comme les électrodes A et B, elles peuvent donc être de simples piquets métalliques enfoncés au marteau dans le sol ; on peut ainsi effectuer rapidement de très nombreuses mesures en de nombreux points plus ou moins éloignés les uns des autres, avec des longueurs AB différentes.

À condition de travailler rapidement pour éviter les variations atmosphériques d'humidité, les mesures de résistivité électrique sont assez efficaces pour préciser les cartes et les profils géologiques, notamment pour apprécier l'homogénéité du sous-sol d'un site, distinguer une roche argileuse moins résistive qu'une roche non argileuse ou un faciès un peu plus argileux d'une formation apparemment homogène (calcaire marneux, molasse, grave alluviale, moraïnique…), suivre les variations de faciès d'une formation plus ou moins argileuse, localiser les contacts stratigraphiques ou structuraux de formations de substratum floues ou cachées par des terrains de couverture, distinguer tant horizontalement que verticalement des matériaux différents (limon/grave, calcaire/marne, granite/gore…). Deux techniques complémentaires peuvent être couramment utilisées en géologie du BTP : le traîné (horizontal) et le sondage (vertical). D'une façon générale, elles manquent de finesse et ne conviennent que pour indiquer des tendances de variations qualitatives, pour préciser une structure géologique pressentie, rarement pour en découvrir une.

3.3.4.1.1 Le traîné électrique

Pour effectuer un traîné électrique, on déplace sur le terrain l'ensemble d'un dispositif dont (a) est fixe et on mesure la résistivité apparente à chaque point de station, par convention le centre du dispositif ; le fond topographique d'implantation est celui de la carte géologique. Les points sont alignés pour tracer un profil ou régulièrement répartis pour tracer une carte ; le pas du profil ou la maille de la carte est plus ou moins long selon les dimensions des structures géologiques que l'on veut mettre en évidence ; l'écartement (a) des électrodes est choisi selon la profondeur d'investigation (p) que l'on vise ($p \approx a$: interprétation de Barness). Les courbes d'isorésistivité d'une carte sont tracées par interpolation des valeurs de la résistivité apparente mesurée en chaque point de la maille ; elles sont en principe plus ou moins parallèles aux limites affleurantes ou cachées des formations tracées sur la carte géologique correspondante.

3.3.4.1.2 Le sondage électrique

Pour effectuer un sondage électrique, le dispositif demeure en un point fixe : son centre. Toujours dans le même alignement, on augmente progressivement la distance (a) des quatre électrodes selon un pas fixe (1, 2, 5 m…) jusqu'à la profondeur maximum visée $p_m \approx a_m$, généralement un peu supérieure à celle estimée du substratum. Pour calculer la résistivité à la profondeur correspondante, on mesure V/I à chaque distance (a). Pour éviter ou du moins amoindrir l'influence de l'hétérogénéité du sous-sol, le dispositif doit être parallèle aux ligne d'isorésistivité et être inclus dans une zone où la résistivité apparente est à peu près constante, ce qui impose l'exécution préalable d'un traîné ; si le sous-sol du site est très hétérogène, on utilise une cinquième électrode L au centre de AB pour mesurer V entre M et L, puis entre L et N, afin d'apprécier la symétrie du champ et dégager les tendances de variation.

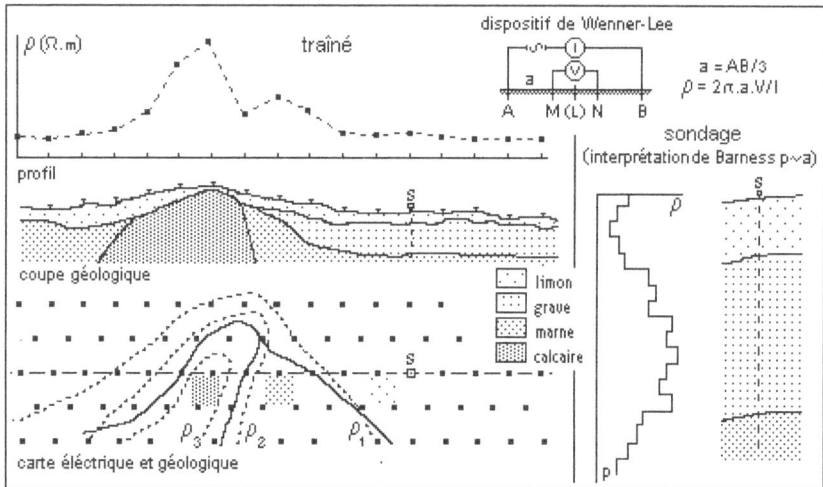

Figure 3.3.4.a – Résistivité électrique

On présente les résultats des mesures sur un graphique $\rho = f(p)$; dans l'interprétation de Barness, p = a et la résistivité réelle du géomatériau à la profondeur (p) est censée être égale à la résistivité apparente mesurée selon (a). Mais cette technique complémentaire du traîné manque de finesse et ne convient que pour indiquer des tendances. Elle doit être employée avec précaution et ses résultats, utilisés avec prudence ; leur interprétation n'est acceptable que si la structure verticale du sous-sol est simple et contrastée (superposition subhorizontale de deux ou trois couches à peu près homogènes, d'épaisseur très supérieure au pas d'augmentation de (a) dont les teneurs en argile et donc les résistivités sont très différentes : limon/grave/marne, couverture/altérite/roche…). Elle doit être validée par corrélation de sondages voisins dont les graphiques ont des allures analogues ; on peut ainsi tracer des coupes électriques plus ou moins superposables aux coupes géologiques que l'on veut préciser : l'interprétation d'un sondage électrique isolé n'est jamais fiable.

3.3.4.1.3 Autres techniques électriques

En géologie du BTP, l'électromagnétisme n'est utilisable que pour effectuer rapidement un traîné sans devoir planter et déplacer des électrodes. L'appareil de mesure portable est composé d'un bobine de réception excitée par les ondes réfléchies par le sol d'ondes incidentes de radiodiffusion ou émises spécifiquement sur le site par une station fixe ou par l'appareil lui-même au moyen d'une bobine d'émission ; la distance entre les deux bobines est alors réglable et l'on admet que la profondeur d'investigation du dispositif est d'autant plus grande qu'elles sont plus éloignées l'une de l'autre. On suppose que l'intensité du courant induit dans la bobine est influencée par les caractéristiques électriques du géomatériau en chaque point de station de l'appareil sur le site. Par un processus fixe de calcul interne, selon ses caractéristiques électriques et géométriques, l'appareil délivre directement les valeurs d'un paramètre mal défini que l'on assimile à la résistivité apparente du point de station. En fait, on ne sait pas très bien ce que l'on mesure ainsi et ce que représentent ces mesures, mais leurs variations sont significatives : un profil ou une carte de traîné électromagnétique peut être interprété comme ceux d'un traîné électrique classique. On ne fait pas de sondage électromagnétique.

La technique du radar électrique est une tomographie fondée sur la réflexion en profondeur d'ondes électromagnétiques spécifiquement produites à la surface du sol par un appareil mobile facile à utiliser. Les réflexions sont exploitées en continu par un logiciel généralement interne qui délivre sur écran, papier et/ou fichier un profil sur lequel apparaissent les traces des surfaces de réflexion assimilées aux contacts de couches superposées de résistivités différentes. Cette technique peu pénétrante convient pour déceler les anomalies de fines structures superficielles régulières d'ouvrages, chaussées, revêtements de galeries… ; malgré sa simplicité apparente, elle ne convient pas à la géologie du BTP qui vise des structures beaucoup plus épaisses et plus compliquées.

3.3.4.2 La sismique réfraction

Les techniques sismiques reposent sur l'étude de la propagation d'ondes sonores produites par des ébranlements naturels ou artificiels à la surface du sol ou en profondeur, dans le géomatériau considéré comme un milieu élastique vibrant. S'il est homogène et isotrope, la vibration portée par une onde s'y déplace à une vitesse à peu près constante : sa *vitesse sismique*, qui s'exprime en mètres par seconde (m/s) comme le rapport distance/durée du trajet direct entre le point d'ébranlement et un point d'observation. La vitesse sismique est d'autant plus élevée que le matériau est plus compact. Elle caractérise un matériau du sous-sol d'un site, mais pas n'importe quelle roche n'importe où. Aux profondeurs visées par la géologie du BTP, elle est au plus de 250 m/s dans un matériau meuble superficiel et peut dépasser 4 000 m/s dans une roche dure profonde. En général, de la couverture au substratum en passant par l'altérite, elle augmente à peu près partout avec la profondeur ; selon le degré d'altération d'une altérite, elle est toujours plus ou moins inférieure à celle de la roche-mère. Dans les formations métamorphiques ou sédimentaires, la vitesse dans la direction parallèle aux joints est supérieure à celle dans la direction perpendiculaire ;

dans les matériaux peu compacts saturés, la vitesse sismique apparente, souvent plus rapide que s'ils étaient secs, peut atteindre 1 500 m/s qui est en fait celle de l'eau… :

	(ordres de grandeur)
• couverture non saturée	> 250 m/s
• couverture saturée	500 à 1 200 m/s
• roche très altérée	1 000 à 1 800 m/s
• nappe d'eau souterraine	≈ 1 500 m/s
• roche altérée	1 500 à 2 000 m/s
• roche peu altérée	2 000 à 3 000 m/s
• roche non altérée	> 3 000 m/s.

Dans le sous-sol hétérogène d'un site, l'onde incidente produite par l'ébranlement subit des réflexions et des réfractions sur la surface de contact de deux couches superposées subhorizontales (pendage < 20°) de matériaux de compacités différentes. Le chemin suivi par une vibration dépend de la compacité des matériaux traversés, distingués par leur vitesse sismique, et des positions de leurs contacts, sur lesquels se produisent les réflexions et les réfractions. Les vibrations réfléchies atteignent la surface du sol quelles que soient les compacités des matériaux en contact ; les vibrations réfractées ne le font que si à chaque contact, le matériau de la couche inférieure est plus compact (vitesse sismique plus rapide) que celui de la couche supérieure ; en subsurface, tel est généralement le cas (couverture/altérite, altérite/roche, marne/calcaire…), mais pas toujours (grave/argile, calcaire/marne…).

Par ailleurs, on distingue mal des matériaux dont les vitesses sismiques sont proches : grave aquifère/marne altérée…

Malgré ces inconvénients qui la rendent parfois inopérante, la technique du sondage en sismique réfraction est pratiquement la seule utilisée en géologie du BTP : une vibration réfractée est plus facile à capter qu'une vibration réfléchie. La vitesse sismique de chaque matériau qu'elle traverse y est directement mesurable ; son chemin est facile à tracer et à analyser ; les mesures de terrain sont simples à prendre et leur exploitation est pratique. La mesure de base est celle de la durée du trajet d'une vibration entre le point où l'on produit un ébranlement et un point de captage par un géophone ; en augmentant progressivement la distance entre ces deux points, on capte les vibrations réfractées sur des contacts de plus en plus profonds ; le chronographe qui mesure automatiquement la durée du trajet, au plus 200 millisecondes (ms) à 0,1 ms près, est un sismographe relié au point d'ébranlement et à un ou plusieurs géophones. Pour les profondeurs intéressant la géologie du BTP qui dépassent rarement la cinquantaine de mètres, la distance maximum entre un ébranlement et un point de captage n'excède pas 200 m, ce qui exige peu d'énergie d'ébranlement ; le plus simple est alors de produire les ébranlements successifs par les chocs d'une petite masse sur une plaque métallique posée à la surface du sol et déplacée sur une ligne droite selon un pas convenu ; le capteur est un géophone fixé au sol qui représente le point de sondage. Le sondage est d'autant plus détaillé que l'on dispose de plus de points de mesure à des distances différentes. Pour analyser la structure de la partie superficielle du sous-sol, assez hétérogène en général, on augmente progressivement les distances entre les points de choc en s'éloignant du point de sondage : 1 m, puis 2, 4, 6, 8, 10, 12,5, 15, 20, 25, 30, 35, 40 m…, puis de 10 m en 10 m jusqu'à 150 à 200 m. Cette méthode rustique peut être employée par un géologue ou un géotechnicien non spécialiste.

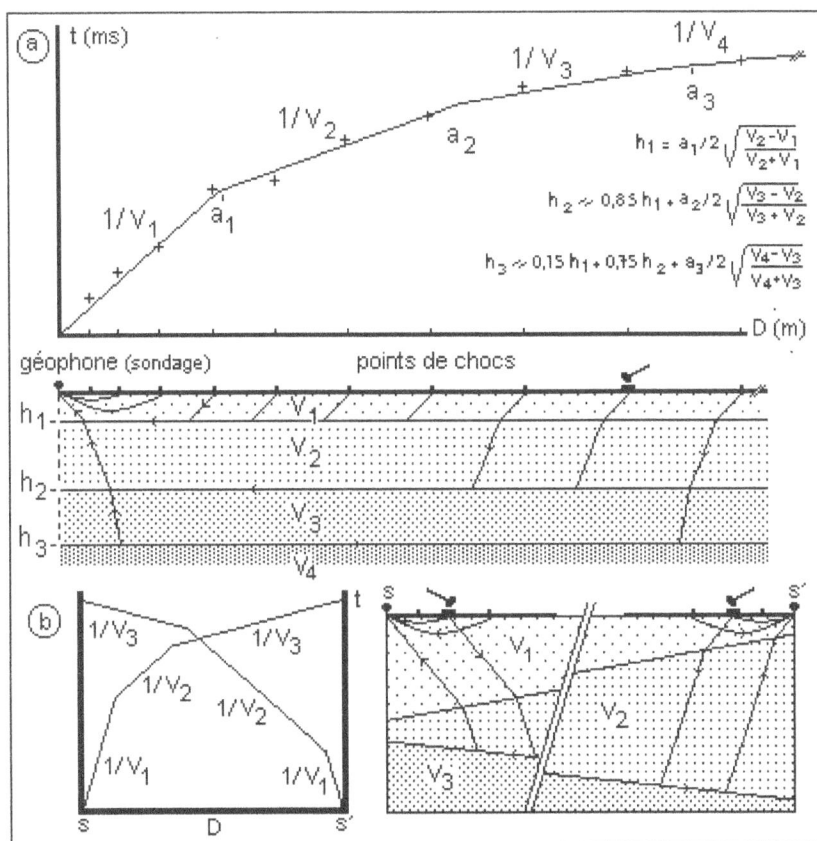

$$h_1 = a_1/2 \sqrt{\frac{V_2 - V_1}{V_2 + V_1}}$$

$$h_2 \approx 0,85\, h_1 + a_2/2 \sqrt{\frac{V_3 - V_2}{V_3 + V_2}}$$

$$h_3 \approx 0,15\, h_1 + 0,75\, h_2 + a_3/2 \sqrt{\frac{V_4 - V_3}{V_4 + V_3}}$$

Figure 3.3.4.b – Sondages de sismique réfraction

Pour des profondeurs supérieures exigeant plus d'énergie, il faut utiliser des lignes de géophones excités par des tirs aux explosifs ou des appareils vibreurs ; les principes sont les mêmes, mais la mise en œuvre est plus lourde, moins souple, et malgré l'utilisation de l'informatique, l'exploitation est plus compliquée ; elles imposent l'intervention d'un spécialiste.

Comme en optique géométrique, on substitue les rais aux ondes et on admet que les rais sont rectilignes dans des matériaux homogènes élastiques : les résultats plus ou moins dispersés des mesures sont représentés en coordonnées rectangulaires normales avec, en abscisses, les positions des chocs et en ordonnées les temps d'arrivée des vibrations correspondants. La courbe obtenue est une dromochronique ; en la lissant, on la découpe en segments de droite ; chacun est considéré comme l'image d'une couche différente du sous-sol, dont la vitesse sismique vaut l'inverse de la pente du segment. On calcule la profondeur du toit de chaque couche à l'aplomb du point de sondage par une formule approchée faisant intervenir la vitesse sismique de la couche précédente et la profondeur de son toit, la vitesse sismique de la couche considérée et l'abscisse du point de rupture de pente (*Fig. 3.3.4.a – 3.3.4.b*). Les calculs sont possibles et conservent leur simplicité jusqu'à quatre ou cinq couches, ce qui est rarement nécessaire. Les résultats sont reproductibles et fiables ; leur précision est ≈ 10 % pour ≈ 20 m de profondeur. En effectuant un sondage à chaque extrémité d'une ligne de chocs, on peut mettre en évidence des structures plus complexes, comme des couches de matériaux différents plus ou moins inclinées, d'épaisseurs variables (*Fig. 3.3.4.a – 3.3.4.b*), des variations latérales brusques ou continues de matériaux plus ou moins hétérogènes…

L'interprétation géologique d'un sondage sismique porte sur l'identification de ces couches à celles de la coupe géologique correspondante. Dans le sens vertical, les résultats d'un sondage sismique permettent d'évaluer rapidement l'épaisseur des terrains de couverture, de distinguer avec suffisamment de précision ceux qui sont secs de ceux qui sont aquifères, de les distinguer du substratum rocheux, de distinguer la partie décomprimée du substratum de sa partie compacte… Dans le sens horizontal, les résultats corrélés d'une campagne de sondages permettent de caractériser les variations latérales de compacité d'une même formation, de préciser la structure générale du sous-sol d'un site… Enfin, le modèle sismique d'un site d'ouvrage est indispensable à la géomécanique pour donner aux calculs un cadre et des conditions aux limites proches du réel, pour passer de l'échantillon au site.

3.3.4.3 Autres techniques sismiques

Par sondage réflexion, la compacité relative des matériaux en contact importe peu et l'on obtient directement les traces des contacts sur les enregistrements dont on détermine les profondeurs, connaissant les vitesses déterminées par réfraction ; ce sont des modèles schématiques de la structure d'un site. Mais l'usage de la sismique réflexion est peu fréquent en subsurface car le difficile couplage instrument/sous-sol impose une instrumentation de terrain très complexe et de très puissants moyens de calcul pour exploiter les mesures. Elle est par contre facile à mettre en œuvre et très efficace en sites aquatiques (cours d'eau, marais, lacs, littoral…) car le couplage instrument/sous-sol est assuré par l'eau : dans la plupart des cas, il suffit d'un sondeur graphique de navigation moyennement puissant et d'un GPS ; son utilisation et l'interprétation des profils enregistrés qu'il fournit sont relativement simples. Sur des fonds d'une ou deux dizaines de mètres, on peut obtenir en continu par réflexion ultrasonore les images de deux ou trois couches de compacités différentes, vase et sable plus ou moins mobiles, sable et gravier à peu près fixes, rocher… Avec des appareils de prospection pétrolière, on peut obtenir des profils profonds très détaillés (*voir 3.5.2.2*).

En sismique ondulatoire, on tient aussi compte de l'amplitude et de la forme de la vibration pour caractériser chaque réflecteur, ce qui permet d'obtenir des images géométriques plus fines. En sismique haute résolution, l'analyse informatique détaillée de l'évolution dans le temps et dans l'espace de la vibration permet de distinguer les matériaux qui constituent le sous-sol du site ; on obtient alors des images tomographiques d'où l'on tire des modèles en trois dimensions. Ces techniques, mais surtout la dernière, imposent des dispositifs de terrain très complexes et des moyens informatiques très puissants de sorte qu'en géotechnique on ne les emploie que pour les études de grands ouvrages profonds et/ou dans des sites complexes ou très encombrés (tunnels et galeries urbains ou de montagne).

3.3.5 Les sondages

Toute excavation dans le sous-sol d'un site est un moyen utile de son étude ; celles qui existent (tranchées, puits et forages, galeries…) ont été répertoriées lors de la documentation et/ou visitées lors du levé ; c'est évidemment insuffisant : pour compléter le levé et préciser les informations géophysiques, il faut entreprendre des sondages. Avant de le faire, la structure géologique du site doit avoir été ébauchée : elle est presque toujours trop compliquée pour n'être définie et précisée que par quelques sondages ; il en faudrait un très grand nombre répartis sur une maille régulière pour autoriser une étude statistique ; pour un coût et un délai exorbitants, on réaliserait ainsi de nombreux sondages inutiles, sans être certain que l'on n'aurait pas laissé passer un détail de structure de dimension inférieure à celle de la maille : selon cinq sondages implantés en quinconce sur son territoire, le sous-sol de la France serait entièrement constitué de massifs anciens ou même de roches cristallines !

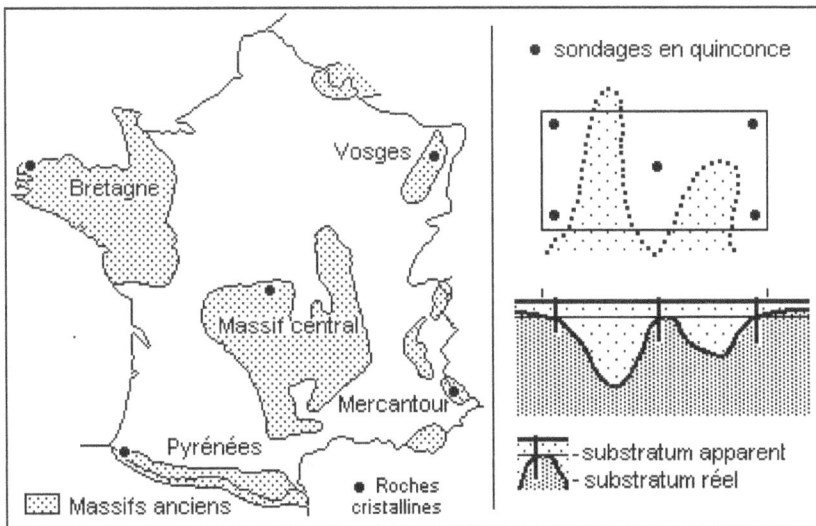

Figure 3.3.5.a – Sondages en quinconce – Erreur d'interprétation

Les techniques de sondage sont nombreuses ; les géotechniciens et les géologues en font des usages différents. Certains géotechniciens décident et implantent souvent les sondages « en quinconce » dans l'emprise des ouvrages projetés, sans référence géologique, ce qui peut entraîner de graves erreurs d'interprétation ; mais au moyen de sondages, ils veulent surtout recueillir des échantillons pour les soumettre aux essais de laboratoire – identification et mécaniques – dont les résultats sont indispensables aux calculs de terrassements et fondations des projets qu'ils étudient. La tarière convient pour les essais d'identification ; le carottage est indispensable pour les essais mécaniques. Les géologues veulent aussi effectuer des essais *in situ* (pressiomètre, scissomètre…) ; pour cela, un sondage destructif rapide par percussion à l'air comprimé est suffisant ; c'est souvent la seule technique de sondage qu'ils pratiquent. Les géologues ne peuvent pas trop compter sur les coupes problématiques de tels sondages, établies par les sondeurs au vu des débris extraits en cours de forage, qu'ils recueillent rarement ; les sondages dont les géologues ont besoin doivent leur permettre d'identifier les roches traversées, d'observer et décrire leurs particularités, de mesurer les profondeurs des contacts et de corréler les sondages effectués dans un même site pour intégrer ces renseignements aux coupes géologiques qu'ils ont établies ; pour cela, il faut qu'ils viennent sur les chantiers examiner et photographier ces échantillons qui peuvent être prélevés à la tarière et/ou par carottage ; quand les caisses d'échantillons seront égarées ou détruites avant que l'on ait fini de s'en servir, ce qui est très fréquent, il en restera toujours les photographies !

Le carottage continu à rotation ou au battage, à double ou triple enveloppe, est une opération luxueuse, particulièrement onéreuse, notamment dans les matériaux meubles, quand elle est réellement exécutée dans les règles, ce qui est rarement le cas. Elle est réservée à l'étalonnage d'un site pour en préciser la lithologie type et pour alimenter le laboratoire de géomécanique en échantillons. Les sondages carottés doivent être exécutés avec le plus grand soin, sous la responsabilité et le contrôle rigoureux du géologue qui doit lui-même en établir la coupe sur le chantier et choisir les échantillons représentatifs des différentes roches traversées ; le sondeur n'est pas qualifié pour le faire. La qualité d'un carottage dépend de l'habileté du sondeur qui doit constamment adapter son outil et son travail au matériau traversé. Il n'y a pas de matériaux qui se carottent mieux que d'autres mais seulement des matériaux qui se carottent plus facilement que d'autres ; on peut carotter à 100 % presque toutes les roches meubles ou dures : considérer que le taux de carottage est un paramètre représentatif de la qualité du matériau invite au travail bâclé. Il est impératif que le carottage soit particulièrement soigneux quand il est difficile, car les parties de carotte que l'on perd concernent toujours des matériaux fragiles qu'il importe de repérer : un calcaire très karstique peut paraître massif dans une caisse, si toute l'argile que contiennent ses fissures a été lavée ; un lit de sable aquifère dans une formation argileuse peut disparaître au carottage puis être à l'origine d'un glissement de pente naturelle ou de talus de déblai… Pour décrire quantitativement les carottes de roches massives fissurées, on peut mesurer les épaisseurs de couches et pour chaque couche, mesurer l'épaisseur de fissures et calculer le RQD (*Rock Quality Designation*) ; pour que tout cela ait un sens, il faut un carottage à 100 %, ce qui n'est généralement pas le cas, et des mesures perpendiculaires à la stratification, que l'on ne fait pas toujours ainsi. Certains matériaux meubles, peu ou pas consistants (graves alluviales, sables peu argileux, éboulis…), sont pratiquement impossibles à carotter correctement, même par un sondeur consciencieux muni d'un carottier spécial foncé par vibration ; on peut seulement en tirer des échantillons plus ou moins remaniés. En fait, si la roche carottée n'est pas constituée d'un matériau consistant qui se découpe nettement au battage ou à rotation et qui tient dans le carottier au moyen de l'extracteur dont il est équipé, quel que soit le soin du prélèvement, on peut difficilement considérer que l'on en extrait des échantillons « intacts » même s'ils sont complets, car leur structure est détruite et parce que les conditions aux limites sont différentes et incomparables dans le sous-sol du site puis dans l'appareil d'essai. Fondamentalement, le carottage est une opération destructrice à laquelle seules résistent les roches massives et dures, celles qui fournissent de beaux échantillons rarement représentatifs de l'ensemble du sous-sol d'un site et sur lesquels on n'a pas souvent besoin d'effectuer des essais.

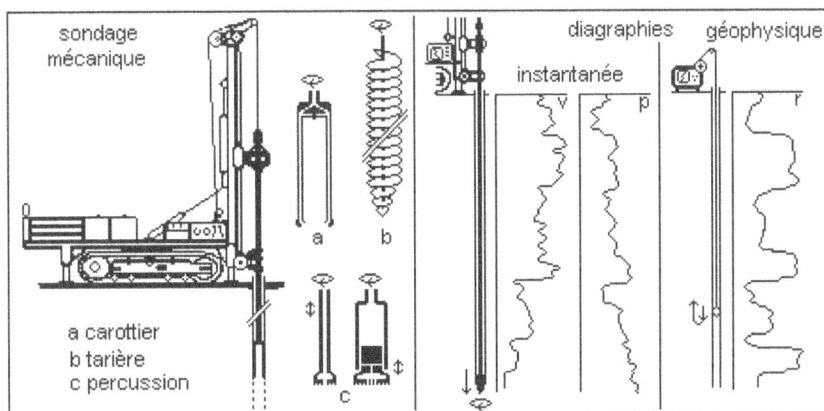

Figure 3.3.5.b – Sondages et diagraphies

Les sondages à la tarière ou à la pelle à main ou mécaniques, à la curette ou à la benne preneuse, fournissent des échantillons remaniés mais intégraux, dont la structure est détruite mais non les constituants ; ils ne peuvent être exécutés que dans des matériaux meubles. Les sondages au marteau perforateur, au trépan à injection ou au rotary fournissent des débris plus ou moins grossiers de matériaux néanmoins identifiables par un géologue averti. À l'exception des sondages au trépan à injection qui sont en principe réservés à la reconnaissance des graves alluviales ou des éboulis, on les effectue en général dans les roches compactes et dures. Pour établir des coupes géologiques, le défaut commun à tous ces sondages est que la remontée des échantillons, depuis le fond du trou jusqu'à la surface du sol, prend un temps non négligeable, très variable selon la technique mise en œuvre, la puissance du matériel et la nature du matériau, de sorte que l'on ne peut coter précisément ces coupes ; on peut éventuellement les préciser par l'enregistrement des paramètres de forage (vitesse d'avancement, accélération…) et/ou par des diagraphies géophysiques.

3.3.6 L'instrumentation permanente

L'étude des mouvements d'eau souterraine, de terrain et d'ouvrages ainsi que quelques essais très spécifiques imposent que l'on place des appareils d'observation ou de mesure en des points particuliers sur le sol, sur une paroi rocheuse, dans un forage tubé de façon définitive au moyen de tubes plus ou moins spécifiques des essais à réaliser, sur un ouvrage... Il s'agit d'appareils très rudimentaires ou très compliqués et ce ne sont pas toujours ces derniers qui sont les plus efficaces. Les mesures sont prises à la main au coup par coup, enregistrées de façon continue sous forme analogique ou numérique, parfois télétransmises. Leur exploitation est embarrassante et peu fiable, souvent négligée ; le diagramme paramètre/temps n'est pas toujours invariablement monotone, à peu près linéaire et à pente relativement faible : ses variations sont généralement plus ou moins rapides et on admet alors que plus elles sont grandes, plus un événement dommageable est proche. Cela est souvent vrai mais pas toujours : à une période d'accélération peut succéder une période de ralentissement qui peut aller jusqu'à la pente nulle, le phénomène n'évolue plus ou même régresse si la pente s'inverse (*Fig. 1.5.1*). Par ailleurs, les appareils sont souvent peu fiables, fragiles ou vite saturés et ne se manifestent parfois que parce qu'ils ont été bloqués, arrachés, détruits... par l'événement qu'ils devaient aider à prévoir (éboulement, assèchement de captage...) : on ne regarde les diagrammes qu'après que l'événement s'est produit pour s'apercevoir qu'on aurait pu l'éviter si l'on avait été plus attentif et/ou plus compétent. L'instrumentation permanente de terrain est une méthode qu'il est indispensable de mettre en œuvre quand cela est possible, mais elle ne conduit pas nécessairement à un résultat sûr.

3.3.6.1 Les piézomètres

Le plus souvent simples tubes crépinés équipés ou non de limnigraphes, les piézomètres sont utilisés pour contrôler les variations dans le temps du niveau des nappes souterraines, naturelles ou par pompage. Des cellules piézométriques plus complexes, reliées hydrauliquement ou électroniquement à un appareil de contrôle, permettent de mesurer ponctuellement les variations de pression interstitielle dans les matériaux argileux peu perméables de massifs en équilibre instable.

3.3.6.2 Les appareils optiques, géométriques et mécaniques

Les mesures de déformations et de déplacements qui permettent de surveiller les talus et falaises instables naturellement ou à la suite de travaux ainsi que les ouvrages menacés ou subissant des dommages liés au site, généralement des tassements, se font par des opérations périodiques ou continues de topographie et/ou de photographie, et/ou au moyen d'appareils de divers types et modèles : enregistreurs ou non, extensomètres, fissuromètres, tassomètres, déflectomètres, inclinomètres, lasers, balises GPS... (*Fig. 1.5.4.h*). Les mesures de contraintes se font au moyen de dynamomètres, capteurs de pression...

3.3.7 Les documents produits

Les documents – cartes, plans et coupes géologiques, graphiques de sondages et d'essais… – présentant les moyens de l'étude et les résultats de leur mise en œuvre doivent être simples, concis et précis car ils vont être utilisés, voire interprétés par des constructeurs qui ne sont pas géologues et qui pourraient en faire une lecture incorrecte. Ils doivent néanmoins contenir tous les éléments permettant à un autre géologue et/ou géotechnicien de reconstituer la démarche de leur auteur et éventuellement d'en faire la critique. La description détaillée d'une méthode ou d'un instrument ne se justifie que s'ils sont originaux ou peu connus ; par contre, il est indispensable de les désigner clairement selon la nomenclature normative et éventuellement, d'en donner les caractéristiques s'ils ne sont pas normalisés. Les coupes sont les documents géologiques les plus facilement lisibles et utilisables par un non-spécialiste ; elles doivent être clairement situées sur une carte ou un plan, leurs légendes doivent présenter les caractères géologiques (nature, épaisseur, pendage…) et géotechniques (identifications, mécaniques, hydrauliques…) de chaque formation figurée. Les profondeurs mesurées des contacts doivent être distinguées de celles extrapolées…

3.4 Les aménagements

Les aménagements sont des opérations occupant des surfaces plus ou moins étendues et comportant plusieurs ouvrages analogues ou différents (zones industrielles, champs de captages, autoroutes, cours d'eau…). On demande à la géologie des aménagements de définir le cadre de l'opération, de contrôler sa faisabilité, éventuellement de proposer des variantes, de diviser le site en secteurs relativement homogènes où des problèmes techniques analogues pourront recevoir des solutions analogues, de repérer d'éventuels secteurs et endroits à risques de façon à les éviter ou à les traiter spécifiquement, de valider les dispositions retenues, de préparer les études détaillées de chaque ouvrage qui composent l'aménagement, de permettre l'évaluation du coût de l'opération…

Quel qu'il soit, quels que soient son usage et ses dimensions, même s'il est conçu et réalisé le mieux possible, s'il est bien conforme à sa destination, un aménagement n'est jamais totalement bénéfique ni inoffensif ; on ne s'en aperçoit souvent que de façon indirecte et parfois longtemps après sa mise en service, à la faveur de la recherche des causes d'une anomalie constatée ailleurs. Ces effets pervers sur l'environnement immédiat et/ou lointain peuvent être largement réduits par les études d'impact qui sont maintenant la règle, parallèlement aux études techniques dont on se contentait naguère ; mais en général, elles privilégient les effets biologiques, sociologiques, administratifs, esthétiques… immédiats, au détriment des effets sur le milieu naturel mal appréhendés, souvent néfastes sinon dangereux à plus ou moins long terme, que l'on peut minimiser pour faciliter l'adoption d'un projet contesté.

La géologie devrait toujours avoir part aux études d'impact, mais en général les études géologiques d'aménagements sont limitées aux étapes de faisabilité et d'APS ; ensuite, elles sont relayées par celles plus géotechniques des ouvrages et des travaux qui démarrent souvent à l'APD et doivent bien entendu ménager une part importante à la géologie.

3.4.1 Les zones urbaines et périphériques

Dans les agglomérations, les aménagements sont en grande partie des modifications de l'existant très encombré et les implantations d'ouvrages sont toujours imposées par sa configuration quelles que soient les particularités géologiques de l'endroit, que l'on néglige voire que l'on ignore. À la périphérie des agglomérations, les sites des zones à urbaniser ou industrielles à créer sont rarement choisis pour leurs caractères géologiques propres à faciliter leur aménagement ; ce sont souvent des secteurs demeurés jusque là inemployés parce qu'inhospitaliers (marécages plus ou moins inondables, cuvettes argileuses mal drainées, coteaux instables…) ou délaissés à la suite de cessations d'activités agricoles, industrielles, d'exploitation de matériaux…

Les aménagements de zones inondables de lits majeurs de cours d'eau ou de cuvettes mal drainées sont innombrables (basse Somme, Île-de-France, Tours, Montauban, Arles, Nice…) et comptent parmi les plus imprudents, ceux qui causent le plus de dommages voire de catastrophes ; lors de fortes crues, leurs digues de protection, quand il en existe, sont rarement efficaces. Le pire est l'aménagement du lit de divagation d'un cours d'eau torrentiel ; cela s'était fait à Vaison-la-Romaine où, en septembre 1992, l'Ouvèze a balayé un pont, un parking, un lotissement de villas et emporté 32 de ses habitants. La plupart des ruisseaux qui traversent les agglomérations ont été pour tout ou partie couverts, canalisés et/ou détournés sans étude préalable, au cours d'opérations d'urbanisme successives non coordonnées, souvent très anciennes ; à la suite de violents orages, leurs crues peuvent provoquer des inondations dommageables voire catastrophiques (Montceau-les-Mines, Dijon, en septembre 1965, Nîmes en octobre 1988…). Les aménagements rationnels préventifs de tels réseaux imposent des études difficiles et des travaux onéreux (bassins de rétention, recalibrages, zones exposées déclarées *non aedificandi* ou soumises à des prescriptions particulières, réseaux d'alerte météorologique et hydrologique…).

3.4.1.1 Les aménagements de surface

Les études géotechniques des aménagements de surface (zones commerciales, industrielles, lotissements…) ne dépassent habituellement pas l'étape de l'APS, voire de la faisabilité – si toutefois l'aménageur en fait entreprendre une –, car s'il doit impérativement respecter les règles administratives – politiques et technocratiques – du plan d'urbanisme dont relève son projet, rien ne l'oblige à vérifier que son opération s'intégrera sans risque dans le site ; il ne réalise souvent que les terrassements généraux et les VRD d'ensemble dont il laisse le soin et la responsabilité à l'entreprise, puis passe la main aux acquéreurs des secteurs ou des lots qui étudient ensuite spécifiquement leurs propres ouvrages. Cette pratique peut le conduire à des déboires lors de la réalisation des travaux qui lui incombent et à des litiges avec certains acquéreurs qui se trouvent parfois confrontés à des difficultés géotechniques de construction, altérant plus ou moins l'économie de leur projet. Plus rarement, cela peut aller jusqu'à des dommages ou même des ruines affectant tout ou partie des ouvrages de la zone. La plupart des aménageurs de zones industrielles ne prennent pas la peine d'informer les acheteurs de lots des difficultés d'aménagement et en particulier de fondations qu'ils pourraient rencontrer : cette zone avait à l'origine l'aspect d'une magnifique plate-forme facile à aménager, un carreau rocheux de carrière depuis longtemps abandonnée ; elle n'a donc fait l'objet d'aucune étude géotechnique ; à mesure que l'on construisait sur chaque lot, on s'apercevait que certains recevaient les blocs éboulés d'un front demeuré en l'état, que d'autres étaient entièrement situés sur la roche du carreau, d'autres sur les remblais de stériles répandus à l'aval dans le lit d'un petit ruisseau qui avait été sommairement couvert par l'exploitant de la carrière et d'autres encore, à cheval sur la roche et sur les remblais. Contrairement aux apparences, chaque lot a dû être aménagé spécifiquement pour un coût de terrassements et de fondations extrêmement variable, alors que tous les lots avaient été vendus à la surface, au même prix unitaire ; il en est résulté presque autant de contentieux que de lots et une très mauvaise affaire pour l'aménageur.

Dans cette ancienne carrière d'argile connue pour l'instabilité de ses fronts, qui devait être aménagée en zone commerciale, un grand terrassement en déblais entrepris sans précaution a déclenché un glissement quasi général du site ; cela a arrêté le chantier durant de nombreuses semaines, mais surtout, a provoqué la quasi-destruction de bâtiments implantés en crête et l'évacuation d'autres à proximité par précaution ; ensuite, après des vains travaux de stabilisation, la plupart des constructions réalisées dans la zone ont subi des dommages tellement graves que certaines ont dû être démolies et abandonnées et d'autres reprises en sous-œuvre à grand frais, avec encore plusieurs échecs. Quelques années avant, ce site avait été pressenti pour la construction d'immeubles d'habitation ; le projet avait été abandonné en raison des risques encourus qui étaient apparus dès l'étude de faisabilité négligée ou oubliée ; à l'autre bout de la ville, une dizaine d'années après, l'aménageur d'un lotissement de nombreuses villas dans une ancienne carrière analogue qui avait exploité la même formation argileuse, ne connaissait manifestement pas l'exemple précédent ou plutôt ignorait les analogies géologiques des deux sites : plusieurs villas ont été détruites par un glissement analogue produit par les travaux de construction sur certains lots entrepris par leurs acquéreurs ignorant les risques qu'ils prenaient. Si l'aménageur est aussi le constructeur qui vend des lots prêts à l'habitation, les études géotechniques de lotissements de petits immeubles et/ou de pavillons ne sont souvent pas plus correctes ; il ne demande généralement à la géotechnique que la valeur de la pression admissible des fondations, seul paramètre aisément traduisible en coût qu'il veut évidemment réduire autant que possible. Les acquéreurs qui ignorent cela constatent ensuite parfois que le site est inondable, qu'il est dominé par un coteau ou une falaise instable, que les matériaux d'assise sont compressibles ou gonflants... et, confrontés à des dommages qui peuvent aller jusqu'à l'impropriété de destination voire à la ruine, que leur construction n'était pas adaptée à une situation qui n'a rien de hasardeux : cet ensemble de villas devait être construit sur un terrain plat mal drainé ; selon une étude d'APS, son sous-sol était constitué d'un substratum marneux peu profond, surmonté par une couverture argilo-sableuse assez sensible à l'eau, plus ou moins humide mais non aquifère ; cela imposait des fondations sur puits ancrés dans le substratum sans risque de tassement appréciable ou sur semelles filantes encastrées dans la couverture à condition que les constructions soient sur vides sanitaires et entièrement chaînées de façon à supporter sans dommage des tassements inévitables. Les fondations sur dallages étaient formellement exclues en raison de la sensibilité à l'eau de la couverture et d'éventuelles variations saisonnières d'humidité entraînant des phases successives de dessiccation et de gonflement susceptibles de provoquer des dommages importants. Les constructeurs utilisèrent abusivement l'étude d'APS pour l'exécution, sans compléments d'APD ni *a fortiori* de STD ; néanmoins, ils respectèrent ces dispositions pour une première tranche de pavillons fondés sur semelles, avec vide sanitaire et chaînage. Mais les travaux d'une première tranche eurent lieu en saison sèche et l'argile superficielle parut compacte ; sur proposition de l'entreprise dans un but d'économie, le promoteur et le maître d'œuvre approuvés par le bureau de contrôle décidèrent de construire les villas des autres tranches en parpaings porteurs, sans chaînage, sur terre-plein remblayé compacté et dallage simplement grillagé, sans étude géotechnique complémentaire et même sans que le géotechnicien auteur de l'étude d'APS en ait été informé, sans doute pour éviter sa désapprobation ou peut-être par présomption. Par précaution illusoire, quelques essais de plaque ont toutefois été réalisés par un organisme spécialisé sur les terre-pleins achevés, ainsi déclarés aptes à supporter des dallages de fondation ; le ferraillage des dallages ne fut pas amélioré pour en faire de véritables radiers, aucun drainage des eaux de ruissellement et notamment, aucune gouttière, aucun trottoir et caniveau périphériques n'étaient prévus et n'ont été réalisés ; si l'on avait fait tout cela qui était indispensable mais n'aurait pas été forcément efficace, l'économie par rapport à la solution initiale de vide sanitaire et de chaînage sur semelles aurait été pratiquement nulle ! Quand le programme fut livré, à mesure que le temps passait et que la pluie tombait, tous les acquéreurs des nombreux pavillons ainsi construits constatèrent des dommages plus ou moins importants : ondulations des dallages et affaissements de leurs bordures dépassant localement 3 cm, décollement des carrelages, fissurations des murs porteurs et des cloisons, décalages des seuils d'escaliers intérieurs, coincements des huisseries…, alors que les pavillons de la première tranche ne subissaient aucun dommage. Quelques villas particulièrement endommagées durent être entièrement détruites et reconstruites, d'autres durent être reprises en sous-œuvre et dotées de vides sanitaires ; les moins endommagées durent être plus ou moins réparées après avoir été dotées de gouttières, trottoirs et caniveaux périphériques ; de nombreux acquéreurs durent être provisoirement relogés plus ou moins longtemps. Le coût des opérations a été particulièrement élevé, très largement supérieur à l'économie que l'on prétendait faire en changeant le mode de construction, sans compter les désagréments supportés par les occupants et les indemnités qui leur ont été attribuées pour cela ; pour certains pavillons, il a largement dépassé le coût initial de construction. Le fait que les premiers pavillons, construits conformément aux recommandations de l'étude d'APS, soient demeurés stables, prouve qu'elles étaient particulièrement opportunes et que le sol n'était pas vicieux, mais que les constructeurs « économes » avaient été bien imprudents !

Même dans un site urbain encombré, on laisse aux aménageurs la liberté technique de construire pourvu qu'il respecte des règles d'urbanisme ; les nuisances de chantiers et dommages aux tiers y sont particulièrement nombreux ; les grandes fouilles mal étayées y provoquent souvent des dommages voire des accidents qui affectent les voies, les réseaux enterrés et les constructions périphériques.

3.4.1.2 Les souterrains

Les réseaux souterrains de petit calibre (eaux, gaz, électricité…) sont généralement établis dans des tranchées étroites et peu profondes. On présume que l'on n'excavera que des matériaux meubles, non aquifères et que les parois, évidemment verticales pour limiter l'emprise du chantier, seront stables pour la durée de la pose, sans soutènement ou avec un blindage sommaire : mais dans ces conditions, une pluie persistante, un débordement de caniveau, une rupture de conduite d'eau, un passage de lourd véhicule… risque de provoquer un éboulement entraînant le tassement d'une façade parallèle, la rupture d'un réseau voisin, l'obstruction d'une voie et parfois l'ensevelissement d'un travailleur. Une reconnaissance géologique de tracé, même succincte, incite toujours à moins de présomption et plus de prudence. Dans des sites très encombrés, on substitue à de courtes sections de tranchées, des forages horizontaux de petits diamètres et peu profonds. La reconnaissance de leur tracé doit être particulièrement soignée pour éviter d'en implanter dans des zones rocheuses et/ou aquifères très difficiles voire impossibles à franchir ainsi.

Les grandes fouilles urbaines de sous-sols d'immeubles ou de parkings enterrés sont nécessairement blindées, mais le blindage n'est pas toujours bien conçu, réalisé ni surveillé ; un de ses pans peut se déplacer, voire s'écrouler ; il peut ne pas être étanche… Les galeries urbaines de grands égouts, de métro et de tunnels routiers font en principe l'objet d'études sérieuses (*voir 3.5.2.3*).

3.4.2 Les aérodromes

Les aérodromes sont de vastes zones comportant des pistes, des bâtiments et des installations diverses en partie souterraines. Ces ensembles hétéroclites très étendus posent des problèmes géotechniques difficiles à résoudre conjointement, car leurs solutions reposent sur des mises en œuvre parfois divergentes des mêmes géomatériaux, en grande partie de couverture, pour des ouvrages très différents : terrassement à peu près plan et drainage d'une vaste surface générale à peu près horizontale, stabilisation de longues et larges plates-formes portant les aires d'évolution et les pistes généralement bétonnées, soumises aux roulements très lourds, très rapides et aux chocs violents des manœuvres des appareils, terrassements et blindage de grands ouvrages en sous-sol, fondations de grands bâtiments dont les structures sont généralement très compliquées… Les sites les plus favorables sont des secteurs à peu près plans de plateaux couverts de limon, ce qui facilite les terrassements et le drainage essentiel à stabilité des pistes, et dont le substratum peu profond assure les fondations des bâtiments. Les cuvettes sont difficiles à drainer et les marécages, qui le sont encore plus, ont des sous-sols peu résistants et compressibles très défavorables aux fondations ; les collines imposent de grands travaux de terrassement pour raboter les hauts et combler les bas, ce qui complique la stabilisation initiale des plates-formes et leur stabilité ultérieure. Ces aménagements très particuliers sont généralement pilotés par des équipes spécialisées qui utilisent d'autant mieux la géotechnique que leurs techniques d'étude et de construction des grandes plates-formes, dont la stabilité est essentielle, ont été mises au point pour repérer les sites favorables puis réaliser rapidement et sûrement les aérodromes de campagne dans toutes sortes de sites lors de la dernière guerre mondiale.

3.4.3 Les aménagements « linéaires »

Les aménagements « linéaires » (pipe-lines, autoroutes, voies ferrées, canaux et grands tunnels) sont ceux qui ont le plus de relations que l'on pourrait dire intimes avec leur site : leur mode de construction (essentiellement des mouvements de terre), leur tracé, leur profil et leur comportement (mouvements de terrain naturels ou provoqués) plus ou moins typiques d'une région (plaine, plateau, collines, montagne) dépendent essentiellement des caractères géologiques de leur site. C'est sur leurs talus de déblais que les géologues font la plupart de leurs observations, étalonnent la télédétection et recueillent la plupart de leurs échantillons ; toute étude géologique d'aménagement nouveau impose le parcours attentif et minutieux de toutes les routes et la visite de toutes les carrières de la région.

Leurs grandes lignes sont imposées : points d'extrémité, éventuellement de passage obligé, itinéraire de principe, dimensions transversales… Autour de cet itinéraire, on prévoit souvent des variantes afin d'éviter d'éventuels secteurs dans lesquels on pourrait rencontrer des obstacles géologiques et donc d'importantes difficultés d'exécution et/ou d'entretien, dans lesquels des événements naturels dangereux (inondations, mouvements de terrain, affaissements…) sont possibles, dans lesquels des problèmes d'environnement se posent… Les études d'aménagements « linéaires » sont toujours beaucoup plus sérieuses et complètes que celles de zones urbaines, car il s'agit d'opérations très lourdes et très complexes, généralement pilotées en totalité par des équipes spécialisées qui savent utiliser les principes et les moyens de la géologie, de son étude de faisabilité à la construction de tous les ouvrages qui la compose. L'étude de faisabilité doit permettre de justifier le choix du tracé définitif après comparaison d'éventuelles variantes. Couramment menées aux étapes de l'APS et de l'APD pour l'ensemble du tracé retenu, les études peuvent être poursuivies jusqu'aux STD dans les secteurs ne présentant pas de difficulté particulière ; elles servent ensuite de bases aux études spécifiques des secteurs à risques et des ouvrages importants.

Pour limiter les moyens et réduire les délais d'étude et d'exécution, les itinéraires sont en général divisés en sections plus ou moins longues, réalisées par phases décalées de mêmes travaux. Ce découpage n'est pratiquement jamais fondé sur des considérations géologiques, alors qu'il pourrait y avoir intérêt à le faire pour homogénéiser autant que possible les travaux de chaque section.

À chaque échelle correspondant à celle de l'étape de l'étude technique et éventuellement selon la complexité locale du sous-sol, on établit une carte, un profil en long et éventuellement des profils en travers géologiques modélisant le site et ses abords par la mise en œuvre des moyens habituels de la géologie (terrain, télédétection, géophysique, sondages). La largeur de la bande cartographiée de part et d'autre du tracé, y compris d'éventuelles variantes, dépend de la complexité de la morphologie et de la structure géologique ; elle doit permettre d'y figurer tout ce qui est nécessaire à la compréhension de la structure. Dans chaque secteur géologique, on estime les aptitudes au terrassement (extraction, maniabilité, stabilité, réemploi) et aux fondations (niveaux d'ancrage possibles et pour chacun, résistance, compressibilité…) de chaque formation, on aborde les problèmes hydrologiques de surface et souterrains (crues, drainage…), les études d'ouvrages spéciaux (grands déblais, viaducs, tunnels…), les problèmes de risques naturels…

3.4.3.1 Les canalisations enterrées

Les canalisations enterrées sont des tuyaux de divers diamètres, en matériaux variés (fonte, acier, béton armé ou non, plastique…), destinés au transport de fluides différents (eau, hydrocarbures liquides et gazeux, solutions chimiques, électricité…), posés au fond de tranchées plus ou moins profondes dépassant rarement quelques mètres, ensuite remblayées. Leurs études géologiques de tracés, de travaux de pose et de stabilité en service sont utiles sinon nécessaires, car la part des terrassements est très grande dans le processus de pose, et la stabilité de certaines sections de la conduite dépend en grande partie des particularités géomorphologiques, géodynamiques et hydrologiques locales. Les moyens d'étude ne sont jamais très lourds : parcours pédestres du tracé, traîné électrique, courts sondages à la tarière ; les profils en long ainsi obtenus sont directement utilisables et les principales difficultés d'exécution sont identifiées et localisées. Les tracés ou au moins de longues sections sont quasi rectilignes quels que soient le relief et la nature du sous-sol, car les fluides y circulent sous pression, ce qui permet des fortes pentes de profils en long ; la stabilité générale des versants correspondants doit alors être étudiée et assurée, le drainage permanent des tranchées doit être sûr et éventuellement, le tuyau doit être ancré. La souplesse relative de certains tuyaux permet des courbures et des dénivellations plus ou moins fortes soit de pose, soit à la suite de petites déformations du terrain, mais les points durs rocheux doivent être évités sous peine de fuites voire de rupture. Le faible poids relatif de l'ensemble tuyau-fluide oblige à ancrer ou à lester certains tuyaux de fort diamètre pour traverser les zones aquifères tant permanentes que temporaires. Dans la plupart des cas, en raison de leur faible profondeur, les terrassements concernent des matériaux de couverture et d'altérite meubles ou de roche tendre non aquifères que l'on extrait à la pelle rétro ou à la trancheuse ; d'éventuels gros blocs rocheux sont fragmentés au brise-roches ou aux explosifs. Les tranchées des sections rocheuses sont systématiquement préminées ; après la pose de la canalisation, qui doit intervenir rapidement pour éviter les éboulements, la plus grande partie des matériaux extraits sont utilisés pour le comblement. Des problèmes de corrosion peuvent se poser dans certaines formations plus ou moins salines (argiles pyriteuses, gypseuses…). Les fuites, même faibles, de canalisations enterrées peuvent entraîner des pollutions importantes du sous-sol environnant et encore plus d'une éventuelle nappe aquifère qui peut les diffuser très loin ; la plupart sont difficiles à déceler, à identifier et à résorber.

3.4.3.2 Les routes

Les autoroutes sont de grands aménagements très complexes dont l'étude, la réalisation et l'entretien engagent toutes les techniques du BTP (terrassements en déblais et remblais, stabilisation et soutènement de talus, stabilisation et sécurisation de longues et larges plates-formes, fondations de ponts et viaducs, tunnels, exploitations de matériaux hors tracé…) et qui ont d'inévitables effets perturbateurs, voire dommageables, sur l'environnement de la région traversée (modifications du paysage, déclenchement de mouvements de terrain, perturbation des réseaux d'eaux de surface et d'eaux souterraines, pollutions…). Leurs rayons de courbure minimaux, leurs pentes maximales et leurs largeurs dépendent du type de trafic prévu (vitesse, charge, densité…), ce qui contraint plus ou moins le tracé en plan, le profil en long et les profils en travers, en particulier dans les régions dont le relief est plus ou moins tourmenté. Dans ces régions où la contribution de la géologie est essentielle, l'étude de variantes est la règle lors de l'étape de faisabilité ; elles se font selon les cas à l'échelle de l'ensemble du tracé ou à celle d'un secteur.

Sur l'ensemble de l'itinéraire, au début de l'étape de faisabilité, le choix du tracé se traite habituellement à 1/50 000 ; il s'agit de présenter les grandes lignes géologiques d'un projet esquissé en tenant seulement compte d'options possibles pour l'aménagement du territoire. L'autoroute A50 Marseille/Toulon (*Fig. 3.4.3.a*) traverse une succession de plateaux et collines calcaires et de dépressions marneuses et pélitiques ; elle aurait pu passer par l'intérieur comme la DN 8-N8d ; elle longe la côte comme la D559 (1). Ce n'est évidemment pas seulement pour des raisons géologiques que le tracé par la côte a été choisi ; mais la géologie est intervenue pour caractériser sommairement chaque tracé et montrer que l'adoption de celui choisi n'entraînerait pas des difficultés d'exécution insurmontables. L'étape de faisabilité proprement dite est celle qui permet de définir le tracé définitif ; elle se traite à 1/20 000. On demande alors à la géologie de déterminer si ce tracé est raisonnablement réalisable et, dans le cas où certaines portions du tracé permettraient d'envisager des variantes, de dire laquelle sera la plus facile à réaliser. Entre Saint-Cyr et Bandol (2), on pouvait envisager soit un tracé direct, à travers les collines côtières en grande partie triasiques (calcaire, marnes et gypse très tectonisés), ce qui imposait de prévoir une série de grands terrassements et d'ouvrages spéciaux dans des sites plus ou moins instables, soit un tracé plus long, en empruntant la cluse d'un petit torrent côtier où les terrassements étaient beaucoup plus limités. Le choix de ce deuxième tracé a en grande partie été orienté par des considérations géologiques. Le principe de ce tracé étant admis, lors de la phase d'APS, qui se traite à 1/5 000, il fallait décider si l'on suivrait le versant droit ou le versant gauche de la cluse (3) ; c'est encore à la géologie que l'on a demandé de fournir une partie des éléments de ce choix.

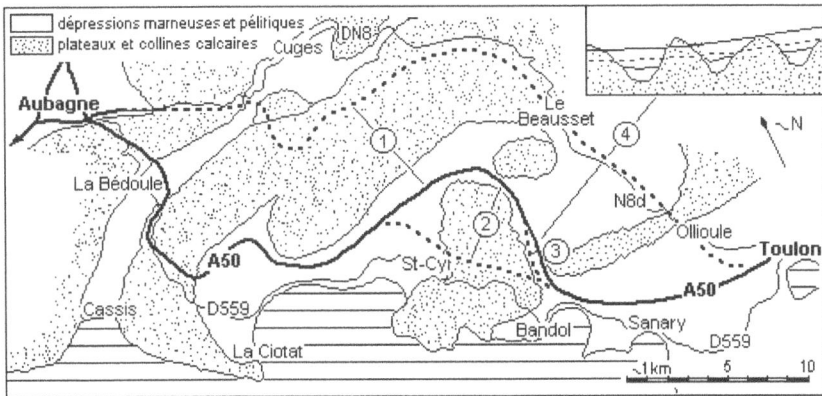

Figure 3.4.3.a – Études de tracés de l'autoroute A50 Marseille/Toulon

À l'étape de l'APD, qui se traite à 1/2 000 ou à 1/1 000, le tracé en plan est fixé et l'adaptation du projet au sol ne peut plus être réalisée qu'en faisant varier légèrement le profil en long de l'autoroute. C'est ainsi que, sur le versant gauche de la cluse qui avait été choisi, on disposait de deux solutions, l'une en profil bas, avec de grands déblais et de petits remblais et l'autre en profil haut, avec de petits déblais et de hauts remblais (4) ; c'est évidemment la géologie qui a permis de fonder le choix de la solution haute car le versant était constitué de marnes et d'éboulis compacts, susceptibles de supporter de hauts remblais sans rupture et sans tassement, alors qu'ils auraient été instables s'ils avaient été terrassés en hauts déblais. À l'exploitation, quelques spectaculaires accidents de trop hauts déblais inévitables ont montré que cette option était la bonne. Enfin, la dernière étape est celle du projet d'exécution qui se traite à 1/500 ou à 1/200 ; il s'agit entre autres de définir les fondations des ouvrages d'art dont les types avaient été arrêtés lors de l'APD. Pour les passages inférieurs, on avait alors à choisir entre un portique ou un cadre, selon que le site de chacun présentait un sous-sol résistant ou non, puis préciser le niveau de fondations, la pression admissible et les tassements éventuels.

Certains secteurs d'un tracé présentent des difficultés qu'il faut étudier spécifiquement. L'étude générale du tracé doit être suffisamment avancée pour pouvoir affirmer que le problème à résoudre se pose effectivement, qu'il fait partie des problèmes les plus importants qui se posent pour l'ensemble du tracé à l'étape en cours de l'étude et que le secteur où il se pose peut être évité en modifiant légèrement le tracé. Ainsi, entre Saint-Maximin et Brignoles, le tracé de l'autoroute A8 Aix/Nice traverse une région au relief très accidenté, dont le sous-sol présente une morphologie et une structure complexes, là encore en grande partie triasiques (calcaire, marnes et gypse très tectonisés) : schématiquement, les vallées de certains cours d'eau qui serpentent entre des collines calcaires sont des successions de petites plaines alluviales profondes et larges dont le sous-sol est constitué par une très épaisse couche de vase couvrant un substratum de gypse très corrodé, mêlé à de l'argile molle, et de cluses étroites et encaissées où le calcaire est subaffleurant ; le problème géologique du franchissement de ces vallées, particulièrement difficile à résoudre à travers les plaines, ne se pose pratiquement pas à travers les cluses.

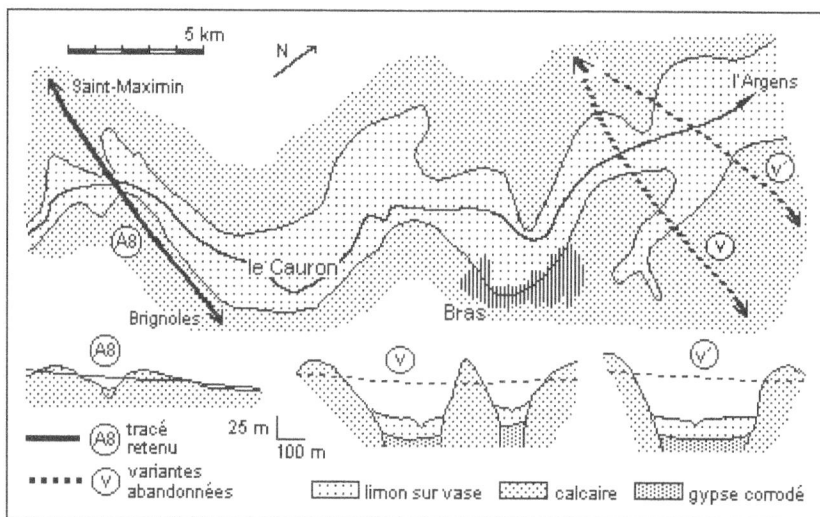

Figure 3.4.3.b – Études de variantes, choix géologique du tracé – Autoroute A8 Aix/Nice

Pour chaque vallée, un ajustement local, sans incidence sur le tracé général, a permis de traverser une cluse calcaire, c'est-à-dire d'escamoter le problème. Cela a été possible parce que l'on s'était donné la peine d'étudier systématiquement la structure des abords de chaque site et non seulement celle des abords immédiats de l'ouvrage initialement prévu. Si on ne l'avait pas résolu ainsi, les problèmes de franchissement de ces vallées auraient été les plus difficiles à résoudre sur l'ensemble du tracé ; leur résolution aurait longtemps mobilisé l'équipe et les crédits d'étude, au détriment d'autres problèmes initialement négligés et qui par la suite, se sont révélés beaucoup plus difficiles à résoudre.

S'il n'est pas possible de contourner un gros obstacle, les études sont longues et difficiles, les travaux sont *titanesques* et l'entretien est permanent : le franchissement de la cluse de Nantua a donné beaucoup de peine aux constructeurs de l'autoroute A40 Lyon/Genève, appelée pour cela *autoroute des Titans*. Côté sud, un pan de la haute falaise calcaire qui domine le lac s'était écroulé aux Neyrolles en 1924, ce qui avait imposé la déviation de la voie ferrée Bourg/Bellegarde ; le franchissement en tunnel du plateau limité par la falaise a donc été préféré au passage initialement envisagé sur la rive sud du lac au pied de la falaise. Sur l'autre versant de la cluse, entre Nantua et le lac de Sylans, un grand écroulement de falaise composé de blocs énormes empilés sans doute würmien avait barré la cluse et créé le lac ; ce passage à flanc de coteau impossible à éviter et à terrasser se fait par un spectaculaire viaduc en encorbellement. La section de la RN 1 joignant Saint-Denis de la Réunion à la Possession était une autoroute longue d'une douzaine de kilomètres, dont l'emprise avait été en partie gagnée sur la mer et en partie obtenue par réaménagement des anciennes route et voie ferrée qui longeaient le pied des très hautes falaises subverticales du massif de la Montagne. Ces falaises sont constituées par des empilements très hétérogènes de coulées de lave séparées par des couches de pyroclastites ; l'ensemble aval-pendage dont le pied était naguère miné par les tempêtes est demeuré extrêmement ébouleux. La sécurité de la circulation était difficile à assurer : le 24 mars 2006, un éboulement de 20 000 m^3 avait fait deux victimes et coupé l'autoroute pour plus d'une semaine ; il était fréquent qu'au moins la chaussée intérieure soit fermée et serve de piège à blocs et au pire que les deux chassées soient fermées, de sorte que le principal trafic de l'île devait emprunter la très tortueuse route de la Montagne ; pourtant, depuis de rustiques gabions jusqu'à de très spectaculaires structures en béton ou métalliques, en passant par des câbles, des grillages, des murs, des merlons, des banquettes… tout ce qui est imaginable avait été mis en place dans ce site qui est ainsi un vrai parc d'exposition d'ouvrages de soutènement. Pour améliorer la situation, on envisagerait de contourner les passages les plus scabreux par des viaducs en encorbellement sur l'océan : la faisabilité et la fiabilité de tels ouvrages seraient pour le moins incertaines : en février 2007, une tempête maritime cyclonique – vagues de plus de 10 m – a ravagé une partie de l'autoroute. Sur le versant ouest de l'île, à flanc de coteau du Piton des neiges, la route des Tamarins, succession ininterrompue d'ouvrages d'art (tunnels, viaducs, ponts…), double la route côtière entre Saint-Paul et Saint-Pierre, dans les pyroclastites et les coulées entaillées d'étroits et profonds vallons.

D'innombrables incidents et accidents de chantier et/ou d'exploitation d'autoroutes ont eu des causes manifestement liées à la négligence et/ou à l'ignorance de la géologie. La traversée du plateau molassique de Chambaran a longtemps retardé l'ouverture de l'autoroute A7 Lyon/Marseille à l'est de Saint-Vallier, en raison de glissements de talus répétés lors du déblaiement de la tranchée d'une trentaine de mètres de profondeur que l'on appelle maintenant le col du Grand-Bœuf, en raison de fortes venues d'eau souterraine permanentes issues de couches sableuses plus ou moins épaisses et continues, interstratifiées à la marne argileuse, faciès local de la molasse. À l'extrémité sud de la tranchée, on a difficilement assaini l'assise des remblais de la Combe tourmentée, au nom évocateur ; la stabilisation de ces deux sites a été péniblement obtenue par des réseaux de drainage particulièrement étendus et compliqués qui doivent être entretenus pour demeurer efficaces. Au nord du col, la descente vers la plaine de la Valloire a imposé de décaler les chaussées localement soutenues par des murs et évidemment de drainer l'ensemble du site. Cette accumulation de difficultés, que l'on n'avait pas su éviter faute d'étude géologique suffisante, aurait pu l'être si les projeteurs avaient pris la peine de parcourir les routes existantes du plateau, un peu partout affectées de mouvements de terrain analogues à ceux qu'ils ont subis ; la leçon a tout de même été retenue pour la LGV (ligne à grande vitesse) parallèle qui franchit l'obstacle en tunnel un peu plus à l'est. Un très grand glissement banc sur banc d'une dalle calcaire aval-pendage vers Châteauneuf-lès-Martigues, a longtemps retardé l'ouverture de l'autoroute A55 Marseille/Martigues et en a sérieusement enchéri le coût. Son risque avait été mis en évidence lors des études géologiques d'avant-projet, car il s'en produisait fréquemment dans une carrière voisine en cours d'exploitation ; il avait ensuite été oublié, car les équipes de projeteurs avaient changé ; les premiers s'étaient intéressés à la géologie, les seconds la négligèrent. Les difficultés de franchissement du col d'Évires par l'A41 Annecy/Bellegarde avaient été négligées dans les même conditions ; les glissements de talus tant de remblais que de déblais et les problèmes de fondations des ouvrages que l'on pouvait observer sur la voirie existante s'y sont multipliés lors de la construction puis au début de l'exploitation. Sur l'A46 vers Communay, c'est peu après l'ouverture de la section sud du contournement de Lyon qu'un grand glissement a condamné provisoirement l'une des voies ; dans de telles circonstances, ce type d'événement est assez fréquent. La tenue d'une chaussée dépend de la stabilité du fond de forme et en particulier de l'efficacité de son drainage. Le matériau naturel de fond de tranchée brut de terrassement peut être d'excellente qualité mécanique, s'il est imperméable et mal drainé, la chaussées se dégrade rapidement après chaque réfection ; c'est ce qui arrivait à la chaussée de la profonde tranchée sommitale de l'autoroute A72 Saint-Étienne/Clermont-Ferrand creusée dans le granite sain du Forez : la structure du corps de chaussée était correcte compte tenu de l'excellente qualité mécanique du granite, mais la forme n'était pas drainée ; cela avait paru être inutile aux constructeurs qui avaient négligé les effets de l'imperméabilité totale de la roche ; l'eau météorique infiltrée à travers la chaussée stagnait dans les flaches de la forme et gelait en hiver ; un dense réseau de drains sous chaussée a permis de régler définitivement le problème.

Un problème dont la négligence peut avoir de lourdes conséquences est celui des accès aux grands ouvrages, tunnels et viaducs en zones montagneuses ; on consacre tous les crédits d'étude à l'ouvrage principal en laissant quelques miettes aux grands terrassements d'accès qui, par la suite, le font payer cher et longtemps. Parfois, on s'oblige inconsidérément à aménager un site fragile, alors qu'il serait sans doute meilleur de repenser l'ensemble du projet : le sous-sol du versant gauche de la vallée de l'Arc au-dessus de Modane est constitué d'éboulis schisteux épais d'une cinquantaine de mètres, qui fluent lentement à environ 1,5 cm/an mais avec des variations plus ou moins importantes selon l'endroit et les conditions climatiques à l'époque considérée. L'instabilité connue mais sous-estimée de ce versant n'a pas empêché que l'on y accroche la voie d'accès au tunnel routier du Fréjus, au moyen de coûteux ouvrages d'art et travaux d'aménagement, de réparation et d'entretien qui en font l'une des sections autoroutières de rase campagne les plus chères de France. On les présente comme des exploits techniques, ce qui est vrai, mais il aurait été préférable d'implanter la tête du tunnel à un endroit plus accessible ou d'accéder à la tête retenue par un tracé plus sûr, ce qui n'était effectivement pas très facile dans ce site étroit et encombré. Le principal ouvrage d'art du tracé est le viaduc de Charmaix, long de 345 m ; il enjambe le vallon le plus instable du versant : de 1977 à 2001, les piles se seraient déplacées de 6 à 35 cm selon leur position si l'on n'y avait pas remédié par des recalages périodiques de leurs pieds et des culées, ce qu'à court terme le tablier ne peut pas supporter ; le dispositif actuel donne à l'ouvrage une durée de vie fonctionnelle d'une quarantaine d'années. D'autres ouvrages subissent des déplacements analogues et doivent aussi être recalés.

À la fin de l'étape de faisabilité, le tracé définitif est à peu près fixé, les secteurs à risques divers identifiés et localisés ainsi que les sites des ouvrages spéciaux (grands viaducs et tunnels). Lors des études d'avant-projet, on arrête définitivement le tracé et secteur par secteur, avec une précision croissante d'une étape à la suivante, obtenue par un accroissement des moyens employés et de l'échelle des documents utilisés, on décrit chaque matériau par ses caractères lithologiques et géotechniques pour le rattacher à un type de mise en œuvre, de réutilisation, de portance… et on détermine les schémas des mouvements des terres (extraction, réemploi avec ou sans traitement, dépôt, emprunt…), les conditions de stabilité des talus de déblais et de remblais (hauteur, pente, éventuellement drainage, soutènement), la nature, les caractéristiques des matériaux d'assise des plates-formes et les types de chaussées, les types, les emplacements et les fondations des ouvrages courants, la localisation, la caractérisation et le traitement des zones à risques (inondations, compressibilité, mouvements de terrain…)… Les ouvrages spéciaux sont implantés mais leurs études sont conduites spécifiquement.

Les champs de captage d'eau souterraine longés par des autoroutes sont particulièrement exposés aux pollutions par les hydrocarbures (circulation), le sel (verglas) et toutes sortes de produits chimiques (accidents) répandus sur les chaussées. La collecte complète des eaux de ruissellement et leur traitement s'impose donc avant de les restituer au réseau naturel ; c'est, entre autres, le cas pour la nappe de la Saône à Mâcon, avec A6 et A40 et à Villefranche avec A6 ; à Niort pour la résurgence du Vivier, avec A10 ; à Saint-Omer pour la nappe de la craie, avec A26 ; à Nice pour la nappe du Var, avec A8 ; à Avignon pour la nappe du confluent Rhône-Durance avec A8…

On consacre rarement des études géotechniques sérieuses aux modifications du réseau routier existant (contournement de villages, suppression d'obstacles, rectification ou suppression de virages, élargissement de plates-formes…), qui soulèvent pourtant des problèmes analogues à ceux posés par les voies nouvelles, bien qu'ils ne paraissent en général pas difficiles à résoudre et sont de ce fait négligés. Cela se paie en cours de chantier et/ou au début de la mise en service (éboulements, glissements, déformations de chaussée…) : mal étudiés et/ou intempestifs, des travaux de recalibrage et de rectification de tracé sur la RN85 à l'est de Castellane, dans un site montagneux très fragile, ont provoqué un énorme glissement qui a obligé de dévier durant de nombreux mois sur le réseau secondaire inadapté, cet itinéraire très fréquenté… Les interventions dans les zones soumises aux effets quasi permanents d'événements naturels dommageables plus ou moins fréquents (crues, mouvements de terrain…) sont en grande partie de l'entretien courant que l'on appuie rarement sur des études géologiques ; si le risque est important et peut avoir des effets désastreux, on peut entreprendre des travaux de réparation et de sécurisation : déviations (gorges du Var, RD 6202), mises en galerie (gorges de la Roya, RD 6204)… Les études géologiques sont alors évidemment nécessaires.

3.4.3.3 Les voies ferrées

Du point de vue géologique, les voies ferrées sont des aménagements analogues à des autoroutes : terrassements, stabilisation de talus et de longues plates-formes, fondations d'ouvrages, tunnels, exploitations de matériaux hors tracé, effets perturbateurs sur l'environnement, pollutions… Les études et la réalisation des lignes à grande vitesse (LGV) sont analogues à celles des autoroutes, mais elles doivent être spécialement orientées sur les problèmes de sécurité du trafic, posés par des événements naturels ou induits, éventuellement dangereux. Une attention particulière doit être attachée aux risques d'affaissements voire de fontis dans les régions karstiques ou d'exploitations souterraines abandonnées, très difficiles à identifier, à localiser et à caractériser. Dans des sites analogues – elles empruntent souvent les mêmes couloirs de communication –, leurs rayons de courbure minimaux sont plus grands, leurs pentes maximales sont plus faibles, ce qui contraint davantage leurs tracés en plan et leurs profils en long, mais la largeur de leurs plates-formes est nettement plus petite, ce qui réduit sensiblement les emprises de leurs terrassements et de leurs ouvrages ; pour obtenir des profils en long aussi réguliers que possible, les déblais sont plus profonds, les remblais sont plus hauts, les ponts, viaducs et tunnels sont plus nombreux et plus longs (une dizaine de tunnels de Lyon à Marseille, alors qu'il n'y en a pas sur l'autoroute A7). Pour éviter les interruptions de trafic et les accidents de convois, la stabilité des talus de déblais, la compacité des remblais faits de matériaux non évolutifs, la stabilité et la raideur des plates-formes, la solidité des fondations des viaducs et des revêtements des tunnels doivent être sans failles ; cela impose de les réaliser en étant particulièrement attentif à prévenir les événements naturels ou induits par le trafic susceptibles de les affecter (glissements, éboulements, affaissements, érosion, inondations…) et à éviter leurs effets dommageables. Par sécurité, les passages très exposés sont spécialement traités, équipés d'ouvrages de protection et/ou de dispositifs automatiques d'alerte voire d'interruption de trafic. Les cailloux de ballast doivent être très denses, très résistants à la compression et à l'attrition, insensibles au gel, anguleux et de granulométrie rigoureusement bornée (± 60 mm) ; le ballast lui-même doit être élastique et totalement perméable ; les roches susceptibles de produire un tel matériau sont des granites, des basaltes, des grès… inaltérés et sans fissures, que l'on trouve rarement à proximité du tracé ; ils doivent donc être souvent amenés de lointaines carrières spécialisées.

Quel que soit l'aménagement linéaire (route, voie ferrée, électricité…), la jonction de la vallée du Rhône à Nice à travers la Provence (*voir 1.6.3.3*) pose les mêmes difficiles problèmes géologiques que rencontre le projet de LGV, actuellement à l'étude. Le relief de cette région – une succession de bassins marneux séparés par des chaînons calcaires traversés par des gorges étroites et sinueuses, et une grande zone centrale gypseuse où de petites cluses calcaires séparent des dépressions gypseuses (*Fig. 3.4.3.b*) – impose des études géologiques très étendues et très détaillées ; pour l'APS de l'A8 entre Aix et Fréjus, on a ainsi dû étudier près de 500 km de tracés à 1/20 000 pour n'en retenir qu'environ 130 à 1/5 000 pour l'APD et une centaine pour l'exécution. À l'ouest, les passages géologiquement possibles, connus et utilisés depuis la nuit des temps (*via Aurelia* devenue la RN7 puis l'A8 beaucoup plus tard…), sont les suivants :

- le passage sud (S) de Marseille à Toulon par la côte (voie ferrée actuelle, A50, RD559) ou l'intérieur RDN8-N8d, longe la basse vallée de l'Huveaune, franchit le chaînon de Carpiagne et traverse le bassin du Beausset (*Fig. 3.4.3.a*), puis longe la dépression permienne de Toulon à Fréjus (voie ferrée actuelle, A57, RD97) ;

- le passage centre (C) débute dans le bassin de l'Arc entre Salon et Aix, longe plus ou moins l'Argens par le synclinal du Val ou le bassin de Brignoles et débouche dans la dépression permienne vers Le Luc (*via Aurelia*, voie ferrée secondaire Rognac-Aix-Brignoles-Pignan, A8, RDN7) ;

- le passage nord (N) suit la vallée de la Durance de Sénas à Peyrolles, longe les petits fossés molassiques de Jouques, Rians, Tavernes, Salernes, débouche dans la dépression permienne vers Le Muy (voie ferrée secondaire Cavaillon-Pertuis-Meyrargues puis voie ferrée étroite supprimée Meyrargues-Draguignan-Grasses, RD560 – une voie ferrée reliant directement Avignon à Nice par ce passage le plus court mais très accidenté avait été envisagée et en partie étudiée, puis le projet à été abandonné).

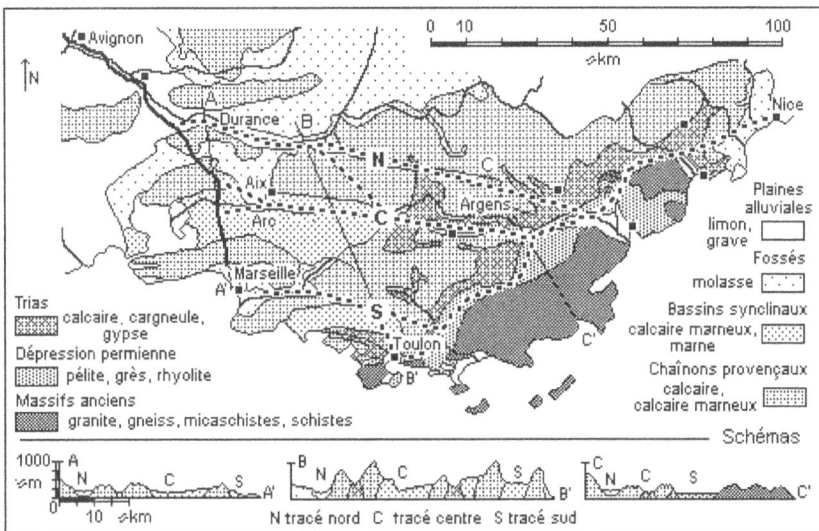

Figure 3.4.3.c – Tracés possibles de la LGV vers Nice

Chaque passage présente des caractères géologiques plus ou moins spécifiques qui permettent de les comparer et de choisir celui qui est en principe le plus facile à aménager (longueur, dénivelées, ouvrages d'art, tunnels...), mais le choix du tracé ne dépend évidemment pas que d'eux (politique, écologie...). Il n'est toutefois pas possible de s'en éloigner trop, à quelques variantes de détail près dont le choix est contraignant pour le reste du tracé ; les difficultés géologiques, souvent sous-estimées se paient en coût d'ensemble, difficultés de chantier, délais d'exécution... Pour la LGV, le plus favorable, des stricts points de vue géologique et BTP, est le tracé centre, malgré la traversée difficile de la zone triasique entre Saint-Maximin et la dépression permienne (*Fig. 3.4.3.b*) ; le tracé nord, très accidenté avec de très fortes et très rapides dénivelées, imposerait de grands terrassements et/ou de nombreux ouvrages d'art et tunnels dans des sites très fragiles ; les traversées de Marseille et de Toulon en tunnels sur le tracé sud ne seraient pas des plus simples (*voir 3.5.2.3.3* et *3.6.2.4.2*) et entre les deux villes, l'exemple de A50 montre que dans ce site très accidenté les variantes sont nombreuses (*Fig. 3.4.3.a*). À l'est, entre Fréjus et Nice, le passage le long de la côte très accidentée (voie ferrée actuelle, RD559-6098) est impossible pour une LGV ; les possibilités sont limitées au nord de l'Esterel (A8,

RDN7- 6007) – grands terrassements et/ou grands ouvrages, viaducs et tunnels. Les autoroutes A8, A50, A52, A57 sont d'utiles terrains d'observation de géologie du BTP pour la LGV Sud-Est et montrent de nombreux exemples d'adaptations de site difficiles.

L'entretien des vois ferrées existantes pour en assurer la sécurité est permanent ; les événements les plus fréquents dont il faut éviter les effets qui peuvent être désastreux sont les mouvements de terrain, éboulements, glissements, affaissements… Les zones affectées, bien connues des services, sont les objets de surveillances permanentes, par des visites fréquentes et au moyen d'appareillages automatiques de capteurs divers (*Fig. 1.5.4.h*). La stabilité du revêtement de certains vieux tunnels n'est pas toujours assurée et un écroulement peut provoquer une catastrophe (*voir 3.5.2.3.3*).

3.4.3.4 Les canaux

Les canaux sont des lits de cours d'eau artificiels construits pour diverses exploitations spécialisées ou mixtes : navigation maritime, intérieure, adduction d'eau pour l'irrigation, l'alimentation ou l'hydroélectricité… Avec les aménagements de cours d'eau auxquels ils sont toujours plus ou moins liés, ils comptent parmi les premiers et les plus grands aménagements réalisés dans toutes les régions habitées, depuis la plus haute Antiquité jusqu'à nos jours. Leurs tracés, leurs pentes de courant, les formes et les dimensions de leurs chenaux dépendent de leurs utilisations et des caractères géologiques de leur itinéraire. Leurs études géologiques et leurs réalisations sont en principe analogues à celles des autres voies (terrassements, matériaux de réemploi et d'apport, fondations, effets sur l'environnement, pollutions…). Mais en pratique, elles sont beaucoup plus difficiles parce que l'eau est l'élément déterminant du comportement des matériaux naturels ou de construction, en particulier argileux, avec lesquels elle est en contact permanent (imbibition, altération, érosion) ; il faut assurer l'imperméabilité plus ou moins grande du chenal qui peut être ou non revêtu pour cela, et surtout sa stabilité car tout tassement important de radier, toute rupture d'éventuels remblais de berges et/ou tout mouvement de terrain susceptible de l'obstruer ou de le couper entraînerait sûrement un grave accident, sinon une catastrophe analogue à celle d'une rupture de barrage. De plus, la pente d'un bief doit presque toujours être très faible pour limiter les pertes de charge, quasiment nulle pour les canaux de navigation, et chacun doit être aussi long que possible, ce qui contraint beaucoup le profil en long général : les biefs sont séparés par des seuils pour assurer leurs dénivellations (écluses, slips, usines électriques, stations de pompage… selon la ou les fonctions du canal). Dans des régions accidentées, les tracés doivent suivre de très près les courbes de niveau : les passages en déblais, en remblais, à flanc de coteau en profils mixtes transversaux s'enchaînent ; certaines buttes peuvent être traversées en galeries, les vallons par des siphons ou des ponts-canaux ; dans les plaines alluviales, les biefs sont souvent en déblais à l'amont, puis en profils mixtes verticaux et en remblais à l'aval ; certains biefs y sont des dérivations du cours d'eau principal dans son lit majeur, relayant des biefs d'aménagement du cours d'eau lui-même dans son lit mineur.

Il est évidemment nécessaire que les débits de fuites des canaux soient les plus faibles possibles tant pour des raisons d'exploitation que pour éviter les risques de renards puis d'érosion et enfin de rupture. Il faut aussi limiter l'imbibition permanente des terrains encaissants, surtout à flanc de coteau où les risques de glissement sont importants ; on y parvient en donnant des pentes faibles aux berges, en utilisant des matériaux de remblais très peu perméables qui, étant donc très argileux, peuvent poser des problèmes de stabilité de talus de berges, des revêtements et/ou des drains – les revêtements sont évidemment nécessaires si le chenal est en déblais dans des formations perméables (graves, calcaires…). Mais tant en déblais qu'en remblais, même revêtus, les canaux ne sont jamais étanches ; ils fuient plus ou moins de façon diffuse par percolation selon la surface mouillée, la hauteur d'eau, le revêtement éventuel, les matériaux plus ou moins perméables dans lesquels ils sont creusés ou ceux dont ils sont construits… ou par des fissures. De sérieuses études d'hydrogéologie et d'hydraulique souterraine doivent donc précéder plutôt que compléter les études géomécaniques de stabilité des talus intérieurs et extérieurs du chenal plein ou vide, en particulier lors des vidanges – les études (*Fig. 2.3.1.d*) et les constructions de remblais de canaux sont analogues à celles des digues et des barrages en terre. Les études d'hydrologie et d'hydrogéologie sont aussi nécessaires parce que les canaux perturbent les réseaux naturels des cours d'eau en les déviant et/ou en les ponctionnant parfois jusqu'à l'assèchement, et des eaux souterraines, en les drainant (sections en déblais) ou en les alimentant (sections en remblais) selon les conditions naturelles locales et leurs caractéristiques techniques. La plupart des biefs doivent être équipés de déversoirs de crues, car un débordement intempestif entraîne presque à coup sûr une rupture de berge. La stabilité des écluses alternativement vides et pleines très rapidement et sans cesse est précaire quand elles sont établies dans des matériaux meubles aquifères et/ou que les infiltrations rendent tels – effets dans les deux sens de la pression hydrostatique et de la pression de courant sur le radier et les bajoyers qui provoquent des fissures puis les agrandissent parfois jusqu'à la ruine. La régularité voire la pérennité de l'alimentation en eau à la prise, l'envasement et/ou l'érosion de certaines parties du lit qui dépendent des variations de la vitesse du courant selon la pente et/ou la section, de la turbidité de l'eau de prise, des matériaux… posent des problèmes de construction et d'exploitation qui ne concernent directement la géologie que pour l'étude de dispositions particulières sur le canal lui-même et/ou d'ouvrages annexes (bassins de décantation, barrages, retenues et canaux d'alimentation…).

De nombreux canaux d'adduction d'eau de grandes villes, construits au cours du XIXe siècle, ont été et sont encore les objets de rectifications de tracé pour améliorer le rendement du canal et la sécurité de l'exploitation dans des zones instables ou exposées aux pollutions, couper les courbes de tracés sinueux, élargir les anciennes galeries et/ou sécuriser les parties urbaines par des siphons et des galeries nouvelles. Ces opérations, étudiées et menées comme des aménagements nouveaux, doivent évidemment s'appuyer sur des études géologiques.

3.4.3.5 Les cours d'eau

Selon les caractères généraux des régions qu'ils traversent et leurs caractères propres, les cours d'eau sont aménagés totalement ou partiellement pour rendre possible ou améliorer la navigation, pour limiter leurs crues et les inondations, pour contenir l'érosion et l'alluvionnement…, pour créer ou favoriser des utilisations particulières (hydroélectricité, agriculture, industrie, tourisme, pêche…). Très spécifiques, les actions correspondantes qui s'étalent généralement dans la durée ou sont souvent conduites par nécessité comme après une crue dévastatrice, ne doivent être entreprises qu'à bon escient et avec prudence, car leurs effets peuvent être différents de ce qui avait été prévu lors d'études se référant à des cas apparemment analogues : il ne faut jamais intervenir à un endroit d'un cours d'eau sans se poser la question de savoir ce qui va se passer ailleurs. Quelle que soit l'expertise de ceux qui les entreprennent, ces actions demeurent en grande partie expérimentales voire empiriques, pas toujours généralisables ; les effets d'actions analogues peuvent se montrer bénéfiques ici et malfaisants là ; très souvent, en améliorant ici et pour ceci, on détériore là et pour cela. Même pour une action courante et localisée, la connaissance des caractères propres d'un cours d'eau (cadre géologique du bassin, comportement général et local…) est nécessaire, car aucun cours d'eau n'est pareil à un autre, ni même une partie d'une autre du même cours ; les études sur modèle réduit ont été longtemps la règle pour tout aménagement et action importante, avec une efficacité certaine pour affiner les grandes lignes d'un projet ; les modèles informatiques qui les ont remplacés sont loin d'être aussi efficaces. La plupart des actions de génie fluvial sont des actions artificielles de géodynamique qui vont sûrement déclencher des réactions naturelles de géodynamique à l'aval et souvent même à l'amont des interventions. Elles concernent donc la géologie pour leur donner un cadre général, pour interpréter les effets morphologiques d'une crue, pour préparer une action générale et/ou locale, pour prévoir les formes et le comportement plus ou moins lointains en lieux et temps du cours d'eau après de telles actions et, avec la géomécanique, pour résoudre des problèmes particuliers de terrassements, de stabilité (berges, digues, rives, versants…), de fondations d'ouvrages, d'hydrogéologie et d'hydraulique souterraine, de prévention de risques induits…, analogues à ceux que posent tous les aménagements, et pour le faire de façon analogue. La comparaison particulièrement efficace de photos aériennes existantes, antérieures à des photos dédiées prises si possible pendant et en tout cas après une crue torrentielle et/ou une inondation d'aval, est nécessaire pour comprendre et interpréter les événements destructeurs voire catastrophiques, souhaitable pour les autres, puis pour étudier les aménagements de réparation et de sécurité.

Pour la navigation, il peut s'agir de déroctages de seuils rocheux, de dragages de mouilles alluviales et/ou de zones de sédimentation, de protections de berges et/ou de zones d'érosion, d'endigages, de déviations partielles par des biefs de canaux latéraux (Rhin, Rhône…)… Leurs études géologiques sont analogues à celles des canaux ; une attention particulière doit être donnée aux études hydrogéologiques, car ces aménagements troublent aussi bien les écoulements superficiels que souterrains : dans les zones agricoles de plaines alluviales, la nappe doit être drainée pour en abaisser le niveau moyen là où le plan d'eau a été relevé (digues latérales ou canal en remblais) et doit être réalimentée pour en remonter le niveau là où le plan d'eau a été abaissé (lit mineur plus ou moins asséché, canal en déblais)…

Pour prévenir les crues, limiter leur débit et leurs effets destructeurs, il peut s'agir de rectifications de lits mineurs – coupures de méandres, canalisations…, d'endigages (Loire, Garonne…), de créations de bassins-tampons riverains et/ou de barrages et retenues régulateurs d'amont (Seine…), de préservations et améliorations de zones de lits majeurs naturellement inondables – prairies humides, peupleraies, marécages –, de protection et améliorations de la végétation des bassins versants, de limitations des surfaces imperméabilisées par d'autres aménagements – voirie, toitures… et régulation de leurs débits instantanés d'orages par des bassins-tampons ; il peut également s'agir de s'assurer que le tirant d'air des ponts est suffisant pour éviter les effets de venturi et/ou les embâcles qui peuvent provoquer des inondations en amont et des lâchers intempestifs à l'aval… Pour protéger les installations riveraines contre les inondations, les ouvrages les plus courants sont les digues latérales, que l'on souhaite évidemment imperméables et insubmersibles ; la plupart, souvent anciennes et plus ou moins bien entretenues, ne le sont pas : lors de crues exceptionnelles, elles se révèlent souvent inefficaces ; les zones que la digue devait protéger sont inondées par les infiltrations (Tarascon/Arles, 2002-03) ou de vrais torrents dévastateurs s'engouffrent dans les brèches qui s'y produisent par érosion (Nice, novembre 1994) ou par glissement (Camargue, hiver 1993-94)… Dans des zones inondables ou à proximité de rives instables, l'idéal serait de ne pas avoir construit et de déclarer inconstructibles celles qui sont encore inoccupées ; à l'exemple des fermes anciennes dans les plaines alluviales, il est au moins nécessaire d'y adapter les constructions aux inondations : implantation sur une éminence, pas de sous-sol, matériaux stables à l'immersion, rez-de-chaussée utilisés pour des activités non affectées par d'éventuelles immersions, matériaux et structures assez solides pour résister à de violents courants…

Pour limiter l'érosion et l'alluvionnement qui sont des phénomènes liés particulièrement actifs en régime torrentiel, il faut favoriser l'écoulement régulier dans le temps et le long du lit, limiter autant que possible le débit des crues, casser la vitesse du courant par des chaînes de gradins et biefs affouillables, perréyer ou bétonner les chenaux fragiles… (Cervières, Aiguilles-en-Queyras, Vernet-les-Bains…). Les mouvements de terrains endémiques réactivés par les crues sont généralement dus à des affouillements de berges (érosion, glissement…) ; on stabilise les zones fragiles au moyen d'ouvrages de défense (digues, enrochements, épis) régulièrement entretenus et/ou on les contourne en déplaçant les lits… : l'obstruction du lit en crue par les alluvions d'un cône de déjection latéral, ou par les produits d'un glissement ou d'un écroulement…, peut créer un remous destructeur à l'amont et, après la rupture à peu près inévitable du barrage, une énorme amplification de la crue à l'aval. Tant du point de vue hydrologique que géologique, on étudie ces mouvements de terrain et on les traite comme on le fait dans des cas analogues. Pour les aménagements consécutifs à des crues catastrophiques qui imposent d'intervenir sur le cours d'eau, sur les voies de communication et sur l'existant construit qui ont été plus ou moins endommagés et/ou détruits, les apports de la géomorphologie et de la géodynamique sont souvent déterminants pour l'implantation d'ouvrages terrestres ou hydrauliques : à la suite de la crue de 1958, le Guil, la RD 902 et tous les ouvrages riverains ont été remis en état de façon coordonnée ; ainsi a-t-on été obligé de procéder dans la vallée de l'Arc, très encombrée (routes, autoroute, voie ferrée, villages, industries…). En aval de Barcelonnette, sur le versant nord de la vallée de l'Ubaye, le riou Bourdoux est un torrent alpin typique, avec un bassin versant de plus de 2 000 ha dans le flysch, les terres Noires et des placages morainiques, un lit quasi rectiligne à très forte pente, et un cône de déjection de plus de 200 ha qui a poussé l'Ubaye au pied du versant opposé. Ce torrent était très dévastateur au XIXe siècle, car la végétation de son bassin versant était ravagée par l'abattage et le pacage – il reste quelques ruines du hameau de Cervières (04, différent du village 05 cité plus haut), implanté vers le centre du bassin… Aussi, à partir de 1860, l'ensemble du bassin a fait l'objet d'une restructuration domaniale puis de travaux de restauration demeurés exemplaires : plus de cent barrages et seuils dans les thalwegs, digues latérales, captages de multiples sources qui alimentent en partie Barcelonnette, reboisement, détournement du lit sur la bordure ouest du cône… Depuis, entretenu comme un monument historique, il est à peu près sage, mais demeure sous surveillance : de temps en temps, il change de lit ou même emporte un pont.

Les aménagements hydroélectriques, complexes et fragiles – barrage, retenue, centrale électrique, canal de fuite, éventuellement chaîne de biefs de canal séparés par des centrales électriques (Durance)… – perturbent fortement la morphologie et le comportement, tant mécanique qu'hydraulique, de leur site ainsi que l'environnement de leur aval. Les études de site, particulièrement compliquées et difficiles, sont organisées en étapes de plus en plus détaillées pour assurer la stabilité et l'étanchéité du barrage, contrôler la perméabilité de la retenue et la stabilité de ses rives avant et après la mise en eau… Elles doivent être appuyées sur toutes les disciplines (géologie, géomécanique, hydraulique…) et toutes les techniques (documentation, télédétection, levers de terrain, géophysique, sondages, galeries, essais…) de la géologie du BTP. Dans un site dont la lithologie et la structure sont homogènes, constitué de formations peu ou pas perméables et fracturées (cristallines de bassins anciens…), peu favorable aux infiltrations et aux circulations profondes et lointaines d'eaux souterraines, il suffit d'étudier les abords du barrage, de la retenue et des ouvrages annexes. Dans un site dont la lithologie et la structure sont hétérogènes, constitué de formations plus ou moins perméables et fracturées (cristallines et sédimentaires de montagne…) où l'on trouve entre autres, des formations de calcaires karstiques propices aux infiltrations abondantes et aux circulations lointaines, on peut être obligé d'étendre les études à des zones très éloignées de l'aménagement : pour l'étude hydrogéologique de la retenue de Sainte-Croix, implantée sur le Verdon, à la sortie de ses célèbres gorges, au nord des grands plateaux de calcaires karstiques du haut Var (83), on a dû effectuer des observations dans le bassin de l'Argens qui, de ce point de vue, appartient donc en partie au site d'étude de l'aménagement, à plus de 50 km de lui, sur la bordure sud de ces plateaux. Les retenues se comblent peu à peu, sauf bassins de décantation amont et/ou chasses de curage périodiques souvent très nuisibles pour l'aval ; ce comblement se fait au détriment de l'alluvionnement limoneux des zones inondables d'aval où il pouvait être utile à l'agriculture et/ou à la stabilité des côtes basses d'embouchures ou de deltas. Dans une certaine mesure, les grandes retenues peuvent écrêter les crues, mais leur volume utile est sans proportion avec le volume d'une grande crue : quand il s'en présente une inopinément et que la retenue est proche de son niveau maximum, on doit la laisser passer entièrement par le déversoir de crues dont tout barrage est évidemment pourvu pour éviter un déversement de crête qui pourrait être catastrophique – ruine par affouillement de pieds, renards (Malpasset)… –, au grand dam de riverains de l'aval qui, pensant être protégés par l'aménagement et donc n'avoir plus d'inondation à craindre, avaient imprudemment occupé une partie asséchée de lit de divagation pour accroître leurs champs, installer un camping, une aire de loisir…

La Durance est le plus gros, le plus fantasque et le plus dangereux des affluents méditerranéens du Rhône ; à l'automne, vers leur confluent, son débit peut passer très rapidement de 50 à 10 000 m³/s. En novembre 1843, elle a eu la crue la plus destructrice connue : 6,5 m, 5 500 m³/s au pont de Mirabeau, presque tous ses ponts emportés entre Les Mées et Cavaillon ; en novembre 1886, elle a noyé sa basse plaine durant un mois, coupé routes, voies ferrées, détruit ponts, bâtiments… en aval du pont de Mirabeau. Elle est en principe assagie par sa canalisation entre le barrage de Serre-Ponçon (*voir 3.5.3.6.2*) et le confluent ; une partie de ses eaux est même détournée vers l'étang de Berre par le seuil de Lamanon, ancien passage de la Durance à la fin du Würm, qui aboutissait à la mer en construisant un grand delta caillouteux, la Crau. L'aménagement, dont le but principal est la production électrique, comporte le barrage de Serre-Ponçon en tête, quelques petits barrages intermédiaires au fil de l'eau, une succession de canaux latéraux et quelques galeries alimentant une vingtaine de chutes au fil de l'eau. Il a aussi une fonction d'irrigation agricole, d'alimentation urbaine et de régulation du cours en étalant la plupart des crues. Mais depuis que l'aménagement a été entrepris et depuis qu'il est terminé, quelques crues (en 1963, 1976, 1977, 1978…) ont montré à ceux qui s'étaient trop approchés de son lit mineur pourtant démesuré, qu'elle était néanmoins toujours aussi redoutable : son débit de crue peut en effet atteindre 6 000 m³/s au pont de Mirabeau, et ne peut évidemment pas passer par le canal latéral. À une autre échelle, le Rhône a été aménagé selon un schéma analogue entre Génissiat et Valabrègue, avec une fonction de plus, la navigation entre Lyon et la mer. Cela n'empêche pas que quelques grandes crues soient plus ou moins dommageables, notamment à l'aval (Arles, 2003…).

3.4.3.6 Les rivages marins

Soumis aux violentes actions quasi permanentes de la mer (marées, courants, tempêtes…), les rivages marins sont particulièrement fragiles, difficiles à protéger contre l'érosion et la sédimentation, à aménager pour l'agriculture (prés salés, polders), pour les installations portuaires, l'industrie, l'urbanisation…

La plus grande partie de tout ce qui précède à propos des études d'aménagements des canaux et des cours d'eau, et des résultats que l'on obtient d'actions d'utilisation et de protection peut être repris à propos des rivages marins. Bien entendu, d'importantes adaptations sont nécessaires : les mouvements de la mer (marées, courants, tempêtes…) sont beaucoup plus intenses et plus fréquents que les crues des cours d'eau, leurs effets sur le littoral sont beaucoup plus violents et plus dommageables que ceux des crues sur les rives des cours d'eau. Les aménagements, les ouvrages de défense et les travaux neufs ou de réparation sont beaucoup plus difficiles à réaliser et leurs effets directs à maintenir ; leurs effets indirects, souvent imprévus et nuisibles, peuvent être lointains et persistants. Les méthodes et matériels de travaux sont spécifiques, les chantiers sont soumis à la météorologie et éventuellement aux marées ; l'eau de mer corrode les matériaux de construction et fragilise voire détruit les ouvrages non protégés... Quelle que soit l'action que l'on projette, la moindre imprécision, le moindre oubli, la moindre erreur peuvent avoir de graves conséquences techniques, économiques et humaines, parfois lointaines et considérables : en 1979, à l'embouchure du Var, les travaux de prolongement de l'aéroport de Nice et de création d'un port de commerce, qui consistaient à remblayer et compacter brutalement une plate-forme sur les fonds de la partie est du delta sous-marin, en bordure du canyon sous-marin du fleuve creusé dans les alluvions peu consolidées, ont provoqué le glissement d'un pan du versant est du canyon et un tsunami d'environ 2,5 m à Antibes ; il a balayé une partie de la côte ouest de la rade, entraînant de gros dommages matériels et faisant six victimes ; au large, un courant de turbidité a dévalé le canyon et quelques heures après, a coupé quelques dizaines de kilomètres de longueurs de câbles téléphoniques sur les fonds moins pentus de l'extrémité vaseuse du delta, à une centaine de kilomètres du rivage et à plus de 2 000 m de profondeur. Ces aménagements ont été abandonnés à la suite de l'accident...

La forme et le comportement de la plupart des sites littoraux dépendent à la fois des conditions maritimes locales et de leurs caractères géologiques : morphologie (caps, falaises, baies, plages...), déplacements des matériaux meubles, sensibilité des roches à l'altération et à l'érosion... Les études de génie maritime, pour lesquelles l'expertise des ingénieurs spécialisés et l'usage de modèles réduits et/ou informatiques sont indispensables, doivent donc s'appuyer sur la géologie et la géomécanique pour définir leur cadre général naturel, analyser les formes et les comportements naturels des parties de littoral sur lesquelles les ingénieurs doivent intervenir, prévoir les conséquences plus ou moins lointaines en lieux et temps sur l'ensemble du littoral des actions entreprises localement, résoudre les problèmes habituels que l'on pose à la géotechnique (terrassements, fondations, drainages...). Mais les moyens d'études géologiques du côté marin d'un site littoral sont très différents des moyens classiques du côté terrestre : côté marin, on ne peut pratiquement pas faire d'observations utilisables, même en plongée ; l'exécution de sondages mécaniques impose une lourde logistique et des conditions de travail difficiles. Une campagne de sondages doit donc être soigneusement préparée ; elle peut l'être et ses résultats être optimisés par une couverture préalable du site en sismique réflexion, facile à mettre en œuvre en milieu aquatique, car le couplage instruments/sous-sol, très difficile à terre, est assuré par l'eau : à proximité du rivage, un bon sondeur graphique de navigation ou de pêche convient dans la plupart des cas ; en continu, il trace des profils repérés au GPS, sur lesquels on peut lire la profondeur du fond, identifier sa nature (rocher, sable, vase) et, avec un appareil puissant, estimer l'épaisseur, la structure et la compacité des matériaux meubles, et parfois même la nature et la structure du substratum par référence aux observations faites à terre. La prospection et l'exploitation d'enrochements qui doivent être constitués de très gros blocs de roches dures, non fissurées, inaltérables, relève évidemment de la géologie.

La protection des côtes fragiles (falaises ébouleuses et côtes sableuses) de zones occupées est une occupation incessante car les ouvrages destinés à l'assurer sont constamment remaniés, de temps en temps endommagés et parfois détruits ; après des réparations et/ou des modifications successives infructueuses, il arrive même que l'on doive rendre au site sa liberté d'évolution naturelle et abandonner la défense des aménagements et constructions trop proches du bord de mer, en particulier dans les zones touristiques. Les ouvrages parallèles de haut de plage (enrochements, digues, murs…) sont implantés côté terre plus ou moins loin du déferlement, si possible sur le substratum sous peine d'aggraver l'érosion qu'ils étaient censés combattre ; les brise-mer (digues en enrochements…) sont implantés parallèlement à faible distance du bord, créant souvent des plans d'eau abrités et/ou de petits tombolos plus ou moins éphémères. Les épis perpendiculaires ou obliques sont des ouvrages destinés à favoriser la sédimentation pour engraisser les plages touristiques plutôt qu'à défendre la côte comme on le pense souvent à tort en équipant des plages trop exposées pour pouvoir être durablement stabilisées ; s'ils ne sont pas détruits rapidement, ils doivent être allongés et rehaussés de temps en temps, à mesure que progresse la sédimentation qu'ils provoquent ; en un même endroit, ils doivent avoir tous la même longueur, d'autant plus grande que l'on souhaite élargir davantage la plage ; ceux qui ne sont destinés qu'à maintenir le trait de côte doivent être très courts, quelques mètres au plus. Les plages de certaines baies où le substratum est subaffleurant peuvent être alternativement engraissées et dégraissées au cours de l'année. Dans le pertuis d'Antioche, le rivage et la plage de Châtelaillon n'ont jamais été très stables ; on a dû construire une digue en béton de haut de plage pour protéger les constructions et des épis pour essayer de stabiliser la plage ; mais rien n'arrête l'érosion : la plage disparaît presque à chaque tempête ; on la reconstitue avant la saison touristique avec le sable dragué au large – qui y retourne après le départ des vacanciers.

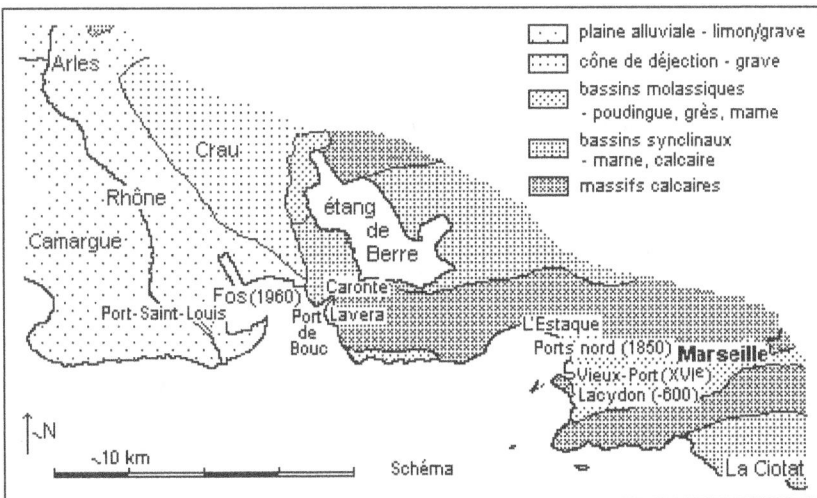

Figure 3.4.3.d – Le complexe portuaire marseillais

La protection – digues talutées en enrochements qui détruisent l'énergie des vagues et jetées verticales maçonnées qui la réfléchissent vers le large – des zones portuaires commerciales est évidemment beaucoup plus solide parce qu'elle a été mieux conçue et qu'elle est constamment entretenue, avec reprise immédiate de toute dégradation et apports à la demande d'enrochements côté mer. Par contre, de nombreux ports de plaisance construits hâtivement, à l'économie, sans études sérieuses, peuvent plus ou moins s'ensabler ou voir leurs défenses gravement endommagées, voire en partie détruites.

Pour créer puis développer un port, on a toujours cherché à aménager un abri naturel. Les ports naturels ont ainsi été progressivement utilisés jusqu'à saturation ; on ne trouve plus de sites à la mesure de nos besoins de création et/ou d'extension et l'on doit utiliser des sites vierges, parfois sur des rivages inadaptés : l'évolution du port de Marseille, le plus vieux de France (VIe siècle av. J.-C.) montre que cette démarche repose en partie sur des considérations géologiques. De l'Antiquité à la fin du XVe siècle, le port naturel du Lacydon, l'anse la plus grande du littoral molassique de la rade, a pu recevoir de petites unités au très faible tirant d'eau, qui pouvaient s'échouer sur ses grèves ou accoster des quais rudimentaires. La construction des premiers quais modernes débuta au XVIe siècle, quand il fallut faire accoster de grandes nefs au tirant d'eau important. Elle a continué jusqu'à ce que, vers le milieu du XIXe siècle, l'avènement de la vapeur et les débuts du grand commerce international imposent une extension des quais hors des limites du Lacydon, devenu trop petit. La côte de la rade nord, jugée avec juste raison plus favorable à un aménagement portuaire, fut préférée à la côte de la rade sud pour des raisons en partie géologiques : la première était à peu près stable, constituée de petites anses découpées en pieds de collines molassiques tandis que la seconde était le rivage sableux instable d'une plaine alluviale, à l'embouchure d'un petit fleuve côtier aux crues parfois violentes. À partir de 1845, une importante digue parallèle à la côte fut construite au nord du Lacydon devenu le Vieux-Port sur des fonds graveleux stables de – 15 m, considérables pour l'époque, afin de créer les bassins artificiels de la Joliette. Et en une centaine d'années, à mesure des besoins et sur le même principe, cette digue fut progressivement allongée vers le nord et de nouveaux bassins furent aménagés jusqu'à l'Estaque. Là, la côte change de direction et devient accore, dominée par de hautes falaises calcaires, ce qui mettait un terme aux possibilités d'extension du port de Marseille dans son site d'origine. Parallèlement à ce développement, des ports naturels annexes furent aménagés pour des installations spécialisées ; c'étaient des chantiers navals, très anciens à La Ciotat vers l'est et plus récents à Port-de-Bouc vers l'ouest ; à l'embouchure du Rhône, Port-Saint-Louis assurait à la place d'Arles, trop éloignée dans les terres, le transfert du cabotage nord-méditerranéen à la navigation rhodanienne. À partir des années 1920, Lavera, Caronte et l'étang de Berre ont été aménagés pour approvisionner l'industrie pétrolière et pétrochimique qui pouvait se contenter d'installations maritimes assez sommaires, mais qui avait besoin de grands espaces terrestres, impossibles à trouver dans le site même de Marseille. Enfin, la mise en service de navires gros porteurs, pétroliers, minéraliers et porte-conteneurs, qui ont souvent des tirants d'eau supérieurs à 25 m et qui exigent des moyens de déchargement très puissants et très rapides, conjuguée avec l'installation à proximité du littoral de l'industrie lourde approvisionnée par ces navires, imposèrent la création d'un énorme ensemble portuaire au fond du golfe de Fos ; c'était le seul site de la région où l'on trouvait à la fois des fonds rapidement importants, un arrière-pays entièrement désert (les marais de Fos et la plaine de la Crau) et évidemment des communications faciles avec le centre et le nord de l'Europe par la vallée du Rhône, principale raison d'être de l'ensemble portuaire marseillais. Mais l'aménagement de cette côte sableuse, basse et fragile, n'offrant aucun abri naturel et dont l'arrière-pays est un vaste marécage, imposa des travaux terrestres et maritimes considérables, réalisés en quelques années. En effet, alors que le Lacydon/Vieux-Port, avait été utilisé pendant plus de 1 500 ans sans être réellement aménagé, que son aménagement progressif avait duré plus de 300 ans, que les ports nord furent entièrement réalisés en un peu plus d'un siècle, il a fallu moins de dix ans dans les années 1960, pour étudier, décider et réaliser les premières installations de Fos dont l'ensemble est maintenant achevé. Entre temps, les chantiers navals de Port-de-Bouc puis de La Ciotat, devenus obsolètes, ont été remplacés par des ports de plaisance, comme le Vieux-Port et quelques bassins des ports nord. Par contre, à partir d'un vieux port relativement petit, l'aménagement moderne du port de Dunkerque (bassins dragués et plates-formes remblayées sur un littoral alluvial sablo-argileux de dunes et de polders) n'a duré qu'un peu plus d'une dizaine d'années à partir de 1962 ; les effets lointains de sédimentation/érosion de cet aménagement sur les plages flamandes ont été et demeurent importants.

Les aménagements intérieurs des ports sont des bassins limités par des murs de quais, des écluses et des formes construites dans des batardeaux ou à terre puis échouées dans des souilles, des plates-formes remblayées côté eau ou terrassées côté terre et limitées côté eau par des quais. On doit draguer plus ou moins fréquemment les bassins qui s'envasent ; les quais soumis aux variations de niveau dans les mers à marées, les fonds et les bajoyers des écluses et des formes doivent résister à la pression hydrostatique et éventuellement à la pression de courant d'inévitables percolations. Sur les plates-formes de manutention et/ou industrielles, souvent remblayées en grande partie avec les matériaux dragués pour creuser les bassins, les constructions doivent être fondées comme sur la terre ferme, généralement sur pieux, car elles sont souvent très lourdes et/ou à fortes charges variables (silos, réservoirs…).

3.5   Les ouvrages

Un ouvrage du BTP est une construction isolée ou un élément d'aménagement : immeuble, usine, réservoir, barrage, soutènement (mur, gabion, paroi), ouvrage d'art (pont, viaduc, tunnel), ouvrage portuaire (jetée, quai, écluse, forme), défense maritime ou fluviale (digue, épi…).

Quelles que soient sa nature, ses dimensions, sa forme, sa masse et sa structure, un ouvrage ne peut être correctement projeté, construit et entretenu qu'en tenant compte des caractères géologiques de son site d'implantation (lithologie, structure, morphologie, géodynamique, hydrogéologie) et d'éventuels événements naturels dangereux (inondations, mouvements de terrain, séismes…)

susceptibles de se produire dans le site et d'affecter l'ouvrage ; sa position dans le site détermine leurs effets.

L'étude géotechnique d'un projet d'ouvrage permet de définir les conditions générales et particulières dans lesquelles il peut leur être adapté avec le maximum de sécurité, d'efficacité et d'économie – éviter les dommages ou les accidents au chantier, à l'ouvrage et aux ouvrages voisins, optimiser le coût de l'ouvrage et la marche du chantier, organiser la maintenance et assurer la durée fonctionnelle de l'ouvrage –, par les travaux de construction de ses parties en relation avec le sol et le sous-sol, définis en connaissance de cause – terrassements, drainage ; – type, profondeur d'encastrement, estimation des contraintes que les fondations imposent au matériau d'assise et adaptation de sa structure aux éventuels tassements qu'il pourrait subir... Cette étude a la forme générale d'une étude scientifique : par l'observation (géologie), l'expérimentation (géotechnique), le calcul (géomécanique), elle permet de bâtir un modèle de forme et de comportement de l'ensemble site/ouvrage (*Fig. 3*) qui sera éprouvé durant la construction, ce qui amènera éventuellement de le modifier à la demande pour obtenir le modèle définitif, validé ou non à plus ou moins long terme par le comportement de l'ouvrage achevé. Dans cette démarche successivement inductive, déductive puis à nouveau inductive, la géologie a le rôle essentiel de fournir le modèle de forme et de comportement qui s'impose à la géotechnique, à la géomécanique et à la construction, puis de contrôler son utilisation : le résultat d'un calcul géomécanique, toujours fondé sur de nombreuses hypothèses simplificatrices, n'est qu'un ordre de grandeur dont le degré d'incertitude ne peut être apprécié que sur la base de considérations géologiques. Quand le modèle géologique du site est établi, on connaît les contraintes qui lui sont liées ; on peut définir les problèmes susceptibles de se poser et ainsi, ne pas en oublier un ou en sous-estimer l'importance : la résolution de problèmes géoméca-niques est la dernière étape de l'étude et non la première ou la seule, ainsi qu'on le fait habituellement en limitant la démarche à la seule recherche d'une solution géomécanique, sans pouvoir déterminer si elle est la meilleure possible. Si les résultats d'une démarche complète sont suivis d'effets lors de l'étude technique du projet puis de la construction, les risques de dommage à l'ouvrage seront à peu près nuls ; un entretien courant sera ensuite largement suffisant pour assurer sa pérennité.

Si l'ouvrage est l'élément d'un aménagement de zone ou de tracé dont on a réalisé sérieusement l'étude géotechnique générale, il est possible de commencer son étude à l'étape de l'APD ou même des STD, car son site est déjà caractérisé. S'il s'agit d'un ouvrage isolé ou si l'étude générale a été plus ou moins négligée, que son implantation et son emprise soient ou non déjà arrêtées, il est nécessaire de commencer à l'APS ou même à la faisabilité pour caractériser son site et ainsi donner un cadre général à l'étude. Cette étape peut être plus ou moins formelle dans un site connu comme celui d'une agglomération ; elle est néanmoins nécessaire, même dans le cas d'un petit ouvrage, car le sous-sol d'une agglomération n'est jamais homogène, de sorte que l'on n'y construit pas partout de la même façon des ouvrages analogues, même voisins.

La protection et l'adaptation d'un ouvrage implanté dans un site où il est exposé aux effets d'événements naturels intempestifs imposent que l'on prenne des dispositions actives (drainage, soutènement…) pour que l'événement redouté ne se déclenche pas et/ou pour l'arrêter ou du moins le limiter et en atténuer les effets, et des dispositions passives, pour renforcer la structure et/ou les parties exposées de l'ouvrage. Ces dispositions très spécifiques de l'événement et de l'ouvrage ne peuvent être décidées et prises qu'à la suite d'une étude géologique générale et d'études géotechniques spécifiques. La plupart ces dispositions ne sont efficaces qu'à plus ou moins long terme : la vigilance est toujours de rigueur dans les sites fragiles. Dans des cas épineux, elles sont difficiles et coûteuses à mettre en œuvre, seulement acceptables pour un ouvrage indispensable qui ne peut pas être implanté ailleurs ; le risque, alors ignoré ou sous-estimé, se concrétise souvent en cours de travaux, quand il est trop tard pour modifier le projet ou renoncer à la construction.

Ces dispositions éventuelles prises, on peut construire sur la plupart des géomatériaux en adaptant les fondations de l'ouvrage à la compacité du matériau d'assise et sa structure aux déformations qu'elle risque de subir. Tout ouvrage est exposé à la déformation inévitable du matériau d'assise, plus ou moins grande selon le rapport de la charge de l'ouvrage à la résistance du matériau. L'excès de charge provoquant la rupture du matériau doit évidemment être évité ; sur un matériau susceptible de tasser, l'ouvrage doit pouvoir se déformer (isostatique) sans dommage fonctionnel ou être assez rigide (hyperstatique) pour ne pas rompre ; un ouvrage solide et bien équilibré peut supporter un tassement uniforme de plusieurs centimètres voire quelques décimètres à condition que cela ait été prévu. L'inclinaison qui résulte d'un tassement différentiel doit être limitée pour qu'un ouvrage de surface demeure fonctionnel ; la valeur maximale admissible dépend de la solidité de la structure et de l'usage de l'ouvrage ; elle ne peut pas dépasser 1/150 pour un ouvrage peu fragile relativement souple, 1/500 pour la plupart des ouvrages courants, 1/1 000 pour ceux dont la structure est fragile, 1/5 000 pour les ouvrages de grande hauteur ou les bâtis de certaines machines. Les réservoirs métalliques dont le radier est souple peuvent supporter des tassements différentiels importants entre leur centre et leur périphérie, mais pas entre deux points de leur jupe ; sur un matériau qui ne tasse pas ou dans un site asismique, la structure peut être quelconque. Les ouvrages hydrauliques doivent demeurer stables sous les poussées hydrostatique et/ou de courant d'infiltrations plus ou moins inévitables ; les revêtements d'ouvrages souterrains doivent supporter sans trop se déformer les efforts que leur imposent la pression géostatique des matériaux encaissants et/ou la pression hydraulique des eaux souterraines…

L'adaptation de n'importe quel ouvrage aux caractères géologiques d'un site peut se faire de différentes manières, difficiles à toutes imaginer dès l'abord, par des opérations interdépendantes de terrassement, de fondation, de drainage/ étanchéité… ; celle retenue dépend de ces particularités et de la latitude de modifier la conception et l'implantation de l'ouvrage.

Pour optimiser la construction d'un ouvrage quelconque, en partie en sous-sol, dans une plaine alluviale (couche superficielle de limons, couche intermédiaire de grave contenant une nappe aquifère en relation avec un cours d'eau bordé de zones marécageuses plus ou moins inondables, substratum marneux), on peut jouer sur son implantation, sur la profondeur du sous-sol, sur le type de fondation… : si son implantation n'est pas imposée, on doit éviter les zones inondables, sauf à prendre des dispositions spécifiques, toujours risquées, d'aménagement, de construction et d'usage ; ensuite, si le sous-sol est très hétérogène, on cherche à implanter l'ouvrage dans une zone où il est le plus homogène et où de préférence, la nappe est la plus profonde, le limon le moins épais et le substratum le moins profond. Par contre si l'épaisseur des couches et les caractéristiques des matériaux varient peu, on peut implanter l'ouvrage n'importe où. Quand l'ouvrage est implanté, on étudie la façon de le fonder et de construire son sous-sol : si le niveau de la nappe alluviale est inférieur au niveau prévu pour le plancher bas du sous-sol, il suffit d'étudier la façon de réaliser les terrassements et en particulier d'assurer la stabilité des parois provisoires de la fouille, soit en talutant s'il y a de la place autour, soit en étayant par panneaux alternés ou par rideaux ancrés s'il y a des ouvrages mitoyens ou proches. Le problème des fondations peut être résolu indifféremment de deux façons, soit sur semelles ou radier en fond de fouille, soit sur pieux au substratum ; la première solution est mieux adaptée à une structure de voiles banchés porteurs tandis que la seconde est mieux adaptée à une structure de poteaux porteurs. Du point de vue géotechnique, le choix dépend de la contrainte admissible en fond de fouille, des risques de tassement et de la profondeur du substratum : dans le cas de fondations superficielles, on définit la contrainte admissible des matériaux sous le fond de fouille ; si ce fond est encore dans le limon, cette contrainte est faible et on s'oriente vers la solution de radier ou de semelles quadrillées. Des tassements sont alors prévisibles ; il faut apprécier leur ordre de grandeur et éventuellement leur adapter la structure de l'ouvrage ; si la grave est atteinte, la contrainte peut être plus élevée et le tassement est négligeable ; on adopte donc la solution de semelles filantes. Dans le cas de fondations sur pieux, on détermine l'ancrage dans la marne en tenant compte de sa profondeur et de ses caractéristiques mécaniques puis la portance d'un pieu en fonction de sa longueur et de son diamètre ; selon que les charges des poteaux sont identiques ou très différentes, on choisit un ou plusieurs diamètres de pieux, une ou différentes longueurs d'ancrage et éventuellement l'inclinaison de certains. Selon le matériel dont on dispose, on peut, même en cas de charges différentes, utiliser un seul diamètre de pieu mais grouper les pieux par deux ou plus au moyen de semelles de liaison pour supporter les poteaux très chargés ou bien adapter le diamètre de chaque pieu à la charge qu'il doit porter ; enfin, on peut aussi avoir à choisir entre différentes sortes de mise en œuvre de pieux (battage, forage, vibro-fonçage…) et entre différents procédés, selon la compacité de la grave, la longueur moyenne prévue, le ou les diamètres choisis et les conditions économiques du marché. Les murs périphériques et le plancher du sous-sol doivent être doublés d'un système de drainage extérieur pour récolter les eaux de précipitation infiltrées, mais il n'est pas nécessaire de prévoir un cuvelage étanche, sauf dans une zone inondable. Si le niveau prévu du plancher du sous-sol est plus bas que celui de la nappe, on peut avoir avantage, si cela est possible, à le prévoir moins profond et être ainsi ramené à la disposition précédente ; si le niveau de la nappe varie annuellement de sorte qu'il est plus bas que le niveau du plancher durant une période assez longue pour que les travaux d'infrastructures soient réalisés avant la remontée des eaux, on peut procéder comme précédemment, mais on traite alors les murs et le plancher du sous-sol en cuvelage étanche ; en particulier, le plancher doit résister à la poussée hydrostatique, ce qui peut valoriser la solution de radier pour les fondations de l'ouvrage.

Si le niveau de la nappe est toujours plus haut que celui du plancher du sous-sol, l'exécution des terrassements est très délicate ; si la puissance de la nappe est faible, la profondeur des terrassements sous son niveau peu importante et si l'on ne craint pas de provoquer des dommages à des ouvrages voisins fondés sur le limon dont la consolidation s'accélérera par drainage, on peut effectuer un rabattement. Sinon, on construit une enceinte provisoire ou définitive, ancrée ou non dans la marne, combinée ou non à un rabattement partiel de la nappe et ancrée en tête par tirants ou bien buttonnée ou contreventée de l'intérieur, suivant que la marne est plus ou moins profonde, la grave plus ou moins compacte, la fouille plus ou moins profonde et les environs plus ou moins dégagés. Cette enceinte peut être provisoire et réalisée en palplanches, ou définitive, avec des parois moulées qui servent ensuite de murs périphériques des sous-sols, contreventées par les planchers du sous-sol. Une telle enceinte, ancrée dans la marne, est à peu près étanche ; le plancher bas du sous-sol n'est donc pas nécessairement un radier important, mais il faut le drainer par pompage. D'autre part, les parois moulées peuvent servir de fondations aux façades et aux pignons ; le même matériel permet aussi de réaliser le reste des fondations sur parois ou barrettes de sorte que si la solution de fondations sur radier paraît mieux indiquée dans les deux premiers cas de terrassement, la solution de fondations profondes est préférable dans le troisième.

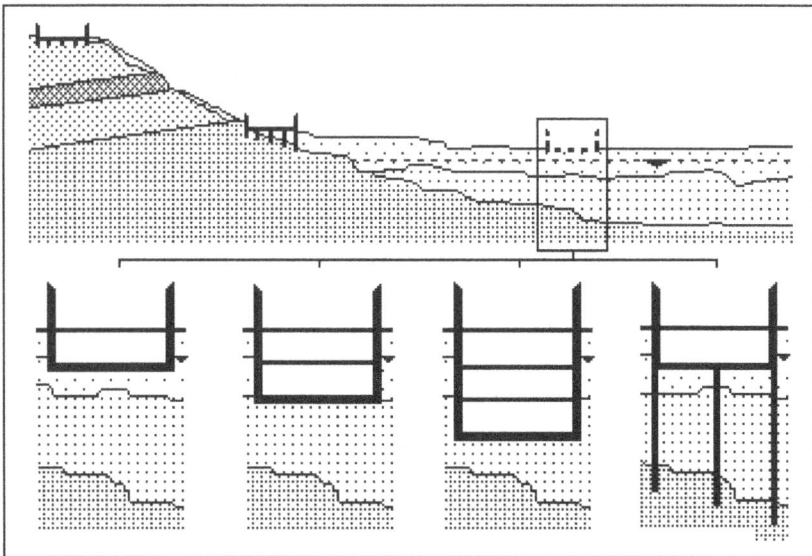

Figure 3.5 – Construction d'un ouvrage dans une plaine alluviale

Tous les ouvrages vieillissent plus ou moins vite et leur solidité diminue peu à peu, souvent pour des raisons qui relèvent de la géotechnique (modification des charges, altération des matériaux d'assise des fondations, variation des conditions hydrogéologiques, effets de phénomènes naturels dangereux…). À long terme, la surveillance et le suivi géotechniques de tous les ouvrages est nécessaire pour optimiser leur maintenance et assurer correctement leurs réparations inévitables.

3.5.1 Ponts et viaducs

Un pont permet à une voie de communication (route, voie ferrée, canal, aqueduc…) de franchir un cours d'eau dans un vallon latéral, une cluse, une plaine alluviale, un estuaire…, de franchir un site particulièrement instable, d'éviter le croisement à niveau avec une autre voie… Dans la plupart des cas, il est implanté à un endroit obligé par la morphologie du site et/ou par son usage technique.

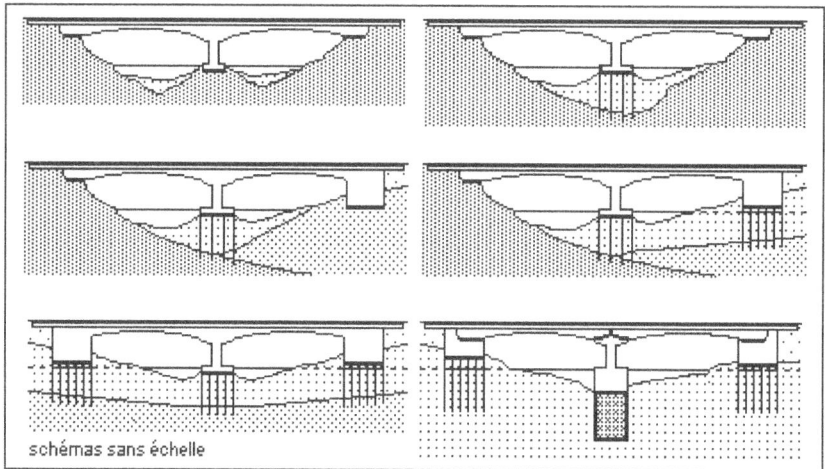

schémas sans échelle

Figure 3.5.1.a – Sites géologiques de poutres

La structure et le type de fondations d'un pont dépendent de son usage et de la portée de son tablier ou d'une travée entre deux appuis, culées et/ou piles. Le tablier d'un pont-poutre est directement porté à ses extrémités par les culées et éventuellement des piles intermédiaires (pont d'accès sud du viaduc de Tancarville sur le marais Vernier…) ; celui d'un pont bâti en arc simple ou à arches multiples est porté par de la maçonnerie (Montauban sur le Tarn…) de remplissage et celui d'un pont métallique (Garabit sur la Truyère…) l'est par des poteaux ou des treillis intermédiaires ; un pont à béquilles est une combinaison poutre/arc (Martigues sur le canal de Caronte…) ; le tablier suspendu d'un pont à câbles est soutenu par des suspentes métalliques le reliant à des câbles longitudinaux supportés par des pylônes prolongeant deux piles, tendus entre des massifs d'ancrage (Tancarville sur la basse Seine…) ; celui d'un pont à haubans est soutenu par une ou deux nappes de câbles symétriques, parallèles ou en éventail, accrochés de part et d'autre d'une pile/pylône, sans ancrages longitudinaux (Millau sur le Tarn…). Actuellement, la plupart des petits ponts – deux culées et/ou une à trois piles – sont des ponts-poutres construits en béton armé ou pré-contraint, ou plus rarement des buses métalliques sous remblais ; les grands ponts-poutres ont des structures métalliques porteuses ou des tabliers en béton précontraint portés par des piles et culées en béton armé ; les tabliers des ponts suspendus sont des poutres ou des caissons métalliques ou en béton précontraint. Les fondations d'un pont portent son poids propre permanent qui est une charge verticale dans la plupart des cas ou oblique dans les cas de ponts en arc ou d'ancrages de câbles des ponts suspendus ; les charges de service et les effets des phénomènes naturels (température, vent, éventuellement courant de crue, séismes…) sont variables et en partie obliques. Les accès longitudinaux aux ponts courants sont des remblais supportant les culées ou soutenus par elles ; ces remblais peuvent être plus ou moins instables, induire des charges parasites (frottements négatifs) le long des pieux de fondation et/ou de fortes poussées contre les culées remblayées. Les accès aux viaducs sont souvent des ponts-poutres secondaires.

Dans tous les cas, l'étude géologique d'un pont concerne son implantation, les fondations de ses piles et culées, et en site aquatique, les risques d'affouillement d'assises insuffisamment encastrées dans les alluvions, dus à l'accélération du courant sous les travées, que l'on réduit avec plus ou moins de succès par un seuil construit en aval de l'ouvrage.

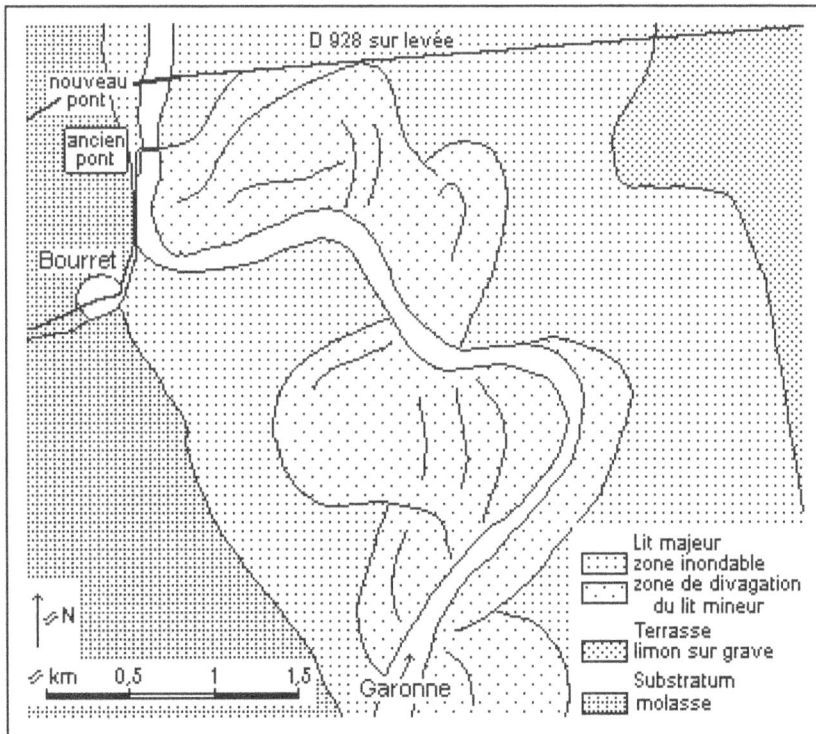

Figure 3.5.1.b – La Garonne à Bourret

Si l'implantation d'un pont n'est pas strictement imposée pour une raison technique, il est indiqué de choisir un emplacement stable sur versant ou un substratum rocheux – cluse, rapide rocheux, pied de versant… en rivière ; mais un bon emplacement pour la construction d'un pont n'est pas forcément un bon emplacement pour le comportement du cours d'eau qu'il franchit : la D928 Montauban/Auch franchissait la Garonne à Bourret sur un pont suspendu long d'environ 150 m, maintenant désaffecté mais sous lequel elle passe encore ; à l'ouest (rive gauche), la plaine alluviale est dominée par une falaise molassique haute d'une quarantaine de mètres ; à son pied sous le lit, le substratum molassique peu profond est couvert d'alluvions graveleuses. Lors de la construction (vers 1875), l'ancrage des câbles et les fondations des piles dans la falaise avaient donc été relativement faciles ; de plus, en amont du pont, la falaise est entaillée par le vallon perpendiculaire d'un petit affluent au débouché duquel est construit le village, et que la route empruntait ensuite pour monter sur le plateau molassique. Mais à l'est (rive droite) pour accéder au pont, la route en levée de terre traverse perpendiculairement le lit majeur large d'environ 2 km, et ajoute à l'étroitesse du passage sous le pont, un obstacle majeur à l'écoulement des crues : en amont de ce quasi-barrage, elles inondent entièrement le lit majeur et au retrait, le méandre anormal que décrit le lit mineur pour passer sous le pont en longeant le pied de falaise se déplace plus ou moins à peu près à chaque grande crue ; le courant coupe de temps en temps la levée routière et retrouve son tracé direct ; dès la fin des crues, on rétablit les levées et on drague pour renvoyer le fleuve sous le pont ; en aval du pont fonctionnant en déversoir, un rapide pavé de galets s'est établi pour rattraper la dénivellation du lit créée par l'alluvionnement des inondations en amont. Un grand terre-pleinremblayé récemment devant le village na pas amélioré la situation !

Les risques de forts tassements ou même de poinçonnements des matériaux d'assise de fondations de ponts sont beaucoup plus importants que pour les autres types d'ouvrages, en particulier pour les viaducs dont on limite le nombre de piles et/ou pylônes très hauts, ce qui impose à leurs fondations des charges très élevées tant verticales qu'obliques et donc des surfaces et des profondeurs d'encastrement très grandes, en particulier pour les piles sur versants.

En rivière, les risques d'affouillement des fondements dans des matériaux alluviaux meubles sont importants. Les encastrements doivent être supérieurs aux profondeurs d'affouillement, difficiles à prévoir, car elles varient selon la nature des matériaux du thalweg (vase, argile, sable, grave), la largeur et le tirant d'air des travées, l'épaisseur du tablier et des piles (accélération du courant, tablier en charge, submergé et/ou déjaugé par l'eau boueuse…), la forme plus ou moins profilée des piles et culées (remous), l'évolution du profil en long du cours d'eau au cours de très fortes crues naturelles et/ou à la suite d'aménagements mal conçus, d'exploitations de graves dans le lit mineur… L'affouillement d'une seule culée ou pile insuffisamment encastrée peut ruiner partiellement ou totalement l'ouvrage ; les ponts maçonnés à arcs multiples sont particulièrement fragiles et souvent détruits (Rhône à Avignon, Gard à Ners en 1958, Bléone à Digne en juillet 1973, Loire à Tours en avril 1978…). Un pont dont la largeur des travées est relativement faible et le tirant d'air insuffisant provoque de forts remous et favorise les effets de barrage qui induisent une forte poussée latérale, susceptible d'emporter son tablier ; c'est ce qu'a fait l'Ouvèze à Vaison-la-

Romaine lors de sa crue catastrophique de septembre 1992, pour celui du pont-poutre moderne trop étroit et trop bas construit sur son lit mineur alluvial resserré par endigage, réduisant fortement son débit maximum possible. Les effets d'un affouillement ne sont pas toujours hydrodynamiques, mais peuvent être géomécaniques : à Pise sur l'Arno, un pont à trois arches en maçonnerie s'est effondré à la première crue dès la fin de sa construction en 1935 ; il comportait deux piles en rivière fondées par caissons à air comprimé à 10 m de profondeur sous le thalweg alors profond de 2,5 m (sable et argile fluvio-marins) ; la pile gauche s'est affaissée de 1 m en poinçonnant l'argile sur laquelle on l'avait fondée, décapée par une crue du sable qui la couvrait jusqu'à 8 m de profondeur. Les sondages et des essais d'étude avaient permis de qualifié l'argile de compacte et de fixer la pression de service à 3 bar, mais on n'avait pas tenu compte de l'érosion possible du sable superficiel, due à l'accélération du courant sous les arches ; selon la méthode de calcul de Fellenius, pour le fond à 2,5 m de profondeur, la stabilité de la pile était assurée à la pression retenue de 3 bar avec un coefficient de sécurité de 3 ; on a vérifié par la suite qu'il est devenu inférieur à 1 quand le fond est passé à 8 m, que, de plus, l'argile décapée avait perdu une partie de sa résistance et que des pressions hydrauliques statiques et/ou dynamiques avaient dû s'établir au contact argile/fondation. On a aussi calculé par la suite qu'ainsi fondé, si le pont ne s'était pas immédiatement écroulé, il l'aurait fait à plus ou moins long terme, car ses piles auraient tassé de plus de 1 m en une centaine d'années ! De très nombreux ponts très anciens bien implantés et bien fondés, généralement sur du rocher, résistent depuis très longtemps : à Vaison, en amont du pont moderne sur l'Ouvèze détruit par la crue de septembre 1992, le tablier du pont romain en arc maçonné, construit au travers d'un goulet calcaire, a bien été submergé, mais il est resté en place, comme il le fait depuis fort longtemps, grâce à un énorme tirant d'air. Un autre pont romain, celui du Gard (cinq arches d'environ 20 m d'ouverture, piles fondées au rocher et profilées sur environ 15 m de haut), implanté à l'extrémité aval de la gorge de calcaire urgonien à l'extrémité est de la Garrigue de Nîmes, a lui aussi résisté à d'innombrables crues et notamment à celle de septembre 2002 dont le débit était tel qu'un rapide de plus de dix mètres de dénivellation s'était établi entre l'amont et l'aval de chaque arche fonctionnant en étranglement de venturi.

On a construit peu de grands ponts-canaux de navigation (Orb à Béziers, 1857…) car la plupart des canaux sont établis dans les plaines alluviales des cours d'eau auxquels ils se raccordent éventuellement par des écluses ; toutes les voies les croisent en passages supérieurs ; curieusement, la Somme franchit le canal du Nord par un siphon saturé par les fortes crues, ce qui fait déborder les étangs écrêteurs et provoque l'inondation des bas quartiers de Péronne. Les ponts-aqueducs modernes sont rares (canal EDF Durance sur la Bléone, la Durance…), car on préfère que les canaux d'irrigation et/ou d'alimentation urbaine franchissent leurs obstacles (cours d'eau, vallons latéraux…) par des siphons (canal du Bas-Rhône-Languedoc sous le Vidourle…).

3.5.1.1 Les ponts terrestres courants

Les ponts qui permettent les croisements d'autres voies sous (inférieurs) ou sur (supérieurs) les autoroutes ou les voies ferrées sont des ouvrages à faibles ouverture et tirant d'air, dont les structures types simples d'une à trois travées ont été plus ou moins normalisées, hyper- ou isostatiques selon les risques de tassement de leurs fondations ; les charges de fondations ne sont jamais très élevées, souvent même plus faibles que celles des remblais d'accès. Les ponts sous remblais de passages inférieurs, généralement à une seule travée, sont des cadres fermés hyperstatiques sur un matériau d'assise peu résistant ou des portiques ouverts si le matériau d'assise est assez résistant pour supporter des semelles filantes plus ou moins encastrées, hyperstatiques si l'on ne craint pas de tassement entre les semelles opposées et/ou d'une extrémité à l'autre d'une même semelle, isostatiques si les tassements prévus sont limités. Pour éviter des forts tassements ou des poinçonnements d'épais matériaux peu résistants, on les fonde généralement sur pieux ou puits en une ou plusieurs files, reliés par une semelle de liaison ; pour encaisser les charges obliques et la poussée des remblais contre les culées, une des files de pieux peut être inclinée ou bien on fonde les culées sur barrettes moulées longitudinales. Pour des passages de petites voies de desserte locale ou de franchissement de petits ruisseaux, on utilise parfois des buses métalliques, ce qui impose de les inclure dans d'excellents remblais, car elles sont particulièrement fragiles et la moindre déformation s'achève généralement en ruine. Les ponts sur déblais ou à niveau de passage supérieur sont à deux ou trois travées ; dans des conditions analogues à ce qui précède, les fondations de leurs piles peuvent être des semelles ou des pieux en partie inclinés ; leurs culées peuvent être fondées sur semelles en crêtes de déblais ou de remblais à condition que le matériau d'assise soit suffisamment résistant et en prenant la précaution de stabiliser les talus sous-jacents, ou bien sur pieux ; une ou les deux culées peuvent être conçues comme des murs de soutènement en crête desquels les extrémités du tablier s'appuient et être fondées sur semelles ou sur pieux. Les assises des nombreux ponts des grands échangeurs d'autoroutes urbaines entrecroisées à plusieurs niveaux sont implantées en des points imposés par le plan de l'aménagement (A7/A46/A47 à Chasse, A86/N118/D906 à Vélizy-Est…).

3.5.1.2 Les viaducs

Les portées très longues et très hautes (traversées d'estuaires, de profondes et larges vallées…) ne peuvent être assurées que par des ponts suspendus à câbles ou à haubans ; on ne construit presque plus de grands viaducs entièrement métalliques comme celui de Garabit. Les ponts à haubans n'ont pas d'ancrages longitudinaux, mais leurs très hauts piles/pylônes chargent énormément leurs fondations et leur équilibre impose des encastrements très profonds dans des géomatériaux très solides. Les techniques sont analogues (caissons havés ou pieux en site aquatique, puits marocains en site terrestre), mais leur surface et leur profondeur, les conditions de leur mise en place sont très différentes : seulement distants d'une quinzaine de kilomètres, le pont de Tancarville à câbles et le pont de Normandie à haubans ont des fondations très différentes car si les conditions géologiques dans le site du premier (vallée alluviale, versants de craie subaffleurante, couche alluviale inférieure de grave homogène compacte à profondeur constante) étaient favorables, elles ne l'étaient pas dans le site du second (large estuaire, très épaisses alluvions instables de marais maritime en grande partie remblayés, substratum marno-calcaire hétérogène à paléomodelé fluviatile dont la profondeur est très variable selon la nature locale de la roche plus ou moins altérée). Les fondations sur puits en site terrestre des sept piles du pont de Millau sont plus ou moins différentes les unes des autres parce qu'elles sont implantées sur les deux versants dissymétriques, localement instables, d'une profonde vallée où des formations sédimentaires dolomitiques, marneuses, marno-calcaires et calcaires sont plus ou moins couvertes de tuf, d'éboulis, de blocs écroulés, et où se trouvent des exsurgences abondantes.

3.5.1.2.1 Le pont de Tancarville

Le pont à câbles de Tancarville, construit au pied du versant nord du dernier méandre de la basse vallée de la Seine large de 3,5 km entre le nez de Tancarville et les pointes de Quillebœuf et de la Roque, a été mis en service en 1959. L'ouvrage principal comporte trois travées suspendues à deux piles/pylônes ; la travée centrale, longue de 608 m, domine le fleuve d'une cinquantaine de mètres en hautes eaux ; le pont-poutre secondaire d'accès sud comporte sept piles.

Le versant nord (rive droite) de la vallée est la bordure du plateau cauchois, falaise morte de craie haute d'environ 80 m, dont le pied est encombré d'éboulis ; au sud (rive gauche), le lit majeur de la Seine est maintenant remblayé jusqu'au marais Vernier, méandre délaissé aménagé en polder. Ils sont couverts d'alluvions fluvio-marines (tourbe, vase, sable) épaisses d'une douzaine de mètres, reposant sur une couche fluviatile de grave sableuse compacte épaisse d'une dizaine de mètres ; le substratum subhorizontal marno-crayeux crétacé est profond d'une vingtaine de mètres.

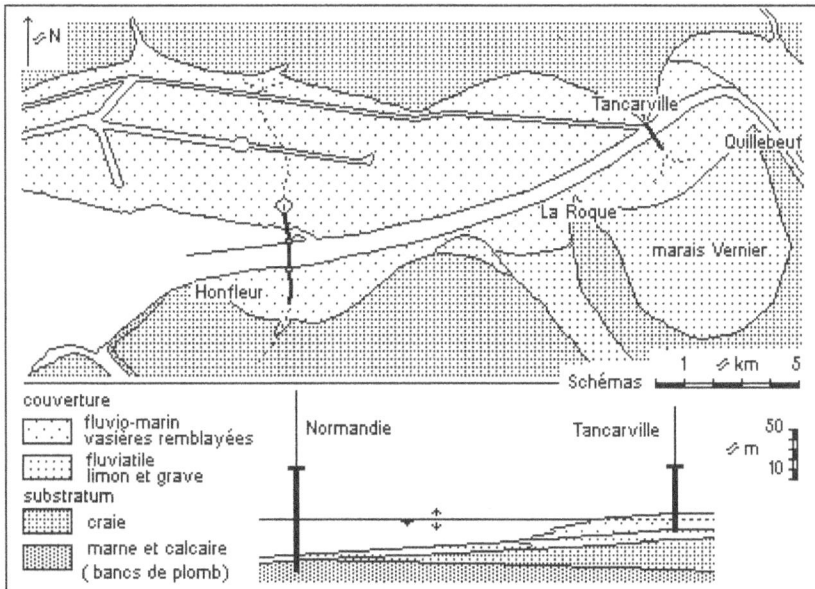

Figure 3.5.1.c – Les sites des ponts de Tancarville et de Normandie

La travée nord débouche dans une tranchée creusée au sommet de la falaise où la culée et l'ancrage des câbles sont établis dans la craie. Au pied de la falaise, la pile nord est fondée sur caissons vers 10 m de profondeur dans la craie couverte de quelques mètres de sable vaseux et d'éboulis ; la pile sud et le massif d'ancrage des câbles, implantés sur des remblais récents couvrant le lit majeur du fleuve, sont fondés sur caissons légèrement encastrés dans la grave vers une vingtaine de mètres de profondeur. Le pont d'accès sud est fondé sur pieux en partie inclinés ancrés dans la grave vers la même profondeur. Sa culée nord est constituée par le massif d'ancrage des câbles ; sa culée remblayée sud est fondée sur pieux comme les piles ; il est prolongé vers le sud par un remblai. À l'exécution des fondations, on n'a rencontré que quelques difficultés de havage de certains caissons : corrections fréquentes de verticalité dans les alluvions fluvio-marines très peu consistantes, venues eau et renards ayant imposé le travail à l'air comprimé dans la craie ou la grave.

3.5.1.2.2 Le pont de Normandie

Le pont à haubans de Normandie a été mis en service en 1995. Situé au milieu de l'estuaire de la Seine large de 9,5 km, l'ouvrage principal comporte trois travées suspendues à deux piles/pylônes ; la travée centrale est longue de 856 m et domine le chenal de navigation d'une cinquantaine de mètres en hautes eaux ; au nord et au sud, chaque travée latérale est desservie par un remblai puis un pont-poutre secondaire.

Au nord, le schorre, en partie réserve naturelle et en partie remblayé et aménagé, est plus ou moins inondé lors des fortes marées. Sa surface végétalisée est à peu près stable ; il porte l'aire de péage et le remblai d'accès, défendus par des enrochements et des estacades. La surface de la slikke couverte à chaque marée est nue, très mouvante (courants de marée, tempêtes…) ; elle porte le pont d'accès dont les piles sont défendues par des estacades ; la pile/pylône est à peu près dans l'axe de l'estuaire, au bord du chenal de navigation, sur un îlot artificiel défendu par une estacade. Au sud, le marais est entièrement remblayé et aménagé ; la pile/pylône est sur le bord du chenal, sur le remblai général comme le pont et le remblai d'accès.

Dans l'estuaire, les alluvions fluvio-marines vaso-sableuses en grande partie remblayées au nord, entièrement au sud, sont épaisses d'une quarantaine de mètres ; elles surmontent la couche de grave fluviatile plus hétérogène et beaucoup moins compacte qu'à Tancarville ; le substratum à léger pendage nord est marno-calcaire jurassique, avec deux « bancs de plomb » de calcaire (gris) kimméridgien encadrés de marnes vers une cinquantaine de mètres de profondeur ; il affleure plus à l'ouest, sur la falaise morte de Cricquebeuf.

Les conditions géologiques de fondation étaient ainsi très différentes de celles du pont de Tancarville, implanté seulement à une quinzaine de kilomètres en amont, mais dans un site beaucoup plus favorable (fin de la vallée proprement dite, où la couverture est plus compacte et où le substratum moins profond est crayeux). La grave n'étant pas assez compacte pour servir d'assise aux fondations, les ponts d'accès ont été fondés sur pieux forés à la boue, ancrées sur le toit marneux du substratum vers 40 m de profondeur. Les matériaux de couverture étant trop épais et trop peu consistants pour permettre le havage de caissons, les piles/pylônes sont aussi fondées sur pieux, mais pour obtenir une charge unitaire supérieure, ils sont plus gros (Ø 2,1 m au lieu de 1,5 m) ancrés sur un « banc de plomb » vers 50 m de profondeur. Les installations générales de chantier, le forage et le bétonnage des pieux du pont d'accès et de la pile nord implantés en site aquatique, dans la zone la plus instable de l'estuaire, où les courants de marées triturent incessamment les sables et vases fluviaux-marins boueux, quasi liquides, ont été particulièrement difficiles et n'ont pu être menés à terme qu'après de nombreux échecs, en consolidant par des injections les niveaux graveleux trop instables.

3.5.1.2.3 Le viaduc de Millau

Le viaduc de Millau traverse la vallée du Tarn en aval de la ville, entre la bordure sud du causse Rouge au nord et la bordure nord-ouest du causse du Larzac au sud. C'est un pont à haubans long de 2 460 m et haut de 270 m au-dessus de la rivière. Il comporte huit travées portées par sept piles/pylônes à flanc de coteau dont la hauteur varie de 77,5 m à 245 m selon le niveau du sol de leur emplacement et celui du tablier, montant vers le sud.

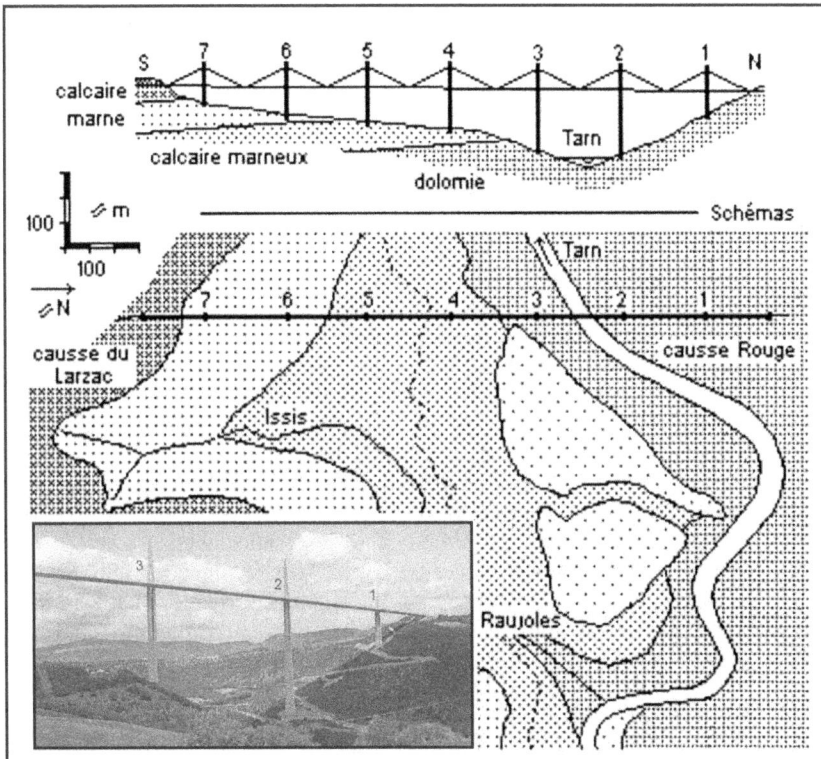

Figure 3.5.1.d – Site du viaduc de Millau

Schématiquement, le sous-sol du site est constitué par une série sédimentaire liasique et jurassique dont le pendage moyen est de 5 à 10° SE ; elle est affectée par quelques failles E-W ou SE-NW subverticales ou inverses à chevauchement nord. Sur tout le versant nord aval pendage et le pied du versant sud amont pendage dont les pentes moyennes sont d'environ 20°, la série débute par des dolomies ; sur la majeure partie du versant sud amont pendage avec une pente moyenne d'environ 6°, elle passe ensuite à une alternance de marne, calcaire et calcaire marneux puis devient franchement marneuse. La partie haute de ce versant est couronnée par les côtes calcaires et dolomitiques étagées du bord du causse du Larzac ; ces côtes séparées par des bancs marneux sont festonnées par les reculées karstiques de Saint-Martin et d'Issis au fond desquelles des exsurgences émergent à travers des écroulements rocheux et ont bâti des entablements de tuf.

Les piles 1 et 2 sont sur le versant nord ; les piles 3 à 7 sont sur le versant sud. La culée nord et les piles 1 à 3 sont fondées sur les dolomies ; les piles 4 et 5 sont fondées sur le calcaire marneux, les piles 6 et 7 sont fondées sur la marne ; la culée sud est fondée sur le calcaire ; quatre puits de 5 m de diamètre, profonds de 9 m dans les dolomies (P1 à P3) et 17 m dans la marne où leur base a été élargie (P4 à P7), surmontés en tête par des semelles de liaison épaisses de 3 à 5 m, constituent les fondations de chacune des piles. Les puits marocains ont été creusés au brise-roche pour ne pas ébranler aux explosifs les roches fragiles et à mesure de l'avancement par passes de 1,5 m, leurs parois étaient enduites de béton projeté pour éviter l'altération. Les culées en béton sont fondées sur la roche en fond de fouille des tranchées d'accès.

3.5.2 Galeries et autres ouvrages souterrains

Un *souterrain* est une excavation plus ou moins profonde sous la surface du sol pour communiquer d'un endroit à un autre (tunnel, galerie, puits) ou pour occuper un espace clos de sous-sol (chambre souterraine : centrale hydroélectrique, parking, entrepôt, abris, stockage d'hydrocarbures ou de déchets). Un *tunnel* est un souterrain sublinéaire subhorizontal de grande section (centaine de mètres-carrés), pratiqué pour le passage d'une voie de communication (canal, chemin de fer, route). Une *galerie* est un souterrain sublinéaire subhorizontal de petite section (quinzaine de mètres-carrés), pratiqué pour l'exploitation minière, pour le transfert d'eau (adduction, assainissement, aménagement hydroélectrique), pour la reconnaissance de tracés de grands tunnels… Une *fenêtre* est une galerie d'accès intermédiaire sur un chantier de grand tunnel, souvent utilisée ensuite pour le service et/ou la sécurité. Une galerie inclinée est une *descenderie*. Un *puits* est un trou généralement cylindrique et vertical de captage d'eau souterraine, de liaison entre le sol et une chambre souterraine, un élément de fondation profonde…

En tous lieux, il existe et on construit des ouvrages souterrains de tous usages, natures, dimensions, profondeurs : la densité d'ouvrages souterrains de toutes sortes (canalisations, égouts, métros, tunnels routiers, parkings, sous-sol d'immeubles…) dans le sous-sol des grandes agglomérations est telle qu'il est difficile d'en ajouter de nouveaux sauf à les établir de plus en plus profondément. Des tunnels de plus en plus longs traversent des montagnes (Alpes…), des estuaires (Tamise, Escaut…), réunissent des îles (Japon…)… Aux tunnels ferroviaires et routiers à double sens de circulation, on préfère maintenant l'association de deux tubes parallèles et éventuellement d'une galerie de reconnaissance aménagée en galerie de service et/ou de drainage ; pour un coût global plus ou moins analogue, la réalisation de tels ouvrages, de section plus faible, est moins hasardeuse et plus facile, leur exploitation est plus simple et plus sûre. Des navettes routières empruntent les grands tunnels ferroviaires (tunnel sous la Manche, nombreux tunnels suisses). Les grands itinéraires sont souvent équipés de tunnels ferroviaires et routiers plus ou moins parallèles, plus ou moins distants et profonds (Saint-Gothard, Fréjus, Tende…) ; les retours d'expérience des premiers profitent plus ou moins aux suivants. Dans les Alpes, on construit et projette des tunnels « de base » très profonds et très longs pour les trains à grande vitesse (Saint-Gothard, 52 km, en fin de travaux ; Löeschberg, 34 km, un tube en service, Ambin (Fréjus), 52 km et Simplon, 35 km, en cours d'étude…). Les nouveaux tunnels routiers, plus larges et d'usage plus compliqué voire plus dangereux, mais d'accès moins contraignant (altitude plus élevée, pentes plus fortes et nombreux virages) que les tunnels ferroviaires, sont plus courts (Saint-Gothard 15 km, Grand-Saint-Bernard 5,8 km, Mont-Blanc 12,3 km, Fréjus 11,6 km).

Les souterrains profonds et la plupart des autres sont directement creusés dans le sous-sol selon une méthode générale cyclique (minage ou attaque ponctuelle – fraise, haveuse – et marinage) ou continue (tunnelier) et des moyens spécifiques, à partir de portails (attaques), de fenêtres ou de puits. Certains souterrains très peu profonds sont construits à partir de la surface du sol, comme des ouvrages courants dans des fouilles blindées ou des tranchées talutées que l'on remblaye ensuite (tranchées couvertes). Les ouvrages sous-aquatiques sont forés directement, ou préfabriqués à terre ou dans des formes, puis immergés et assemblés dans des souilles ensuite remblayées ; pour franchir des voies urbaines sans terrassement ouvert, on fore horizontalement à fleur de sol des tubes courts et étroits entre deux petits puits latéraux de service – tube fermé foncé par vibro-percussion, tube ouvert poussé par un vérin hydraulique, vidé mécaniquement (tarière…) ou manuellement (pic – minage/marinage) selon la longueur et le diamètre. Pour stocker des hydrocarbures, on creuse des chambres par minage/marinage dans des roches dures aquifères à une profondeur telle que la pression hydrostatique soit supérieure à celle du stockage (Martigues Lavera) ou par dissolution de sel (Manosque) à partir de forages ; on injecte directement divers fluides dans des sables ou calcaires aquifères ayant une épaisse couverture étanche naturelle plus ou moins anticlinale ou dans des gisements épuisés (Lacq). Plus généralement, un souterrain permet souvent de franchir un site instable ou encombré dans de meilleures conditions qu'une tranchée ouverte : franchissement du plateau molassique de Chambaran en tranchée par l'autoroute A7 et en tunnel par la LGV Méditerranée (voir 3.4.3).

La diversité des souterrains et celle de leur situation sont telles que leurs méthodes d'étude et de construction sont innombrables, en continuelle et rapide évolution ; de nombreuses méthodes plus ou moins généralisables sont nommément désignées (méthode autrichienne…). Elles concourent toutes à obtenir des ouvrages fonctionnels, stables et aussi peu coûteux que possible à partir d'opérations de chantier sécurisées excavation – soutènement provisoire – imperméabilisation, drainage –

soutènement définitif. Aucune n'est universelle et toutes doivent pouvoir être accommodées à toutes sortes de situations et de circonstances. Dans un cas donné, on applique avec plus ou moins d'efficacité celles que l'on pense être les mieux adaptées en les modifiant et/ou en les remplaçant, souvent à la demande (tunnelier ou minage selon les variations de dureté des matériaux attaqués, confinement ou non selon les variations de leur plasticité, boulons ou plaques selon les variations de leur fissuration-fracturation, de la tenue du front et de l'excavation…) Les défauts d'appréciation des difficultés et les risques d'accidents d'exécution sont parmi les plus élevés du BTP ; pour les maîtriser en cours de chantier, les possibilités de variantes sont quasi nulles (déviations…) et les décisions imprévues sont difficiles à prendre et à appliquer ; une erreur ou omission géologique a toujours de graves conséquences techniques et économiques.

Le but d'une étude géologique de souterrain linéaire est de contribuer à découper son tracé en secteurs composés d'ensembles géotechniques uniformes éventuellement hétérogènes (failles, karst…) et d'en caractériser la forme et le comportement, afin d'optimiser l'exécution de l'ouvrage. Le but d'une étude de chambre souterraine est de l'implanter autant que possible dans un massif homogène stable de roche dure et imperméable. Les conditions locales les plus influentes sont structurales – position et direction de l'ouvrage par rapport à la stratification, à la fissuration, à la fracturation, au plissement… –, morphologiques – tracé à cœur de massif (Mont-Blanc…), parallèle à un versant (Ambin…), en subsurface… –, hydrogéologiques – massif sec, perméable en petit (alluvions, grès…), karstique, fracture aquifère… Sur ces bases, on établit le profil en long renseigné de l'ouvrage, ce qui est beaucoup plus difficile à faire que pour les terrassements de surface, et à travers une chaîne de montagne (tunnel de base du Saint-Gothard…) plutôt que sous un bassin sédimentaire (tunnel sous la Manche). Ces études sont particulièrement laborieuses : les structures et l'hydrogéologie de sites très étendus sont difficiles à cerner, à décrire et à interpréter techniquement ; de façon pratiquement impossible à prévoir, les résultats d'essais sur échantillons prélevés au sol et/ou dans les sondages ne seront pas forcement identiques à ceux que l'on obtiendra sur chantier. Les contraintes des matériaux au niveau de l'ouvrage ne sont pas prévisibles ; sur les parois d'une excavation, celles qui y régnaient subissent d'importantes variations dus au creusement puis à l'acquisition d'un nouvel état d'équilibre et les caractères mécaniques des matériaux s'y dégradent plus ou moins par décompression et/ou altération… Les résultats plus ou moins conjecturaux de ces études doivent être constamment actualisés à mesure que les projets puis les chantiers progressent et que l'on recueille de nouvelles données souvent imprévues : dans la prévision du cadre et des conditions d'exécution d'un ouvrage souterrain, l'observation et l'interprétation géologiques permanentes sont nécessaires, car au départ on ne dispose que d'un petit nombre de données géotechniques peu précises pour construire et manipuler les modèles de forme et de comportement souterrains que sont les profils en long renseignés ; ils ne sont jamais tout à fait précis et doivent être améliorés sans cesse. De façon assez étonnante, les études des portails des souterrains principaux et encore plus celles des fenêtres dans des matériaux de versants généralement peu stables mais faciles à étudier, sont souvent négligées au profit de celles du corps d'ouvrage, ce qui peut entraîner de graves déconvenues quand démarre un chantier.

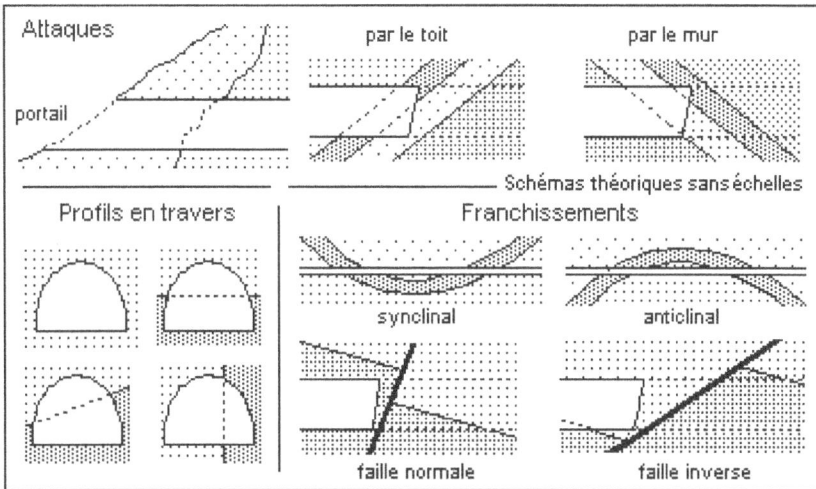

Figure 3.5.2.a – Quelques conditions géologiques locales

Les méthodes et moyens des études géotechniques de souterrains ne sont pas fondamentalement différents de ceux de n'importe quel autre ouvrage (documentation, observations de terrain, télédétection, géophysique, sondages, essais). Ils sont nécessaires et suffisants pour les souterrains peu profonds, accessibles en tous points depuis la surface du sol par les moyens courants ; dans le cas des chambres et des longs tunnels profonds, les matériels de géophysique et de sondages sont évidemment beaucoup plus puissants et pénétrants, mais moins nombreux. On leur adjoint des galeries de reconnaissance de petit diamètre et des essais mécaniques et hydrauliques spécifiques *in situ*. Mais, quoi que l'on fasse, l'imprécision irréductible des résultats obtenus à partir de données peu nombreuses et plus ou moins fiables impose ensuite l'observation et le contrôle géologiques permanents du chantier à l'avancement pour interpréter et utiliser de nouvelles constatations. En fait, le creusement préalable d'un petit souterrain de reconnaissance dans l'emprise d'un grand est utile, parfois nécessaire, pour les anticiper : l'avancement des fronts est souvent préparé par l'exécution de galeries pilotes et/ou de sondages horizontaux, particulièrement efficaces pour repérer les matériaux aquifères et/ou boulants et permettre leur traitement préventif, car leur rencontre imprévue ou mal préparée est la cause de la plupart des accidents de chantier les plus graves. On estime raisonnable de consacrer 3 à 5 % du budget total d'un grand souterrain aux études géotechniques ; malheureusement, on est souvent mesquin et on le regrette ensuite.

Pour établir leurs appels d'offres et leurs marchés, les projeteurs et les constructeurs doivent prévoir secteur par secteur la méthode d'excavation, les caractéristiques des soutènements provisoires et définitifs, la distance et le délai de leur pose, ainsi que d'éventuelles difficultés. Ils demandent donc aux géologues de classer les secteurs géologiques et les matériaux attendus sur le tracé selon leur maniabilité afin de leur associer les opérations de chantier ; ces classifications qualitatives sont notoirement imprécises, voire douteuses et même trompeuses :

secteurs géologiques homogènes, hétérogènes, compacts, fissurés, fracturés, broyés, karstiques, dangereux (écaillage, convergence, venues d'eau…) ; matériaux, sols et roches très altérées, roches tendres et/ou friables, roches dures, matériaux stables, délitables, ébouleux, boulants, plastiques, aquifères… Les classifications quantitatives fondées sur l'utilisation des valeurs de paramètres mécaniques – en général, la résistance à la compression simple – mesurées d'abord sur échantillons lors de l'étude puis sur le front en cours de chantier, sont généralement aussi tendancieuses, voire trompeuses et conduisent souvent à des litiges : selon les résultats des études et les termes du marché de ce métro, l'abattage en galerie devait être entièrement exécuté à la fraise et le recours aux explosifs, beaucoup plus onéreux, n'avait été prévu que pour mémoire ; le seuil de changement de méthode avait été fixé à une valeur de résistance à la compression simple du matériau du front par les projeteurs et les constructeurs qui avaient négligé ou ignoré que ce matériau molassique particulièrement hétérogène, passait très vite et très fréquemment de la marne au grès ou au poudingue avec tous les intermédiaires possibles, ce que n'importe quel géologue aurait pu leur indiquer. Dans les zones à dominante grès-poudingue où il y avait des couches ou lentilles de marne gréseuse dont la résistance était sous le seuil, l'entrepreneur utilisait les explosifs, car en raison de l'interpénétration des faciès, il ne pouvait pas faire autrement, ; pour étayer leurs points de vue respectifs opposés, le maître d'ouvrage et l'entrepreneur prélevaient sur le même front, l'un de la marne, l'autre du poudingue et obtenaient évidemment des résultats différents ; les ordres de service contradictoires pleuvaient, ce qui n'a favorisé ni la marche du chantier ni le règlement des travaux. Les essais pour établir et normaliser une classification indiscutable n'ont jamais abouti.

C'est pourtant à partir de telles données appliquées à des types de méthodes et moyens de chantier que l'on définit ceux que l'on pense pouvoir mettre en œuvre dans un secteur donné. En fait, les opérations de chantier sont étroitement liées aux conditions locales de l'endroit, du moment et des moyens de l'entreprise (nature des matériaux, section du front, compétence de l'équipe…) qui s'imposent aux constructeurs ; elles sont organisées en groupes d'éléments enchaînés compatibles (avancement, traitement, soutènement), appliqués à des secteurs considérés comme homogènes, selon leurs caractères spécifiques. L'avancement peut être cyclique manuel (minage-marinage) en section totale ou fractionnée, ou continu mécanique (haveuse, fraise ou tunnelier à plateau tournant équipé de griffes, pics ou molettes) selon le type de matériau à abattre, et d'une chambre d'attaque libre ou confinée (air comprimé, circulation de boue) dans les matériaux plus ou moins plastiques et/ou aquifères. Le traitement des matériaux peu maniables, broyés, plastiques, aquifères… (injections, drainage) peut être réalisé préalablement à partir du sol pour les ouvrages peu profonds ou de la galerie de reconnaissance, ou à l'avancement par sondages pour les ouvrages profonds. Le front et l'excavation peuvent être stables sans soutènement ; plus généralement, l'excavation peut être stable et le front instable, ce qui impose un soutènement provisoire en calotte et éventuellement en pieds-droits (plaques, boulons…) rapidement mis en place pour assurer la sécurité du chantier ; un front stable et une excavation instable, ce qui impose un soutènement définitif (cintres…) rapidement mis en place ; un front et une excavation instables – ce qui impose le confinement du chantier et la mise en place rapide d'un soutènement adapté (voussoirs) puis d'un revêtement indéformable anticorrosion.

Ainsi, il est clair que les études géologiques de tunnels comptent parmi les plus difficiles, longues et coûteuses du BTP, car elles imposent d'importants moyens et laissent une grande part à l'inattendu, fréquente source d'incidents voire d'accidents de chantier dus à des comportements mal maîtrisés « naturels » des matériaux du front. Les plus fréquents sont le débourrage de matériaux meubles plus ou moins aquifères remplissant une cavité karstique, une faille ou un lit de cours d'eau surcreusé puis éventuellement l'ouverture d'un fontis en surface, l'écaillage brutal des parois de l'excavation par décompression violente de roches dures (*rockburst, bergschlag*) sous très forte pression géostatique (couverture très épaisse), l'étranglement de l'excavation dans des roches plus ou moins plastiques (*squeezing*) pouvant aller jusqu'à devoir la réaléser…, des tassements voire des fontis en surface. L'étude, la construction et l'entretien de tunnels anciens, récents, en construction et à l'étude montrent le rôle déterminant de la géologie pour prévoir, prévenir ces événements, en corriger les effets et interpréter les retours d'expériences ; elles montrent aussi que la géologie savante a beaucoup appris et à apprendre de la géologie technique, notamment dans les Alpes.

3.5.2.1 Les grands tunnels alpins

Très schématiquement, du nord au sud (au nord, Suisse-Italie) et d'ouest en est (au sud, France-Italie), la structure alpine en arc est organisée en un faisceau de bandes longitudinales de part et d'autre d'une arrête discontinue de massifs cristallins – granites et gneiss – (Aar/Saint-Gothard, Mont-Blanc, Belledonne, Pelvoux, Mercantour), à laquelle sont liés des lambeaux de sa couverture hercynienne (schistes houillers, grès, pélites, quartzite…). Cette arête est bordée sur ses deux versants par sa couverture subalpine décollée à sa base gypseuse, en grande partie marno-calcaire plissée et faillée, très large au nord, à l'ouest et au sud-ouest (Alpes calcaires suisses et chaînes subalpines françaises) ; à l'intérieur de l'arc, l'arête cristalline et sa couverture subalpine réduite sont plus ou moins couvertes jusqu'à disparaître (entre Pelvoux et Mercantour) par les nappes de charriage empilées de la bande pennique – leur contact est le front pennique. Les nappes penniques sont essentiellement métamorphiques (gneiss, micaschiste, schistes…) en Suisse, en partie sédimentaires (schistes houillers, gypse, calcaire, marne, flysch…) en France.

De Coire à Martigny, le long sillon longitudinal « synclinal » (écailles écrasées sédimentaires houiller à tertiaire) Rhin-Reuss-Rhône découpe l'arête cristalline en lanières et massifs parallèles (Aar/Saint-Gothard) et/ou marque le front pennique (Valais) ; moins apparent, il se prolonge à l'ouest en France et en Italie (Aiguilles-Rouges/Mont-Blanc, haut val d'Aoste, haute Tarentaise, Belledonne/Grandes-Rousses…) ; de la vallée de l'Aare à celle de l'Arve, des klippes de nappes penniques marno-calcaires, les Préalpes, couvrent la bordure du bassin molassique nord et des Alpes calcaires suisses avec lesquelles elles présentent de fortes analogies morphologiques (massifs calcaires élevés, combes marneuses, cluses calcaires…). Au nord et à l'ouest, la bordure des chaînes subalpines et des Préalpes chevauche des bassins molassiques (plaines et collines suisses – Mittelland –, bas Dauphiné, Valensole…).

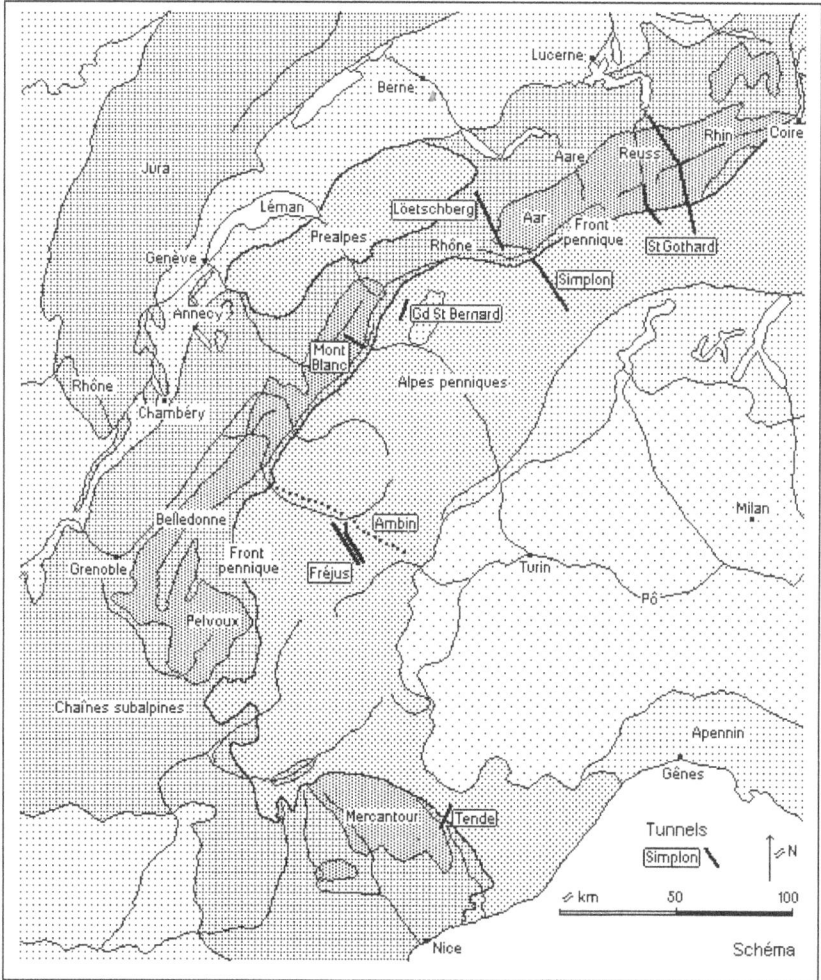

Figure 3.5.2.b – Structure des Alpes occidentales – Grands tunnels

Le franchissement transversal des Alpes se fait depuis la nuit des temps par les grands cols (Saint-Gothard, Löetschberg-Simplon, Grand-Saint-Bernard, Petit-Saint-Bernard, Mont-Cenis, Montgenèvre, Larche, Tende) ; il a d'abord été assuré par des sentiers puis des routes et pour les principaux, par des tunnels ferroviaires de faîte puis de base, des tunnels routiers. Du Saint-Gothard au nord-est à Tende au sud, les tunnels alpins traversent le front pennique marqué par le couloir séparant au nord l'arête cristalline des nappes métamorphiques (Saint-Gothard, Löetschberg-Simplon), puis séparant à l'ouest et au sud la couverture subalpine marno-calcaire de l'arête des nappes sédimentaires (Fréjus/Mont-Cenis, Tende). Cela montre le rôle important sinon essentiel de la géologie technique dans l'étude et la construction des tunnels, mais aussi sa contribution à la démarche de la géologie savante qui en obtient des données seulement accessibles par les sondages d'étude puis lors du forage (Simplon, Löetschberg…).

3.5.2.1.1 Les tunnels du Saint-Gothard

Long de 15 km, le tunnel de faîte du Saint-Gothard a été foré entre 1872 et 1882 à 1 000 m d'altitude moyenne, à peu près sous le col ; sa couverture maximum est d'environ 1 700 m. Du nord vers le sud, il part du sillon longitudinal dans la haute Reuss (Andermatt) et traverse le massif du Saint-Gothard, presque entièrement dans des gneiss et des micaschistes plus ou moins serpentinisés, où la température moyenne a atteint 30 °C. Le tunnel routier, à peu près parallèle, part de la vallée de la Reuss sur le bord sud du massif de l'Aar, traverse le sillon sous la haute vallée de la Reuss, puis le massif du Saint-Gothard, vers 700 m d'altitude, dans les mêmes matériaux ; il a été mis en service en 1980.

Du nord au sud, des Alpes calcaires aux nappes penniques, le tunnel de base du Saint-Gothard traversera à une vingtaine de kilomètres plus à l'est, l'ensemble de la structure alpine : couverture sédimentaire calcaire et marneuse plissée de l'Aare ; granite et gneiss de l'Aar ; roches broyées du sillon longitudinal dans la haute vallée du Rhin antérieur (Sedrun) ; granite du Saint-Gothard ; dolomie, anhydrite, gypse aquifères de la suture « synclinale » (écaille) de la Piora ; gneiss pennique. En fin de forage à partir des deux portails, de deux galeries et d'un puits d'accès, au moyen de tunneliers (minage/marinage dans des secteurs de roches très dures et/ou broyées) il mesurera 57 km, à 500 m d'altitude moyenne, soit une couverture maximum de 2 500 m ; il comportera deux tubes et une galerie de service. À la suite d'une étude géologique générale, les attaques et les fenêtres ont été étudiées par géophysique et sondages classiques, notamment pour repérer la position du rocher à travers les éboulis ; les caractéristiques géotechniques des matériaux des massifs cristallins et des nappes penniques étant bien connues (tunnel de faîte et tunnel routier), les reconnaissances lourdes se sont portées essentiellement sur les secteurs douteux (sillon longitudinal de la Reuss et écaille synclinale de Piora) : une campagne de sondages dans le sillon ayant rencontré des roches broyées sous très fortes contraintes susceptibles d'entraîner des déformations difficiles à contrôler, un déplacement du tracé prévu d'environ 600 m vers l'est a été décidé après un contrôle au moyen d'un sondage incliné de 1 700 m pour étudier le contact avec le massif de l'Aar, afin de réduire la longueur de forage à travers le sillon ; le forage du puits d'accès de Sedrun, profond de 800 m, a complété l'étude de ce secteur. Une galerie de reconnaissance de 5,5 km de long, parallèle au futur tunnel, ≈ 350 m au-dessus de lui, a atteint le secteur de la Piora. Des sondages horizontaux et inclinés à partir de cette base ont permis l'étude détaillée du secteur au niveau du tunnel et de confirmer le passage dans de la dolomie plus ou moins métamorphisée, plus maniable qu'elle paraissait l'être en surface. Les sondages du sillon ont été réalisés de 1991 à 1993 ; la galerie de la Piora a été forée de 1993 à 1996 ; de 1996 à 1998, les portails, les galeries et le puits d'accès ont été réalisés ; les excavations ont suivi ; au début de 2009 ≈ 80 % du forage était effectué ; l'achèvement des travaux est prévu pour 2015.

3.5.2.1.2 Les tunnels du Löetschberg et du Simplon

Sur la même transversale, les tunnels du Löetschberg et du Simplon parcourent la quasi-totalité de la structure alpine, Préalpes, arête cristalline de l'Aar et ses couvertures sédimentaires pour le Löetschberg, nappes penniques pour le Simplon ; le sillon rhodanien est traversé en surface.

Long de 19,7 km, le tunnel du Simplon a été foré entre 1898 et 1906 à 650 m d'altitude moyenne ; sa couverture maximum est de 2 100 m. D'abord mono-tube, il est actuellement composé de deux tubes parallèles distants d'une quin-zaine de mètres, reliés de loin en loin par des galeries transversales. Il traverse des nappes penniques empilées, plissées et fracturées, composées essentielle-ment de granite, gneiss, schistes et accessoirement de calcaires et gypse. Son premier profil géologique a été établi en 1851 par Studer ; il y en eut de nom-breux autres dressés successivement par plusieurs géologues (Gerlach, Reve-nier, Heim, Lory, Taramelli, Schardt), jusqu'à celui de Traverso en 1895, avant le démarrage des travaux en 1898. Bâtis sur des observations de surface, ces profils étaient plus ou moins différents les uns des autres, mais de plus en plus proches de ce que l'on a constaté à l'exécution : jusque vers 1898, plis classi-ques de plus en plus serrés et compliqués ; après 1901, nappes de charriage de plus en plus compliquées (*Fig. 3.5.2.c*). Traverso avait dressé un profil qui tra-çait les grandes lignes structurales du massif aussi bien qu'il lui avait été possi-ble de le faire compte tenu de ses moyens et des connaissances de l'époque, mais il ne pouvait pas en tirer des indications précises d'exécution et sur les dif-ficultés susceptibles d'être rencontrées en cours de travaux ; elles furent assez bien prévues et surmontées aux deux attaques, car la couverture relativement faible avait permis d'étendre sans trop d'imprécision les observations géologi-ques de surface au niveau de l'ouvrage ; elles furent nombreuses en profondeur, car le chantier avançait en aveugle et certaines difficultés rencontrées sans pré-paration étaient quasi insurmontables avec les connaissances et les moyens de l'époque : les granite et les gneiss très durs étaient très difficiles à abattre et éclataient en écailles ; les schistes et le gypse très plastiques gonflaient jusqu'à refermer l'excavation ; de très grosses venues d'eau dans les calcaires (dont une irruption de 3 000 m^3/h sur une volée) ont arrêté plusieurs fois le chantier puis considérablement ralenti l'avancement ; la température de certaines venues d'eau atteignit 55 °C et imposa la réfrigération du chantier, particulièrement dif-ficile à l'époque. Durant les travaux, Revenier, Heim et Schardt ont relevé le profil réel du tunnel, ce qui a permis à Schardt et Argand de proposer en 1912 une coupe structurale des Alpes penniques qui a ouvert la voie aux interpréta-tions actuelles de la tectonique alpine. Dès 1893, Schardt avait montré le rôle déterminant du gypse à la base des nappes dans leurs formations et leurs dépla-cements en constituant des surfaces de glissement ; ce rôle a ensuite été constaté dans toutes les zones triasiques alpines et même partout où l'on trouve du Trias gypseux ; où qu'elles se situent, ces zones peu stables posent des problèmes de sécurité (fontis), de terrassement, de fondation…

Un nouveau tunnel prolongeant le tunnel de base du Löetschberg est en cours d'étude ; son utilité et donc sa construction sont contestées, car en fait le tunnel actuel n'est pas un tunnel de faîte puisque son altitude est à peu près la même que celle des tunnels de base du Saint-Gothard et du Löetschberg – son portail nord est au pied du versant sud du sillon rhodanien (Valais).

Long de 14,5 km, le tunnel de faîte du Löetschberg a été foré entre 1906 et 1911 à 1 200 m d'altitude moyenne ; sa couverture maximum est de 1 650 m. Du nord au sud, il débute dans la nappe préalpine calcaire du Doldenhorn puis traverse l'extrémité ouest granito-gneissique du massif de l'Aar où la température moyenne a atteint 30 °C environ. En amont de l'étroite et profonde gorge de la Klus où la Kander coule pratiquement sur la roche, la haute vallée en auge du torrent (Gasterntal) est une large plaine comblée d'alluvions fluvio-glaciaires que l'on avait supposées minces comme dans la Klus ; à environ 200 m de profondeur, le tunnel devait donc franchir la vallée en restant dans le calcaire du substratum. Mais les alluvions sont en fait localement épaisses de plus de 300 m et très aquifères, car sous les alluvions, la gorge de la Klus se prolonge par un sillon de torrent sous-glaciaire (*Fig. 1.3.2.c*) surcreusé dans le substratum ; en 1908, une dernière volée dans le calcaire au contact totalement ignoré des alluvions aquifères provoqua l'irruption catastrophique d'un torrent de boue, d'environ 10 000 m³ d'eau, de grave, de sable, de débris et blocs rocheux, qui reboucha en un quart d'heure environ 1 200 m d'excavation et fit 25 victimes. En surface, un fontis d'environ 80 m de diamètre s'ouvrit au milieu d'une vaste cuvette d'affaissement. La partie bouchée du tunnel a été abandonnée ; le tunnel a été dévié vers l'est (amont) pour traverser la vallée dans le rocher là où il commence à affleurer, ce qui a entraîné un allongement du tracé prévu d'environ 800 m.

Long de 34,6 km, le tunnel de base du Löetschberg a été foré entre 1999 et 2004 à 700 m d'altitude moyenne ; sa couverture maximum est d'environ 2 000 m. Situé 500 m au-dessous du tunnel de faîte dont il suit à peu près le tracé, il comporte deux tubes (un seul au nord sur ≈ 10 km) reliés par des galeries transversales. Du nord au sud, il débute en longeant à faible profondeur le versant ouest de la basse vallée de la Kander, sur une courte distance dans l'autochtone marneux puis dans les nappes préalpines marno-calcaires, traverse l'extrémité ouest granito-gneissique du massif de l'Aar puis sa couverture calcaire et se termine dans le sillon rhodanien. Les études ont été achevées en 1998 ; leurs moyens ont consisté en une galerie de 9 km de long forée au tunnelier sous le versant est de la vallée, en une trentaine de sondages profonds de 750 m en moyenne (trois inclinés profonds de 1 400 m) et bien entendu en l'examen du tunnel de faîte où ont été effectués des essais géomécaniques. Les tubes ont été forés à partir des deux portails et de trois fenêtres, au tunnelier Ø 9,5 m pour ≈ 10 km au sud, ensuite par minage-marinage d'une section de 70 m² en moyenne pour chaque tube. Les conditions générales d'exécution prévues ont été assez proches de la réalité, mais en surestimant les possibilités d'un tunnelier : fortes dureté et abrasivité du granite ; écaillage violent du gneiss imposant un boulonnage dense ; forte plasticité de certaines roches sédimentaires (gypse, argile, schiste) entraînant l'étranglement puis le reprofilage et le soutènement provisoire de l'excavation par béton projeté armé ; venues d'eau (au total ≈ 400 m³/h) dans les calcaires karstiques des nappes du nord, dans les écailles sédimentaires incluses dans le massif cristallin et dans les calcaires de la couverture du sud, prévenues par des sondages horizontaux depuis le front et traités par injections à l'avancement. Au sud, dans des calcaires, des schistes, du gneiss et du granite, l'avancement du tunnelier a été gêné par le débit en écailles et petits blocs des roches, pénalisant le travail de forage et par l'écaillage latéral pénalisant l'ancrage de l'appareil (gripper). La température moyenne a été d'environ 30 °C. Sur ≈ 1 km dans le massif granitique, le tunnel traverse des roches sédimentaires du Houiller au Lias (anhydrite, argile, schistes, grès et même anthracite), qui n'affleurent pas et qu'au-dessus le tunnel de faîte n'avait pas rencontrées. Il semble donc s'agir d'une inclusion sédimentaire dans un massif magmatique, structure jusqu'alors inconnue, différente des écailles « synclinales » de roches sédimentaires laminées que l'on observe à l'affleurement dans certaines grandes fractures de massifs cristallins plutôt métamorphiques que magmatiques.

3.5.2.1.3 Le tunnel du Grand Saint-Bernard

Le tunnel routier de faîte du Grand Saint-Bernard, foré de 1958 à 1963, est long de 5,8 km, à une altitude moyenne de 1 900 m, avec une couverture maximum de 950 m. Situé pratiquement sous le col, il est entièrement foré dans les formations métamorphiques des nappes penniques.

3.5.2.1.4 Le tunnel du Mont-Blanc

Le tunnel routier du Mont-Blanc n'est pas situé sur un passage naturel des Alpes, mais sur le plus court trajet possible entre la vallée de l'Arve et le val d'Aoste. C'est un monotube construit de 1959 à 1962 ; long de 11,6 km à l'altitude moyenne de 1 350 m, sa couverture moyenne est de 2 000 m. Foré par minage-marinage-boulonnage de soutènement en pleine section – ce qui était une première –, il traverse la partie est (Mont-Blanc proprement dit) de l'arête cristalline, entre les sillons « synclinaux » de Chamonix et de Courmayeur. D'ouest en est, il traverse d'abord des gneiss et micaschistes subverticaux à pendage SE dont la fracturation naturelle entraînait un débit en moellons (*Fig. 1.2.2 b*) et un écaillage imposant un boulonnage systématique ; il traverse ensuite un granite massif qui s'écaillait parallèlement aux parois par la libération de fortes contraintes naturelles ; vers l'extrémité est, il s'est produit de fortes venues d'eau froide sous glaciaire (≈ 10 °C contre ≈ 30 °C sous le reste du massif) dans le granite très fracturé de la crête frontalière (Grandes-Jorasses).

3.5.2.1.5 Les tunnels du Mont-Cenis (Fréjus et Ambin)

Foré entre 1857 et 1871, le tunnel ferroviaire de faîte du Fréjus est le plus vieux des grands tunnels alpins ; long de 12,8 km, à 1 200 m d'altitude moyenne, sa couverture maximum est d'environ 1 650 m. Il est entièrement situé dans les nappes penniques (≈ 10 % de schistes gréseux à pendage 50-80°, ≈ 70 % de schistes calcareux à pendage 20-30° ; ≈ 10 % de gneiss ; ≈ 5 % de quartzite ; ≈ 5 % de calcaire ; il y eut peu de venues d'eau ; la température moyenne était de 30 °C. Dans l'ensemble, ce tunnel a été foré sans grandes difficultés sauf dans quelques zones faillées instables. C'est sur son chantier qu'a été mise au point la perforatrice à air comprimé pour le minage ; la vitesse d'avancement a ainsi été doublée.

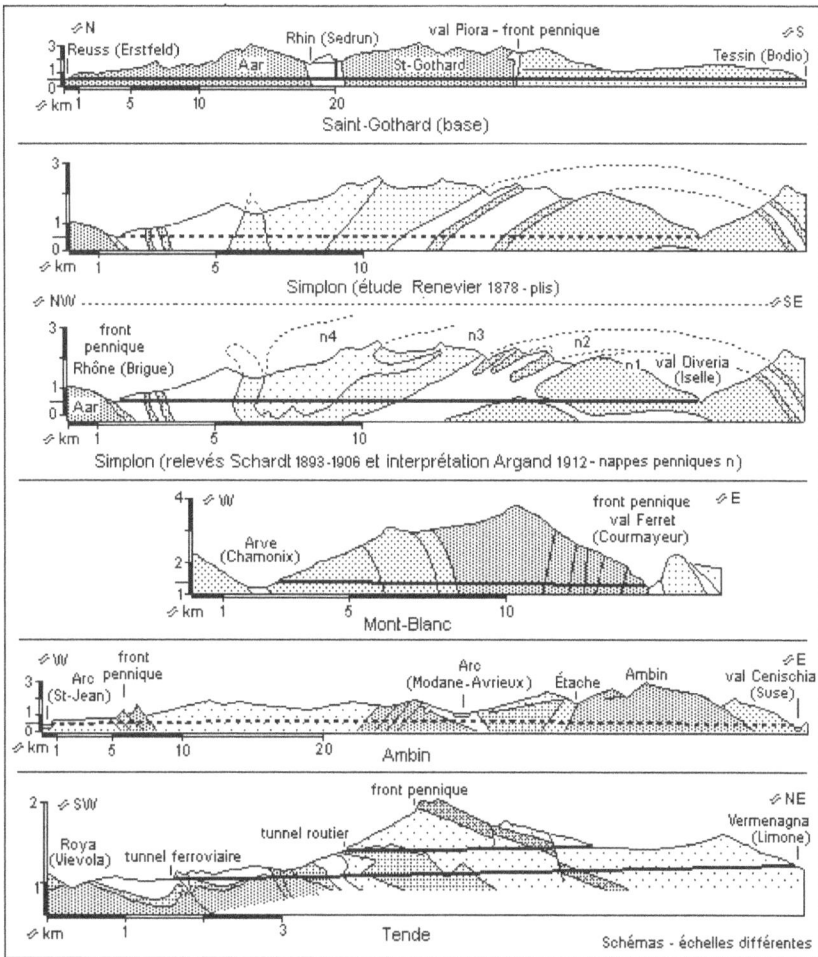

Figure 3.5.2.c – Les grands tunnels alpins

Foré 100 ans plus tard, le tunnel routier long de 12,9 km suit à peu près le même tracé que celui du tunnel ferroviaire ; son forage n'a pas posé de problème particulièrement difficile ; par contre, le forage du puits de ventilation profond de 700 m, Ø 8 m, a été attaqué par le haut mais situé dans un couloir d'avalanche, il a été terminé en forant par le bas. L'accès à ce tunnel sur le versant gauche de la vallée de l'Arc est très instable ; un lourd entretien permanent de la plate-forme et des ouvrages (viaduc de Charmaix…) est indispensable (*voir 3.4.3.2*).

Le tunnel de base d'Ambin doit éviter la création d'une autre voie ferrée dans la vallée de l'Arc surencombrée et géologiquement très fragile (violentes crues souvent catastrophiques, mouvements de terrain…) ; à environ 700 m d'altitude (≈ 900 m de couverture moyenne et ≈ 2 800 m de couverture maximum), sa longueur sera d'environ 52 km entre Saint-Jean-de-Maurienne et Suse en Italie.

Très schématiquement, il débutera sur la bordure est de la couverture subalpine marno-calcaire de Belledonne, passera sous le versant nord (droit) de la vallée de l'Arc en franchissant le front pennique puis il traversera les nappes penniques sédimentaires qu'une zone gypseuse (Modane) sépare des nappes métamorphiques dans lesquelles il s'achèvera après avoir traversé le massif cristallin d'Ambin. La structure géologique du versant nord de la vallée de l'Arc (versant sud de la Vanoise), extrêmement compliquée dans le détail, est un empilement d'écailles plus ou moins serrées de formations sédimentaires variées (gypse, anhydrite, dolomie, calcaire, marne, quartzite, flysch, schistes…), affectées en surface de grands mouvements de terrain ; certaines de ces formations sont très aquifères. La majeure partie du tracé a été étudiée au moyen de nombreux sondages verticaux et trois galeries d'accès transversales. La dépression de Modane – dont le substratum sous les alluvions de l'Arc est presque entièrement triasique, en partie gypseux – pose le principal problème structural du tracé ; pour en étudier les bordures puis le soubassement au niveau du tunnel, on a exécuté deux sondages dirigés selon la technique pétrolière qui permet de forer à une profondeur fixée – celle du tunnel – sur une grande distance horizontale : côté ouest (Avrieux), où la couverture est relativement peu profonde, ce qui avait permis de forer des sondages verticaux toutefois insuffisants pour étudier la structure géologique particulièrement compliques au niveau du tunnel ; côté est (Étache) où la couverture est trop profonde pour permettre de nombreux sondages verticaux. Le tracé du tunnel est maintenant à peu près fixé et les grandes lignes de son forage sont à peu près connues ; les principaux problèmes techniques seront posés d'une part, par les très fréquents et très rapides changements de roches aux caractères géotechniques très différents (dureté, ductilité, perméabilité, fracturation…), qui imposeront d'incessantes modifications de méthodes de chantier à la demande, selon les observations d'indispensables reconnaissances systématiques à l'avancement, et d'autre part par les venues d'eau très abondantes dans les formations très fracturées et/ou karstiques qui gêneront le chantier et auront des effets en subsurface, notamment pour l'alimentation en eau de certains réseaux de distribution.

3.5.2.1.6 Les tunnels de Tende

Le col de Tende (altitude 1 870 m) est situé sur le front pennique marqué par la falaise vive d'une dalle calcaire jurassique à pendage nord $\approx 20°$. Vers le sud, par l'intermédiaire d'écailles gypseuses, la dalle chevauche le flysch schisto-gréseux nummulitique, plissé et fracturé de type subalpin, couvert d'éboulis épais, qui achève la série sédimentaire de la couverture subalpine de l'arête cristalline du Mercantour. Au nord s'étendent les nappes penniques, d'abord sédimentaires puis métamorphiques.

Le tunnel routier a été ouvert en 1870 ; long de 3,5 km, il passe à ≈ 600 m sous le col à $\approx 1\ 270$ m d'altitude ; au sud, il débute dans des cargneules gypsifères triasiques où son revêtement est particulièrement fragile, puis il est presque entièrement foré dans le flysch avant de traverser la dalle calcaire du col, et après un petit faisceau de failles normales à fort pendage nord, il finit dans le flysch du versant nord.

Le tunnel ferroviaire a été ouvert en 1898. Parallèle au tunnel routier, ≈ 250 m au-dessous à ≈ 1 020 m d'altitude, il est long de 8,5 km. La moitié sud de son tracé est dans la couverture subalpine constituée d'un empilement confus d'écailles déversées vers le sud (quartzite et cargneule triasiques/gneiss/dolomies et calcaires jurassiques et crétacé/cargneule triasique) ; à partir de ces cargneules, il suit le même tracé que le tunnel routier (flysch, dalle calcaire du front pennique, flysch).

3.5.2.2 Le tunnel sous la Manche

Le tunnel ferroviaire sous la Manche long de 37 km (dont 28 km sous-marins), comporte deux tubes à une voie de 7,6 m de large forés par des tunneliers de 8,8 m de diamètre ; ils sont placés de part et d'autre d'une galerie de service de 4,8 m de diamètre forée par un tunnelier de 5,75 m de diamètre ; le point le plus bas du tracé est à une centaine de mètres sous le niveau de la mer. Du point de vue géologique, l'étude et le forage ont été relativement faciles : la structure géologique simple de son site est parfaitement connue : formations crétacées (sables et craies de divers faciès) du bassin sédimentaire anglo-parisien, régulièrement stratifiées, continues, subhorizontales à peine ondulées et peu faillées, identiques des deux côtés de la Manche. Les méthodes et moyens d'études très performants de la prospection pétrolière marine ont été relativement faciles à mettre en œuvre et à interpréter ; ≈ 1 500 km de sismique réflexion et plus de 100 sondages mécaniques ont permis d'établir un profil très détaillé du tracé et les roches de chaque formation ont été les objets de très nombreux essais géomécaniques en de très nombreux points du tracé ; la descenderie de Douvres et le puits de Sangatte ont permis de valider leurs résultats. On a pu ainsi décider en toute connaissance de cause du tracé en plan et en coupe et de la méthode de forage : il a été presque entièrement foré dans la craie bleue de l'Albien. Son tracé et son profil en long sinueux épousent rigoureusement les petites variations de direction et de pendage de cette formation particulièrement propice, car pas très dure, sans silex, et pratiquement étanche à peu près partout, un peu plastique et/ou aquifère localement. Les tunneliers à chambres d'attaque confinées à la boue et pose à l'arrière de voussoirs préfabriqués ont pu être utilisés sans difficulté ni surprise géologiques tout le long du tracé, dans les deux sens, depuis les deux attaques.

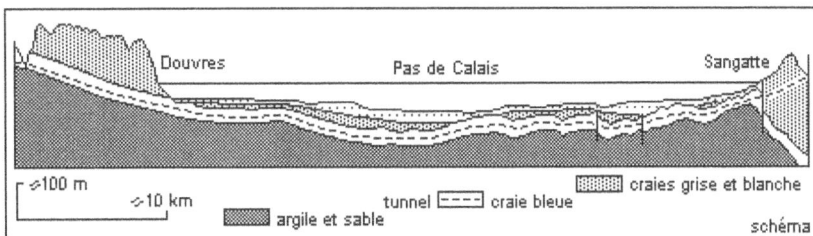

Figure 3.5.2.d – Le tunnel sous la Manche

D'innombrables ouvrages souterrains – parkings, égouts, métros, tunnels routier et ferroviaires... – encombrent le sous-sol des grandes agglomérations et on en ajoute sans cesse en les enterrant de plus en plus profondément faute de place. Leurs études doivent être particulièrement minutieuses, car en raison de la densité du tissu urbain, les difficultés de chantier et les risques de dommages aux ouvrages et bâtiments voisins sont importants.

3.5.2.3.1 Paris

Le sous-sol de Paris a été troué de toutes parts depuis longtemps : les anciennes carrières souterraines de calcaire et de gypses sont nombreuses et posent de difficiles problèmes de stabilité (fontis), d'entretien et de consolidation. L'importante hétérogénéité locale du sous-sol (remblais, couverture et substratum de faciès très variés, souvent plus ou moins aquifères), les innombrables ouvrages plus récents et actuels ainsi que les ouvrages de surface imposent à ceux qui construisent et projettent sans arrêt de nouveaux souterrains, des études très attentives, qui ne peuvent être réalisées qu'au moyen de nombreux sondages plus ou moins difficiles à positionner selon l'encombrement du site et d'essais *in situ* et/ou de laboratoire. Leur corrélation et l'interprétation de leurs résultats à première vue plus ou moins incohérents et/ou aléatoires doit se faire dans le cadre géologique général du secteur, ce qui permet de les rendre cohérents et d'éviter les aléas ; on peut facilement le connaître en consultant l'abondante documentation dont on dispose sur le sous-sol parisien, que l'on n'utilise pas toujours efficacement.

3.5.2.3.2 Lyon

Le sous-sol de l'agglomération lyonnaise est constitué de formations très différentes dans un espace restreint : substratum cristallin (granite, gneiss), sédimentaire (calcaire, marne, molasse sablo-argileuse) ; couvertures morainiques, alluviales fluvio-glaciaires et fluviatiles, terrasses, lœss, éboulis. Des modelés fluviaux caractérisent la morphologie : à l'ouest (Fourvière) et au centre (Croix-Rousse), des collines séparées par la vallée en méandres encaissés de la Saône, à l'est plaine alluviale du Rhône. L'agglomération a une longue tradition d'ouvrages souterrains depuis au moins l'époque romaine : aqueducs (Brévenne, mont d'Or...), galeries de captage sous les collines, abandonnées et plus ou moins oubliées après la distribution publique d'eau, qui fragilisent les versants des collines (balmes), provoquant des fontis, glissements, écroulements d'immeubles récents... Les souterrains modernes sont nombreux et variés :

- La plaine alluviale du Rhône recèle des galeries de métro, des parkings souterrains, des sous-sols de grands immeubles... Son substratum granitique ou molassique, profond de plus d'une vingtaine de mètres, est couvert de graves aquifères très perméables ; la molasse est plus ou moins perméable, aquifère, ce que les études d'ouvrages ont souvent négligé voire ignoré. Les pompages d'exhaure lors des travaux de terrassement à l'intérieur d'enceintes de parois moulées de plusieurs profonds parkings enterrés en partie dans la molasse ont fait craindre ou entraîné différents désordres aux voies et/ou bâtiments voisins : renards à l'intérieur et affaissements à l'extérieur de l'enceinte, inondations des fouilles, gros débits imprévus de pompage et rabattements de nappe importants entraînant des affaissements de sol assez lointains ; et maintenant, gros débits de pompage de service (certains > 1 000 m^3/h), car la forte pression hydrostatique ne peut pas être contenue par le poids de certains ouvrages dont la surface dépasse 5 000 m^2…

- Sept tunnels ferroviaires, routiers et métropolitains modernes franchissent d'ouest en est les collines dont l'ossature cristalline est plus ou moins enrobée de molasse et couverte de graves plus ou moins argileuses morainiques et/ou fluvio-glaciaire et de lœss. La morphologie porte la marque de nombreux épisodes d'érosion, expliquant que ces tunnels présentent des profils géologiques différents dans le détail alors qu'ils sont proches les uns des autres, subparallèles, à peu près tous à la même altitude moyenne ($\approx$ 170 m). Entre Saône et Rhône, ce sont du nord au sud : le tunnel ferroviaire de Saint-Clair (1890, $\approx$ 2,3 km) foré dans la molasse couvrant des pointements calcaires ; le tunnel routier de Caluire (1994-1999, $\approx$ 1 400 m) dont la géologie est la plus compliquée, foré à la limite du toit du substratum cristallin à l'ouest, molassique à l'ouest, avec des poches molassiques ou glaciaires au toit du substratum ; le tunnel routier de la Croix-Rousse (1952, $\approx$ 1 400 m), foré à peu près entièrement dans le substratum cristallin sauf vers l'extrémité est qui est dans la molasse. À l'ouest de la Saône, ce sont du nord au sud : le tunnel ferroviaire de Loyasse (1875, $\approx$ 1 500 m), entièrement foré dans le substratum cristallin ; une partie du tunnel de la ligne D du métro (1988, $\approx$ 400 m), forée dans la moraine et la molasse aux extrémités, dans le substratum cristallin sur la majeure partie du tracé ; le tunnel routier de Fourvière (1968, $\approx$ 1 800 m), foré dans la moraine aux deux portails, puis dans la molasse de part et d'autre d'un noyau central cristallin à peine effleuré, à l'attaque ouest réactivation d'un glissement connu (la Gravière) ; le tunnel ferroviaire de Saint-Irénée (1855, $\approx$ 2 km), foré dans des roches métamorphiques, de la molasse et de la moraine.

3.5.2.3.3 Marseille

Marseille est une autre ville d'ouvrages souterrains, particulièrement riche en tunnels et galeries de divers usages (maritime, ferroviaire, routier, aqueduc, exhaure de mine, assainissement). L'agglomération occupe un petit bassin molassique oligocène à relief de collines et plateaux, enserré dans un cirque ouvert à l'ouest vers la mer, de chaînons à ossatures calcaires dont les altitudes vont de 300 à 800 m, plis-failles anticlinaux plus ou moins déversés voire chevauchants ; les contacts chaînons/bassin sont des faisceaux de failles normales. Le bassin est drainé par l'Huveaune, petit fleuve côtier finissant dans une plaine alluviale plus ou moins inondable et par plusieurs ruisseaux aux régimes torrentiels ; le sous-sol des chaînons est karstique aquifère, noyé ou dénoyé. Les parkings souterrains, la plupart des galeries de métro et quelques courts tunnels ferroviaires sont établis dans la formation molassique très bien connue de poudingue, grès et marne à stratification oblique et lenticulaire, peu ou pas aquifère qui comble le bassin. Le forage des galeries de métro *(9, Fig. 3.5.2.e)* n'a pas posé de graves problèmes d'exécution, car il a été dans l'ensemble correctement étudié : l'extrémité nord de la ligne 2 longeant le littoral a imposé l'étude de plusieurs variantes pour franchir au mieux l'embouchure d'un vallon fossile étroit et profond, creusé dans le substratum molassique et entièrement comblé de matériaux fluviaux-marins et de remblais, un peu comme à Toulon ; la variante retenue passe suffisamment à l'amont pour n'avoir pas posé de grave problème d'exécution ; on a ainsi évité un accident analogue à ceux du Löetschberg et de Toulon (*voir 3.6.2.3*). Par contre, les études et les terrassements de plusieurs parkings ont été conduits de façon très désinvolte, ce qui a entraîné d'assez graves problèmes de chantier et de voisinage : plusieurs ouvrages publics – palais de justice, préfecture et hôtel de ville – et privés voisins ont été plus ou moins endommagés ; les causes étaient toujours les mêmes : des déplacements de hautes parois moulées dans des zones où le substratum renferme des lentilles argileuses peu consistantes et/ou sableuses aquifères, en raison de défauts d'ancrage, de contreventement et/ou de drainage résultant d'études insuffisantes et/ou de défauts d'exécution. Pour chaque ouvrage, des constructeurs différents qui étaient intervenus sans s'intéresser aux échecs de leurs prédécesseurs, ont évoqué sans succès l'aléa géologique pour amoindrir leurs responsabilités. La traversée routière ouest de Marseille *(10)* est en partie assurée par une longue tranchée couverte construite au moyen de parois moulées ancrées dans la marne, pour partie dans des alluvions vaseuses côtières surmontées de remblais, puis par le tunnel sous le Vieux-Port construit par échouage de caissons préfabriqués dans une souille et enfin par un ancien tunnel ferroviaire réaménagé sous le petit massif calcaire de la Garde.

Au nord, le chaînon de la Nerthe est traversé par un canal maritime, deux tunnels ferroviaires et un tunnel routier. Le tunnel maritime du Rove *(1)* a été foré entre 1911 et 1926 ; il est long de 7 km, large de 22 m et haut de 15 m dont 4 m de tirant d'eau sous le niveau de la mer – 380 m^2 de section, ce qui est exceptionnel –, et a produit plus de 2 Mm^3 de déblais rocheux utilisés pour l'extension du port. Son forage a été plutôt difficile en raison de fortes venues d'eau dans des calcaires karstiques et de marnes plus ou moins plastiques sous faible couverture à son extrémité nord ; dans cette zone, il s'est effondré en 1963 sur une centaine de mètres en raison d'un défaut d'entretien mal justifié par un manque d'usage ; un vaste affaissement s'est produit en surface ; le tunnel n'a pas été rouvert. Long de 4 km à 50 m d'altitude, le tunnel ferroviaire *(2)* a été foré vers 1850 ; c'était le premier des grands tunnels français ; il a été foré en majeure partie dans des calcaires plus ou moins dolomitiques très durs, selon la technique utilisée depuis la nuit des temps : quand les moyens techniques de l'époque ne permettaient pas de repérer précisément les tracés, ni mariner et aérer sur de longues distances, on forait une succession de courts tronçons alignés entre des puits verticaux ; il comporte ainsi 26 tronçons forés à partir de 24 puits profonds de 10 à 200 m qui sont toujours des bouches d'aération. Le récent tunnel de la LGV *(5)* long de 8 km, débute au nord sur la bordure marneuse du bassin d'Aix, traverse l'extrémité est très fracturée du chaînon et pénètre dans le bassin de Marseille ; dans le chaînon calcaire, il a notamment croisé une galerie naturelle de quelques mètres carrés où coulait un fort ruisseau mettant apparemment en charge la galerie en périodes de hautes eaux ; il a été détourné par une conduite pour que son cours ne soit pas interrompu. L'extrémité sud d'un court tunnel *(3)* entièrement foré dans le calcaire au-dessus du réseau karstique constitue la très spectaculaire porte d'accès à Marseille de l'autoroute A55.

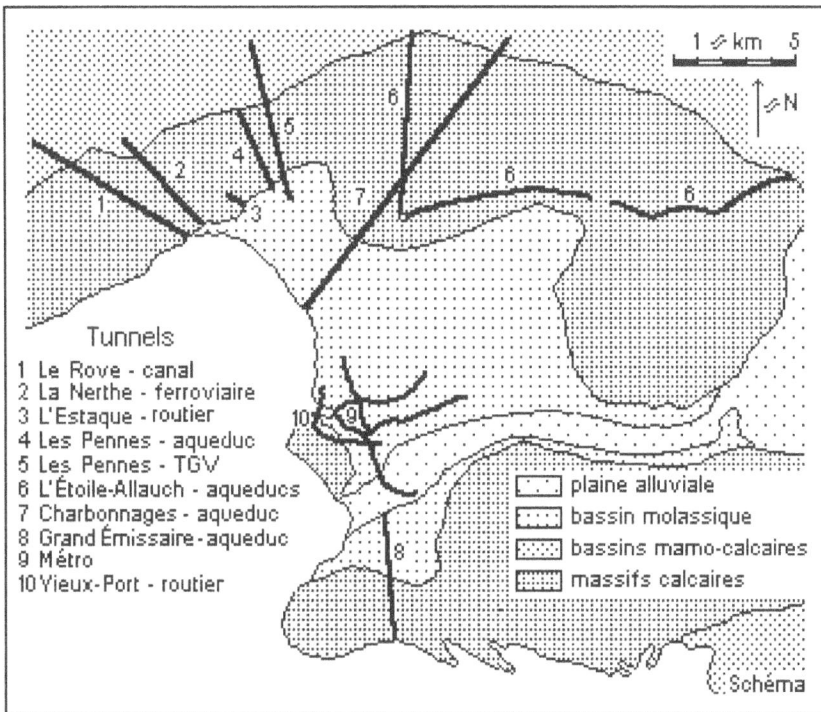

Figure 3.5.2.e – Les tunnels marseillais

Une galerie *(4)* longue d'un peu plus d'un kilomètre permet au Canal de Marseille, qui y apporte les eaux de la Durance, de franchir le col qui sépare le chaînon de la Nerthe de celui de l'Étoile. C'est une zone plissée, très fracturée de calcaire, dolomie, calcaire marneux, marne et gypse à travers laquelle le forage a été difficile et où l'entretien attentif doit être permanent malgré de nombreuses interventions de consolidation. À travers le chaînon de l'Étoile, une galerie du Canal de Provence *(6)* longue d'environ 8 km amène à Marseille les eaux du Verdon ; elle est prolongée vers l'est par deux galeries chacune longue d'environ 8 km, l'une sous la bordure du chaînon, l'autre à travers le massif d'Allauch dont la structure géologique est très complexe. La galerie des Charbonnages *(7)* traverse le chaînon pour assurer l'exhaure des eaux de la mine de charbon du bassin d'Aix-Gardanne ; forée de 1890 à 1905, elle est longue de 14,5 km entre Gardanne et le port où elle se déverse ; elle servait aussi au transport du charbon ; son forage a été rendu particulièrement difficile par de très abondantes venues d'eaux karstiques sous le chaînon, mais surtout sur le contact par faille chaînon/bassin qui constitue un barrage souterrain naturel, maintenant aménagé à partir d'un puits d'accès comme alimentation de secours pour Marseille ($\approx$ 2 000 m^3/h permanent). L'interprétation des observations permises par son forage a alimenté d'âpres discussions dans la communauté géologique de l'époque, entre partisans et adversaires des nappes de charriage ou des plis couchés très chevauchants ; à propos de l'accident du tunnel de Toulon, on verra qu'elles ne sont toujours pas terminées ! La raison en est qu'il y a bien en Provence occidentale selon l'endroit, des grands plis chevauchants (l'Étoile…) et de courtes nappes de charriage (Sainte-Beaume, Le Bausset…) qui n'ont toutefois rien à voir avec les grandes nappes alpines, dans les trois dimensions.

Au sud de l'agglomération, une grande station d'épuration souterraine a été creusée dans les alluvions aquifères de l'Huveaune et dans leur substratum marneux ; en sort un émissaire souterrain *(10)* qui traverse le chaînon calcaire de Marseilleveyre pour aboutir à la côte des calanques. Cet ouvrage double en longueur et en usage l'ancien émissaire long de 4 km, construit en 1891, qui déversait dans la mer de l'eau non épurée.

Si le tracé sud de la LGV vers Nice *(voir 3.4.3.3)* était adopté, la traversée de l'agglomération devrait se faire en tunnel, en majeure partie dans la molasse.

3.5.2.4 Accidents de tunnel

Le plus souvent, un accident de tunnel ne concerne que le chantier, mais peut grièvement affecter des ouvriers (chutes de blocs, projections d'écailles, ruptures de soutènement provisoire…). Les plus graves sont les débourrages intempestifs sur le front de matériaux meubles aquifères sous forte charge hydraulique comme il s'en produit quand un forage au rocher arrive sans y être préparé dans de tels matériaux.

3.5.2.4.1 Le tunnel de faîte du Löetschberg

Le débourrage qui s'est produit lors du forage du tunnel de faîte du Löetschberg a eu deux causes humaines : d'une part, l'absence d'étude détaillée du sous-sol du Gasterntal, en se contentant d'observations faites en aval dans la Klus et en négligeant l'existence éventuelle d'un sillon de torrent sous-glaciaire ; d'autre part, l'absence de reconnaissance à l'avancement en prolongeant systématiquement un sondage de minage

3.5.2.4.2 Le tunnel de Toulon

La traversée routière rapide du centre-ville de Toulon d'ouest en est posait un problème technique très difficile à résoudre, en raison de l'encombrement du site urbain enserré entre le mont Faron, chaînon calcaire, et la rade : un vaste glacis de piedmont en grave sableuse s'étend sous la ville ; il en émerge quelques buttes disséminées de subaffleurement du substratum de phyllade, pélite ou calcaire et il est traversé par d'étroits vallons N-S comblés de grave sablo-argileuse récente, aquifère, couverts par des remblais urbains. Durant plus de vingt ans, divers tracés et types d'ouvrages avaient été étudiés : viaducs, tranchées couvertes, tunnels terrestres ou sous-marins. Le tunnel terrestre finalement adopté devait être établi en deux tubes à une trentaine de mètres de profondeur, en partie sous des espaces libres en surface, en partie sous deux rues parallèles, rue Peyrest pour le tube sud, rue Gimelli pour le tube nord, presque entièrement foré dans le substratum comme l'avaient montré les études de faisabilité et d'APS (1976). Long de 3 km avec une section de 100 m^2, le tube sud a été le premier foré (1992/2002) ; entre la trémie ouest et l'avenue du

Commandant-Marchand, il a traversé des matériaux rocheux à peu près partout secs, maniables et stables (phyllade, schiste, pélite, grès, calcaire, marne), plus ou moins inclinés, peu fracturés ; de nombreux changements de matériaux sur de courtes distances imposaient des modifications de chantier à la demande. Mais aux deux tiers du tracé à peu près sous l'avenue, il devait traverser sur quelques dizaines de mètres un étroit et profond vallon fossile creusé dans ces matériaux et un amas de gypse, et comblé de grave sableuse très perméable et très aquifère ; au-delà jusqu'à la trémie est, les matériaux du substratum étaient les mêmes qu'à l'ouest, mais fracturés en écailles et très décomprimés à proximité du vallon. L'obstacle important du vallon fossile avait été bien situé et caractérisé dès les premières études ; il paraît avoir été négligé par les projeteurs et constructeurs, différents de ceux initiaux ; il fut ensuite totalement oublié lors du forage, jusqu'à ce que se produise ce qui devait arriver : un accident analogue à celui du Löetschberg – 90 ans après ! Vanité des retours d'expérience – mais heureusement moins grave, un débourrage du front, par bonheur, nocturne, qui n'a causé que des dommages matériels sur le chantier (rupture du soutènement, ensevelissement du matériel d'attaque…) et, à quelques dizaines de mètres près, plus de peur que de mal en surface (fontis presque au pied d'un immeuble, voirie coupée…). Comme celui du Löetschberg, cet accident a bien eu pour causes l'absence ou plutôt la négligence d'étude géologique et l'absence ou le défaut d'interprétation géologique de reconnaissance à l'avancement. L'ouvrage n'a pu être ouvert qu'une dizaine d'années après la date prévue ; on a dit ensuite que ce *délai n'*[était] *pas imputable aux difficultés géotechniques*, mais que ce retard était dû aux travaux de sécurité imposés après l'incendie du tunnel du Mont-Blanc ! Néanmoins, la *géologie complexe du sous-sol toulonnais* était évoquée pour expliquer les nombreux « aléas géologiques » rencontrés, imprévus par les constructeurs mais pas imprévisibles et en grande partie connus par les résultats des études antérieures : *difficultés de prévision de la coupe* (sous une couverture d'environ 30 m, facile à sonder !), *entraînant un grand nombre de reconnaissances à l'avancement* (il est normal d'en faire systématiquement et celle qu'il aurait fallu faire pour éviter l'accident n'a pas été faite ou n'a pas été interprétée correctement), *terrains déstructurés par les déplacements* (?) *et présentant des caractéristiques très faibles, présence d'amas de gypse, paléofontis* ; l'évocation était celle des « nappes de charriage » du cap Sicié qui se seraient étendues sur toute la surface de l'agglomération toulonnaise, mais qui sont en fait de simples écailles chevauchantes (*Fig. 1.2.2.f*) , déversées vers le sud qui ne dépassent pas le bord nord du massif de Sicié au-delà de la rade, à plus de 4 km, entre Six-Fours et la mer. La géotechnique de ce massif est bien connue par le forage des deux galeries d'assainissement d'environ 1 km, successivement réalisées dans les phyllades, sans grandes difficultés ! Évoquer ainsi une querelle géologique centenaire, réglée depuis longtemps et qui ne concernait pas ce site mais les chaînons calcaires de la Provence occidentale, n'était pas très sérieux ; mais il fallait bien justifier quelques « aléas géologiques », un retard *pas imputable aux difficultés géotechniques* et un coût total exorbitant.

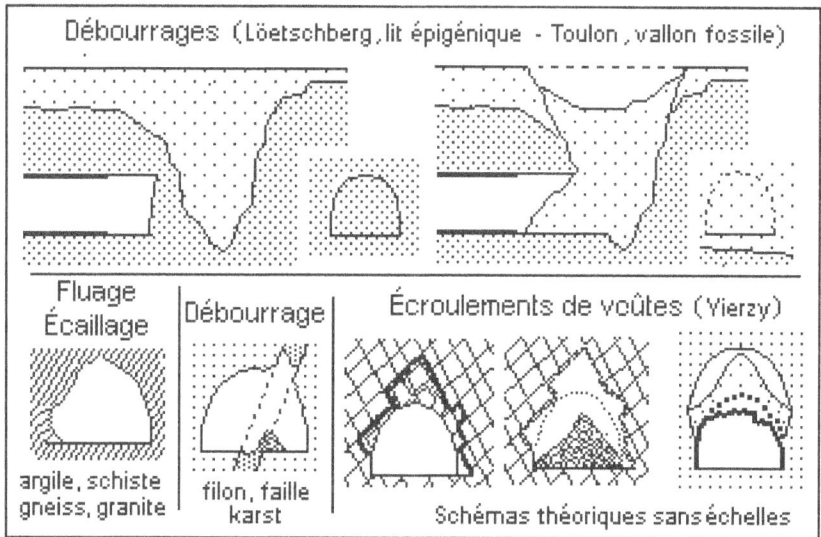

Figure 3.5.2.f – Accidents de tunnels

3.5.2.4.3 Le tunnel de Vierzy

La stabilité du revêtement de certains vieux tunnels (des voûtes de briques plus ou moins décollées du profil irrégulier d'abattage) n'est pas toujours assurée et un écroulement peut provoquer une catastrophe : le tunnel ferroviaire de Vierzy, sur la ligne de Paris à Soisson, est situé sous le plateau calcaire qui sépare la vallée de l'Ourcq au sud, de la vallée de l'Aisne au nord. Son sous-sol est une dalle subhorizontale épaisse d'une vingtaine de mètres de calcaire grossier lutétien plus ou moins karstique reposant sur le sable de Cuise yprésien dans lequel a été foré le tunnel. Ainsi, son faîte suit à peu près le contact de ces deux formations caractérisé par l'irrégularité du mur fissuré du calcaire. Immédiatement avant les passages de deux autorails, une courte partie de la voûte en briques s'effondra en juin 1972 ; il y eut une centaine de victimes ; trois collèges d'experts ne purent s'entendre sur le mécanisme de l'effondrement (mise en tension progressive de la voûte par les terrains encaissants jusqu'à sa rupture, ou chute brutale de blocs de calcaire trouant la mince voûte) ; la première hypothèse est peu probable puisque la voûte était un revêtement plus ou moins décollé et non un soutènement en tension.

3.5.3 Barrages

Un barrage est un ouvrage implanté en travers d'un cours d'eau et éventuellement de sa vallée, pour modifier son régime (régulation, création et stabilisation de plans d'eau de navigation, protection contre les crues, contre les très grandes marées…) et/ou pour exploiter ses ressources (dérivation pour l'irrigation, la consommation, production de force motrice). Certains barrages ne remplissent qu'une seule de ces fonctions, d'autres plusieurs. Un barrage crée en amont une retenue permanente ou temporaire qui peut être relativement faible si c'est un barrage en rivière qui fonctionne au fil de l'eau, ou très grande si c'est un barrage de vallée qui stocke l'eau des périodes de hautes eaux pour la restituer en périodes de basses eaux et/ou crée une forte chute motrice.

Mais en contrepartie, en dehors de certains barrages au fil de l'eau, la plupart des barrages et leurs retenues sont des ouvrages complexes et fragiles, plus ou moins dommageables pour l'environnement et plus ou moins dangereux. Ils perturbent fortement la morphologie et le comportement, tant mécanique qu'hydraulique de leurs sites, le régime hydraulique des cours d'eau sur lesquels ils sont établis et par cela, le fonctionnement des écosystèmes de l'ensemble de leurs bassins versants : les rives plus ou moins argileuses de certaines retenues deviennent plus ou moins instables ; les versants qui le sont naturellement peuvent devenir dangereux. Les retenues sont des pièges qui s'envasent et fixent les sédiments qui manquent ensuite à tout l'aval (plaines alluviales, marécages d'estuaire ou de delta, plaines littorales et côtes basses...) ; elles peuvent plus ou moins perturber le temps voire le climat et/ou l'hydrogéologie de régions plus grandes que les bassins versants ; durant un laps de temps plus ou moins long après leur mise en eau, elles peuvent provoquer des séismes très sensibles mais rarement destructeurs : barrage de Monteynard sur le Drac (1963, M_L 4,5)... Un barrage ne remplit son rôle de régulateur de régime et d'écrêteur de crues que jusqu'à ce que l'on soit obligé de laisser passer une crue qui met le barrage lui-même en danger, provoquant des dommages d'autant plus grands à l'aval, qu'un lâcher rapide amplifie l'onde de crue, et que la confiance et l'inconscience avaient conduit à aménager l'aval comme s'il ne pouvait plus s'y produire d'inondation : le 5 novembre 1994, une violente crue destructrice du haut Verdon n'a pas pu être arrêtée par le barrage de Castillon, car sa retenue était à son plus haut niveau ; elle a continué ses ravages jusqu'à l'entrée des gorges, une vingtaine de kilomètres plus bas. Enfin, les barrages sont des ouvrages fragiles qui rompent parfois à la suite d'un événement naturel (crue imprévue, séisme naturel, glissement ou écroulement de rive...) parce qu'ils ont été mal conçus et/ou mal construits. Ils peuvent alors provoquer à l'aval des catastrophes parmi les pires qu'entraînent les ruptures d'ouvrages quels qu'ils soient ; ces ruptures, heureusement assez rares, surviennent le plus souvent en période de temps anormalement pluvieux quand arrive une crue d'un volume statistiquement inattendu, alors que les matériaux du bassin versant sont saturés, que le plan d'eau de la retenue est déjà à sa côte maximum et que l'évacuateur de crue se révèle insuffisant, ou bien par désorganisation partielle ou totale des fondations due à des fuites dans des roches d'assise perméables et sensibles à l'eau, en soumettant le contact barrage/terrain à la poussée hydrostatique qui le claque et/ou en provoquant des renards qui le sapent.

Assurer la sécurité d'un barrage est donc indispensable. On le fait en choisissant un bon site d'implantation et le type d'ouvrage qui lui est le mieux adapté, en garantissant la stabilité de ses fondations et des versants de la retenue, en prévenant ses effets secondaires préjudiciables à l'environnement ; ce sont les buts essentiels des études géotechniques d'un aménagement hydraulique dont le barrage est de ce point de vue l'organe essentiel. À chaque étape, ces études doivent faire appel à toutes les disciplines (géologie, géomécanique, hydraulique…) et tous les moyens (documentation, télédétection, levers de terrain, géophysique, sondages, galeries, essais…) de la géotechnique ; elles sont très coûteuses, particulièrement difficiles à organiser, longues à exécuter, délicates à interpréter et leurs résultats ne sont pas toujours utilisés correctement. La collaboration active d'un géologue expérimenté est indispensable, du début de l'étude du projet à la fin des observations de la mise en eau : il ne peut préciser certaines observations géologiques de l'étude ou en faire de nouvelles qu'au cours des chantiers de terrassement et d'injection. L'étude et la construction d'un barrage sont les opérations du BTP dans lesquelles le rôle particulièrement important du géologue est toujours nécessaire, souvent même déterminant.

Parallèlement, l'étude du régime du cours d'eau doit garantir que la retenue sera régulièrement alimentée, que le barrage étalera le passage des crues maximales et que l'alimentation de l'aval sera correctement assurée. Mais dans la plupart des cas, les données hydrologiques sur le bassin versant ne sont pas suffisantes pour une exploitation statistique rigoureuse ; on doit donc les croiser avec des données indirectes : estimation de la pluviosité, des parts de ruissellement, d'infiltration, d'évaporation… qui dépendent en grande partie de la morphologie et de la géologie du bassin versant. Une alimentation insuffisante peut être compensée par des prélèvements dans des bassins versants voisins acheminés par des canaux et/ou des galeries ; c'est ainsi que fonctionne le barrage principal de certains aménagements de montagne en collectant les eaux turbinées par les barrages d'altitude.

Ce qui suit concerne essentiellement la géologie des barrages de vallée.

3.5.3.1 Le barrage

Les types de barrages sont nombreux et leurs applications spécifiques sont innombrables ; aucun barrage n'est identique à un autre.

3.5.3.1.1 Emplacement

Le choix de l'emplacement du barrage dépend en premier lieu d'un besoin d'usage local ou régional : établir un plan d'eau de navigation, une réserve agricole, un aménagement hydroélectrique… dans un certain bassin versant. Il consiste d'abord à vérifier que les caractères hydrologiques de ce bassin permettront de couvrir le besoin, en apportant la quantité d'eau nécessaire ; il consiste ensuite à repérer dans le bassin versant, des sites dont la morphologie et la géologie sont apparemment favorables (emplacement d'altitude convenable, dimensions de l'ouvrage relativement petites, volume de la retenue suffisant, emplacement des ouvrages annexes – évacuateur de crue, usine électrique, écluse…), à les comparer et à en retenir un, ce qui peut imposer d'entreprendre sur certains des études géotechniques de faisabilité. Il faut enfin sélectionner le type d'ouvrage – digue en remblais, mur en béton (poids, voûte) –, le mieux adapté à l'usage et à l'emplacement, puis vérifier que l'on dispose à proximité et en quantité suffisante des matériaux de construction nécessaires au type choisi et à son volume.

Une faille sublongitudinale ou une formation karstique sous les alluvions, la proximité d'un ancien thalweg épigénique, une structure aval-pendage de formations sédimentaires, la fracturation importante des roches, leur forte perméabilité comptent parmi les principaux défauts géologiques d'un emplacement de barrage. Ils peuvent compromettre l'étanchéité et/ou la stabilité de l'ouvrage ; certains peuvent être plus ou moins corrigés par des travaux spécifiques ; la plupart des accidents leur sont directement liés.

3.5.3.1.2 Choix du type

La morphologie de l'emplacement choisi (largeur, pentes des versants, qualités mécaniques et hydrauliques des matériaux d'assise), la nature, la qualité et la quantité des matériaux de construction dont on peut disposer… sont les principaux critères géologiques du choix du type d'ouvrage. Schématiquement, les barrages-murs en béton imposent une assise rocheuse très résistante : les barrages-voûtes conviennent aux gorges rocheuses étroites et profondes, les barrages-poids conviennent aux vallées plus larges. Les barrages-digues en remblais conviennent à peu près à toutes les situations – matériaux relativement peu résistants, plus ou moins compressibles et/ou évolutifs (marnes, alluvions…) ; ils sont toutefois plus fragiles (glissements de talus, débordement en cas de crues, renards en cas d'infiltrations…). Plusieurs types plus compliqués (voûtes multiples, à contreforts, remblais à masque amont ou noyau en béton…) peuvent être mieux adaptés à des situations particulières ou constituer une partie secondaire destinée à fermer un seuil naturel plus bas que la crête de l'ouvrage principal.

3.5.3.1.3 Fondations

Les matériaux d'assise d'un barrage peuvent être plus ou moins résistants et déformables suivant le type et les dimensions de l'ouvrage : un barrage-voûte exige une roche dure, très résistante et pratiquement indéformable ; un barrage-poids en béton, moins exigeant pour la résistance, l'est autant pour la déformabilité ; un barrage en remblais s'accommode plus ou moins de matériaux d'assise relativement moins résistants et plus déformables. Le sous-sol de fondement doit être homogène pour limiter les déformations différentielles ; les roches doivent être insensibles à l'imbibition et peu solubles afin de ne pas perdre progressivement ou brusquement leurs qualités mécaniques et/ou hydrauliques…

3.5.3.1.4 Étanchéité

Un barrage doit évidemment être étanche, quel qu'en soit le type à son contact avec ses matériaux d'assise, lui-même s'il s'agit d'un ouvrage en remblais. L'étanchéité propre d'un barrage en remblais dépend des matériaux employés, de la façon de les disposer et de les mettre en œuvre ; un défaut peut compromettre sa stabilité propre, même s'il est correctement fondé. Le défaut d'étanchéité de contact est lié à la perméabilité de pores ou de fissures des matériaux d'assise ; même si elles sont relativement faibles, en raison du fort gradient d'écoulement entre l'amont et l'aval du barrage, les pertes produites peuvent être importantes ; même si elles sont peu abondantes, ces fuites peuvent être dangereuses, car elles peuvent provoquer le claquage du contact, de fissures ou de fractures proches par leur pression hydrostatique (sous-pression) et/ou des renards par leur pression de courant, ce qui peut entraîner la ruine de l'ouvrage. On en limite les effets en diminuant la perméabilité des matériaux et en allongeant le parcours des fortes fuites sous l'ouvrage par un écran parafouille en argile, béton ou palplanches, ou un rideau de coulis injecté ; sous les grands ouvrages, on prolonge le rideau par un voile d'injection au large dans la roche encaissante afin d'assurer son étanchéité et le collage du rideau. On collecte ensuite les fuites résiduelles ou celles qui étaient peu abondantes dans un réseau de drainage ; l'apparition de percolations voire de sources en aval du barrage ou les variations du débit des drains en fonction de la hauteur du remplissage de la retenue et le contrôle de la turbidité et de la minéralisation de l'eau collectée renseignent sur d'éventuels débourrages ou colmatages de fissures, altérations de matériaux naturels, de construction et/ou d'injection… qui peuvent annoncer de graves dégradations susceptibles d'entraîner la ruine de l'ouvrage si l'on n'y remédie pas (Malpasset).

3.5.3.2 La retenue

Toute l'eau contenue dans une retenue n'est pas utilisable ; sous la vidange de fond, il reste toujours une tranche d'eau plus ou moins boueuse qui se colmate peu à peu ; sous la prise d'exploitation, une tranche d'eau plus ou moins turbide peut être périodiquement vidangée pour contrôler l'envasement ; au-dessus, la tranche d'eau utile doit évidemment être aussi grande que possible ; elle n'atteint pas le niveau maximum possible, car il faut réserver une tranche d'eau pour absorber les crues normales ; l'évacuateur de crue doit éviter le débordement incontrôlé en cas d'arrivée d'une crue alors que la retenue est à son niveau maximum.

L'étude de l'étanchéité de la retenue fondée sur un levé géologique détaillé est évidemment nécessaire ; l'étanchéité ne peut pas être totale, mais les pertes éventuelles doivent être faibles par rapport à l'alimentation. Dans une région granitique homogène, peu favorable aux infiltrations et aux circulations profondes et lointaines d'eaux souterraines, l'étude de la retenue peut se limiter à ses abords, alors que dans une région sédimentaire fracturée, où l'on trouve des formations calcaires propices aux infiltrations abondantes et aux circulations lointaines, l'étude peut s'étendre très loin de l'ouvrage, comme pour Sainte-Croix sur le Verdon (*voir 3.4.3.5*). Des formations plus ou moins perméables soit par nature (alluvions, calcaire…) soit par effet tectonique (fissuration, fracturation…), susceptibles de s'étendre en aval du barrage ou dans un bassin voisin d'altitude moindre – en particulier en cas de structure aval-pendage –, peuvent entraîner des pertes importantes par la suralimentation de petits réseaux actifs alluviaux ou de versants, la réactivation d'anciens réseaux délaissés alluviaux ou karstiques ; les petits réseaux karstiques ou de fractures plus ou moins colmatés peuvent être débourrés ; la couverture insuffisamment épaisse, compacte et étanche d'une formation karstique en fond de retenue peut claquer sous la pression hydrostatique comme celle d'une doline au fond de laquelle s'ouvre un aven… Les pertes alluviales ou de fissures peuvent être limitées et acceptables sans correction si la perméabilité moyenne de la formation est faible et la distance à l'exutoire longue ; les pertes karstiques ou de fractures doivent être obstruées, car elles sont toujours très abondantes, ce qui n'est éventuellement possible que si l'on en connaît exactement le point d'origine ; plus généralement, elles rendent tout ou partie de la retenue inutilisable, ce qui est parfois arrivé quand on a négligé ce risque.

Les bords d'une retenue peuvent être plus ou moins naturellement instables, affectés de glissements de versant, d'écroulements de falaise… Leur stabilité peut être altérée par l'imbition permanente de leurs matériaux marneux ou argileux ; ils sont particulièrement instables lors de vidanges rapides s'ils sont peu perméables. Les effets d'un éventuel accident dépendent de son volume et de sa rapidité ; ils peuvent simplement plus ou moins réduire le volume de la retenue ou si elle est pleine, provoquer une seiche susceptible d'endommager les rives, de passer ou détruire le barrage (Vajont).

3.5.3.3 L'évacuateur de crues

L'évacuateur de crues d'un barrage est l'organe essentiel de sa sécurité : la plupart des ruines de barrage se produisent durant une forte crue ; c'est souvent l'événement déclenchant sans en être la cause première qui est un défaut de l'ouvrage et/ou de l'évacuateur. Le dysfonctionnement de l'évacuateur d'un barrage-digue en remblais entraîne immanquablement sa ruine.

Selon le type de barrage et la morphologie de son emplacement, ce peut être un déversoir aménagé sur le couronnement, un canal latéral ou une galerie. La pente de l'évacuateur est très forte, éventuellement subverticale dans le cas d'un déversoir de couronnement ; la vitesse du courant ou l'énergie de la chute est très grande ; à l'extrémité de l'évacuateur, elle doit être cassée ou dissipée avant que l'eau soit restituée au cours d'eau.

Pour calibrer un évacuateur, il faut estimer le débit maximum de la crue susceptible de se produire ; on le fait de manière statistique, mais pour ce faire, on ne dispose que de peu de données plus ou moins fiables : cent à deux cents ans de relations puis d'observations de crues plus ou moins bien quantifiées puis interprétées, mesures sur une dizaine d'années (prob 0,1) et extrapolation logarithmique à cent (prob 0,01) et mille « ans » (prob 0,001) ; il faut donc majorer l'estimation d'un gros coefficient de sécurité : le pont de Quinson, sur le Verdon, à l'entrée de la deuxième partie des basses gorges, est dans un site entièrement rocheux, de section quasi rectangulaire, immuable et facile à calibrer, de sorte que les débits de toutes les crues de hauteur connue peuvent y être correctement estimés : novembre 1843, 1 450 m^3/s ; septembre 1860, 650 m^3/s ; octobre 1863, 800 m^3/s ; octobre 1882, 930 m^3/s ; octobre 1886, 1 020 m^3/s ; juin 1903, 700 m^3/s ; octobre 1924, 670 m^3/s ; novembre 1926, 780 m^3/s ; novembre 1933, 630 m^3/s ; novembre 1935, 510 m^3/s ; novembre 1951, 650 m^3/s.

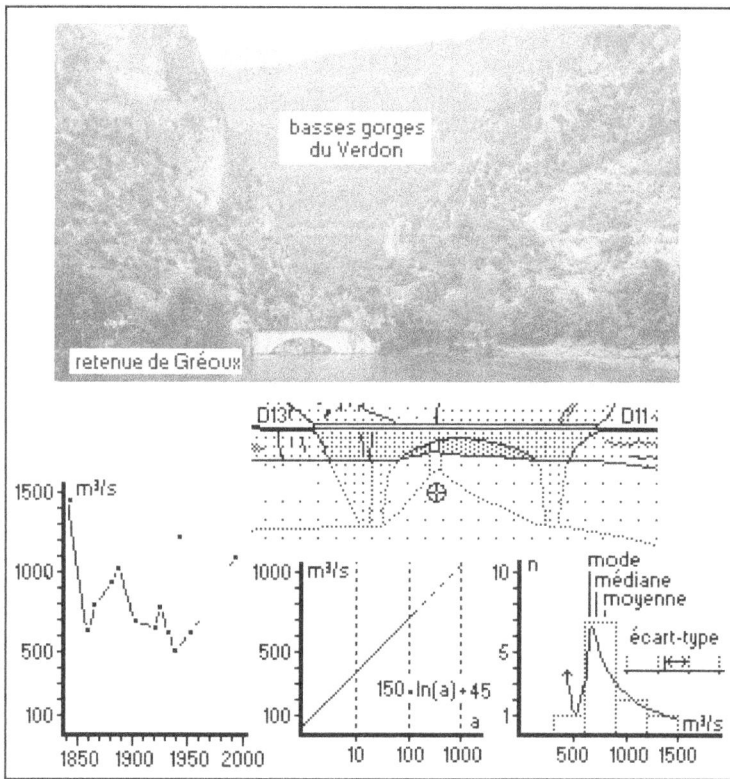

Figure 3.5.3.a – Le pont de Quinson sur le Verdon

En 110 ans, il y eut donc 11 crues de plus de 500 m³/s considérées comme exceptionnelles, et de 800 m³/s moyenne, pour un écart-type de 250, courte série et fort écart-type, statistique peu convaincante ; mais ce pont se trouve aussi au sein de l'important aménagement hydroélectrique de la rivière, de sorte qu'il a servi de débimètre de référence pour établir la « loi » logarithmique d'intensité des crues, prise en compte pour calculer les évacuateurs de crues des barrages : $150 \times \ln(a) + 45$, par laquelle on calcule par exemple la période de retour de 800 m³/s, $\approx$ 150 ans, la crue décennale, $\approx$ 400 m³/s, centennale, $\approx$ 700 m³/s, millénale, $\approx$ 1 100 m³/s ; la crue de novembre 1994 y a été $\approx$ 1 000 m³/s, malgré la régulation résultant de l'aménagement : une crue centennale tous les dix ans, trois crues millénales en 150 ans ! Il est bon d'être prudent quand on applique le résultat d'un calcul statistique à un événement naturel susceptible d'être dangereux.

3.5.3.4 Les types de barrages

Les usages, les besoins, les caractères naturels des emplacements, les moyens de construction… varient dans de très larges limites ; il en est résulté une palette de types de barrages que l'on peut classer de différentes façons, selon que l'on s'intéresse en premier lieu à l'économie, à la construction ou à la géotechnique.

3.5.3.4.1 Les barrages-digues en remblais

De la simple levée à la grande digue, les barrages en remblais, « terre » ou enrochements, sont de très loin les plus anciens et les plus nombreux ($\approx$ 80 % de l'ensemble des barrages mondiaux). Adaptés à toutes sortes de sites, en particulier à ceux dont la structure est hétérogène, ce sont en effet les plus simples et les moins onéreux à construire en empilant des matériaux locaux ; ce sont aussi les plus fragiles, car même protégés en surface, les matériaux dont ils sont construits sont très sensibles à tous les effets de l'eau (imbibition, infiltration, érosion…). Il faut assurer la stabilité et l'imperméabilité du massif et de l'assise, le risque de renards en cas de fuite, la défense contre les vagues en amont, contre l'érosion par la pluie en aval…, mais surtout l'insubmersibilité, car un débordement est toujours fatal : il se crée rapidement une brèche incontrôlable par laquelle s'engouffre toute l'eau de la retenue. Tous doivent donc être équipés de massifs drainants de pied, éventuellement de tapis drainants et/ou étanches sous leurs parties aval, de rideaux parafouilles, de masque sur le talus amont servant de drain, d'étanchéité et de protection contre le batillage ; leurs évacuateurs de crues doivent évidemment être confortablement calibrés et implantés relativement loin de l'ouvrage. Ces dispositifs peuvent être réalisés de multiples façons selon les caractères particuliers de l'ouvrage et les moyens techniques dont disposent les constructeurs.

Construits en matériaux meubles non liés, « terre » et/ou enrochements, les barrages-digues ont des profils à peu près trapézoïdaux (subtriangulaires à peu près isocèles) à pente relativement faible $\approx$ 1/2,5 (1/1 à 1/4). Ce sont des barrages-poids souples, susceptibles d'être implantés sur des matériaux plus ou moins résistants, éventuellement plus ou moins compressibles, car ils chargent relativement peu leur assise ; mais ils se déforment plus ou moins, éventuellement par effet de tassement de l'assise, mais aussi en raison d'un inévitable compactage résiduel du massif sous l'effet de la pression hydraulique de la retenue après la mise en eau et de son poids propre.

▶ Les barrages en « terre »

Par « terre », on entend n'importe quel matériau meuble non organique, susceptible d'acquérir une bonne résistance et une faible perméabilité par compactage. Selon la nature et le volume des matériaux dont on dispose à proximité de l'emplacement du barrage, révélés par une prospection géologique, on choisit la structure de l'ouvrage qui, sans entrer dans les détails, peut être homogène éventuellement à masque amont synthétique (béton bitumineux, béton de ciment, chape ou membrane souples), zonée à corps graveleux ou rocheux et noyau argileux ou synthétique. Dès que le choix est fait, le rôle de la géologie s'efface devant celui de la géomécanique pour définir les conditions de stabilité mécaniques et hydrauliques du massif lui-même et des matériaux d'assise (coefficient de sécurité aux glissements selon les paramètres de Coulomb des matériaux, le niveau de la retenue et ses variations, pression interstitielle des matériaux, pressions hydrostatique et de courant…) ; ces digues ne sont devenues sûres que dans les années 1930, grâce aux études géomécaniques systématiques de Terzaghi.

Pour des raisons techniques et économiques évidentes, les barrages collinaires à vocation agricole et/ou touristique sont pour la plupart des massifs homogènes en matériaux prélevés dans la future retenue, dont la hauteur ne dépasse généralement pas vingt mètres. Échappant ainsi au contrôle du Comité technique permanent des barrages, mais aussi fragiles que les grands, ils doivent être étudiés, construits et entretenus comme eux : régime du cours d'eau caractérisé, emplacement géologiquement favorable, étude géotechnique complète (géologie et géomécanique – plans topographiques de la retenue et de l'emplacement, levé géologique détaillé, géophysique électrique et sismique, sondages mécaniques, essais *in situ* et de laboratoire, calculs de stabilité…), décapage et éventuellement compactage de l'assise, massif par couches compactées au rouleau, parafouille, drain, évacuateur de crue, contrôle de la mise en eau, surveillance et entretien permanents.

► ### Les barrages en enrochement

Si l'on ne dispose pas de matériaux meubles de qualité et en quantités suffisantes, on peut construire un massif de tout-venant rocheux provenant d'une carrière voisine ou créée dans ce but ; aucun classement granulométrique n'est nécessaire si l'on dispose de compacteurs puissants, mais il faut évidemment que la mise en œuvre se fasse par couches superposées et non en vrac. Un massif en enrochement est plus stable qu'un massif en terre, mais il est plus évolutif (compactage gravitaire résiduel) et il est généralement très perméable ; ses talus peuvent avoir des pentes fortes (jusqu'à 1/1 à l'aval), mais il est indispensable de l'équiper d'un masque amont d'étanchéité ou d'un noyau étanche incliné vers l'aval dans sa partie amont – il est impossible de mettre en place un noyau central. Le masque doit être souple pour s'adapter aux mouvements dus au compactage résiduel, et le noyau doit être isolé du massif par un filtre.

► ### Les barrages en béton corroyé

Les barrages en béton corroyé sont des ouvrages intermédiaires entre les barrages en remblais et les barrages en béton coulé ; ils ont à peu près les mêmes caractères techniques que ces derniers et doivent être implantés et construits dans des conditions géologiques analogues. Le matériau de construction est un matériau meuble naturel analogue à ceux utilisés dans les premiers, mélangé à du ciment en quantité relativement faible, selon la technique routière du sol-ciment ; il est normalement compacté par couches relativement minces, mises en place en continu ; les pentes de leurs parements sont analogues à celles des barrages-poids en béton coulé, subverticales à l'amont, $\approx$ 1/0,75 à l'aval.

3.5.3.4.2 Les barrages-murs en béton coulé

Les barrages-murs en béton coulé représentent environ 15 % de l'ensemble des barrages mondiaux (poids $\approx$ 10 %, voûtes $\approx$ 4 %, contreforts et voûtes multiples $\approx$ 1 %).

Le béton coulé permet de réaliser à peu près toutes les formes de barrages adaptées aux particularités d'à peu près tous les emplacements possibles, sous réserve d'une assise rocheuse ou du moins résistante et pratiquement incompressible. Le principal problème que posent la construction et la maintenance des barrages en béton est d'éviter ou amoindrir la fissuration du massif lui-même, de son contact avec les matériaux de son assise et de ses matériaux, à des distances plus ou moins grandes qui dépendent de leur fissuration naturelle, des effets éventuels des terrassements mal contrôlés aux explosifs et des charges de l'ouvrage et de la retenue. Cela impose un ou plusieurs voiles d'étanchéité injectés et un réseau de drainage très étendu ; des galeries et puits sont indispensables pour les installer, puis les visiter et les entretenir.

▶ Les barrages-poids

Un barrage-poids est un ouvrage massif dont le profil transversal est triangulaire subisocèle, à parement amont subvertical. Pour que sa stabilité au renversement soit assurée, son profil doit être tel qu'il soit en suréquilibre quel que soit l'état de remplissage de la retenue ; pour que sa stabilité au glissement soit assurée, la poussée de l'eau de la retenue qu'il transmet à son assise doit être compensée par le frottement de son contact avec elle, fonction des paramètres de Coulomb des matériaux d'assise, de son poids propre et du profil du fond de fouille.

Les barrages-poids sont adaptés aux vallées modérément larges dont les versants rocheux peuvent être plus ou moins profondément altérés, mais imperméables et indéformables aux pressions relativement faibles qu'ils leurs transmettent, 50 bar au plus pour un ouvrage de 200 m de haut. Peu affectés par les débordements, ils peuvent être ruinés par la désorganisation partielle ou totale de leurs fondations due à des fuites, à un claquage du contact barrage/terrain par la poussée hydrostatique, à des renards… L'effet dangereux de la pression hydrostatique sur la stabilité des barrages-poids a été découvert en 1887 par Dumas, pour expliquer la rupture du barrage de Bouzey.

▶ Les barrages-voûtes

Un barrage-voûte à courbure convexe vers l'amont s'arc-boute plus ou moins sur les versants de la vallée pour leur transmettre une partie plus ou moins grande de la charge hydraulique de la retenue. De nombreuses formes de voûte permettent d'adapter ces ouvrages à divers profils en travers de vallées :

• les voûtes épaisses, cylindriques à rayon constant ont des profils de barrages-poids amincis, avec un parement amont vertical. Elles conviennent aux vallées larges en auge ou en U, avec des versants raides de hauteur moyenne qu'elles ne chargent qu'en partie, laissant le reste au fond ;

• les voûtes minces à angle d'ouverture constant ont des formes compliquées de coque plus ou moins inclinée vers l'aval. Elles conviennent aux vallées en V et aux gorges étroites et profondes, avec des versants très raides qu'elles chargent en majeure partie.

Ces ouvrages ont d'abord été limités aux gorges étroites et profondes dont les parois sont subverticales – Zola : 37 m de haut, 62 m de largeur barrée au couronnement (l/h < 3). Les progrès techniques ont permis d'atteindre l/h ≈ 5 pour certains très hauts ouvrages et même l/h ≈ 10 pour quelques-uns uns de moins de 100 m de haut ; mais plus la longueur du couronnement augmente, plus l'intérêt économique diminue par rapport au barrage-poids : les barrages-voûtes sont donc particulièrement adaptés aux vallées rocheuses étroites et profondes : $\approx$ 2/3 des barrages de plus de 200 m de haut sont des voûtes. De plus, il faut que les versants de la vallée soient parfaitement stables naturellement, constitués de roches massives d'excellente qualité, susceptibles de ne pas se déformer sensiblement sous la pression de leurs appuis, plus de 30 bar pour les voûtes épaisses et jusqu'à 80 bar pour les voûtes minces. Pour réduire la pression d'appui, les semelles de répartition sont dangereuses, car elles favorisent l'effet hydraulique (claquage et renards), en cas de fuites (*voir 3.5.3.7.2*). Ces ouvrages et leurs appuis se déforment légèrement sous la pression de l'eau de la retenue ; il importe donc de contrôler rigoureusement ces déformations pendant toute la durée de la mise en eau et jusqu'au remplissage complet de la retenue pour vérifier qu'elles demeurent dans les limites acceptables de l'élasticité linéaire. Les fuites au large doivent être impérativement prévenues par des voiles d'injection imperméabilisants, puis de façon analogue, celles susceptibles de se produire durant la vie de l'ouvrage.

Le plus ancien barrage-voûte français a été construit par François Zola (père d'Émile) en 1843, dans une étroite gorge de la vallée de l'Infernet, affluent de l'Arc, pour alimenter Aix-en-Provence. En amont, le barrage de Bimont, autre voûte plus récente, reçoit les eaux d'une branche du canal de Provence prélevées dans le Verdon, pour renforcer l'alimentation d'Aix et la distribuer dans le bassin agricole et industriel de l'Arc. Il est construit dans une autre gorge de calcaire cristallin subvertical très fracturé et karstique, ce qui a imposé d'importantes injections qu'il faut compléter de temps en temps ; la retenue est en grande partie marno-calcaire.

▶ Les barrages composites

Les barrages à contreforts sont composés de grands contreforts en béton armé, parallèles au lit du cours d'eau, généralement triangulaires avec un parement amont plus ou moins incliné vers l'aval, un parement aval subvertical et un pied traité en semelle de fondation. Plus ou moins larges et espacés, ils soutiennent à l'amont une paroi perpendiculaire en béton armé qui peut être plane inclinée ou en voûte. On peut ainsi barrer des vallées larges en multipliant les contreforts et les voûtes. Chaque contrefort est fondé individuellement ; évidemment, tous le sont sur les mêmes matériaux rocheux d'assise très résistants et nécessairement homogènes, car ils ne supportent pas les tassements, éventuellement à travers la couverture alluviale ou leur partie superficielle altérée qu'il est inutile de décaper entièrement ; les pieds des parois intermédiaires sont étanchés par injection. La charge de l'eau, supportée par les parois et transmise aux fondations des contreforts (une vingtaine de bars) car ils ne sont jamais très hauts, intervient pour une large partie dans leur équilibre ; l'effet de la pression hydrostatique d'infiltration sous les fondations est ainsi en grande partie équilibré, ce qui permet de simplifier les voiles d'injection et les réseaux de drainage.

▶ Les barrages au fil de l'eau

Les barrages au fil de l'eau sont établis au travers d'un cours d'eau pour créer des plans d'eau de navigation stables (Seine…), alimenter des prises ou des canaux latéraux, empêcher l'entrée de fortes marées dans un delta (Escaut), un estuaire (Tamise), une lagune (Venise)… Ils comportent des dispositifs de vannes pour gérer l'écoulement à la demande et laisser passer les crues sans produire de remous en amont ; des écluses permettent de les franchir ; comme ceux des anciens moulins, les plus grands peuvent alimenter des usines hydroélectriques au fil de l'eau (Rhin, Rhône, Durance…) ou marémotrices (Rance). Ils sont généralement implantés en des endroits choisis pour des raisons techniques ; ils sont fondés comme des ouvrages courants ou des ponts.

3.5.3.5 Surveillance et entretien des barrages

Les barrages sont des ouvrages fragiles, éventuellement dangereux ; la surveillance de leur comportement et de leurs abords, les interventions rapides et préparées en cas d'anomalie constatée, leur entretien systématique permanent assurent leur sécurité.

Les dispositifs de surveillance d'un barrage sont analogues à ceux d'un mouvement de terrain (*Fig. 1.5.4.h*) : sur l'ouvrage et ses abords, contrôle des variations de niveau d'eau souterraine et de pression interstitielle naturelles ou provoquées (piézomètres), des déplacements et des contraintes (géodimètres à laser, extensomètres, fissuromètres, tassomètres, déflectomètres, inclinomètres, dynamomètres…). Ils doivent être mis en place durant la construction et doivent être opérationnels avant la mise en eau de la retenue, afin de la contrôler, car c'est la phase la plus critique du comportement d'un barrage. Les mesures doivent être renouvelées à chaque grande variation de niveau ou en cas d'observations suspectes ; actuellement, les mesures sur les grands ouvrages sont automatiques et traitées dans des centres informatisés, sous le contrôle de spécialistes. Des dispositifs analogues peuvent équiper des zones fragiles des bords des retenues.

Parmi les opérations d'entretien, les plus fréquentes qui concernent le sous-sol sont les reprises de rideaux d'injection et de réseaux de drainage pour les barrages et la stabilisation de rives pour les retenues.

3.5.3.6 Le lac Noir et Serre-Ponçon

Le procédé d'injection de coulis fluides de différentes compositions pour traiter des matériaux perméables meubles mais compacts, plus ou moins hétérogènes au moyen de tubes à manchettes, a été mis au point et validé pour réparer la digue du lac Noir puis a été utilisé à Serre-Ponçon pour construire l'écran parafouille du barrage.

3.5.3.6.1 Le tube à manchettes

Un tube à manchettes est mis en place dans un forage ; il est crépiné à intervalles réguliers et chaque crépine est masquée par un manchon en caoutchouc, la « manchette », qui fonctionne comme un clapet de non-retour permettant le passage du coulis vers le matériau à injecter et empêchant son reflux ; le coulis peut être du ciment, du sable, de l'argile purifiée à comportement colloïdal, un mélange, un gel de silicate…

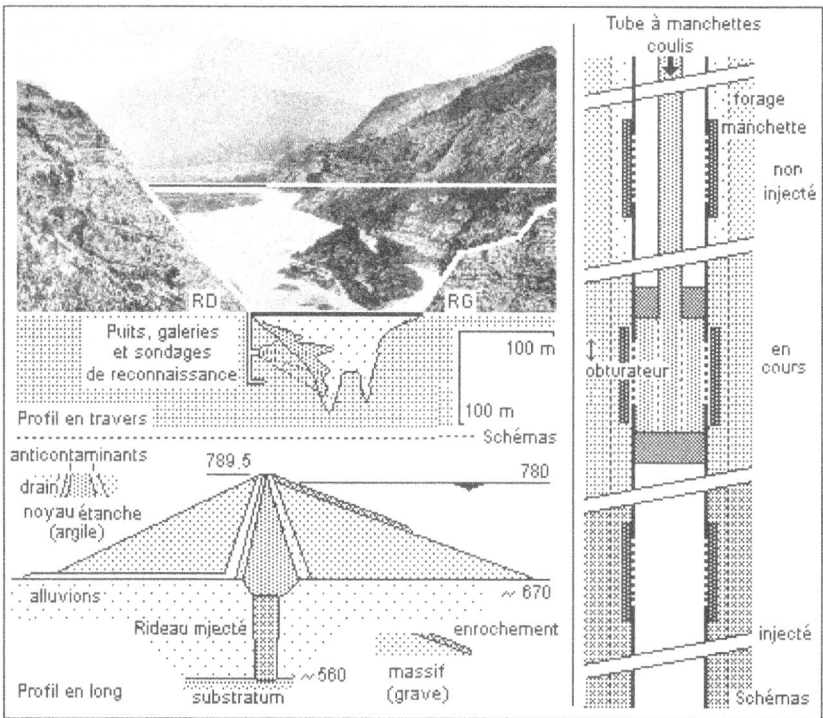

Figure 3.5.3.b – Implantation et profils du barrage de Serre-Ponçon – Tube à manchettes

L'injection se fait crépine par crépine au moyen d'un double obturateur ; l'intérieur du tube demeure ainsi libre durant toute l'opération et on peut le réutiliser au besoin pour compléter l'injection d'une zone douteuse, révélée par des sondages de contrôle au cours desquels on réalise des essais de perméabilité et on prélève des échantillons. Une forêt de tubes à manchettes selon une maille de plus en plus serrée peut être mise en place et éventuellement complétée à la demande selon les résultats de ces contrôles.

3.5.3.6.2 Le barrage du lac Noir

Le lac Noir est situé sous la crête des Vosges, côté alsacien, au nord du col de la Schlucht ; il est établi dans un cirque glaciaire de hautes falaises granitiques, naturellement barré par un cordon morainique que l'on a surélevé au moyen d'une digue haute de 15 m, construite avec les mêmes matériaux prélevés sur place ; ils enrobent un noyau en béton et sont protégés par un parement amont en maçonnerie. Son utilisation hydroélectrique l'associe au lac Blanc, analogue à lui, situé une centaine de mètres au-dessus et à environ 1 km de distance : en périodes creuses de consommation électrique, l'eau du lac Noir est refoulée par pompage dans le lac Blanc et en périodes de pointe, le lac Blanc lui restitue cette eau qui est turbinée au passage ; ainsi, à peu près une fois par jour, le niveau du lac Noir varie d'environ 18 m dans chaque sens ; ces incessantes « vidanges brusques » ont provoqué un renard permanent d'environ 200 l/j de sable qui a peu à peu déformé le corps de digue, fragmenté le revêtement et accru la perméabilité de la moraine, très faible à l'origine ; le débit de fuite atteignait à peu près 350 m^3/h en 1945 quand on a décidé de colmater les matériaux et de réparer l'ouvrage. On procéda d'abord en tâtonnant avec plus ou moins de succès, puis rationnellement au moyen de tubes à manchettes, à des injections expérimentales puis systématiques de coulis de ciment, sable, argile et/ou silicates en proportions et quantités variables selon l'état local des matériaux et l'efficacité des passes précédentes contrôlée par sondages et essais d'eau. En fin d'opération, le débit de fuite était inférieur à 2 m^3/h, ce qui validait le procédé d'injection au moyen des tubes à manchettes permettant de planifier, gérer et contrôler rigoureusement n'importe quelle opération d'injection dans des matériaux meubles jusqu'à l'obtention du résultat cherché.

3.5.3.6.3 Serre-Ponçon

Pour essayer d'assagir la Durance (*voir 3.4.3.5*), la construction d'un barrage-poids en béton à Serre-Ponçon, verrou glaciaire large d'environ 150 m au niveau de la rivière, à l'aval du confluent de l'Ubaye – autre gros torrent aux crues violentes –, avait été proposée dès 1896 par I. Wilhem ; mais sa construction en béton-poids avait alors été jugée dangereuse en raison de la mauvaise qualité apparente du rocher des versants, un calcaire en petits bancs diaclasés séparés par des lits marneux, plus ou moins fracturé notamment en rive gauche, et de l'épaisseur des alluvions estimées à une quarantaine de mètres. Toutefois, le projet n'a jamais été abandonné : en 1912, un puits et une galerie d'étude ont été forés dans le rocher en rive droite ; la galerie a été arrêtée par une grosse venue d'eau thermo-minérale à 60 °C et l'étude a été interrompue. Une nouvelle campagne de sondages entreprise en 1927 a conduit à estimer la profondeur du rocher à plus de 90 m sous des alluvions graveleuses aquifères, ce qui interdisait la construction du barrage avec les techniques et moyens dont on disposait à l'époque. Les études de Terzaghi sur les grands barrages-digues en terre longtemps jugés dangereux – une trentaine de ruines en une centaine d'années aux États-Unis –, qui ont permis la construction rationnelle et sûre de ces ouvrages, et la possibilité d'un aménagement hydroélectrique conjoint du site ont relancé les études en 1946 ; on a ainsi pu tracer le profil en travers du verrou montrant que la profondeur maximum du rocher est de 105 m. Un grand barrage en terre était envisageable, mais il fallait injecter sous lui un large et profond rideau d'étanchéité dans les alluvions sablo-graveleuses et des éboulis de pente. Compte tenu des dimensions du barrage, ce rideau devait être entièrement et définitivement réalisé avant sa construction ; et après, il ne serait plus possible de le compléter et/ou de le renforcer, alors qu'une fuite à travers lui pouvait entraîner la ruine du barrage si elle provoquait un gros renard sur lequel on n'aurait pas pu intervenir. Le succès au lac Noir du procédé des forages d'injection équipés de tubes à manchettes garantissait le contrôle rigoureux du rideau avant d'entreprendre la construction de la digue et donc permettait cette construction. Les essais expérimentaux d'injection ont débuté en 1951 ; le rideau a été achevé et contrôlé en 1955.

Construit d'avril 1957 à novembre 1959, le barrage est un massif zoné en « terre » haut de 123 m, large de 125 m en pied, de 600 m en crête, long de

650 m à la base dans le sens du lit ; pour l'adapter à une irrégularité morphologique et structurale du versant gauche (courbe d'ancien méandre), sa crête est concave vers l'amont. Le massif est constitué de grave sableuse prélevée dans une grande fouille en aval dans la plaine alluviale d'Espinasse. Ses talus à pente d'environ 20° à l'amont et 25° à l'aval sont protégés par une couche superficielle d'enrochements épaisse d'environ 1 m. Le noyau étanche est constitué d'argile provenant d'une carrière ouverte à cet effet dans les terres noires de la retenue, préalablement épurées ; il comporte sur chaque face un écran-filtre anticontaminant et sur la face aval, un écran drainant prolongé jusqu'au pied aval. Le rideau parafouille injecté selon le procédé des tubes à manchettes prolonge le noyau jusqu'au substratum à 105 m de profondeur. Deux galeries au rocher de 900 m de long et 10,5 m de diamètre avaient préalablement été forées en rive gauche pour assurer la dérivation provisoire de la rivière ; dès le début des travaux, elles ont étalé la crue du 14 juin 1957 (1 700 m³/s), particulièrement catastrophique en amont dans la vallée du Guil ; elles renforcent maintenant au besoin l'évacuateur de crues capable de débiter 3 500 m³/s. La centrale électrique est installée dans deux grandes chambres au rocher sur la rive gauche. Le bassin de compensation a été aménagé dans la fouille d'extraction de grave d'Espinasse, barrée à l'aval par le pont-barrage fondé sur un rideau de pieux sécants, ancêtre des parois moulées ; c'est un barrage en béton au fil de l'eau équipé de quatre vannes permettant le passage des grandes crues et assurant la prise du canal de la chute de Curbans, premier bief de l'aménagement de la Durance.

Figure 3.5.3.c – Le barrage de Serre-Ponçon
En rive gauche, sorties d'eau des galeries de l'usine souterraine
et de l'évacuateur de crues

L'aménagement de la retenue du barrage principal, en grande partie dans les terres noires marneuses, a imposé la destruction de deux villages (Ubaye non reconstruit et Savine reconstruit plus haut), la restructuration des réseaux ferro-viaires et routiers avec la construction d'un pont-poutre de 924 m de long, comportant 24 fines demi-travées précontraintes en encorbellement de 38,5 m, portées par 12 piles fondées dans la marne, ouvrage exceptionnel à l'époque, toujours remarquable aujourd'hui.

3.5.3.7 Accidents de barrage et/ou de retenue

Ajoutés à des vices de conception ou de construction, les défauts de surveillance et d'entretien sont à l'origine de tous les accidents de barrage et/ou de retenue.

Les trois exemples suivants illustrent clairement les causes les plus fréquentes de tels événements heureusement assez rares, mais montrent surtout que, pour Malpasset et le Vajont, les catastrophes auraient pu être évitées si l'on avait procédé à l'étude géologique correcte des ouvrages, et leur surveillance attentive n'aurait pas évité des accidents mais auraient évité qu'ils se transforment en catastrophes ; pour Bouzet, les connaissances très limitées de l'époque n'auraient pas permis d'éviter la catastrophe, mais c'est l'étude réalisée pour l'expliquer qui a clairement établi l'effet de la pression hydrostatique sous l'ouvrage dont les constructeurs de Malpasset n'ont pas tenu compte… soixante-quinze ans plus tard – un autre cas de non-retour d'expérience ! Cet effet demeure l'une des plus fréquentes causes de ruine des barrages, avec leur submersion pratiquement toujours lors de violentes crues.

3.5.3.7.1 Bouzey – Vosges

Le barrage de Bouzey à l'ouest d'Épinal, est un ouvrage-poids en maçonnerie long de 525 m, haut de 20 m, fondé sur le grès bigarré triasique ; sa retenue de 7 Mm^3 soutient le canal de l'Est. Mis en eau en 1880, des fuites de plus en plus importantes se produisirent sous l'ouvrage à mesure de la montée de l'eau ; le 13 mars 1884, un glissement partiel de la fondation, environ 150 m de long sur 0,5 m de flèche et la fissuration de la maçonnerie en découlant, obligea à vider la retenue et à conforter l'ouvrage, corroi d'argile en amont, contreforts en béton en aval, reprises de la maçonnerie fissurée. La remise en eau se fit en 1890 ; le 27 avril 1895, la partie haute de la maçonnerie, de qualité médiocre, trop mince et mal réparée, céda ; il y eut 87 morts à l'aval. C'est en cherchant les causes du glissement initial de sa partie centrale que Dumas mis en évidence le rôle des infiltrations sous l'ouvrage et notamment celui de la poussée hydro-statique qu'il appela *sous-pression*, agrandissement des fissures, décollement et claquage du contact barrage/terrain, deuxième cause de rupture des barrages-poids. À nouveau réparé, le barrage existe encore et sa retenue qui alimente toujours le canal est aussi devenue un plan d'eau touristique.

3.5.3.7.2 Malpasset – Var

Construit sur le Reyran, dernier affluent rive gauche de l'Argens, au NW de l'agglomération de Fréjus/Saint-Raphaël, le barrage de Malpasset était une voûte très mince de 225 m de long en crête et 66 m de haut (l/h $\approx$ 3,4), dont la retenue aurait atteint 50 Mm^3 ; elle était destinée à l'alimentation en eau de la plaine agricole côtière, de l'agglomération et des communes environnantes, en cours d'urbanisation touristique.

Le barrage était implanté vers la limite sud du massif du Tanneron, sur un petit horst cristallin ≈ NE-SW, qui barre le graben stéphanien ≈ N-S du Reyran. La roche subaffleurant sur les versants est un gneiss feuilleté plus ou moins riche en micas, lardé de filons de pegmatite minéralisée dont certains étaient alors exploités en amont dans de petites mines à flanc de coteau. Selon l'endroit, son faciès varie de la roche massive et dure à l'arène oxydée très friable, son litage de schistosité est en principe ≈ N-S subvertical, parallèle aux versants, mais en fait plus ou moins variable en direction et pendage, et l'ensemble est extrêmement fracturé à toutes les échelles d'observation et selon des directions et des pendages très différents, N-S, ESE-WNW, NE-SW... Là où il est plus ou moins profondément arénisé, le gneiss est sensiblement perméable. Le Reyran traverse le horst dans un défilé sinueux qui n'est toutefois pas une véritable gorge : à l'emplacement du barrage où, de direction N-S, il est le plus étroit, le gneiss est plutôt massif et peu altéré mais très fracturé sur le versant droit (ouest) dont la pente est d'environ 40°, tandis qu'il est très altéré, strictement aval-pendage sur le versant gauche (est) dont la pente est d'environ 30°.

Tout cela n'était pas vraiment favorable à une voûte très mince. Le premier et seul géologue consulté au seul niveau des études préliminaires avait conseillé la construction d'un barrage-poids plus en amont ; il ne fut pas écouté, plus consulté, et la géotechnique se réduisit à l'exécution d'une carte géologique de terrain montrant un gneiss presque partout subaffleurant, apparemment sain pour des non-géologues, et à quelques sondages mécaniques tout aussi rassurants ; il n'y eut aucun véritable suivi géotechnique de chantier. Le Reyran étant un oued pratiquement sec la plupart du temps, on ne fit pas de galerie de dérivation durant le chantier, qui aurait permis d'observer le gneiss en profondeur ; on utilisa simplement le dispositif de vidange définitif au pied de l'ouvrage ; pas d'évacuateur de crue latéral non plus et donc pas de terrassements qui auraient permis d'observer le gneiss en subsurface ; l'évacuateur de crue était un simple déversoir au couronnement du barrage, dont le seuil était haut calé pour obtenir le volume maximum de retenue. Vers la fin du chantier, les constructeurs eurent pourtant quelques doutes : en rive gauche, l'extrémité du barrage très mince était pratiquement parallèle aux courbes de niveau et au litage de schistosité du gneiss plus ou moins altérée, donc sans butée naturelle, essentielle pour ce type de barrage ; ils la bloquèrent par un massif en béton. Les injections de collage ont été sommaires et il n'y a pas eu de voile au large puisque l'on considérait que le gneiss était imperméable. Le souci principal des constructeurs était la recherche systématique du moindre coût !

La mise en eau débuta en 1954 ; le premier et seul remplissage fut anormalement long à cause d'une sécheresse pluriannuelle sévère et d'une procédure judiciaire pour l'expropriation de la mine de fluorine de la Madeleine ; ainsi, l'indispensable contrôle du comportement de tout barrage lors de sa mise en service, ne fut pas très rigoureux ; les classiques mesures périodiques de déformations ne furent jamais attentivement interprétées. La réception de l'ouvrage et le payement de l'entreprise intervinrent bien avant que la retenue soit entièrement utilisable !

Comme il arrive souvent en Provence après une longue période de sécheresse, il se produisit une courte période de pluies diluviennes durant la deuxième quinzaine de novembre 1959 – 500 mm en dix jours dont 130 mm en 24 h, le 2 décembre. Il s'ensuivit une crue très rapide et très violente, car le bassin versant du Reyran est relativement petit, ses versants sont assez raides, le gneiss et les schistes subaffleurants y sont pratiquement imperméables, et la végétation de maquis est clairsemée. Le niveau de la retenue qui était à une dizaine de mètres de la crête du barrage monta alors très rapidement (4 m en 24 h) ; il se produisit des suintements à l'aval de l'ouvrage, qui devenaient de véritables sources à mesure que l'eau montait. On décida néanmoins de ne pas ouvrir la vanne de vidange pour éviter des dommages au chantier de construction de l'autoroute A8, situé 1 km à l'aval. On l'ouvrit finalement le 2 décembre à 18 h, alors que l'eau était prête à déborder, très au-dessus du niveau de service et même de celui de sécurité du barrage ; l'effet sur la montée de l'eau fut insignifiant. Le barrage explosa littéralement à 21 h 13, libérant 50 Mm^3 d'eau en quelques heures ; une onde de 50 m de haut déferla à 70 km/h dans la plaine côtière de l'Argens et dans les quartiers ouest de Fréjus qu'elle atteignit en moins de vingt minutes, ne laissant aucune possibilité de fuite aux occupants de la zone balayée par l'eau ; elle fit 423 victimes et des dégâts matériels considérables (routes, voies ferrées, fermes, immeubles… détruits).

Figure 3.5.3.d – Malpasset – le dièdre de failles de la rive gauche

Des morceaux de l'extrémité du barrage et du massif de blocage sont restés en place ; quelques blocs de béton sont tombés dans le dièdre.

Après la catastrophe, il ne restait sur le site que la base de la partie droite de l'ouvrage, légèrement décollée du gneiss et basculée vers l'aval et un fragment du massif de blocage de l'extrémité rive gauche, déplacé de près de 2 m vers l'aval. Sur le versant gauche, on observe toujours un dièdre de failles très obtus aval pendage, figure classique d'éboulements rocheux ; le coin de roche qui le remplissait a disparu avec la partie de barrage qu'il supportait. Des blocs de béton et de roche sont disséminés dans la vallée jusqu'à plus d'un kilomètre de distance

La cause immédiate de la rupture était l'effet des fuites d'eau sous l'ouvrage, pression hydrostatique (sous-pression) qui a provoqué le claquage des failles en dièdre du versant gauche, puis pression hydrodynamique (renards) qui a déblayé le coin de gneiss, sans doute très fracturé et altéré. Les causes effectives étaient l'absence totale d'étude et de contrôle géotechniques, le manque de rigueur dans le contrôle du premier remplissage, l'ouverture trop tardive de la vanne de vidange, le mauvais choix d'implantation et de type d'ouvrage.

Le même accident aurait pu arriver au barrage de Bort sur la Dordogue, construit sur un contact par failles subverticales concourantes de gneiss en amont et de micaschistes en aval ; les caractéristiques mécaniques des micaschistes étaient largement inférieures à celles du gneiss et celles des matériaux broyés des failles étaient pires, prédisposant aux glissements. Des dispositions spécifiques (construction par blocs décalés puis collés par injection, décapage et bétonnage des failles, injections, drainage…), prises en cours de travaux, ont permis de sécuriser cet ouvrage.

3.5.3.7.3 Vajont – Vénétie

Construit sur le Vajont, affluent rive gauche du haut Piave, fleuve torrentiel alpin qui aboutit à l'est de la lagune de Venise, le barrage est une étroite voûte longue en crête de 195 m et haute de 265 m, longtemps la plus haute du monde et la deuxième hauteur de barrage tous types confondus. Le volume de sa retenue aurait dépassé 180 Mm^3 à la côte maximum 725 m ; le Vajont lui-même n'était pas suffisant pour alimenter cette retenue ; mais cet ouvrage était le noyau de l'aménagement hydroélectrique du haut Piave : toutes les eaux captées et turbinées par les barrages d'altitude se déversaient dans sa retenue pour y être stockées et alimenter la retenue finale du Val Gallina et la centrale de Serzene.

Le barrage est implanté à l'entrée d'une étroite et profonde cluse de calcaire massif plus ou moins karstique subhorizontal du Dogger, qui débouche à ≈ 1,5 km de là dans la vallée du Piave, où se trouve Longarone. En amont de la cluse, les versants d'une combe beaucoup plus large sont essentiellement constitués de marno-calcaires du Malm localement coiffés d'une dalle de craie du Crétacé supérieur. L'aménagement de ce site exceptionnel, particulièrement favorable à ce type de barrage, avait été étudié dès le début du XXe siècle, mais en 1937, le risque de glissements du versant gauche (sud) dominé par le mont Toc, avait été clairement établi lors des premières études : la dalle de calcaire, aval pendage ≈ 15° au pied du versant, se redresse progressivement pour devenir aval pendage ≈ 40° vers le sommet, et sa couverture marno-calcaire épaisse de 300 à 400 m était en fait constituée de matériaux plissotés, indice de glissements anciens de type fractal sur une surface de contact argileuse soumise à la pression hydrostatique variable des eaux infiltrées dans le réseau karstique du calcaire.

La mise en eau a commencé en 1960 ; on s'est rapidement aperçu que le versant gauche était effectivement instable : arbres inclinés, fissures du sol, pertes des ruissellements, fissuration des constructions, petits glissements, microséismes... Le 4 novembre 1960, alors que la retenue avait atteint la cote 650, un premier glissement de 700 000 m³ atteignit le lac en un quart d'heure, provoquant une seiche de 10 m de haut qui butta contre le barrage car la retenue n'était qu'à mi-hauteur ; sous la crête du mont Toc, la partie amont de la surface de glissement apparut au toit de la dalle calcaire. Pour pallier l'obstruction du fond de la retenue et relier ses deux parties, on établit une dérivation souterraine en rive droite ; puis on procéda à l'étude géotechnique du site de façon particulièrement sérieuse, détaillée et complète ; mais ses résultats ont été malheureusement mal interprétés : durant un an, alors que la retenue était maintenue à la cote 600, les mesures de déplacement de nombreux repères sur l'ensemble du site montraient un ralentissement, mais pas un arrêt, du glissement ; par contre, une étude sismique avait montré que le massif instable s'était fortement décomprimé par foisonnement, ce dont on ne tint pas compte. La montée de la retenue à la cote 700 réactiva les mouvements : il devenait évident qu'un grand glissement était susceptible de se produire, favorisé par l'immersion du pied du versant instable ; on redescendit la retenue à la cote 650 et les mouvements ralentirent de nouveau. Mais selon un modèle mathématique basé sur des hypothèses hydrauliques et sur l'interprétation des données de l'étude géotechnique, la hauteur de la seiche que provoquerait le glissement ne dépasserait pas 25 m ; par « sécurité », il suffisait donc de maintenir la hauteur d'eau de la retenue 25 m sous la crête du barrage, soit à la cote 700. On discutait aussi la forme que prendrait ce glissement, lent et fractionné ou rapide et monolithique, en privilégiant la première, beaucoup moins dangereuse et ne compromettant pas l'usage de l'aménagement.

Depuis 1960, certains repères s'étaient déplacés de plus de 4 m. En juin 1963, rassuré par les indications du modèle, on remit la retenue à la cote 700 : les mouvements accélérèrent ; puis deux semaines de pluies diluviennes (10 mm/j le 15 septembre, 40 le 2 octobre, 200 le 8) rendirent le niveau de la retenue incontrôlable malgré l'ouverture de deux conduits de vidanges sur le côté gauche du barrage, ce qui a accéléré le mouvement en accroissant la charge hydraulique dans le massif. C'est un glissement plan sur le toit de la dalle, rapide et monolithique, analogue au précédent mais bien plus grand, qui se produisit le 9 octobre 1963 à 22 h 45 ; la hauteur de la seiche qui ne devait atteindre que 25 m dépassa 200 m dans la partie aval de la retenue : le choc d'arrivée du bourrelet de pieds du glissement (270 Mm³ à plus de 50 km/h), à quelques centaines de mètres en amont du barrage créa deux seiches, une vers l'amont qui balaya sans grand dommage les rives du lac, agricoles mais à peu près désertes la nuit, l'autre vers l'aval qui atteignit les premières maisons du village de Casso, 250 m au-dessus de la crête du barrage, sur lequel elle passa sans le détruire. Elle s'engouffra dans la cluse et haute de près de 70 m déboucha en moins de 5 minutes dans la vallée du Piave où elle s'étala, noyant sous 30 Mm³ d'eau

Longarone et de nombreux villages alentour, faisant 2 018 victimes – en fait, on n'a jamais su combien – et des dégâts considérables.

Figure 3.5.3.e – Vajont - le deuxième glissement vu de Casso

On voit les surfaces d'arrachement sous le mont Toc et le bourrelet de pied au premier plan.

Long de plus de 2 km dans le sens de la vallée, large de près de 1 km, haut de plus de 250 m, le bourrelet de marno-calcaire a glissé en bloc, sans trop se disperser ; il a buté contre le versant droit en y montant sur plus de 100 m de haut, ensevelissant la route et barrant totalement et définitivement la vallée à une altitude supérieure à celle du barrage. Les mouvements de ce glissement plan typique directement liés au niveau de l'eau dans la retenue qui fragilisait le pied de la masse instable, ont été brusquement accélérés par des pluies diluviennes : une énorme quantité d'eau a ruisselé dans la partie haute du versant, sur la niche d'arrachement décapée du précédent glissement qui, en partie, fonctionnait comme bassin de réception d'un court torrent. Elle s'est rapidement infiltrée dans le karst calcaire et sous sa couverture marno-calcaire qui s'est décollée de la dalle calcaire sous l'effet de la pression hydrostatique et a glissé pratiquement sans frottement sur une lame d'eau, peut-être vaporisée, en quelques minutes.

L'ampleur, la rapidité (15 minutes) et la violence de l'événement ne pouvaient donc pas être prévues par la géomécanique, qui manipule hors du temps des matériaux doués de frottement, de cohésion… C'est pourtant toujours ainsi que se produisent les grands glissements-plans de montagne, quasi instantanés en phase finale, comme ceux du Granier, du Claps du Luc ou du Rossberg.

Le barrage existe toujours mais ne retient plus d'eau ; en amont du bourrelet, un lac que l'on peut vider à volonté par la dérivation souterraine, subsiste mais n'est pas utilisé pour l'aménagement hydroélectrique.

Ainsi, l'un des plus hauts barrages-voûtes du monde a parfaitement résisté à une épreuve inimaginable, à laquelle il n'était vraiment pas préparé. Cela conduit souvent les ingénieurs à conclure que leurs ouvrages sont techniquement parfaits, mais qu'ils subissent les assauts imprévus d'une nature malveillante… dont ils n'ont pas su prévenir les effets, faute d'études géologiques qui les auraient avertis du danger et leur aurait permis de le faire. À Malpasset, la justice à accepté ce raisonnement oiseux ; au Vajont, non.

3.5.4 Les ouvrages de soutènement

De nombreux talus ou parois naturels sont plus ou moins instables et doivent être soutenus s'ils menacent des ouvrages voisins. Dans la plupart des cas, les talus de déblais ou remblais et parois des excavations souterraines ne peuvent pas demeurer ou devenir stables sans être soutenus : selon sa fonction particulière, un ouvrage de soutènement peut être isolé, généralement définitif (mur de soutènement, de quai, voile de falaise…) ou, provisoire ou définitif, faire partie d'un ouvrage tout ou partiellement enterré (paroi de fouille urbaine, de sous-sol d'immeuble, de tunnel…). Les partis et méthodes constructifs sont innombrables ; leur choix dépend des conditions particulières qui imposent le recours à un soutènement. On peut néanmoins caractériser quelques types d'ouvrages de soutènement, car, quels qu'ils soient, leur principale fonction est toujours la même : rendre ou donner au géomatériau la cohésion qu'il risque de perdre s'il est évolutif, qu'il n'a pas ou qu'il n'a pas encore acquise si c'est un remblai.

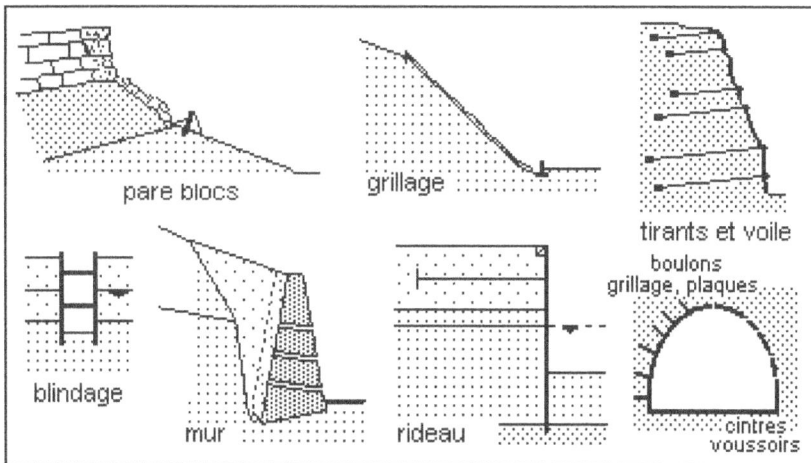

Figure 3.5.4.a – Ouvrages de soutènement

On étudie d'abord la stabilité du site de construction de l'ouvrage, notamment s'il s'agit d'un versant naturellement instable ; n'intervient alors que le poids propre de l'ouvrage qui s'ajoute aux charges existantes. On étudie ensuite la stabilité de l'ouvrage lui-même qui s'oppose au mouvement de terrain, ou plutôt de l'ensemble indissociable massif soutenu/ouvrage de soutènement ; on affecte le résultat obtenu d'un coefficient de sécurité qui dépend de la durée d'usage de l'ouvrage et des dommages que sa ruine entraînerait ; ce coefficient ne saurait être supérieur à 1/2. S'il y a de l'eau souterraine en amont de l'ouvrage, il faut tenir compte de la pression hydrostatique et de la pression de courant, qui sont nettement supérieures à la poussée des matériaux soutenus ; un ouvrage mal drainé peut devenir un barrage et accroître dangereusement ces pressions. Par ailleurs la présence mais surtout l'afflux d'eau en amont d'un ouvrage de soutènement peut largement diminuer la résistance à la rupture du matériau par perte de cohésion et accroître sa capacité de gonflement par augmentation de la teneur en eau. Pour les ouvrages extérieurs, des périodes répétées d'alternance saturation/dessiccation peuvent avoir des effets cumulés très dommageables à plus ou moins long terme. Plus que sur un résultat de calcul (*voir 2.3.1.1*), l'expérience montre que la stabilité propre d'un ouvrage repose sur l'efficacité de son système de drainage, la pérennité des caractéristiques mécaniques du matériau qu'il soutient, de celles du matériau sur lequel il est fondé ou dans lequel il est ancré, de surcharges et autres événements temporaires imprévus.

Selon les résultats de ces études, les façons de stabiliser ou de soutenir les talus naturels ou artificiels, ainsi que les parois de fouilles sont nombreuses et variées, allant du simple drainage qui est souvent très compliqué à étudier et à mettre en œuvre au classique mur de soutènement qui n'est efficace que s'il est bien fondé et bien drainé, comme du reste tous les autres (gabions, enrochements, parois moulées, berlinoises, voussoirs…) ; aucun n'est universel et le choix de l'un d'eux dépend du site, du type d'excavation et de l'encombrement de ses abords. Un mur de soutènement est un ouvrage isolé permanent, destiné à stabiliser un talus naturel ou de remblai, mais par construction, même dans le cas de talus naturel, le matériau chargeant directement le mur est toujours du remblai ; construit en pied de talus, il s'oppose à la poussée géostatique et à d'autres permanentes ou temporaires (pression hydrostatique, surcharges, chocs latéraux…) par la butée en pied du matériau en place et éventuellement par des tirants ou des butons disposés en arrière de sa partie libre. Si le rôle des tirants est prépondérant dans l'équilibre de l'ouvrage, le soutènement est un voile de liaison entre eux (béton, plaques d'acier, grillage…) ; une batterie de tirants non reliés peut même suffire à stabiliser un matériau favorable. Le soutènement provisoire (épingles, boulons, cintres et plaques…) puis le revêtement (béton coulé, projeté sur grillage épinglé, voussoirs préfabriqués…) d'une excavation souterraine évitent les effets des déformations plastiques et de l'écaillage du matériau, compense éventuellement la pression hydrostatique, plus rarement une surcharge.

On ne sait pas calculer ni même projeter rationnellement un ouvrage de confortement de paroi rocheuse instable. Les grillages, épingles, boulons, tirants, masques, contreforts… sont parfois emportés lors des éboulements qu'ils devaient éviter et qu'au mieux, ils ont retardés et/ou amoindris ; les banquettes, risbermes, merlons… sont par contre généralement efficaces comme protections d'ouvrages en pied quand ils sont bien étudiés et bien construits.

Les soutènements de talus naturels, de remblais, de déblais ou de parois naturelles, quel qu'en soit le type (mur, paroi, écran épinglé, ancré…) subissent fréquemment des dommages qui peuvent aller jusqu'à la ruine et qui s'étendent souvent aux ouvrages qu'ils étaient censés protéger. Ils peuvent subir des renversements partiels ou totaux, des rotations, des translations, des fissures… Quand des dommages partiels ne sont pas réparés rapidement et correctement, la ruine n'est pas loin. Ces dommages peuvent être dus à l'absence de réelle étude de stabilité tant géologique que géomécanique, à une sous-estimation de la poussée hydrostatique, de la poussée des terres, de la surcharge en crête, à une surestimation de la butée en pied, de la contrainte admissible de fondation, de la traction d'ancrage, à un défaut de drainage d'origine, à des travaux non coordonnés, à un remblayage hâtif, à un changement des conditions initiales (hausse du niveau hydrostatique, altération des matériaux d'assise ou d'ancrage, drainage colmaté, déblais ou affouillement en pied, surélévation ou surcharge en tête), au vieillissement des matériaux de construction…

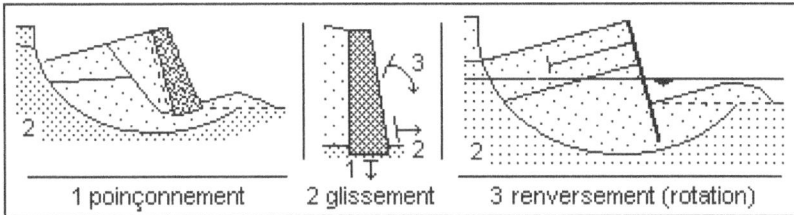

Figure 3.5.4.b –Modalités de ruine de soutènements

Après un éventuel accident, une étude géologique est indispensable pour le décrire correctement, l'expliquer et réparer ; une étude seulement géoméca-nique est promise à l'échec à plus ou moins long terme, car par le calcul seul, on ne peut rien décrire et on n'explique qu'en partie.

3.5.5 Ouvrages aquatiques

Sauf ceux des grands aménagements portuaires, les ouvrages de protection, de confortement et/ou de défense contre l'érosion et/ou la sédimentation des rives de cours d'eau ou des littoraux sont généralement construits hâtivement, sous la pression des événements après un sinistre, pour obtenir une efficacité immédiate et locale, ou pour certains petits ports de plaisance, avec des moyens d'étude et de réalisation limités. Ils perturbent souvent plus qu'ils protègent et sont tous plus ou moins fragiles : il est nécessaire de les entretenir en permanence et de les réparer dès qu'un accident survient, car autrement, la ruine n'est pas loin. Les digues et les jetées doivent être protégées de l'érosion et des affouillements par des enrochements et des renards par des filtres et des drains ; leurs études de stabilité sont analogues à celles des barrages en terre. Les digues et jetées mari-times sont fondées sur des enrochements enrobant des matériaux plus fins nécessairement perméables mais autostables pour supporter les effets des varia-tions du niveau des plans d'eau (dissipation des pressions interstitielles, hydros-tatique et de courant). Les ouvrages de protection des berges de canaux et des cours d'eau calmes (rideaux de palplanches, enrochements gabions, perrés…) doivent être ancrés et drainés. Les épis perpendiculaires aux côtes sont cons-truits en enrochements, en palplanches… ; ils sont censés arrêter l'érosion des côtes sableuses et favoriser la sédimentation des plages ; les épis de cours d'eau permettent de rectifier certaines courbes du lit mineur ; les brise-lames parallèles aux côtes sont des digues en enrochements qui établissent des calmes relatifs entre eux et la côte et favorisent la création de tombolos ; les uns et les autres ont une durée de vie plus ou moins courte quels que soient leur type et les matériaux dont ils sont construits ; ils s'enlisent plus ou moins vite et/ou sont démantelés par les crues ou les tempêtes. Il en va à peu près de même de tous les autres types d'ouvrages de défense que l'on imagine et construit pour remplacer ceux qui se sont ruinés, en souhaitant qu'ils soient plus efficaces ; mais la lutte contre les cours d'eau et la mer est incessante et jamais longtemps victorieuse.

Figure 3.5.5 – Écroulements de falaise et ouvrages de défense devant Ault (voir 1.6.4.1)

Épis en palplanches ensablés, enrochements de haut de plage, risbermes
et talus en « terre » en pied de falaise…

Les ouvrages de service des plans d'eau portuaires, de cours d'eau calmes et de canaux (quais, terre-pleins, écluses…) sont mieux protégés mais pas toujours invulnérables ; on peut les étudier comme des ouvrages terrestres en s'appliquant à estimer l'influence des variations incessantes du niveau de l'eau qui imposent des dispositions pour dissiper les pressions interstitielle, hydrostatique et de courant et/ou pour résister à leurs effets. Leur stabilité peut être compromise par des fondations et/ou un drainage insuffisants.

3.6 Les travaux

Quand l'étude du projet d'un ouvrage est achevée, on définit les travaux d'exécution de ses parties en relation avec le sol et le sous-sol du site. Ces travaux permettent d'adapter l'ouvrage au site en terrassant son emplacement, éventuellement en y corrigeant des caractères naturels gênants et/ou en y prévenant les effets de phénomènes naturels dommageables, en établissant ses fondations… Cela peut se faire sur la base des études de l'ouvrage, mais la préparation des travaux et leur suivi géologiques évitent les négligences et/ou les erreurs d'interprétation d'études à l'origine de la plupart des difficultés de chantier et facilitent leur adaptation à d'éventuels imprévus, à des situations compliquées… nécessitant des compléments d'étude spécifiques, notamment pour l'interprétation d'éventuels incidents ou accidents de chantier puis pour la définition et l'application des remèdes à leur apporter.

3.6.1 Les terrassements

Les travaux de terrassement sont généralement les premiers que l'on réalise sur le site d'un ouvrage ; ils consistent à extraire, déplacer, entasser une partie des matériaux du sous-sol du site pour établir des plates-formes en déblais et/ou en remblais, creuser des rigoles ou des puits de fondation, creuser puis reboucher des tranchées de canalisations enterrées… En début de chantier, l'excavation est un sondage en vraie grandeur qui permet d'apprécier la pertinence de l'étude géologique de l'ouvrage, de la préciser et éventuellement de la retoucher : le suivi géologique des terrassements est donc toujours recommandé ; il est nécessaire dans les sites fragiles pour éviter des dommages ou des accidents de chantier et/ou de voisinage ; il est indispensable si, mal étudiés ou intempestifs, ils en provoquent.

3.6.1.1 Les excavations

Une excavation est le produit de l'extraction d'un certain volume de matériaux du sous-sol pour en prendre la place (fouilles, galeries) ou l'exploiter (carrières) ; les fins sont différentes, mais les travaux sont analogues : que l'excavation soit temporaire ou permanente, il faut définir les modalités d'extraction et d'utilisation ou de mise en dépôt des matériaux, la façon dont on devra éventuellement épuiser l'eau susceptible de s'y rassembler, celle de soutenir ses parois provisoires et éventuellement définitives.

Les terrassiers classent les matériaux en *meubles* (qui se terrassent à la lame, au godet, à la tarière…), *moyens* (qui se terrassent au défonceur, à la haveuse, à la fraise…) et *durs* (qui se terrassent au brise-roche ou aux explosifs). Le DTU 12 de terrassements pour le bâtiment, définit sept catégories de matériaux, de *a – terrain ordinaire* (sic) à *g – roche de sujétion* (extraction difficile et onéreuse (?)). L'imprécision évidente de ces classements ouvre souvent la porte à d'interminables discussions lors des règlements de travaux. Le classement par la méthode Caterpillar, proposée en 1958 et améliorée depuis, est plus précis : il caractérise les matériaux types par leur nature et leur vitesse sismique mesurée par sondages réfraction (schiste à 1 500 m/s, granite à 2 000 m/s, grès à 2 500 m/s…) et associe à chacun une méthode d'extraction selon le type et la puissance du matériel. Cette méthode est décriée en raison de résultats contestables obtenus par manque d'expérience, mise en œuvre défectueuse et/ou exploitation erronée ; elle donne satisfaction si elle est correctement sollicitée, à partir d'une identification correcte des matériaux et d'un bon modèle sismique et structural du site, validés géologiquement ; elle n'est pas utilisable pour les matériaux aquifères qui ont des vitesses sismiques plus élevées que s'ils sont secs.

Le choix de la méthode et du matériel mis en œuvre dépend de la nature, la structure et la vitesse sismique des matériaux à extraire, mais on ne peut évidemment pas travailler de la même façon dans une fouille, une tranchée ou une galerie, si le matériau est ou non aquifère, sensible ou non aux variations de teneur en eau inévitables en cas d'intempéries, si les parois sont plus ou moins stables, si l'on envisage ou non de réutiliser le matériau extrait, si l'on est en rase campagne ou en ville… et selon le type et les dimensions de l'excavation, l'organisation du chantier, d'éventuelles contraintes de voisinage, le délai imparti au terrassier, le parc de matériel dont il dispose… En galerie, l'usage d'un grand tunnelier, construit pour un chantier, parfois abandonné à la fin dans une petite dérivation, plus couramment restructuré pour aller sur un autre chantier, impose des études et un suivi géotechniques rigoureux. Il en va de même pour des matériels moins spécialisés, d'emploi apparemment plus souple comme les fraises (attaque « ponctuelle ») auxquelles on peut localement substituer des explosifs. On est souvent moins exigeant avec les matériels courants de travaux de surface qui peuvent être rapidement remplacés ou adaptés comme les pelles sur chenilles que l'on peut équiper à la demande d'outils de toutes sortes (godets plus ou moins étroits et volumineux en butte, rétro ou dragueline, brise-roche, tarière…). On peut même si nécessaire les utiliser à contre-emploi : sur ce chantier de grands terrassements, le matériau à extraire était une grave argilo-sableuse sèche reposant sur un calcaire en plaquettes subhorizontal ; selon l'étude dont disposait le terrassier, le fond de fouille ne devait pas atteindre la roche ; il avait donc prévu de n'utiliser que des scrappers avec un bulldozer pousseur. Dans une partie de la fouille, le calcaire avait été atteint avant le fond prévu ; amener le matériel nécessaire dans un court délai pour une quantité relativement faible n'était ni pratiquement ni économiquement possible ; les scrappers et le pousseur disponibles ont fini le chantier avec pas mal de difficultés, sans trop de casse grâce à la fissuration en fines plaquettes du calcaire qui se délitait en copeaux et à l'habileté des conducteurs. Compréhensif, le maître d'ouvrage a accepté de régler ce travail sur la base du prix de terrassement aux explosifs.

Un tir aux explosifs se prépare soigneusement pour optimiser son efficacité, son rendement, éviter les accidents de chantier et les dommages au voisinage (projections, vibrations…). Selon le type de chantier (galerie, tranché, carrière…), sa géométrie (hauteur, largeur, profondeur…), le matériel de forage dont on dispose et la granulométrie du produit souhaitée, selon la nature de la roche (calcaire, grès, granite, basalte…), sa vitesse sismique et sa résistance à la compression simple (leur rapport indique l'état de fissuration/compacité de la roche), selon le type d'explosif dont on dispose…, on calcule les paramètres du tir (plan de tir) – nombre, diamètre, longueur, inclinaison et maille d'implantation des forages, charge unitaire et totale, séquence de tir (microretards…)… Comme pour tout résultat de calcul géotechnique, on n'obtient ainsi que des ordres de grandeur : au début d'un chantier, il faut donc procéder à des essais de réglage pour préciser le plan de tir à la demande et contrôler la vitesse de vibration en fonction de la distance, souvent limitée par les autorisations de tir dans les sites vulnérables. Il faut ensuite contrôler le résultat de chaque tir pour éventuellement modifier le plan, notamment en cas de variation des caractères de la roche ; l'enregistrement de la vitesse de vibration de chaque tir est généralement exigé dans les autorisations de tir.

L'usage des explosifs n'est pas apprécié des terrassiers non spécialistes, car en plus de ces contraintes, il impose le phasage abattage/marinage de chantiers qu'ils voudraient continus. Quand il n'est pas prévu par l'étude selon la nature du matériau à extraire, ils le présentent souvent comme un « aléa géologique » qu'ils entendent se faire bien rémunérer (*roche de sujétion*) ; en agglomération, l'usage d'explosifs est redouté du public sans raison objective et des administrations qui craignent l'accident ou le dommage aux constructions voisines. Le risque est pourtant quasi nul si l'abattage a été bien étudié et s'il est bien conduit ; les nuisances sont moindres que celles de l'usage du brise-roche : le chantier est plus rapide, le bruit et les vibrations sont moins gênants car bien plus brefs et facilement contrôlables ; néanmoins, dans beaucoup de villes, l'usage des explosifs est, sinon interdit, du moins soumis à de telles conditions de mise en œuvre qu'il est pratiquement impossible.

Figure 3.6.1 – Fouille blindée – paroi berlinoise et butons

En site encombré, il est souvent difficile d'imposer aux terrassiers une méthode et une cadence assurant la sécurité d'un chantier tant qu'un incident ne survient pas : ils n'apprécient pas le travail par panneaux contigus ou alternés ou en gradins, qui limite les largeurs et les hauteurs d'attaque au détriment du rendement mais qui permet au besoin, des interventions rapides et efficaces. Il est aussi difficile d'obtenir un accord sur un phasage puis une parfaite synchronisation entre le terrassier et le constructeur du dispositif de soutènement ou de confortement à l'intérieur de la fouille. Quand arrive un accident, c'est généralement que le terrassier est allé trop vite en passant d'un panneau ou d'un gradin au suivant, sans attendre que le béton du masque projeté ou l'injection de collage des épingles ou des tirants ait fait totalement prise. En agglomération, c'est la raison principale du recours quasi systématique aux soutènements périphériques mis en place avant l'ouverture de la fouille (parois moulées, berlinoises, écrans divers, si possible autostables), car autrement la pose de tirants d'ancrage ramène souvent à la situation précédente ; le contreventement intérieur au moyen de gros butons transversaux est peu apprécié par l'entreprise de gros œuvre qui voit ainsi son champ de manœuvre encombré.

Dans un site aquifère, si l'on ne doit pas pénétrer dans l'excavation en cours et si les talus sont stables, le dragage est la meilleure solution dans un matériau meuble ou ameubli, mais cela peut poser un problème de pollution de nappe. S'il faut y pénétrer, on doit épuiser l'eau qui afflue constamment ou empêcher qu'elle n'afflue en ceinturant la périphérie de la fouille au moyen d'une paroi étanche, par des injections d'étanchéité... Pour en décider, il faut apprécier le débit susceptible d'être mis en jeu, la stabilité des talus, tenir compte des conditions du chantier puis des conditions d'exploitation de l'ouvrage et apprécier les risques courus par les riverains éventuels. L'estimation du débit futur d'une excavation est très hasardeuse car la perméabilité d'un massif aquifère et les conditions aux limites de l'écoulement sont extrêmement difficiles à établir ; de plus, pour un chantier durable, les conditions hydrauliques peuvent varier. En fait, il est pratiquement impossible d'obtenir l'étanchéité totale et durable d'une excavation ; il est nécessaire de toujours y prévoir un réseau intérieur de collecte des eaux infiltrées et si nécessaire, des travaux à la demande de complément d'étanchéisation (palplanches, injections...) ; de plus, au-dessus du niveau de la nappe, un réseau de drainage périphérique est presque toujours nécessaire pour recueillir les infiltrations de proximité. Quoi que l'on fasse, on perturbe plus ou moins le régime naturel de la nappe, parfois très loin du chantier ; les troubles qui en résultent sont fréquents dans les sites urbains (assèchements de puits, inondations de caves, tassements de bâtiments, fontis...).

Les versants naturels et les bords d'excavation sont limités par des talus dont la pente dépend de leur hauteur verticale et des caractéristiques instantanées du matériau qui les constitue. Ces matériaux se décompactent naturellement en vieillissant : sans qu'aucune action extérieure ne les perturbe, la stabilité de leurs talus se dégrade jusque éventuellement au glissement ; un glissement peut aussi se produire si la pente de talus croît par déblayage ou érosion. En fait, les talus glissent quand la cohésion du matériau disparaît et/ou quand l'eau souterraine afflue, les deux phénomènes étant souvent liés. Les façons de stabiliser ou de soutenir les talus naturels ou artificiels, ainsi que les parois de fouilles, sont nombreuses et variées, allant du simple drainage – souvent très compliqué à étudier et à mettre en œuvre – au classique mur de soutènement, en passant par les enrochements, les gabions...qui ne sont efficaces que s'ils sont bien fondés et bien drainés ; aucun de ces moyens n'est universel et le choix de l'un d'entre eux dépend du site, du type d'excavation et de l'encombrement de ses abords. La stabilité des pieds de talus dépend du type de glissement qui les affecte ; s'il s'agit de glissements profonds, les pieds participent au mouvement en se boursouflant plus ou moins, à plus ou moins grande distance du bord ; les fonds de fouille peuvent aussi se soulever et les talus se déformer plastiquement sous l'effet de l'allégement de pression géostatique qu'entraîne l'extraction des matériaux. Si les matériaux sont aquifères, la pression hydrostatique peut participer au soulèvement des fonds et à la déformation des parois ; la pression de courant peut déstabiliser les matériaux et entraîner la production de renards en pied de talus ou en fond de fouille.

La stabilité des talus rocheux et des falaises dépend essentiellement de la fissuration du massif et en particulier des directions relatives des plans de fissuration et du plan du talus, ainsi que de la densité et de l'état d'ouverture des fissures ; l'usage des explosifs accroît plus ou moins la fissuration des parois, ce que l'on peut atténuer par leur prédécoupage (forages serrés, inclinés selon la pente de la paroi, peu chargés sur toute leur longueur et tirés en une séquence avant le tir principal au moyen de microretards). En considérant la structure du massif et notamment la nature et la forme de sa fissuration, on peut ainsi imaginer assez correctement quel type d'instabilité est susceptible d'affecter une paroi rocheuse naturelle ou artificielle ; il est beaucoup plus difficile de prévoir les volumes impliqués dans un futur éboulement. Aucun calcul sérieux ne permet d'y parvenir, même dans un cas parfaitement déterminé et répétitif comme celui du front de taille d'une carrière dont la stabilité, pourtant à court terme seulement, est un sujet de préoccupation permanent pour l'exploitant. En cas d'instabilité latente, les banquettes et risbermes de talus, les pièges et merlons de pied bien étudiés et bien construits sont généralement efficaces pour protéger l'aval ; on les évite souvent, car ils occupent beaucoup de surface et certains deviennent ébouleux par altération en vieillissant ; les grillages épinglés sont efficaces en particulier parce qu'ils contribuent à favoriser et fixer la végétation, mais ils vieillissent plus ou moins vite et doivent être surveillés, réparés et renouvelés. Les purges sont des armes à double tranchant ; elles peuvent, sans que l'on sache trop pourquoi, aussi bien stabiliser la paroi au moins pour un temps, que déclencher à plus ou moins long terme un éboulement pire que celui que l'on voulait éviter. En fait, la stabilité d'une paroi rocheuse est toujours un cas d'espèce et il n'y a pas de méthode miracle pour l'assurer.

Les travaux en galerie doivent être rigoureusement programmés selon la séquence de principe de la méthode appliquée (abattage/marinage/soutènement) ; l'organisation du chantier doit être conçue pour permettre des modifications à la demande lors d'un changement de matériaux à extraire (tunnelier/minage, boulonnage/cintres...).

Pour une carrière, l'utilisation des matériaux extraits est évidemment fixée avant qu'elle ne soit ouverte ; c'est plutôt la rentabilité de l'exploitation qu'il s'agit de déterminer : coût de l'extraction et du traitement, valeur marchande du produit final, des sous-produits et du transport vers les lieux d'utilisation... En BTP et plus particulièrement pour les grandes voies de communication, on essaie toujours d'obtenir l'équilibre déblais/remblais ; pour cela, il est nécessaire d'avoir bien caractérisé les matériaux que l'on va extraire afin de décider ce que l'on va en faire (mise en dépôt, remblais courants, corps de chaussée...) ; c'est ce que permettent les *Recommandations pour les terrassements routiers* (RTR) de l'Équipement qui, à partir des résultats d'essais d'identification (granulométrie, limites d'Atterberg, équivalent de sable, teneur en eau...), classent les matériaux et pour chaque type, définissent les possibilités de son utilisation et la façon de le mettre en œuvre. L'extraction doit être strictement programmée et le programme bien suivi : sur l'une des attaques d'une grande tranchée d'autoroute, un calcaire devait fournir un excellent matériau de chaussée pour l'ensemble d'une section, ce qui est rare et extrêmement profitable, alors que sur l'autre attaque, il y avait un calcaire marneux seulement acceptable en corps de remblais ; pour optimiser le déroulement de son chantier, le terrassier a attaqué du côté du calcaire et l'a mis en remblai dans un vallon voisin sans que le maître d'œuvre l'en ait empêché ; quand on a fini par se préoccuper du matériau de chaussée, il n'y en avait plus car l'extraction avait atteint le calcaire marneux ; il a fallu élargir inutilement la partie calcaire de la tranchée pour se procurer le matériau indispensable que l'on avait auparavant gaspillé.

Les accidents consécutifs aux terrassements en déblais sont relativement fréquents ; certains sont spectaculaires. En site urbain, ils peuvent entraîner de graves accidents, tant aux gens qu'aux ouvrages ; en rase campagne ils affectent généralement les réseaux routier et ferroviaire en cours de travaux ou en exploitation. Il s'agit d'éboulements ou de glissements de talus provisoires ou définitifs, d'éboulements de parois provisoires blindées ou non, d'écroulements, déplacements ou fissurations de murs de soutènement ou de parois dus à une sous-estimation de la poussée hydrostatique ou de la poussée des terres, à une surestimation de la butée en pied ou de la traction des ancrages, de dommages occasionnés aux mitoyens par la création de renards ou par la consolidation de matériaux compressibles à la suite de pompages d'épuisement ou de rabattement de nappe, par la décompression ou le gonflement du sous-sol, par les vibrations produites par les compactages, par les tirs d'abattage à l'explosif… Les reprises en sous-œuvre de bâtiments mitoyens de fouilles profondes peuvent leur entraîner de sérieux dommages quand elles ont été mal étudiées ou mal exécutées.

Les tranchées et les fouilles urbaines sont des chantiers où se produisent de très fréquents accidents de travail qui peuvent aller jusqu'à la mort par ensevelissement. En tranchée, la cause en est généralement un blindage sommaire ou même absent de matériaux peu compacts (remblais, couverture) : les parois verticales tiennent ainsi un temps qui paraît suffisant pour réaliser un travail rapide ; une pluie, un débordement de caniveau, une rupture de conduite, le passage d'un lourd véhicule… provoque l'éboulement qu'il aurait été très facile d'éviter en étant moins pressé, plus attentif et respectueux de la très stricte réglementation du travail, en fait avec du simple bon sens. Les grandes fouilles sont généralement blindées, mais le blindage n'est pas toujours bien conçu, réalisé ni surveillé ; il en résulte parfois des écroulements très dommageables pour le chantier et ses abords, plus généralement des fissures aux mitoyens, plus spectaculaires que dangereuses, mais qui doivent être réparées. La protection des personnes n'est le plus souvent nécessaire qu'en cours de travaux de terrassement, pour ceux qui les exécutent ; elle impose des procédés et des ouvrages provisoires (drainage, pente faible, risbermes, protection superficielle, blindage…) que l'on considère parfois comme engendrant des surcoûts inutiles ; quand on en fait l'impasse ou quand on les sous-estime, il en résulte de nombreux accidents de travail souvent mortels, et des dommages aux ouvrages voisins, s'il en existe.

3.6.1.2 Les remblais

Malgré sa simplicité apparente (empiler des matériaux sur un terrain pour l'élever ou en combler les creux), le remblayage est un travail qui doit être correctement étudié puis exécuté : la construction d'un remblai impose d'étudier simultanément la stabilité de son emplacement et éventuellement l'amélioration de son assise, le choix et la mise en place du matériau utilisé, la stabilité de ses talus et de la plate-forme de tête... ; le défaut d'une seule de ces dispositions suffit à rendre un remblai instable. Dans le cas d'une digue ou d'un barrage en terre, il faut aussi étudier l'étanchéité du massif qui impose des matériaux et des structures particuliers.

La stabilité de l'assise d'un remblai est souvent difficile à assurer, car on remblaie généralement dans un site ingrat (plaine alluviale, fond de vallée, bord de lac ou de mer...) au sous-sol peu résistant et compressible (flanc de coteau plus ou moins stable, zone karstique...). En plaine alluviale dans une éventuelle zone marécageuse, après avoir caractérisé les matériaux de son sous-sol et sa structure, on vérifie la stabilité de l'assise au poinçonnement selon la hauteur du remblai et on calcule l'intensité et la durée des tassements qu'elle subira sous la charge ; dans certains cas, on s'intéresse aussi aux effets d'éventuelles inondations. Si la stabilité au poinçonnement de l'assise d'un haut remblai ne paraît pas assurée ou si son tassement paraît devoir être trop important, on essaie d'abord de diminuer sa hauteur ; si cela n'est pas possible ou insuffisant, on peut adoucir les pentes de talus pour élargir l'assise, améliorer la portance de l'assise en accélérant sa consolidation par surcharge, drainage, substitution de matériaux, pilonnage, cloutage, injections..., utiliser un matériau léger, naturel comme le pouzzolane ou artificiel comme le polystyrène, prendre le temps de la consolidation naturelle en remblayant lentement, éventuellement de façon discontinue, en fait en faisant un peu de tout cela. À flanc de coteau, si le site prévu est naturellement instable, il faut en premier lieu essayer de passer ailleurs, sinon il faut le stabiliser par drainage et soutènement, mais un entretien permanent sera nécessaire... Si le site est stable mais plus ou moins argileux et de pente telle que le corps de remblai puisse glisser, ou si on l'a plus ou moins stabilisé, il est nécessaire d'établir une assise en redans, de bien drainer l'ensemble et plus particulièrement, les parties amont des redans eux-mêmes où l'eau d'infiltration s'accumule souvent. La surface d'assise est particulièrement fragile, car il peut s'y développer, par infiltration, des pressions hydrostatiques et/ou hydrodynamiques dangereuses ; on amoindrit les infiltrations par des tranchées parafouilles amont et les pressions par drainage ; si la stabilisation au glissement ne paraît pas pouvoir être assurée, il faut établir un soutènement aval. Dans les zones karstiques ou d'exploitations souterraines abandonnées, les risques d'affaissement voire de fontis sous l'assise d'un remblai sont difficiles à évaluer, à localiser et caractériser ; si l'on ne peut pas éviter de telles zones, on prévient les accidents en armant la partie basse du remblai au moyen de nappes de géotextile interposées entre les couches, en agrandissant et en comblant les trous et fissures au moyen du matériau de remblai ou de béton, en couvrant toute la zone d'une dalle en béton...

Le choix du matériau de remblai et la façon de le mettre en œuvre sont essentiels pour obtenir un ouvrage stable. Il est d'abord nécessaire de soumettre le matériau à des essais Proctor afin de connaître sa teneur en eau et sa densité optimales, car trop sec il serait plus ou moins pulvérulent et trop humide il serait plus ou moins plastique. Il est ensuite avantageux de suivre les RTR qui caractérisent un matériau par un type dont se déduit la façon de l'utiliser (conditions atmosphériques, traitement préalable éventuel, épaisseur de chaque couche, énergie de compactage, type et classe du compacteur utilisable…). On procède généralement par couches successives ; on compacte chacune et on contrôle le résultat avant de passer à la suivante. En cours de chantier, des essais de plaque et/ou de densité/teneur en eau, permettent de s'assurer de la qualité du compactage : un corps de remblai dont chaque couche a des modules à la plaque $Ev_2 \geq 500$ bar et/ou $Ev_2/Ev_1 \geq 2$, et des densité/teneur en eau proches de l'optimum Proctor a presque à coup sûr une bonne résistance et son état de consolidation sera quasi stationnaire ; il y aura donc peu de risque de le voir glisser, tasser ou gonfler : si le corps du remblai lui-même est stable, la chaussée ou le dallage qu'il supportera éventuellement le seront à peu près eux-mêmes. Un cas de mise en œuvre délicate est celui du corps de remblai zoné ; des conditions granulo-métriques strictes doivent être respectées aux contacts des zones, faute de quoi les éléments fins du matériau d'une zone diffusent dans le matériau plus grossier de la zone contiguë ; il peut en résulter des tassements importants. Ceux qui projettent et construisent des barrages en terre, comportant généralement un noyau argileux étanche et des talus graveleux ou rocheux, le savent et en tiennent compte ; pour les petits ouvrages routiers ou pour les réseaux enterrés, on s'en prémunit au moyen de nappes de géotextile interposées entre les zones ; cela n'est économiquement pas possible pour les grands remblais multicouches que l'on met parfois en œuvre pour utiliser un matériau médiocre, associé à un matériau de bonne qualité ; quand le matériau de l'une des couches est relative-ment creux, il peut se produire de graves dommages : ce très haut remblai auto-routier avait été construit au moyen d'un empilement de couches relativement épaisses de marne sèche et donc résistante, extraite au ripper, et de calcaire brut d'abattage aux explosifs et donc de granulométrie assez grossière, évidemment sans interposition de géotextile. Le compactage de chaque couche avait été exé-cuté avec les plus puissants engins disponibles et à la réception, au vu des résul-tats des essais habituels, le corps de remblai paraissait stable et devoir le rester ; la plate-forme puis la chaussée calculées sur les excellentes caractéristiques de la dernière couche de calcaire ont été construites dès la fin du remblayage. Mais la marne est ce que les RTR appellent un matériau évolutif : à mesure que le remblai vieillit, elle s'altère, se divise et pénètre dans les vides des couches calcaires plus ou moins creuses ; les déformations de ce remblai, tant au niveau de la chaussée que sur ses talus, sont importantes et continuelles ; compte tenu du volume énorme de l'ensemble, il n'a pas pu être efficacement traité ; la plate-forme a été longtemps l'objet d'une surveillance et d'un entretien constants, mais en vieillissant, après de nombreuses réfections, elle s'est peu à peu stabilisée mais demeure fragile.

La pente de talus d'un remblai est à peu près déterminée par la nature et la com-pacité du matériau utilisé ; la pente de talus que prend naturellement un remblai simplement déversé est plus ou moins celle de l'angle φ du matériau ; c'est celle qu'il faut leur donner si l'on en a la place. En vieillissant, si aucune action exté-rieure ne le perturbe, le remblai se compacte en tassant sous l'effet de son pro-pre poids et la stabilité de ses talus, précaire à court terme, s'améliore : si donc son assise a été bien préparée, si le matériau a été bien choisi et correctement mis en place, le remblai demeurera longtemps stable à condition de protéger ses talus des effets de l'eau (imbibition, infiltration, érosion). Si l'on manque de place et/ou si l'on craint la détérioration des talus à plus ou moins long terme, on dispose de très nombreuses méthodes rustiques ou très élaborées (enrochement, gabions, terre armée, murs...) pour contenir le remblai et réduire sa pente utile.

Les remblais de mauvaise qualité (matériaux non adaptés, mal compactés, mal fondés, mal drainés...) sont chose courante. Tant en cours de travaux qu'en service, un remblai peut être dommageable pour lui-même et/ou son voisinage : les glissements de talus, la déformation ou la rupture d'ouvrages de soutènement sont les plus fréquents ; les plates-formes en profil mixte (déblai/remblai) ou les remblais d'épaisseur variable souvent établis à flanc de coteau se déforment et/ou glissent ; sur une assise peu résistante, la surcharge d'un haut remblai peut provoquer un grand glissement, l'affaissement ou l'inclinaison d'ouvrages voisins, la rupture par cisaillement (contraintes obliques) ou le poinçonnement (frottement négatif) de pieux (de culées de pont auquel le remblai sert d'accès...) ; les vibrations d'un compactage trop intense peuvent causer de graves dommages à de fragiles constructions voisines...

Une plate-forme de remblai sert généralement d'assise à une chaussée, un ballast, un bâtiment... ; elle doit évidemment être stable et de portance suffisante. Dans le cas d'une chaussée, le *Catalogue des stuctures-types des chaussées neuves* de l'Équipement, associé aux RTR pour le choix et la mise en œuvre des matériaux, permet d'obtenir des résultats satisfaisants : les plates-formes d'assise y sont classées selon leur portance au niveau de la forme, d'après les résultats d'essais spécifiques ; en fonction du trafic et des matériaux utilisés, un éventail de structures est proposé au projeteur puis au constructeur. Les dégradations à l'usage sont généralement dues au fait que les épaisseurs et/ou les compositions des couches de fondation et de base ont été réduites, que la stabilisation de la forme et/ou le drainage ont été mal réalisés : sur une forme rocheuse imperméable, la chaussée de cette section d'autoroute se déformait rapidement après chaque réfection ; le corps de chaussée était bien fondé, sa structure était correcte, mais il était mal drainé : un réseau de drains a permis de régler le problème. L'expérience, que l'on peut dédaigner en l'appelant « empirisme », et la rigueur sont primordiales en la matière ; les calculs et constructions automatiques de chaussées ne sont pas près d'être efficaces dans tous les cas réels. Les bâtiments implantés sur des plates-formes remblayées, même de faible épaisseur, doivent être chaînés, fondés sur radier et non sur dallage car ils risquent de subir des petites déformations ; leur périphérie doit être drainée...

3.6.2 Drainage – Assèchement des fouilles non blindées

Un drainage consiste à faciliter la collecte et l'écoulement d'eau en excès dans un matériau plus ou moins argileux très humide pour l'en extraire, afin d'assainir, consolider et rendre praticable un sol imbibé, de stabiliser un talus en évitant son altération et/ou son érosion, d'empêcher l'accumulation d'eau derrière un ouvrage, dans une fouille... L'excès d'eau peut être superficiel et temporaire à la suite de fortes précipitations, permanent dans un site marécageux, aux abords d'une source de versant… Un dispositif de drainage peut être superficiel, enterré ou profond, fonctionner gravitairement, rarement par pompage, être permanent pour protéger un ouvrage, temporaire pour protéger un chantier. Dans des matériaux plus ou moins perméables et aquifères, une fouille fonctionne comme un drain puissant et recueille en permanence une quantité d'eau plus ou moins grande que l'on extrait ou que l'on capte par pompage.

3.6.2.1 Drainage

Un système de drainage superficiel permanent fonctionne au fil de l'eau sous gradient fixe et généralement faible, imposé par les conditions hydrauliques locales. Si le sous-sol est saturé jusqu'en surface et en l'absence d'alimentation, la ligne de saturation descend progressivement jusqu'à atteindre le niveau du drain en un laps de temps théoriquement infini ; comme en fait le système est toujours alimenté, il s'établit à la longue une ligne de saturation dont le niveau moyen est à peu près stable aux variations saisonnières près ; pour dégrossir un projet, on peut donc calculer selon la méthode de Dupuit en régime permanent. La perméabilité du matériau doit être faible mais suffisante pour qu'il s'établisse un écoulement gravitaire significatif sous faible gradient, sinon la vitesse d'écoulement est quasi nulle et donc le dispositif est pratiquement inefficace. Si la perméabilité est forte, l'écoulement naturel est suffisant, il n'y a pas besoin d'un drain mais seulement d'un collecteur et son calcul ressortit à l'hydraulique des conduites. Si la perméabilité est très faible, il faut empêcher l'eau d'arriver dans la zone et donc drainer et/ou collecter superficiellement en périphérie. Dans certains cas de faible perméabilité ou de faible arrivée d'eau, le drain peut ne pas couler et être néanmoins efficace car l'eau qui y parvient s'évapore rapidement.

Pour drainer et/ou accélérer la consolidation d'une couche superficielle de matériau saturé afin de la rendre praticable, on peut établir des tranchées drainantes latérales si la zone à assainir est étroite, ou un réseau de drains enterrés de type agricole sous l'ensemble de la zone si elle est étendue. Pour accélérer la consolidation d'une épaisse couche d'assise et donc le tassement d'un ouvrage déformable que l'on ne peut pas fonder en profondeur comme un haut remblai, on peut établir dans son emprise, préalablement à sa construction, un réseau de drains verticaux forés. Le matériau de filtration doit pouvoir se déformer autant que le matériau naturel afin que les drains ne se comportent pas comme des points durs susceptibles d'altérer la partie inférieure de l'ouvrage. Bien que les modèles respectifs ne soient pas compatibles, on peut dégrossir les projets de tels réseaux par un calcul fondé sur les théories de Dupuit pour l'écoulement et de Terzaghi pour la consolidation, portant sur le diamètre efficace d'un drain, le maillage de l'ensemble et éventuellement le débit à extraire, en fonction de la perméabilité du matériau, de l'épaisseur de la couche à consolider et de la vitesse de consolidation souhaitée ; ce n'est pas très simple, les résultats sont approximatifs et il est difficile d'effectuer un essai de dimensionnement préalable. Là encore, il est donc d'autant plus nécessaire de prévoir un dispositif surabondant qu'il est pratiquement impossible de le modifier en cours d'opération.

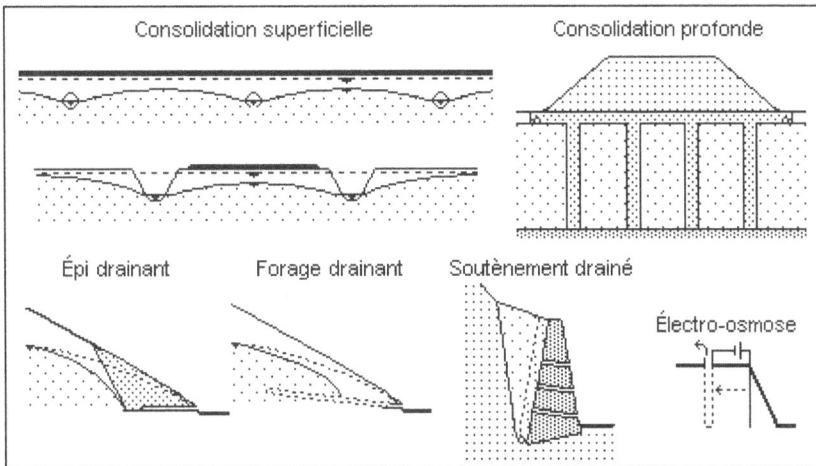

Figure 3.6.2 – Drainage

Il faut drainer en profondeur les massifs limités par des talus coupant des écoulements souterrains peu abondants, permanents ou temporaires, susceptibles de les rendre instables dans les zones où ils affleurent, souvent sous la simple forme de taches humides ; on le fait au moyen d'épis ou de forages inclinés de dimensions et en nombre qui dépendent des conditions locales. Le drainage amont de tout ouvrage de soutènement est indispensable, même si le matériau soutenu est quasi imperméable, car l'effet de la pression hydrostatique dû à un afflux naturel (percolation, infiltration…) ou accidentel (rupture de canalisation enterrée) d'eau contre la paroi amont de l'ouvrage fonctionnant comme un barrage, est susceptible de compromettre gravement sa stabilité s'il n'a pas été calculé pour y résister ; un filtre doit évidemment être disposé entre le matériau amont et la paroi, et l'eau ainsi recueillie doit être évacuée par des barbacanes et/ou un collecteur. Ces dispositifs ne se calculent pas ; il faut toujours les prévoir surabondants car il est pratiquement impossible d'empêcher leur colmatage partiel voire quasi total à plus ou moins long terme ; cela n'affecte généralement pas le coût de l'ouvrage principal, alors que leur absence ou leur dysfonctionnement pourrait avoir des effets allant jusqu'à la ruine.

Les matériaux très peu perméables ne peuvent pratiquement pas se drainer gravitairement. Si, pour les stabiliser, il est nécessaire d'assécher plus ou moins un talus de fouille ou une paroi de soutènement dans un laps de temps compatible avec la durée d'un chantier, on peut recourir à l'électro-osmose : un champ électrique dans un matériau saturé dont la perméabilité est très faible entraîne un écoulement régit par une loi analogue à celle de Darcy ; la cathode est un tube métallique drainant, l'anode est une tige métallique parallèle, distante de l, le gradient est celui du potentiel électrique V/l, $Q_e = k_e * S * V/l$. La superposition de l'écoulement gravitaire et de l'écoulement osmotique entraîne que le débit total du procédé est proportionnel à k_e/k qui doit donc être grand pour que le procédé soit efficace ; comme k_e est pratiquement constant, k doit être effectivement très faible ; de toute façon, l'usage de ce procédé ne se justifierait pas autrement. L'effet de drainage et de consolidation cesse dès que l'on coupe le courant, sauf si l'on injecte une solution saline à l'anode ou si elle est en aluminium ; la durée de mise en palier du drainage peut durer quelques mois. En fait, ce procédé est rarement utilisé pour assécher les matériaux naturels en place, car il est peu efficace à court terme, très difficile et très onéreux à mettre en œuvre ; on l'utilise parfois pour assainir des parois de sous-sols humides dont on ne peut pas améliorer le drainage amont ou des murs humides par capillarité.

3.6.2.2 Assèchement des fouilles non blindées

Les fouilles non blindées dont le fond doit être inférieur au niveau de la nappe ont des parois plus ou moins stables et l'eau y afflue plus ou moins selon la profondeur atteinte, la granulométrie et la perméabilité du matériau… Si le débit est faible, le matériau stable et l'excavation petite, peu profonde, rapidement confortée ou recomblée, on peut épuiser en pleine fouille ; sinon, il faut rabattre le niveau de l'eau autour de la fouille par un dispositif de pompage permanent (rabattement de nappe) ; on peut aussi être amené à le faire derrière une paroi de palplanches peu étanche ou incapable de contenir la pression hydraulique maximum, en regard d'un grave défaut d'étanchéité de paroi moulée afin de pouvoir le réparer…

Les études portent sur le dispositif à mettre en œuvre (type, implantation, débit), afin d'obtenir l'abaissement du niveau nécessaire dans l'ensemble de la zone de travaux et éventuellement sur les effets lointains de l'opération sur la nappe. Une étude hydrogéologique d'assèchement doit d'abord décrire le type, la géométrie et le régime du réseau aquifère (*voir 1.4.4*) puis ses caractéristiques hydrologiques locales (épaisseur, niveau, perméabilité, puissance…) (*Fig. 2.2.3.b*). Pour les projets complexes et les opérations durables aux effets très perturbateurs, on peut avoir intérêt à effectuer des calculs informatiques par éléments finis, à partir de réseaux d'écoulement théoriquement détaillés et de la méthode de Dupuit (*voir 2.2.3*) ; pour dégrossir ceux-là et en étudier de moins complexes, on peut se contenter de solutions approchées des lignes d'eau par des calculs manuels aux différences finies sur des réseaux schématiques. Pour les études courantes d'épuisement de fouilles temporaires, on obtient plus facilement des estimations correctes de débits au moyen de formules (*voir 2.3.3*) ; en principe, elles ne peuvent s'appliquer qu'aux écoulements noyés, c'est-à-dire si la fouille n'est pas asséchée alors que c'est ce que l'on veut obtenir ; en outre, les calculs concernent l'état stationnaire de l'écoulement, qui même en théorie, n'est pas atteint instantanément. Ensuite mais pas enfin, ces formules ne sont simples que si l'on admet que le fond des ouvrages d'épuisement est au niveau du mur imperméable de la nappe, ce qui est rarement le cas. En pratique, on ne tient pas compte de cela et de quelques autres hypothèses nécessaires aux modélisations manipulables ; en effet, les imprécisions sur les valeurs de k, les dissimilitudes entre les modèles les plus perfectionnés que l'on saurait manipuler ainsi et la réalité, sont telles qu'il serait illusoire d'essayer d'atteindre une meilleure précision théorique au prix de lourdes complications qui n'amélioreraient pas les résultats de façon significative ; quoi que l'on fasse, on n'obtient que des ordres de grandeur, largement suffisants pour définir les principes et méthodes d'intervention, puis sur le terrain on ajuste à la demande le dispositif et on module son débit.

Le pompage en pleine fouille non blindée ne peut se pratiquer que pour de faibles débits, à condition que les talus demeurent stables durant le chantier. C'est une opération risquée que l'on ne devrait réserver aux fouilles profondes, ouvertes longtemps, que pour extraire des venues d'eau localisées et imprévues, difficiles à capter autrement, en plaçant des filtres aux zones de résurgences pour éviter les renards et en protégeant les talus ; par contre, on la pratique habituellement dans de petites fouilles peu profondes et temporaires, sans toujours éviter les éboulements et les renards dont il faut donc envisager d'éventuellement se prémunir.

Si la fouille est vaste et profonde, creusée nettement au-dessous du niveau de la nappe, on peut assécher en rabattant ce niveau sous le fond, par pompage continu au moyen d'une enceinte périphérique en un ou plusieurs étages de puits ou forages filtrants, ce qui permet aussi de stabiliser les talus. Si le matériau est peu perméable et le fond à moins de 6 m de profondeur, les forages sont reliés à une seule pompe par une même conduite d'aspiration sous vide ; pour rabattre davantage le niveau, on peut établir des enceintes étagées de 5 m en 5 m. Si le matériau est plus perméable et le rabattement important, les forages ou les puits sont indépendants, équipés chacun d'une pompe immergée, de sorte que l'on peut installer tout le dispositif au même niveau.

Les forages ou puits d'un même dispositif sont censés avoir tous le même débit et le débit total du dispositif est du même ordre de grandeur que le débit d'un pompage en pleine fouille ; en cours d'opération, le débit/rabattement d'un élément ou de l'ensemble peut varier sensiblement, soit en raison du marnage naturel ou non de la nappe, soit par colmatage ou développement d'un ou plusieurs forages. Pour maintenir le rabattement nécessaire, on doit donc prévoir des dispositifs surabondants et/ou évolutifs. Ce rabattement n'est évidemment pas instantané et le dispositif doit fonctionner pendant un laps de temps plus ou moins long avant le début du chantier, suivant la perméabilité du matériau, la puissance de la nappe et la hauteur du rabattement ; la durée de retour à la situation initiale après l'arrêt du pompage ainsi que le rayon d'influence du pompage dépendent des mêmes facteurs.

3.6.2.3 Perturbations des nappes dues aux travaux du BTP

On oublie souvent que les avantages que l'on retire pour un chantier d'opérations modifiant l'écoulement naturel d'une nappe peuvent le perturber jusqu'à entraîner des dysfonctionnements ou des dommages à des ouvrages proches ou même lointains, particulièrement fréquents dans les sites urbains ; c'est la raison pour laquelle il est toujours nécessaire de procéder à l'étude hydrogéologique et géotechnique préalable de l'ensemble de la zone susceptible d'être affectée par une telle opération, et que l'on ne peut pas définir *a priori*. Les cas sont innombrables et dépendent à la fois des particularités de la zone et des conditions locales, ainsi que du type et de la façon de conduire l'opération ; chacun doit donc être étudié spécifiquement.

Les épuisements et les rabattements provoquent parfois des tassements de consolidation susceptibles d'endommager des ouvrages et immeubles voisins. Plus généralement, ils assèchent aussi leurs environs et même une vaste zone, voire toute la région sous laquelle se trouve la nappe : un rabattement d'une dizaine de mètres dans une nappe puissante peut, au bout de quelques mois, provoquer un abaissement général du niveau de la nappe de l'ordre de quelques mètres à plusieurs kilomètres de distance ; c'est pour éviter cela qu'en plus de raisons économiques et de sécurité technique, on préfère maintenant les enceintes de parois moulées et les injections aux rabattements pour terrasser sous le niveau de la nappe. Mais les ouvrages souterrains et les zones injectées constituent des obstacles qui élèvent le niveau de la nappe en amont, inondant parfois des dépressions, des caves, des sous-sols, d'autres ouvrages souterrains, et le dépriment à l'aval, asséchant parfois des puits, des captages… ; les injections peuvent colmater des égouts, envahir des caves, endommager des bâtiments en faisant gonfler les matériaux de leur assise…

3.6.2.4 Pompage permanent sous les radiers de sous-sols étanches ou non

On soustrait à la pression hydrostatique et on assèche éventuellement les planchers bas traités ou non en radiers de fondation de certains sous-sols d'immeubles ou de parkings enterrés, au moyen de tapis drainants sous radiers, reliés à des dispositifs de collecte et d'exhaure. Ces dispositifs sont souvent risqués car on ne sait évidemment pas calculer avec une bonne précision le débit d'exhaure qui à l'usage peut être ou devenir très supérieur à ce que l'on attendait, ce qui grève sérieusement et pour longtemps l'économie de l'ouvrage ; il arrive aussi parfois que par chance, le débit soit ou devienne plus faible que prévu. Le calcul d'estimation peut être celui du pompage à pleine fouille de mêmes dimensions.

3.6.2.5 Étanchéisation des formations aquifères

Les injections en parafouilles, tapis ou voiles de matériaux aquifères ou non pour en améliorer *in situ* les propriétés mécaniques et/ou hydrauliques sont maintenant de pratique courante. Elles permettent d'éviter ou de limiter les pompages d'exhaure, de stabiliser à l'avancement les matériaux difficiles à excaver, d'améliorer la portance de fondations, les liaisons massif/ouvrage enterré ou l'étanchéité de radiers, rideaux ou parois localement défectueux… Par l'intermédiaire de forages plus ou moins denses et profonds, verticaux ou inclinés, généralement équipés de tubes à manchettes, on fait pénétrer, sous pression plus ou moins élevée et à vitesse plus ou moins grande dans les vides continus du géomatériau, un produit liquide plus ou moins durcissant (plus pour consolider le coulis, moins pour étancher). Sa nature et ses caractéristiques de granulométrie, de viscosité et de temps de prise sont adaptées à la nature fissurale ou intergranulaire des vides et à leurs dimensions, à la physico-chimie du matériau et de l'eau…, du quasi-mortier de sable et ciment pour les fissures ouvertes aux résines en émulsion pour les sables argileux, en passant par la bentonite, les émulsions de bitume, les gels de silice et autres produits chimiques…

La difficulté d'étancher d'épaisses formations de matériaux perméables meubles mais compacts, plus ou moins hétérogènes comme des graves alluviales ou morainiques a longtemps empêché d'y construite des grands et profonds ouvrages souterrains ou de fonder sur eux des grands barrages. En effet, si ces matériaux sont trop compacts et/ou épais, s'ils contiennent des blocs rocheux et/ou des lentilles plus ou moins cimentées, une paroi étanche ou un rideau parafouille (tranchée comblée d'argile ou de béton, palplanches…) ne peut pas les traverser entièrement. On recourt alors à des injections de coulis adaptés aux matériaux et aux compositions chimiques des eaux souterraines au moyen de tubes à manchettes mis en place dans des forages (*voir 3.5.3.1*).

Chaque opération répond à des conditions et à des buts particuliers, de sorte qu'elle doit être étudiée spécifiquement. Les résultats d'études théoriques et d'essais même en vraie grandeur ne sont pas très satisfaisants car on ne sait pas modéliser la diffusion du coulis dans le matériau, qui dépend en grande partie de son hétérogénéité. On sait que le volume injectable en une passe est plutôt faible, ce qui oblige à multiplier les forages et les points d'injection le long des forages au moyen d'obturateurs dans des tubes à manchettes ; par contre, on sait empiriquement projeter par expérience et en pratique piloter une opération spécifique par l'enregistrement de tous les paramètres susceptibles de varier et d'être modifiés à la demande (longueur, profondeur et maille des forages, composition et viscosité du coulis, pression et vitesse d'injection, quantités injectées) et par le contrôle continu des résultats en cours de chantier au moyen d'essais d'eau *in situ* (Lefranc, Lugeon…), d'échantillons de matériaux traités prélevés par sondage mécanique et/ou par sondage de tomographies sismique. Ainsi, on opère par phases (voile général ou périphérique, remplissage, clavage), en décidant les particularités de la suivante selon les résultats de la précédente, et ce jusqu'à obtenir le résultat attendu. Le claquage par surpression doit être absolument évité dans les matériaux granulaires, car autrement, il se crée des cheminements préférentiels qui canalisent le coulis, empêchent sa diffusion dans l'ensemble de la zone à traiter, provoquent des pertes parfois considérables, et l'opération est ratée ; par contre, il est souvent nécessaire de favoriser les claquages pour ouvrir les fissures de matériaux rocheux : les fissures perpendiculairement à la plus petite contrainte du massif claquent préférentiellement et c'est plutôt l'imbrication des claquages que la diffusion continue qui assure l'efficacité de l'injection.

La congélation du matériau saturé autour d'une excavation généralement étroite et allongée (puits minier, galerie…) était une opération d'étanchéisation et de stabilisation très difficile à mettre en œuvre et très onéreuse, mais c'était pratiquement la seule efficace que l'on sache réaliser ; actuellement, ses applications sont rares sinon inexistantes, car tant pour des raisons techniques qu'économiques, on leur préfère les injections.

3.6.3 Fondations

Tout ouvrage permanent ou provisoire doit évidemment être conçu et construit pour demeurer stable et à l'abri d'éventuels dommages ; quand il n'en va pas ainsi, c'est presque à coup sûr que sa liaison au sous-sol du site dans lequel il est implanté a été mal assurée. Les fondations sont les parties enterrées de l'ouvrage qui assurent cette liaison en transmettant sa charge au géomatériau. Un défaut de fondation, même apparemment véniel, entraîne à peu près sûrement un dommage à l'ouvrage : l'interprétation d'une étude puis le suivi géologique des travaux de fondation sont souhaitables sinon nécessaires, car un tel défaut a presque toujours pour origine la négligence ou l'ignorance des particularités naturelles du site par les constructeurs, et non une erreur de calcul géomécanique.

Les fondations *superficielles* (radiers souples ou rigides, semelles quadrillées, filantes ou isolées) sont celles que l'on ancre à proximité de la surface du sol ou en fond de fouille générale, si le matériau d'assise est résistant, capable de supporter la charge de l'ouvrage sans rompre ni même subir des déformations susceptibles de l'endommager (couverture alluviale ou morainique compacte, altérite, substratum…). Les fondations *profondes* (puits, caissons, et fondations spéciales, pieux, barrettes…) sont celles qui, en présence de matériaux peu consistants en surface – remblais, couverture meuble (limon, sable, vase…) – reportent la charge en profondeur, sur un matériau résistant, capable de les supporter sans risque de déformation ou de rupture.

On choisit donc le type de fondation pour adapter l'ouvrage aux caractères du site, mais il est rare qu'un seul type convienne à un ouvrage donné dans un site donné. Le géotechnicien doit en étudier plusieurs car il ignore généralement les particularités de la structure de l'ouvrage projeté – et entre autres son aptitude à supporter d'éventuels tassements, qui ne peuvent être estimés que par une étude spécifique que l'on entreprend rarement. Il ignore aussi les possibilités de mise en œuvre et les coûts comparés de chaque type, et donc le choix que les constructeurs feront en définitive ; il ne peut que vérifier la stabilité théorique de chacun selon les données géotechniques et constructives dont il dispose.

La pression d'appui d'une fondation supportée par le matériau d'assise le déforme plus ou moins selon sa résistance ; en ordre de grandeur, un matériau dont la résistance à la compression simple est supérieure à 3 bar est peu ou pas déformable dans la plupart des cas ; il est plus ou moins déformable si sa résistance est comprise entre 3 et 1 bar et la pression de même ordre ; il risque de rompre si sa résistance est inférieure à 1 bar et si la pression est supérieure ou presque à coup sûr si la résistance est inférieure à 0,5 bar. Si la pression est faible par rapport à la résistance, la déformation peut être pseudoélastique, pratiquement insensible, sans effet sur le comportement de la fondation et sur la solidité de l'ouvrage. Si la pression est relativement élevée sans provoquer la rupture, le matériau se compacte sensiblement et la fondation tasse.

La répartition, l'amplitude, et les effets du tassement dépendent de la position de l'ouvrage dans le site, de ses dimensions, de sa forme et de sa masse, de la rigidité de sa structure ainsi que des caractéristiques de sa fondation : si le matériau est relativement homogène, les charges régulièrement réparties et d'intensité modérée, le tassement est uniforme et n'affecte presque pas l'équilibre de l'ouvrage et l'état des contraintes dans sa structure. Mais dans la plupart des cas, en raison de l'hétérogénéité du matériau et/ou de la charge, de la dissymétrie géométrique et/ou mécanique de la structure, le tassement diffère selon le point d'appui, ce qui affecte plus ou moins l'équilibre et/ou l'état des contraintes dans le matériau et provoque une certaine distorsion de la structure.

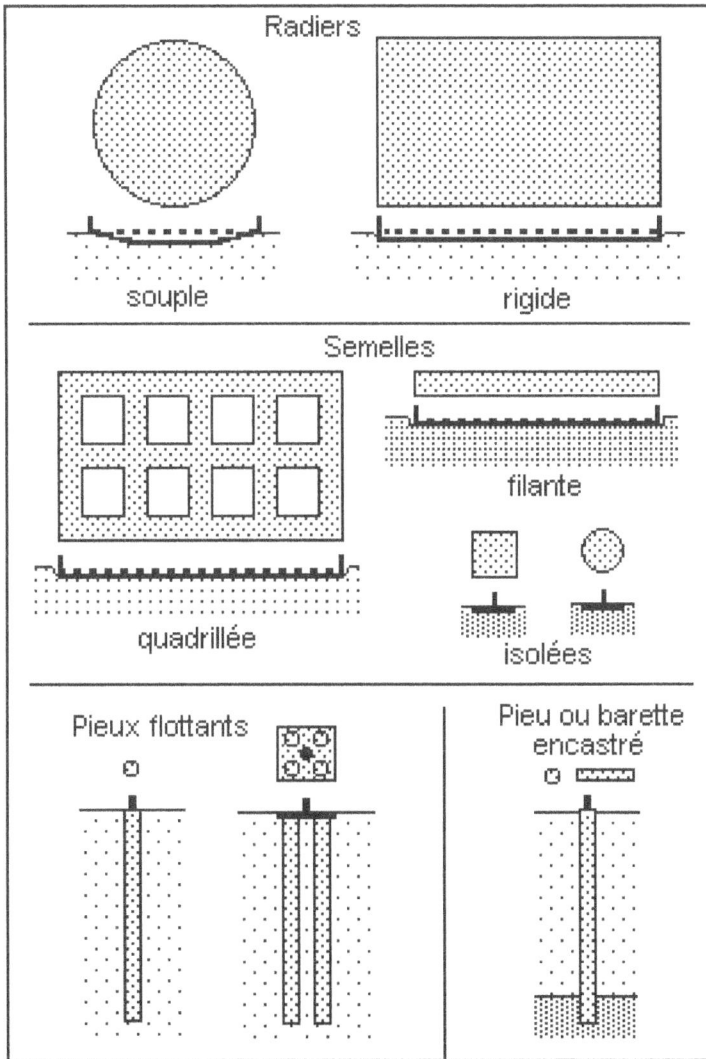

Figure 3.6.3.a – Fondations

La continuité et la rigidité de la fondation choisie peuvent plus ou moins compenser les effets des tassements sur une structure mal adaptée à en subir : des appuis isolés conviennent en l'absence de tassement ; des semelles filantes ou des pieux flottants liés par un chevêtre conviennent pour de faibles tassements ; on peut limiter les effets de forts tassements en construisant sur radiers ou sur des groupes de pieux flottants fortement liés, ou si le site s'y prête, sur pieux encastrés en pointe, ce qui supprime pratiquement tout tassement : la solidité d'un ouvrage dépend donc de l'aptitude de sa fondation à estomper les effets de tassements différentiels que sa construction provoquera inévitablement et/ou de l'aptitude de sa structure à s'adapter à eux. Les structures très souples et vraiment déformables comme celles de ponts dont les tabliers reposent librement sur deux appuis, sont rares par ailleurs ; elles peuvent supporter des tassements différentiels importants sans risque de rupture mais alors l'usage de l'ouvrage peut être plus ou moins gravement affecté. Il en va à peu près de même pour des structures hybrides continues mais plus ou moins souples et tolérantes comme celles des constructions métalliques ou en maçonnerie traditionnelle. Un ouvrage dont la structure est rigide peut s'incliner sans rompre mais souvent au détriment de son usage ; si sa structure est fragile, les contraintes qui s'y développent y entraînent des déformations voire des ruptures : l'usage et la destination de l'ouvrage peuvent être plus ou moins affectés et à la limite, il peut en résulter la ruine. Le gonflement éventuel du matériau d'assise d'un ouvrage léger peut produire des déformations subverticales ascendantes ayant sur sa structure des effets analogues à ceux de tassements.

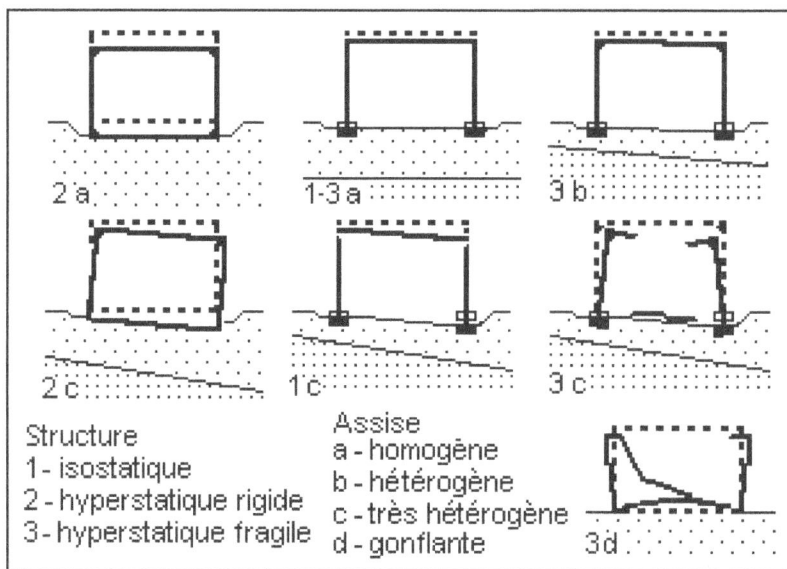

Figure 3.6.3.b – Comportement des structures selon les caractères géologiques de leur assise

Un excès de charge sur un matériau peu résistant provoque la rupture plastique du matériau et le poinçonnement de la fondation, ce qui entraîne sûrement de graves dommages à l'ouvrage voire sa ruine ; mais cela est facilement évitable : limiter les tassements est plus contraignant qu'éviter la rupture plastique. Dans la plupart des cas, la pression de rupture est nettement supérieure à celle qui provoque des tassements nuisibles ; elle est donc très rarement atteinte, sauf pour les hauts remblais sur sols mous trop hâtivement montés ou pour les ouvrages dont la charge varie dans le temps et l'espace comme les groupes de silos.

Divers procédés permettent d'accélérer la consolidation de la partie superficielle d'un matériau d'assise particulièrement compressible et peu résistant afin d'améliorer sa limite de rupture, de façon à pouvoir fonder superficiellement sans risque des ouvrages peu fragiles. L'efficacité d'une opération dépend en grande partie de la compatibilité entre le matériau à traiter et le procédé choisi, puis de la qualité de la mise en œuvre, généralement effectuée en plusieurs étapes. Leurs principes ressortissent à la géomécanique et en particulier à la théorie de la consolidation, mais on ne dispose pas de moyen de calcul préalable, en dehors de logiciels numériques spécifiques fondés sur des hypothèses et des données plus ou moins arbitraires ; les essais en vraie grandeur et les contrôles fréquents en cours de mise en œuvre puis en fin de chantier sont donc nécessaires au cas par cas.

Pour éviter la rupture de l'assise d'un remblai dont la hauteur doit être telle qu'il devrait la provoquer, on peut le mettre en place par couches successives ; on attend la stabilisation du tassement que chacune provoque avant de passer à la suivante et on accélère éventuellement le processus au moyen de drains préalablement forés dans le matériau d'assise.

Afin de fonder superficiellement un ouvrage léger dont la structure est souple et tolérante, on peut effectuer un préchargement de l'assise au moyen d'un remblai provisoire auquel on peut ajouter un dispositif de drainage de l'assise, et attendre sa stabilisation. On peut aussi améliorer la compacité d'un matériau d'assise, et donc sa limite de rupture, en le cloutant au moyen d'un matériau rocheux de granulométrie discontinue et grossière dont on force la pénétration à refus au moyen d'un compacteur vibrant lourd ou d'un mouton en chute libre. On peut accroître l'épaisseur de matériau traité en y injectant des produits inertes (gravier, sable...) par forage et pilonnage, pressage ou vibration ; on peut obtenir un meilleur résultat et fonder ainsi superficiellement des ouvrages lourds et rigides, en battant sur la totalité de l'emprise de l'ouvrage ou aux emplacements des descentes de charges, des picots de matière, forme et longueur variées. Ces procédés diminuent aussi le tassement total, mais ne suppriment évidemment pas la part due à la consolidation de la partie inférieure non traitée de la couche compressible ; c'est à cet oubli que l'on doit la plupart de leurs défaillances.

Si la granulométrie et la consistance du matériau s'y prêtent, on peut y créer en place des colonnes renforcées par adjonction de liant (chaux et/ou ciment en général) et trituration de l'ensemble ; on obtient ainsi des quasi-pieux qui peuvent être encastrés ou flottants. Leur charge limite peut se calculer comme celle d'un pieu de type analogue, mais elle est plus généralement déterminée par la résistance du matériau traité qui peut atteindre celle d'un béton maigre ; on dépasse rarement 20 bar en pointe sur la section théorique de la colonne, alors que l'on ignore ce qu'est en réalité sa forme générale – sûrement pas cylindrique en tout cas ! On doit préciser tout cela lors d'un chantier d'essai, par essais de compression simple sur échantillons de sondages carottés, sondages sismiques et éventuellement essais de chargement, puis effectuer un contrôle général après l'achèvement de l'ensemble du système.

Les méthodes de calcul des fondations sont nombreuses et variées, des plus simples aux plus compliquées ; en fait, elles dépendent des habitudes locales, des appareils de sondage et d'essai, des programmes dont on dispose. Pour un ouvrage courant, on contrôle généralement que la charge rapportée à la surface d'appuis n'atteint pas la pression admissible que l'on égale généralement à la résistance à la compression simple du matériau d'assise à la profondeur d'ancrage ; on s'intéresse plus rarement aux tassements parce qu'alors dans la plupart des cas, le géomatériau se déforme très peu : le risque de rupture est sûrement écarté, le critère de tolérance au tassement d'une structure courante est généralement respecté, et sauf éventuellement dans le cas du radier, s'il l'est pour chaque élément des fondations, il l'est pour l'ensemble. Cette facilité peut se révéler dangereuse s'il y a des matériaux moins résistants ou évolutifs sous le matériau d'assise. Un modèle géomécanique calé sur un modèle géologique est donc indispensable ; en fait, pour chaque type de fondation envisageable, on se contente généralement d'indiquer une pression admissible, parfois une profondeur d'ancrage, rarement un mode d'exécution et pratiquement jamais des conseils de mise en œuvre appuyés sur la géologie.

La nature géomécanique des matériaux d'assise et l'exposition éventuelle du site à certains phénomènes naturels doivent orienter l'implantation de l'ouvrage et son mode de fondation, mais le type de sa structure est tout aussi déterminant : le calcul géomécanique des fondations d'un ouvrage ne contribue que pour partie à leur définition et leur défaillance éventuelle résulte rarement d'une erreur de calcul. C'est effectivement presque toujours à la suite d'un défaut de conception de structure et/ou des défauts de mise en œuvre que l'on constate une défaillance de fondation, plus courants et plus graves que des indications imprécises, voire erronées de la contrainte admissible et/ou de la profondeur d'ancrage : en cas de dommage, on doit poser en principe que le sol n'est pas vicieux, mais que l'ouvrage a été mal étudié, mal construit et/ou mal entretenu. Pour une fondation superficielle, c'est parfois une insuffisance d'encastrement mais plus souvent, une altération du fond de fouille longtemps exposé aux intempéries entre son ouverture et le coulage du béton ; pour une fondation sur pieux, les défauts d'encastrement, les discontinuités de bétonnage au détubage, les bulles de boue de forage dans le béton, les pertes de béton dans des matériaux très mous, les poussées obliques… sont des causes de défaillances autrement graves que des indications imprécises, voire erronées de la pression admissible et/ou de la profondeur d'ancrage qui sont toujours contrôlées par les entrepreneurs sérieux. Les fondations superficielles et certaines fondations profondes sont généralement réalisées par l'entreprise de gros œuvre, avec parfois l'intervention d'un terrassier soit pour établir une plate-forme stabilisée d'assise de radier, soit pour creuser les fouilles de semelles ou de puits ; cela entraîne parfois des problèmes de coordination de chantier. Les fondations spéciales sont toujours réalisées par des entreprises évidemment spécialisées, ce qui n'est pas toujours une garantie de qualité. Les enregistrements continus des opérations de forage et des quantités de béton utilisées évitent les erreurs grossières mais non les fausses manœuvres souvent dues à l'inattention ou à la précipitation. Il n'y a en principe pas de problème de mise en œuvre des matériels de terrassement des fondations superficielles ou peu profondes qui sont essentiellement de classiques engins à godets ; des ancrages insuffisants résultent parfois de l'utilisation de godets trop larges pour la puissance de la machine et la résistance du matériau ; on risque ainsi des faux refus pour des semelles isolées qui devraient être ancrées à une profondeur proche de la limite du bras de la machine, dans un matériau dont la compacité s'accroît insensiblement avec la profondeur ; le conducteur d'engin arrête alors souvent son travail quand il devient difficile et non quand il est techniquement achevé ; un contrôle géologique serait alors souhaitable. Les problèmes de mise en œuvre des matériels de fondations profondes sont assez rares avec les ensembles intégrés et quasi automatisés que l'on trouve sur les chantiers de grands ouvrages ; ils sont fréquents avec les petits ateliers quelquefois vétustes qui n'exécutent que quelques pieux sur de petits chantiers de bâtiment ou d'ouvrages d'art courants dans des conditions économiques ingrates ; les taillants de tarières creuses sont parfois usés, le dernier élément est plus ou moins conique, le moteur de rotation est essoufflé, la flèche n'est pas très verticale, l'encastrement prévu est difficilement atteint, notamment dans les substratums argileux altérés dont la compacité s'accroît insensiblement avec la profondeur, le bétonnage en remontant est souvent hasardeux…

Les sinistres de fondations les plus fréquents résultent ainsi de la méconnaissance quasi totale de la géologie et, plus simplement même, du fait que le sol d'assise d'un ouvrage est l'élément déterminant de sa stabilité ; viennent ensuite les erreurs de conception technique des fondations et des structures, les exécutions défectueuses, les actions de voisinage… C'est souvent une insuffisance d'encastrement, mais plus fréquemment, une altération du fond de fouille longtemps exposé aux intempéries entre son ouverture et le coulage du béton, qui entraînent la plupart des dommages affectant les fondations superficielles. Parmi eux, on peut citer ceux résultant d'assises sur remblais de mauvaise qualité ou d'épaisseur variable, sur plates-formes mixtes, de l'altération des caractéristiques mécaniques du sous-sol par modification de la teneur en eau des argiles entraînant des retraits/gonflements, gel/dégel, de constructions homogènes sur sols très hétérogènes, plus ou moins consistants selon l'endroit, ou bien de constructions hétérogènes mais continues sur sols homogènes peu consistants, de la pression hydrostatique sur les sous-sols cuvelés, de la décompression du sous-sol autour ou en fond de fouille, de niveaux d'encastrement insuffisamment profonds ou trop chargés, de structures inadaptées à supporter les effets de tassements différentiels inévitables… Or, la sécurité et la pérennité des ouvrages fondés superficiellement résultent en premier lieu de l'aptitude de leurs structures à supporter les effets de ces mouvements ou à s'adapter à eux ; pour que les ouvrages qui y sont exposés ne subissent aucun dommage, il suffit généralement que leurs structures soient continues et rigides ou souples et tolérantes ; ce n'est pas très difficile à concevoir et à réaliser, mais il est fréquent que l'on ne le fasse pas, par inconscience, par négligence ou par économie.

Les sinistres les plus fréquents sont les fissures dont l'importance dépend de l'amplitude du mouvement, de la rigidité de la structure, de la qualité et de la mise en œuvre des matériaux. Quand elles affectent la structure ou les œuvres vives, elles peuvent compromettre l'étanchéité ou la solidité, rarement jusqu'à la ruine.

Parmi les accidents affectant les fondations profondes, il s'agit principalement de conséquences de défauts d'exécution, faux refus de battages trop rapides ou dus à l'autofrettage provisoire de pieux rapprochés dans des matériaux peu perméables, pieux trop courts n'atteignant pas le niveau résistant ou plus rarement, trop longs dans une couche résistante peu épaisse surmontant une couche peu résistante, défauts de mise en œuvre… On peut ensuite citer les altérations du béton et parfois des aciers des pieux implantés dans un sous-sol contenant de l'eau agressive et plus rarement des minéraux instables. Enfin, on connaît des accidents de pieux par surcharge, flexion ou même cisaillement, résultant de modifications de l'état des contraintes du sous-sol environnant (poussées obliques en liaison avec des travaux mitoyens, remblais, radiers, fouilles…). D'autre part, la mise en œuvre de pieux, battus principalement, peut induire dans le sous-sol des vibrations susceptibles de provoquer des dommages aux ouvrages voisins.

La réparation d'un défaut de fondation est toujours une opération plus ou moins hasardeuse, car il est le plus souvent difficile d'en établir les causes exactes : erreurs de conception et/ou d'exécution en première analyse, mais en fait induites par un défaut de connaissance ou de considération géologiques. La recherche de la cause géologique serait donc indispensable ; il est rare qu'on l'entreprenne.

3.6.4 Effets pervers des aménagements, des ouvrages et des travaux

Les effets de l'exploitation incontrôlée et/ou excessive d'eaux de surface ou souterraines peuvent aller de la désertification d'une contrée par des pompages d'irrigation dans ses cours d'eau, à l'assèchement d'un puits par un rabattement de nappe ou un drainage, en passant par la salinisation des nappes côtières, la dégradation de l'alimentation d'une ville à l'étiage, l'affaissement d'ouvrages ou même de régions entières par drainage et consolidation de géomatériaux très peu denses. La déforestation, le remembrement, les labours dans le sens de la pente, les amendements excessifs… sont des causes avérées d'accroissement d'érosions, d'amplification de crues, de pollutions… Les exploitations souterraines de solides, de liquides et de gaz sont souvent des causes de séismes, d'affaissements, d'effondrements, d'assèchements, de tarissements… Sur les cours d'eau et les littoraux, les aménagements mal conçus, les ouvrages hydrauliques mal calibrés et souvent même les ouvrages de défense trop spécifiques et localisés, peuvent bouleverser de façon inattendue et souvent surprenante, des sites proches ou même éloignés, aggraver des dangers que l'on voulait éviter, créer des risques là où il n'y en avait pas…

Les dommages aux ouvrages voisins de chantiers en cours, ainsi que les dommages aux ouvrages eux-mêmes, sont d'ordinaire les effets d'études et/ou de travaux défectueux, même s'ils ne provoquent pas d'effondrement. Les travaux souterrains ont presque toujours des effets nocifs, notamment sur les eaux souterraines dont le cours peut être perturbé ou qui peuvent être polluées, parfois gravement, par les produits d'injection. Les extractions de graves et de sables dans le lit des cours d'eau, sur les plages et même au large, peuvent déstabiliser des ouvrages parfois lointains et notamment les ponts anciens à travées multiples, généralement fondés à profondeur relativement faible, ou d'imprudentes villas sur les dunes.

À plus ou moins long terme, les installations imprudentes et inadaptées dans les zones à risque entraînent toujours des accidents. À court terme, une intervention irréfléchie à chaud sur un site ou un ouvrage en danger potentiel peut aggraver ce danger jusqu'à le rendre imminent ou même entraîner sa réalisation.

Les effets pervers des ouvrages isolés peuvent être évités en réalisant de bonnes études géotechniques des sites d'implantations, en adaptant correctement ces ouvrages à ces sites et aux existants voisins, en les construisant selon les règles de l'art.

3.6.5 Dommages et accidents de chantiers et aux ouvrages

Les éboulements sont à l'origine de nombreux accidents de chantier ; ils sont aussi, de loin, les principaux facteurs de dommages géotechniques aux ouvrages eux-mêmes ou à des ouvrages voisins. Or, la plupart de ces sinistres résultent d'absence d'études géotechniques, d'études erronées, de mauvaises interprétations, d'erreurs et défauts de conception technique et/ou d'exécution, de défauts d'entretien… Ils pourraient donc être évités si l'on prenait la peine de procéder aux études géotechniques des sites de construction, et de tenir compte de leurs résultats pour adapter spécifiquement les travaux et les ouvrages aux particularités locales ainsi révélées. Et ce d'autant plus que, quand un sinistre s'est produit, il est presque toujours très difficile, et en tous cas très onéreux, à réparer ; il est rare que l'on puisse revenir à l'état d'origine et l'on doit se contenter d'un à-peu-près ; parfois même, la réparation est pratiquement impossible et l'on est obligé de repartir à zéro ou d'abandonner.

De nombreux sinistres de BTP donnent l'impression de résulter de fautes inadmissibles ; ce point de vue doit être nuancé, car *on ne saurait penser à tout* ni tout prévoir, et parce qu'il est plus facile de définir les causes d'un accident qui vient de se produire, que d'imaginer *a priori*, les conditions de sa réalisation éventuelle. Il reste néanmoins que, pour la plupart de ces sinistres, le sol et le sous-sol n'ont fait l'objet d'aucune étude, l'étude a été insuffisante, ses résultats ont été mal interprétés et/ou mal utilisés par le projeteur puis par l'entrepreneur. L'exemple le plus typique de telles études est la traditionnelle campagne de sondages implantés presque au hasard, sans tenir compte des particularités naturelles du site ; les échantillons, recueillis un peu n'importe comment, ne font ensuite l'objet que d'un rapide coup d'œil lors d'une visite de chantier et de quelques essais classiques de laboratoire ; les résultats de ces essais arbitrairement décidés, ne seront même pas sérieusement analysés ou seront interprétés sans trop se soucier du contexte géologique.

Les causes de dommages aux ouvrages sont donc essentiellement l'absence ou l'insuffisance d'étude géotechnique, le défaut de prise en compte des conclusions de l'étude, le défaut de contrôle géotechnique des études techniques et des chantiers… quand on confond étude géotechnique et campagne de sondages confiée à un entrepreneur, sans contrôle géotechnique. Les déficiences sont souvent inattendues ou surprenantes, comme la tricherie sur la profondeur des sondages ou même leur non-exécution, les erreurs de repérage de sondages ou d'échantillons, la description des carottes par le seul ouvrier-sondeur, le défaut de connaissance géologique, l'erreur d'interprétation d'observations, de sondages ou d'essais, le défaut d'appréciation ou de compréhension du comportement du géomatériau…

La liste de ces déficiences particulièrement regrettables et même choquantes, ne peut pas être exhaustive. Un suivi et une analyse géologique sérieuse des travaux de sondage sur le terrain permettent d'en éviter la plupart ; celles répertoriées sont abondantes et il s'en constate régulièrement de nouvelles, toujours aussi inattendues. Il n'en demeure pas moins que la réalisation d'une bonne étude géotechnique, dont les résultats sont bien utilisés, est la meilleure garantie contre les dommages et accidents de chantier et aux ouvrages et d'une façon plus générale, contre les effets des mouvements gravitaires de terrain.

3.7 Eaux souterraines et pollutions

Les captages d'eau souterraine sont aménagés pour alimenter des réseaux de distribution en toute sécurité et à moindre coût ; ils doivent produire de l'eau saine, aux débits minimaux correspondant aux besoins maximaux des utilisateurs en consommant le moins d'énergie possible. Mais de qualité primordiale qu'elle était naguère, la potabilité naturelle des eaux est devenue une éventualité curieuse et inattendue ; la plupart de nos activités entraînent des pollutions du sol, du sous-sol, des eaux de surface et souterraines par d'innombrables produits plus ou moins difficiles à éliminer selon leur nature, leur quantité et les particularités locales du milieu naturel. Les eaux souterraines, qui sont à la fois les principaux récepteurs des pollutions et leurs principaux véhicules, sont plus ou moins polluées ; les déchets, classés selon leur nature, doivent, après traitement éventuel, être en grande partie stockés dans des sites spécialement choisis et aménagés selon leur classe dans des formations imperméables afin d'éviter leur diffusion par les eaux souterraines. La protection des captages d'eau souterraine, la résorption des pollutions, la réhabilitation des sites pollués et le stockage des déchets sont ainsi des opérations dont les principes sont analogues et qui sont souvent liées ; leur étude et les solutions qu'on leur apporte relèvent en grande partie de l'hydrogéologie et de l'hydraulique souterraine dont la pratique n'est pas simple.

3.7.1 Les captages d'eau souterraine

L'autorisation de capter de l'eau souterraine pour alimenter un réseau public est soumise à une enquête hydrogéologique préalable sur sa provenance et les risques de pollution, destinée à définir les dispositions de protection sanitaire du captage (périmètres de protection…). Les captages particuliers sont soumis à déclaration ; ils peuvent être interdits ou leur utilisation être réglementée dans des zones où ils risqueraient de perturber gravement le régime de la formation aquifère, de provoquer des pollutions…

Les captages d'eau souterraine peuvent ne comporter qu'un seul ouvrage (source aménagée, puits, forage). Le captage d'une source impose que l'on ait déterminé son type (*Fig. 1.4.4.d*), les variations saisonnières de son débit au fil de l'eau qui peuvent être importantes, notamment en régime karstique, la position exacte de son griffon si la couverture est épaisse… ; selon le débit et la disposition des lieux, l'ouvrage peut être une simple vasque, des drains, une galerie drainante, un forage subhorizontal… ; dans certains cas, le débit peut être accru par pompage. Les captages de nappes captives profondes sont des forages équipés de tubes crépinés et de filtres adaptés à la granulométrie de la formation aquifère ; il est nécessaire d'étancher l'espace entre le tube de captage et la paroi du forage au dessus de la crépine et du filtre dans la formation imperméable sus-jacente. Les captages de nappes à surface libre sont des puits ou des forages équipés de diverses façons selon leur diamètre, leur profondeur, la granulométrie de la formation aquifère, leur débit… ; tous les puits et forages doivent être développés et soumis à des essais de débit/rabattement permettant d'établir leur rendement optimum ; ces opérations doivent être répétées à plus ou moins long terme selon l'ouvrage. La surveillance physico-chimique des captages doit être assurée en permanence ; les causes d'éventuelles variations doivent être cherchées et corrigées.

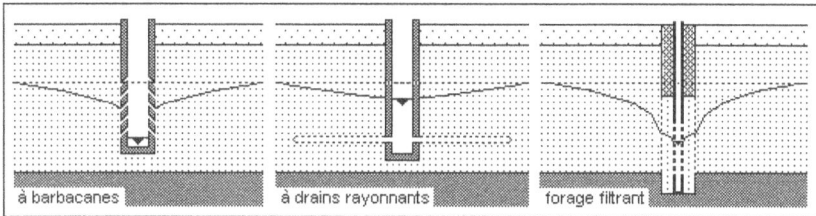

Figure 3.7 – Types de puits et forages d'exploitation de nappes

Les champs de captage d'eau souterraine sont aménagés pour alimenter des grandes agglomérations, des réseaux d'adduction de secteurs plus ou moins étendus et/ou des ensembles industriels gros consommateurs. Généralement situé dans une plaine alluviale en bordure du cours d'eau principal, un champ de captage comporte un plus ou moins grand nombre de puits et/ou forages interconnectés, disséminés dans un enclos ; leur production, gérée par un centre d'exploitation, alimente une usine élévatoire qui dessert le réseau. Le champ doit produire en permanence la quantité nécessaire d'eau claire, chimiquement équilibrée, non polluée ; une usine de traitement permet éventuellement de corriger la bactériologie et la physico-chimie de l'eau produite avant sa distribution.

Les techniques d'étude et d'exploitation des eaux souterraines sont en principe très évoluées et bien au point. On constate à l'usage qu'en fait beaucoup d'ouvrages et même de grands champs de captages sont mal implantés, mal conçus, mal construits ou mal exploités et souvent, un peu tout cela à la fois, car la conception, la construction et l'exploitation d'un champ de captage comptent parmi les opérations les plus laborieuses de l'hydrogéologie et de l'hydraulique souterraine.

Celles d'un réseau karstique sont extrêmement difficiles, car on ignore généralement les détails de sa forme souterraine entre les pertes et la résurgence ; celles d'un champ de captage de nappe alluviale sont plus faciles parce que l'on peut disposer de nombreux points d'observation, utiliser des modèles hydrogéologiques fiables *(voir 1.4.4)* et calculer sur des bases hydrauliques établies *(voir 2.2.3 et 2.3.3)* ; l'hydrogéologie permet de caractériser l'aquifère et la nappe que l'on veut exploiter ou que l'on exploite : nature, structure (étendue, puissance, dispersion des valeurs locales de l'épaisseur et de la perméabilité, conditions aux limites), variations naturelles incessantes du niveau, du débit et de l'alimentation… Le calcul, traditionnel ou informatique, ne permet pas de résoudre n'importe quel problème d'hydraulique souterraine ; mais dans la plupart des cas, on obtient des résultats satisfaisants pour peu que l'on ait correctement construit le modèle hydrogéologique de l'aquifère que l'on veut exploiter ou que l'on exploite. Les modèles hydrauliques qui permettent des simulations numériques sont de lourds investissements auxquels on demande souvent plus qu'ils ne peuvent donner ; ils sont censés faciliter la solution de n'importe quel problème que pose l'exploitation du champ : implantation d'un nouveau puits, capacité de production d'un puits et/ou du champ, augmentations de débit, gestion rationnelle de la production, prévention et/ou diffusion d'une pollution… ; cela ne marche pas toujours très bien car le modèle est construit sur des observations de terrain peu nombreuses et peu précises et des estimations plus ou moins fondées des carac-tères hydrogéologiques de la nappe et de l'aquifère qui varient sans cesse.

Ainsi, de nombreux champs de captage sont mal implantés, mal aménagés et/ou mal exploités ; tout ou partie de leurs puits et forages ont été mal conçus à l'origine ou se sont dégradés par défaut d'entretien ; or, on obtient le même débit ou même un débit supérieur avec un ouvrage mieux conçu ou le même ouvrage mieux exploité ou décolmaté : ce grand champ de captage riverain d'un grand cours d'eau alimente un très vaste district en partie urbain et en expansion ; progressivement étendu depuis son origine à mesure qu'augmentent les besoins du réseau, on y trouve toutes sortes d'ouvrages plus ou moins profonds, de types différents (puits en béton à barbacanes, puits à drains rayonnants, forages filtrants…) ; seuls ces derniers atteignent le mur de la nappe et sont correctement développés ; ils ont les meilleurs rendements, se colmatent le moins, sont les plus faciles à protéger de la pollution et sont de loin les moins onéreux à construire et à exploiter ; aucun n'était utilisé car ils n'avaient été forés que pour servir d'ouvrages d'essais préalablement à la construction de puits classiques. Le contrôle systématique du rendement de tous les ouvrages du champ a permis d'intégrer les forages filtrants d'essais à l'exploitation du champ et d'augmenter largement sa production totale tout en abandonnant certains puits anciens particulièrement peu productifs et pour certains, très sensibles à la pollution agricole car relativement peu profonds ; par la suite, à mesure de l'augmentation des besoins, on n'a plus établi que des forages filtrants.

Il résulte des défauts de captages d'eau souterraine des coûts de production importants qui paraissent naturels car le rendement d'un ouvrage est rarement pris en compte par l'exploitant. On ne peut pas être exhaustif à propos de ces défauts ; chaque cas est spécifique et on en constate toujours de nouveaux et d'inattendus. En la matière, un monde sépare les principes des pratiques ; ce qui devrait être connu de tous est ignoré de chacun. Le ratage d'un captage ou le dysfonctionnement d'un champ est toujours le fruit véreux d'une étude nébuleuse, d'un marché mal conçu et de la négligence voire de l'ignorance de prosaïques règles techniques depuis longtemps éprouvées.

Les champs de captage de grande plaine alluviale dans des zones plus ou moins urbanisées sont très sensibles aux pollutions de toutes sortes : bien que très puissante et bien alimentée, la nappe alluviale de la Saône est particulièrement vulnérable ; sa principale source de pollution est la rivière elle-même qui l'alimente directement, car son vaste bassin versant est à la fois agricole, industriel et urbain, et il est couvert par un réseau dense et à fort trafic, de voies de communication routières, ferroviaires, fluviales et d'oléoducs. Les risques de pollution de la nappe sont donc multiples et varient selon la saison, les lieux et les circonstances ; or, elle est activement exploitée dans plusieurs vastes champs de captage établis dans les zones inondables, généralement en bordure de la rivière ; ces champs sont constitués de batteries de puits et forages qui fonctionnent sans arrêt pour alimenter les villes riveraines, ainsi que de vastes zones plus ou moins éloignées de la vallée, où l'eau utilisable n'est pas suffisamment abondante ; ces champs dont il est impossible d'arrêter la production, car il n'y a pas d'alimentation de substitution, sont étroitement surveillés et sont tous équipés d'usines de traitement, presque analogues à celles qui traitent les eaux de surface utilisées pour l'alimentation. Au nord-est de l'agglomération, le champ de captage de Lyon exploite la nappe alluviale du Rhône, épaisse d'une vingtaine de mètres sur un substratum de molasse peu perméable ; la nappe est alimentée par les bras du fleuve et les canaux qui entourent le champ ; leur niveau est stabilisé par un seuil à l'aval et leurs infiltrations sont renforcées par des bassins latéraux. Le champ comporte deux ensembles d'ouvrages, l'un de près d'une centaine de puits en béton à barbacanes, l'autre d'une trentaine de forages filtrants. Il est particulièrement exposé à toutes sortes de pollutions, par le fleuve, par l'agglomération qui l'entoure, par les autoroutes qui le bordent… ; sa protection est assurée par les bassins d'infiltration qui inversent la pente de la nappe vers les plans d'eau périphériques quand la production est arrêtée et l'exploitant dispose alors de ressources de substitution.

L'aménagement et l'exploitation d'un réseau karstique sont pleins d'imprévus, car on manque de bases théoriques, et généralement, de points d'observation : chaque réseau est un cas d'espèce ; sa structure est très complexe et son régime, particulièrement instable. S'il n'est pas noyé en permanence et s'il n'est pas pénétrable, la possibilité de capter un de ses conduits aquifères est totalement aléatoire, comparable à la recherche d'une aiguille dans une botte de foin. S'il est pénétrable, il existe des méthodes géophysiques de pilotage de forages, qui donnent des résultats appréciables. Certains réseaux de plateaux karstiques secs en surface comme celui de l'Urgonien de La Doriaz, dans le massif des Bauges, ont pu être ainsi alimentés. L'alimentation en eau de Montpellier à partir du réseau de la source du Lez dont à l'origine seule la résurgence était captée, a fait l'objet d'études très longues et extrêmement onéreuses pour assurer la continuité de l'exploitation à l'étiage, toujours très sévère dans ce type de réseau et dans cette région. La protection contre la pollution d'un captage karstique est particulièrement difficile à assurer, car l'eau ne filtre pas dans le réseau alors que pratiquement tous les trous naturels du plateau qui l'alimente peuvent absorber de l'eau polluée à chaque orage.

3.7.2 La pollution des eaux souterraines

La plupart des pollutions pourraient être évitées à la source, mais les pollutions agricoles et pétrolières, très difficiles à résorber, ne peuvent pas l'être, et les multiples pollutions industrielles possibles – presque toutes différentes – sont accidentelles, quasi impossibles à prévoir. L'isolement des captages par des périmètres de protection dont on les entoure a été progressivement assuré à partir de la lutte contre la pollution bactériologique. Ces périmètres demeurent nécessaires mais, jamais assez vastes, ils sont devenus plus ou moins inefficaces car une pollution peut avoir une origine lointaine et/ou endémique et compte tenu de la très faible vitesse de l'eau dans le sous-sol, arriver à un captage très longtemps après la pollution d'origine que l'on ne peut même plus localiser. Des directives européennes très contraignantes fixent des valeurs maximales de grandeurs organoleptiques, physico-chimiques, microbiologiques et de quantités de substances toxiques ou indésirables ; pour les respecter, le traitement bactériologique et chimique des eaux distribuées s'impose ; celui des nitrates issus de pollutions agricoles et celui du manganèse naturel sont difficiles et onéreux ; les pollutions accidentelles doivent être traitées spécifiquement.

Les pollutions les plus préoccupantes des eaux souterraines sont celles qui résultent de l'agriculture et de la circulation automobile, parce que, contrairement aux pollutions industrielles ou accidentelles, elles sont pratiquement inévitables, chroniques, diffuses, très dispersées et incontrôlables, quasiment impossibles à prévenir, très difficiles à combattre. Les lisiers, les engrais, les pesticides, les hydrocarbures et dans une moindre mesure, le sel et le plomb sont ainsi les substances dont on trouve les composants en plus ou moins grande quantité dans les eaux souterraines brutes, notamment celles extraites des nappes peu profondes. Des quantités de plus en plus grandes de boues de stations d'épuration et de lisier produit par l'élevage industriel sont épandues dans les champs de zones plus ou moins réglementées, généralement sans traitement préalable ; ainsi, les eaux souterraines des zones concernées sont quasiment saturées en nitrates, notamment en Bretagne centrale où les nappes sont très peu puissantes, peu alimentées et donc très vulnérables ; malgré les directives européennes, des raisons politico-économiques rendent très difficile la maîtrise de ce type de pollution.

Le désherbage des bas-côtés routiers et ferroviaires est aussi un facteur important de pollution ; il est en principe réglementé. Le salage des routes en hiver, lui aussi très polluant, ne l'est pas.

Quelques expériences aberrantes d'injection d'eaux polluées dans des aquifères profonds ont été tentées ; malgré de belles études théoriques qui montraient toujours l'innocuité de tels procédés, ils ont fini par être abandonnés, car à terme, ils auraient pu se révéler aussi dangereux que les avens des régions karstiques dont certains sont encore utilisés comme décharges publiques.

Les nappes à surface libre sont particulièrement sensibles aux pollutions diffuses directes, notamment agricoles (phosphates, nitrates, pesticides…), à celles de la circulation automobile, des accidents de transport chimique, des accidents ou des déversements d'usines, des fuites de réservoirs ou de canalisations et notamment d'oléoducs, de désherbage de voies routières ou ferrées…, et aux pollutions des cours d'eau avec lesquels les nappes sont en relations constantes d'échanges. La protection de leurs champs de captage a été relativement facile tant qu'il ne s'est agi que de pollution bactérienne résorbée par filtration naturelle, car les sables et les graviers arrêtent bien les micro-organismes ; ce n'est plus le cas, car les rivières qui les alimentent sont pratiquement toutes polluées chimiquement et aucun ion n'est arrêté par la filtration. La prévention et/ou la résorption d'une pollution chimique d'eau souterraine sont extrêmement difficiles et coûteuses ; on s'aide maintenant de modèles informatiques, lourds investissements qui promettent généralement plus qu'ils ne donnent, car ils reposent rarement sur de bonnes observations de terrain. Pour les eaux de consommation irrémédiablement gâtées ou plus généralement vulnérables, le traitement préventif des pollutions bactériologiques est réalisé par divers procédés classiques, très au point, parfaitement efficaces, même s'ils ne satisfont pas le goût de tous les consommateurs ; les éléments chimiques indésirables sont extraits de l'eau brute dans des usines spécialisées, par réaction chimique, précipitation puis filtration ; le manganèse généralement naturel, les nitrates et les pesticides agricoles le sont avec pas mal de difficultés et pour des coûts souvent élevés ; l'arrivée impromptue d'éléments rares et coriaces peut troubler le fonctionnement d'une usine de traitement, voire entraîner son arrêt jusqu'à l'identification de ces éléments et la mise au point d'un traitement spécifique. C'est dire l'importance de la prévention des pollutions, d'abord au champ de captage et au-delà, dans tout le bassin versant ; c'est rarement possible.

Les nappes captives sont moins vulnérables, à condition que la zone d'infiltration, souvent très vaste, soit saine et que les ouvrages qui les exploitent n'altèrent pas l'imperméabilité de son toit ; la très grande lenteur et la non moins grande longueur des déplacements de l'eau de ce type de nappe font qu'une pollution peut n'apparaître au captage que très longtemps après qu'elle s'est produite, alors que l'état de la nappe est devenu tout à fait irréversible.

Dans des régions karstiques, l'eau souterraine peut être chargée de tout et de n'importe quoi : en temps de crue, elle y est parfois beaucoup plus polluée que l'eau superficielle ; son utilisation sans contrôle géologique et protection des captages serait dangereuse. La protection d'un captage karstique est particulièrement difficile, car l'eau ne filtre pas dans les fissures du réseau, alors que pratiquement tous les trous naturels du plateau (lapiaz, dolines, avens…) qui l'alimente absorbent de l'eau polluée à chaque orage et que la plupart des avens ont plus ou moins servi de dépotoirs : en 1924, la garnison de Langres a subi une grave intoxication alimentaire par les eaux karstiques polluées, à la suite de quoi l'avis d'un géologue agréé sur la qualité des eaux captées a été systématisé.

Les pollutions les plus insidieuses sont celles qui se produisent dans tous les sites où l'on traite, stocke, transporte des hydrocarbures et dans lesquels roulent des automobiles ; dans les régions habitées, il s'en disperse donc de façon diffuse et incontrôlable, pratiquement partout. Les hydrocarbures comptent parmi les agents de pollution du sous-sol, et en particulier des nappes libres, les plus fréquents, les plus visibles et les plus difficiles à résorber, en raison de leur présence quasi générale mais souvent diffuse sous de nombreuses formes, et de leur comportement tout à fait déconcertant : infiltrés dans le sous-sol, ces fluides complexes, instables et vagabonds y sont extrêmement mobiles et y ont une tendance à la concentration, analogue à celle dont résultent la plupart de leurs gisements naturels. Ainsi, on en voit quelquefois réapparaître, brusquement, en quantité importante et à un endroit souvent éloigné d'une source potentielle de pollution, soit pour une cause naturelle (émergence d'eau souterraine, fortes précipitations…) soit à la suite de travaux souterrains comme une simple excavation, soit dans une cave, un égout… La façon dont l'eau circule dans le sous-sol d'un site n'est jamais très facile à établir et à contrôler ; alors, quand des hydrocarbures sont mêlés à l'eau… Le comportement des hydrocarbures est heureusement favorable à leur résorption naturelle ; on le constate aisément dans les régions où des hydrocarbures, gaz, bitumes, asphaltes… s'épanchaient naturellement et qui sont les plus anciennement exploitées sur indices ; les spectaculaires effets des marées noires côtières disparaissent en moins d'une dizaine d'années. Les pollutions pétrolières, même importantes, finissent donc toujours par se diluer puis disparaître ; il s'évapore d'abord une quantité importante de produits volatils, et les composants non solubles ou miscibles à l'eau, les huiles, se séparent assez rapidement de ceux qui le sont, phénols et sulfates pour l'essentiel. Les huiles demeurent en grande partie à la surface de la nappe ; avec l'aide plus ou moins efficace de certains micro-organismes, elles se fractionnent et s'oxydent petit à petit, jusqu'à disparaître ou plus rarement, à se rassembler en poches protégées par un toit imperméable comme dans les gisements naturels. Les phénols se concentrent dans la frange capillaire de la nappe et sont souvent fixés par les limons de surface ; les sulfates et autres sels minéraux s'ajoutent à ceux que la nappe contient naturellement, et en proportions si faibles qu'ils sont très rapidement imperceptibles. Attendre que toutes ces choses se passent naturellement semble possible mais ne l'est pas : au moment d'une découverte ou d'un accident, personne ne veut se fier à l'autoépuration, sûrement avec raison, car sa durée serait vraiment inacceptable dans une région habitée : même en très faible quantité, une pollution par les hydrocarbures se repère facilement, sous l'aspect de taches grasses, d'irisations de flaques d'eau et/ou par son odeur ; il se trouve donc toujours quelqu'un pour la remarquer et s'en plaindre. Aux abords des points de concentration (raffineries, parcs de stockage…), les ouvrages de protection des nappes sont l'imperméabilisation et le drainage des surfaces, les barrages souterrains par rideaux injectés ou forés qui ne sont jamais tout à fait imperméables ni incontournables, et les pompages à l'efficacité tout aussi incertaine et parfois même à effet inverse de celui espéré, car le rabattement concomitant de la nappe peut entraîner l'approfondissement de la pollution. Des études hydrogéologiques permettent de concevoir et de faire pour le mieux ce qui convient, selon les lieux et les circonstances, et une surveillance attentive permanente évite les mauvaises surprises que réservent souvent les mouvements souterrains déroutants des hydrocarbures. En ville ou en rase campagne, les sources, principalement la circulation automobile, sont diffuses et donc quasi impossibles à traiter.

3.7.3 La réhabilitation des sites pollués

Les travaux de décontamination des friches industrielles (usines à gaz, parcs de stockage d'hydrocarbures, usines chimiques…) sont particulièrement complexes, longs, onéreux et d'efficacité douteuse. On ne doit donc entreprendre que ceux qui sont réellement nécessaires, selon la nocivité des produits en cause et l'utilisation de la zone décontaminée que l'on se propose de faire ensuite. Les sites et les produits polluants étant nombreux et variés, les fins souhaitées pouvant l'être tout autant, de tels travaux ne peuvent être que très spécifiques ; ils imposent des études préalables, indéterminées par manque de références et souvent même de but précis, afin de former un diagnostic, caractériser et évaluer le risque éventuel et si l'intervention se révèle alors nécessaire, à sa mise au point puis à la mise en œuvre et au contrôle de moyens spécifiques dont les résultats sont incertains : les travaux du site de l'ancienne usine à gaz puis dépôt pétrolier de Saint-Denis, à l'emplacement du stade de France, n'ont pas été suffisants pour éviter de prendre énormément de précautions et néanmoins quelques risques, lors des terrassements, notamment de ceux en taupe.

Le nombre de sites français plus ou moins pollués est très élevé. Heureusement, la plupart ne sont pas vraiment dangereux, mais il importe de s'en assurer dans les cas douteux ; il faudrait pour cela disposer de bons critères d'appréciation ; on en est encore loin. Les sites dits orphelins posent des problèmes de responsabilité mal résolus : si le propriétaire foncier n'est pas le pollueur, il est difficile de lui faire supporter la charge du traitement qui peut très largement dépasser ses moyens. Pour éviter cela à l'avenir, les exploitants actuels de certains sites doivent maintenant produire des garanties financières, présenter les moyens qu'ils mettront en œuvre pour nettoyer le site à la fin de leur activité et on surveille les autres sites à risque ; on y impose parfois des mesures de précaution (clôtures pour empêcher les intrusions, contrôle de qualité des eaux souterraines, possibilité de traitement ultérieur des déchets…).

3.7.4 Le stockage des déchets

Le stockage des déchets – quels qu'ils soient, car il n'y en a pas d'inertes à long terme – impose des ouvrages étanches ; or, il est difficile voire impossible d'en construire qui demeureront tels car les matériaux comme le béton, certains plastiques et même l'acier inoxydable ou les verres se dégradent et perdent peu à peu leurs qualités.

Le stockage superficiel impose une enceinte (radier et merlons périphériques) étanche et drainée, construite par corroyage, remblayage et/ou bétonnage. Elle présente toujours des défauts (sous-estimation de la perméabilité des matériaux naturels et/ou améliorés, fissuration du béton…) qui imposent son entretien rigoureux et la surveillance attentive de ses abords, notamment de son sous-sol, en particulier s'il est aquifère. Les implantations de tels dépôts sont évidement préférables dans des régions au sous-sol imperméable et à l'atmosphère sèche, plutôt que dans des régions au sous-sol perméable et aquifère, à l'atmosphère humide et éventuellement corrosive.

Les cavités naturelles ne devraient jamais être utilisées pour le stockage souterrain de déchets, car l'eau peut y circuler de façon tout à fait incontrôlable. Le stockage souterrain doit en effet être effectué dans une cavité rigoureusement étanche, implantée dans une vaste formation imperméable (sel, argilite, schiste, granite…). Ce peut être un réservoir enterré, métallique, enrobé de béton, lié au sous-sol par des injections de collage et d'étanchéité, une ancienne mine demeurée sèche après son abandon et réaménagée à cet effet, une galerie au rocher, une poche de dissolution ; la pérennité de l'étanchéité de ces ouvrages est préoccupante : à très long terme, une formation rocheuse, et notamment sa perméabilité, peut évoluer de façon imprévisible, jouet de phénomènes telluriques aux effets irrésistibles ; on ne sait pas trop ce qui se passerait en cas de séisme violent, ou plus généralement à la suite d'éventuelles déformations tectoniques.

3.7.4.1 Déchets non radioactifs

Les déchets ménagers et industriels banals de classe 2 et les déchets industriels spéciaux de classe 1 peuvent être stockés en surface dans des sites aménagés à cet effet. Ils doivent entre autres comporter des barrières de confinement étanches et drainées les entourant dessus, dessous et latéralement pour les isoler au mieux du milieu naturel (sol, sous-sol, eaux de surface et souterraines…) afin d'éviter leur pollution. Ces barrières, généralement des couches de remblais argileux plus ou moins renforcés de géotextiles, sont très fragiles ; elles peuvent fissurer, glisser et/ou se déformer sous l'effet des tassements incontrôlables des déchets qu'elles sont censées protéger ; elles doivent donc être correctement étudiées, réalisées et entretenues. On ne sait toutefois pas comment elles évolueront à plus ou moins long terme.

Les très nombreuses anciennes décharges non contrôlées que l'on trouve à peu près partout, devraient être aménagées de manière analogue, ce qui est très difficile voire à peu près impossible. De plus, elles polluent leurs environs depuis longtemps de façon souvent irréversible ; elles doivent donc être surveillées avec beaucoup d'attention, en particulier si elles sont susceptibles de contaminer des nappes.

3.7.4.2 Déchets radioactifs

Les déchets radioactifs de classe A, dont la durée de vie est relativement courte, et qui sont les moins actifs et les plus abondants, sont stockés au cœur de la forêt de Soulaines, en Champagne humide. Après vitrification et bétonnage dans une usine locale, ils sont déposés sur des radiers fondés sur du sable reposant sur de l'argile, l'ensemble du site étant soigneusement drainé en surface et en profondeur. Les modalités du stockage direct en profondeur de ceux de classe B, relativement abondants, de faible à moyenne activité, ne sont pas définies. Pour ceux très actifs et de très longue durée de vie, mais peu abondants de classe C, le refroidissement préalable à l'enfouissement est indispensable durant quelques dizaines d'années ; profitant de ce délai, une étude de faisabilité a été réalisée au laboratoire de Bure pour contrôler la réversibilité de l'usage, la possibilité de pouvoir ou non accéder aux matériaux stockés pour les surveiller, entretenir le site et assurer sa pérennité, récupérer les déchets qui pourraient être réutilisés selon les moyens techniques futurs. Ce laboratoire est implanté vers 490 m de profondeur, dans une couche d'argilite callovo-oxfordienne épaisse de plus de 100 m ; le site est asismique, sans aquifère au mur et au toit de la couche. Le matériau très peu perméable, composé en partie de smectite, est plus ou moins susceptible de fixer les ions radioactifs susceptibles de s'échapper de l'enceinte de confinement ; il paraît suffisamment compact et solide pour ne pas être trop endommagé lors de la construction, et assurer la stabilité des ouvrages souterrains ; tout cela montre que le site est assez favorable.

3.8 Du bon usage de la géologie dans le BTP

La géologie a été initialement conçue et pratiquée par des techniciens de la mine et de la construction comme outil de compréhension et de normalisation de leurs observations de terrain et de chantier dans un but d'efficacité pratique ; l'actuelle géologie savante, toujours documentée par les travaux de prospection et d'exploitation, d'étude et de construction, en découle en grande partie.

Le rôle actuel de la géologie est essentiel en géotechnique ; c'est la discipline de base qui permet que la description du géomatériau et de son comportement soit cohérente et convenable. Sa démarche, qui s'appuie sur l'observation du visible et de l'accessible à plusieurs échelles spatiales (paysage, affleurement, échantillon…), est qualitative et géométrique (nature et aspect des roches, topographie des affleurements, profondeur des échantillons, direction, pendage et épaisseur des strates…) ; elle doit donc être précisée par des mesures spécifiques *in situ* et/ou sur échantillons dans le cadre d'autres disciplines (géochimie, géophysique, géomécanique…). Du point de vue morphologique, elle fournit, à chaque échelle d'observation, les modèles schématiques les plus proches de la réalité, ce qui devrait conduire les disciplines mathématisées de la géotechnique – géophysique, géomécanique (mécanique des sols, mécanique des roches et hydraulique souterraine)… – à ne pas utiliser des modèles trop abstraits, dont les conditions initiales et aux limites sont plus ou moins arbitraires, nécessaires pour résoudre leurs systèmes d'équations. Du point de vue comportemental, elle permet d'étudier les phénomènes naturels complexes, difficiles à mathématiser, et de justifier la formulation de ceux qui peuvent l'être.

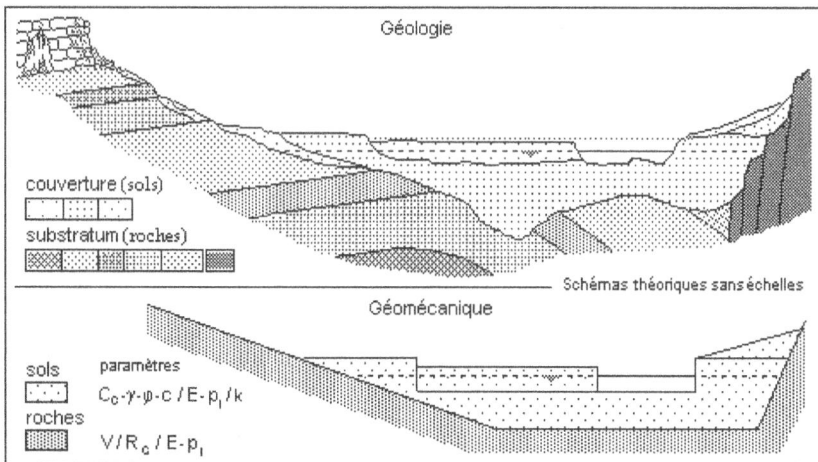

Figure 3.8 – Modèle géologique et modèle géomécanique
Le modèle géomécanique doit être compatible avec le modèle géologique.

Le but d'une étude géotechnique du BTP est d'adapter un ouvrage au site où l'on se propose de le construire, de prévenir les risques qu'il est susceptible d'y courir et d'optimiser l'économie de sa construction. Dès que l'on a choisi un site d'aménagement et/ou d'ouvrage, ses caractères naturels (morphologie et hydrologie du site, lithologies, structures et hydrologies de la couverture et du substratum, risques d'événements naturels dangereux) sont les données intangibles du projet et de sa réalisation ; négliger ou ignorer la partie géologique d'une étude géotechnique qui permet de les acquérir complique à l'extrême, voire empêche la pose et la résolution rationnelles des problèmes techniques d'adaptation de l'ouvrage au site.

Le site de n'importe quel ouvrage est constitué de sols et roches, géomatériaux naturels réels, tangibles, discontinus, variables, hétérogènes, anisotropes, contraints, pesants… ; mais ils ne sont pas désordonnés, leur hétérogénéité et leur comportement ne sont pas aléatoires ; organisés en formations, ils sont au contraire structurés (*voir 1.2*) et se comportent de façon tout à fait cohérente (*voir 1.5*) ; c'est ce que montre la géologie. Un modèle géomécanique de forme géométrique associe des milieux virtuels, trois « sols » types, des sols meubles (sable et argile mêlés en quantités variables) et des roches dures (quelle qu'en soit la nature), continus, immuables, homogènes, isotropes, libres, parfois non pesants, indéfiniment identiques à eux-mêmes vers la profondeur et latéralement. Ces milieux sont caractérisés par quelques paramètres géomécaniques et leurs comportements sont modélisés par des formules simples et convenues.

Or, aucune formation rocheuse n'est homogène et isotrope, indéfiniment identique à elle-même vers la profondeur et latéralement ; les structures ne peuvent jamais être réduites à des formes géométriques simples : la surface du sol, d'une strate, d'une faille n'est jamais plane et ne fait jamais un angle constant par rapport à un repère horizontal ou vertical ; aucun pli n'est cylindrique… ; les géomatériaux altérables ne sont pas immuables ; ils ne réagissent pas instantanément et de façon convenue aux diverses actions auxquelles ils peuvent être soumis… Ainsi, le site de n'importe quel ouvrage doit d'abord être décrit, étudié et modélisé géologiquement ; ensuite, il peut être réduit à un modèle géomécanique ; mais la manipulation d'un tel modèle est strictement déterministe : une cause, un et un seul effet, toujours le même ; cette manipulation conduit bien à des résultats mathématiques précis, mais pour les obtenir, il a fallu schématiser la réalité géologique au moyen de nombreuses hypothèses simplificatrices – conditions initiales et aux limites des intégrations – de sorte qu'ils n'ont que des valeurs pratiques d'ordres de grandeur ; leur degré d'incertitude, que la géomécanique camoufle avec le coefficient de sécurité (≈ 2 pour les terrassements, 3 pour les fondations), ne peut être apprécié que sur la base de considérations géologiques : la critique géologique de tout résultat géomécanique est donc nécessaire ; elle doit évidemment être fondée sur des connaissances théoriques et de terrain acquises et interprétées durant l'étude géologique du projet qui donc ne saurait être négligée.

La préparation et le suivi géologiques des travaux évitent les négligences et/ou les erreurs d'interprétation des études géologiques à l'origine de la plupart des difficultés de chantier et facilitent leur adaptation à d'éventuels imprévus, à des situations compliquées… nécessitant des compléments d'étude spécifiques, notamment pour l'interprétation d'éventuels incidents ou accidents de chantier puis pour la définition et l'application des remèdes à leur apporter. La plupart des dommages et accidents géotechniques de chantiers et d'ouvrages résultent de la méconnaissance de la géologie du site et non, comme on aurait tendance à le penser, d'erreurs de calcul géomécaniques sur les parties d'ouvrage en relation avec le sol et le sous-sol. La meilleure façon d'assurer la sécurité d'un ouvrage est donc de toujours vérifier qu'un résultat géomécanique n'est pas contredit par une observation géologique : tout résultat d'essai et de calcul géomécanique incompatible avec une observation géologique est inacceptable en géotechnique. Et même, toute décision prise par un constructeur qui ne tiendrait pas compte des particularités géologiques d'un site risque d'entraîner, à plus ou moins long terme, des dommages voire des accidents parfois très graves au chantier et/ou à l'ouvrage. Après un éventuel accident, une étude géologique est indispensable pour le décrire correctement, l'expliquer et réparer ; une étude seulement géomécanique (*voir 2.3.1*) est promise à l'échec à plus ou moins long terme, car, par le calcul seul, on ne peut rien décrire et on n'explique que ce qui est simple et déterminé : la géomécanique ne connaît et ne sait manipuler que des modèles simples, et le géomatériau ne l'est pas vraiment. Un sondage, un échantillon, un essai ne représente que lui-même s'il n'entre pas dans un cadre géologique défini – les corrélations géologiques de campagnes de sondages sont absolument nécessaires ; on ne peut donc pas limiter une étude géotechnique à des calculs traitant quelques valeurs locales de paramètres, mesurées sur échantillons obtenus par sondages et essais, car ces calculs sont fondés sur des intégrations analytiques ou numériques qui réduisent le comportement réel d'un site à un modèle virtuel générique, le plus souvent une formule numérique biunivoque exprimant une « loi ». La géologie permet d'assurer le passage réel des sondages, des échantillons et des essais au site en décrivant le site comme un ensemble structuré et organisé soumis à des phénomènes naturels et induits connus ; elle fournit le modèle de forme et de comportement qui s'impose à la géotechnique, à la géomécanique et à la construction, puis permet le contrôle de son utilisation : elle donne ainsi un cadre cohérent à la géotechnique.

Le meilleur usage que l'on puisse faire de la géologie dans le BTP est donc d'en faire systématiquement l'usage, quels que soient le site et l'ouvrage, à toutes les étapes de leur étude géotechnique, puis durant la construction de l'ouvrage, ensuite pour son entretien et éventuellement sa réparation.

Bibliothèque de base

Voici quelques ouvrages de géologie que tout géotechnicien doit connaître, si possible posséder et toujours consulter quand il commence une étude puis s'il se pose un problème de géologie. Ce sont les plus faciles à utiliser par un non-spécialiste ; ils présentent simplement la géologie de base, celle de la subsurface, qui décrit le terrain que l'on voit, que l'on parcourt et sur lequel on construit. La plupart de ces ouvrages ne sont plus disponibles en librairie, mais ils n'ont pas d'équivalents actuels. On peut se les procurer d'occasion par Internet ou les consulter dans les bibliothèques universitaires.

AUBOUIN, BROUSSE et LEHMAN – *Précis de géologie* – tome III, *Tectonique et morphologie* – Dunod, Paris, 1975.

CAMPY et MACAIRE – *Géologie des formations superficielles* – Masson, Paris, 1994.

DEBELMAS – *Géologie de la France* – Doin, Paris, 1974.

FOUCAULT et RAOULT – *Dictionnaire de géologie* – Dunod, Paris, 2001.

GIGNOUX et BARBIER – *Géologie des barrages et des aménagements hydro-électriques* – Masson, Paris, 1955.

MORET – *Précis de géologie* – Masson, Paris, 1967.

Un ouvrage de géomécanique doit être connu et utilisé par tout géologue qui s'intéresse à la géotechnique :

TERZAGHI et PECK – *Mécanique des sols appliquée aux travaux publics et aux bâtiments* – Dunod, Paris, 1961.

www.ingramcontent.com/pod-product-compliance
Lightning Source LLC
Chambersburg PA
CBHW080901220326
41598CB00034B/5441